机械制图

主　编　李秀梅　陈　曦　李艳梅
副主编　杨　静　蒋金局　龚宁戎

ZHEJIANG UNIVERSITY PRESS
浙江大学出版社

图书在版编目（CIP）数据

机械制图 / 李秀梅等主编．—杭州：浙江大学出版社，2015.6
ISBN 978-7-308-14616-6

Ⅰ．①机… Ⅱ．①李… Ⅲ．①机械制图—中等专业学校—教材 Ⅳ．①TH126

中国版本图书馆 CIP 数据核字（2015）第 078099 号

内容简介

本书以项目化教学法进行编写。全书共 11 个项目，内容包括制图基本知识和技能，投影体系的建立，点、直线、面的投影，体的投影，组合体三视图的绘制方法与阅读，尺寸标注，机件的常用表达方法，轴测图，标准件和常用件，机械零件图的绘制与阅读方法，机械装配图的绘制与阅读方法等。

本书针对职高学生的学习和就业特点，编写过程中力求通过增加图片、图例，简化描述过程，以实现通俗易懂的要求。同时增加了徒手绘图方法和训练的内容，以求提高学生的徒手绘图的能力。

本书可作为职高、中职学校机电产品设计、制造大类专业的教材，也可用于机电相关专业岗位培训教材，同时可供从事机械工程技术工作人员参考。

机械制图

主　编　李秀梅　陈　曦　李艳梅
副主编　杨　静　蒋金局　龚宁戎

责任编辑　杜希武
封面设计　刘依群
出版发行　浙江大学出版社
（杭州市天目山路 148 号　邮政编码 310007）
（网址：http://www.zjupress.com）
排　　版　杭州好友排版工作室
印　　刷　富阳市育才印刷有限公司
开　　本　787mm×1092mm　1/16
印　　张　21.25
字　　数　530 千
版 印 次　2015 年 6 月第 1 版　2015 年 6 月第 1 次印刷
书　　号　ISBN 978-7-308-14616-6
定　　价　49.00 元

浙江大学出版社发行部联系方式：（0571）88925591；http://zjdxcbs.tmall.com

前　言

工程图样被喻为“工程界的语言”，它是表达和交流技术思想的重要工具，是制造业工程师最常用的、必备的基本技术。

本书根据职高机电产品设计、制造大类专业教学改革需求，结合教学经验，在引入项目化教学理念的基础上编写的。本教材在编写过程中，针对高职学生学习和就业特点，教材形式上力求通过增加图片、图例，简化描述过程，以实现通俗易懂的要求；教学目标以掌握基本概念、注重技能培养为指导思想，遵循“以制图技能为先、以理论知识为够用”基本原则，不追求理论深度和理论的完整性，力求在培养学生工程应用素质的同时，拓展锻炼学生的形象思维能力。

本书共11单元，分别为：

第1单元　制图基本知识和技能

第2单元　投影体系的建立

第3单元　点、直线、面的投影

第4单元　体的投影

第5单元　组合体

第6单元　尺寸标注

第7单元　机件的常用表达方法

第8单元　轴测图

第9单元　标准件和常用件

第10单元　机械零件图

第11单元　机械装配图

本书由成都电子信息学校的李秀梅（单元1、2、4、5、8）、李艳梅（单元1、3、4、7、附录）、陈曦（单元5、6、8、附录）、杨静（单元2）、龚宁戎（单元6）、蒋金局（单元7）等编写，其中李秀梅、陈曦、李艳梅为主编，杨静，蒋金局，龚宁戎为副主编。参与本书编写的还有成都电子信息学校的张惠萍、叶万红、赵又苇、孟建、罗飞、罗思艳、黄文平、蒲静、吴循勇等。限于编写时间和编者的水平，书中必然会存在需要进一步改进和提高的地方。我们十分期望读者及专业人士提出宝贵意见与建议，以便今后不断加以完善。我们的联系方式：book@51cax.com。

我们谨向所有为本书提供大力支持的有关学校和领导，以及在组织、撰写、研讨、修改、审定、打印、校对等工作中做出奉献的同志表示由衷的感谢。

最后，感谢浙江大学出版社为本书的出版所提供的机遇和帮助。

编　者

2015年1月

目 录

第 1 单元　制图基本知识和技能

学习指南

现代工业生产中，各种机器、部件、设备都要通过工程图样来表达其设计意图，并依据图样进行生产制造。因此，工程图样作为工程技术的技术文件，记载着有关设计理念、加工工艺、安装测试等诸多信息。在工业工程的流程中，主导着产品质量的准确性、稳定性和完整性。在工业生产的发展与开发中，工程图样又如同信息语言，在工程技术人员之间，交流着彼此的工程触觉，交换着最前沿的工程信息。

工程图样作为工程界的信息语言，有其严格的标准性。我国国家标准《机械制图》对图样的各种元素都做了统一的规定。我们首先必须树立起标准化的概念，严格遵守、认真执行国家标准。

教学目标：

1. 掌握并严格遵守国家制图标准的基本规定。
2. 理解国家标准的作用及标准的编号规则。
3. 了解手工绘图所需的工具，掌握它们的使用方法。

教学重点：

1. 掌握并严格遵守国家制图标准的基本规定。
2. 掌握手工绘图所需工具的使用方法。

教学难点：

掌握并严格遵守国家制图标准的基本规定。

教学学时：

13 学时。

课题 1　《机械制图》国家标准

◎ 任务书

项目	《机械制图》国家标准	用时	5 学时
目的	1. 掌握国家标准《技术制图》和《机械制图》中有关图幅、比例、字体、图线和尺寸标注等基本规定。 2. 能初步树立起标准是技术法规的标准化意识。		

续表

<table>
<tr><td>项目</td><td>《机械制图》国家标准</td><td>用时</td><td>5 学时</td></tr>
<tr><td>要求</td><td colspan="3">1. 识读：如图 1-1 所示为端盖的零件图，指出图样包含哪些内容？
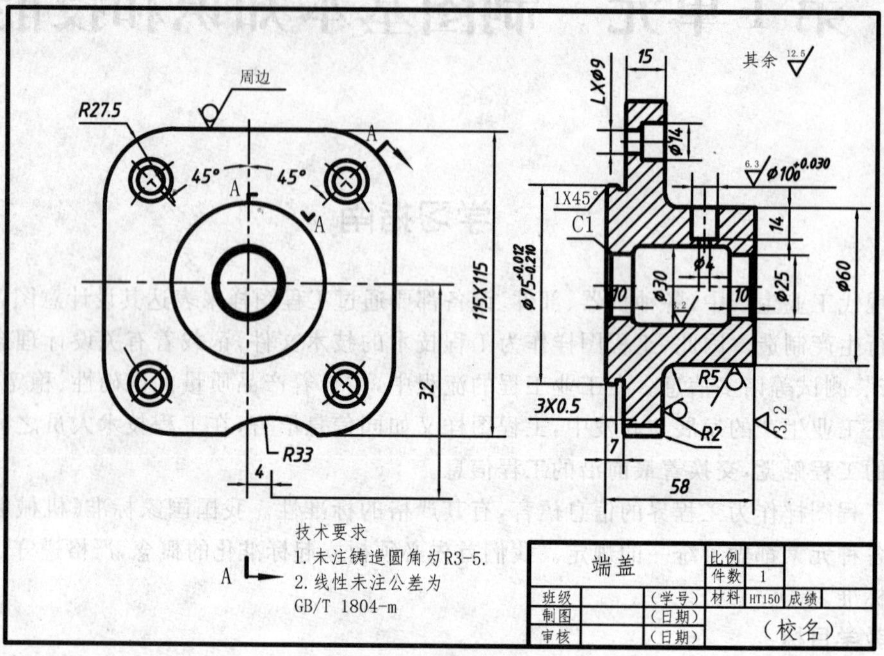

图 1-1　端盖零件图

2. 为了在全国各地区之间或者国际上进行技术交流，国家对图样的画法是怎样统一规定的？</td></tr>
</table>

◎ 知识链接

我国的国家标准简称“国标”，用代号“GB”表示。例如“GB/T 17451—1998”，字母后面的两组数字，分别表示标准顺序号和标准批准的年份。既“T 17451”为标准顺序号，“1998”为标准批准的年份，而“GB”为国标的拼音缩写。

1　图纸幅面和格式(GB/T 14689—1993)

1.1　图纸幅面

图纸幅面即用于绘制工程图样的图纸，其幅面的大小尺寸，应严格按照国家给予的标准选取。表 1-1 中即为国标所规定的基本幅面，例如 A4 的图幅尺寸为 210mm×297mm；A3 的图幅尺寸为 297mm×420mm。从表中可以得出，A4 图幅的长度尺寸正是 A3 图幅的宽度尺寸，以此类推如图 1-2 所示。这些幅面都是$\sqrt{2}$矩形，即这些幅面的长边与短边之比，都是$\sqrt{2}$，即 $L=\sqrt{2}B$。表中列出了常用的五种幅面，必要时幅面还可以加大，具体的尺寸数据请详见国家标准《技术制图》。

表 1-1　图纸基本幅面尺寸　　单位:mm

幅面代号	A0	A1	A2	A3	A4
$B\times L$	841×1189	594×841	420×594	297×420	210×297
a	25				
c	10			5	
e	20		10		

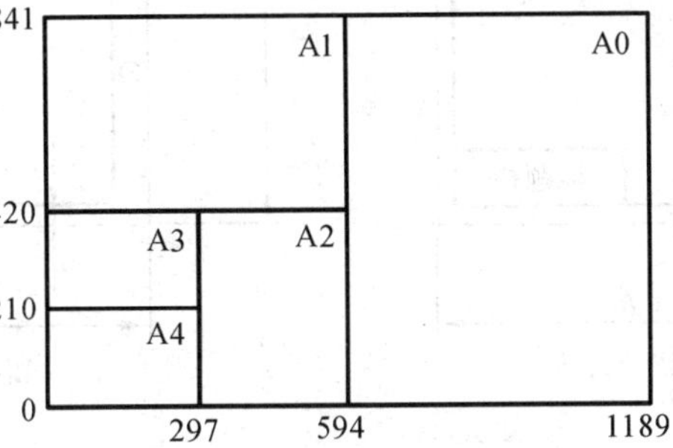

图 1-2　各图幅号之间的长宽关系

1.2　图框格式

图纸上限定绘图区域的线框称为图框,该图框即为图纸图幅。图框必须用粗实线绘制。其格式分为不留装订边和留有装订边两种,如图 1-3 和图 1-4 所示,图中 L、B、a、c、e 的尺寸见表 1-1,同一产品的图样只能采用一种格式。

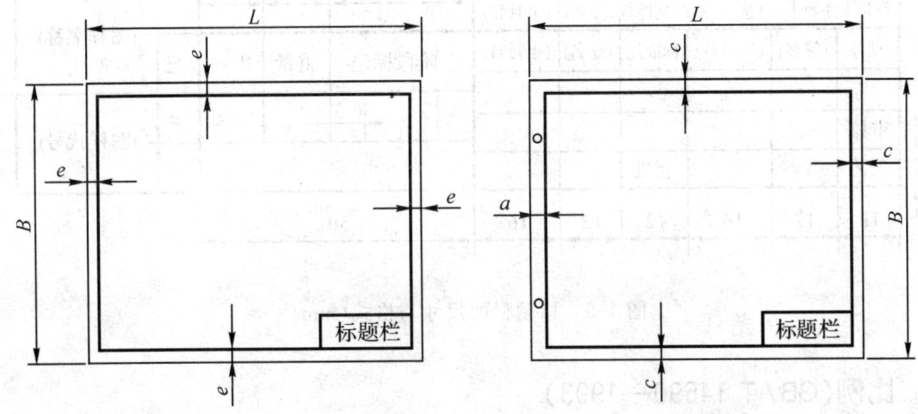

图 1-3　图纸格式(横用)

1.3　标题栏

标题栏是工程图样中必不可缺的信息栏目,其位置位于图纸的右下角紧贴图符图框。标题栏的重要性在于其填写的信息内容,详情如图 1-5 所示。标题栏的格式与尺寸必须严格按照国标的要求绘制。在本课程的制图作业中,可以采用简化标题栏。

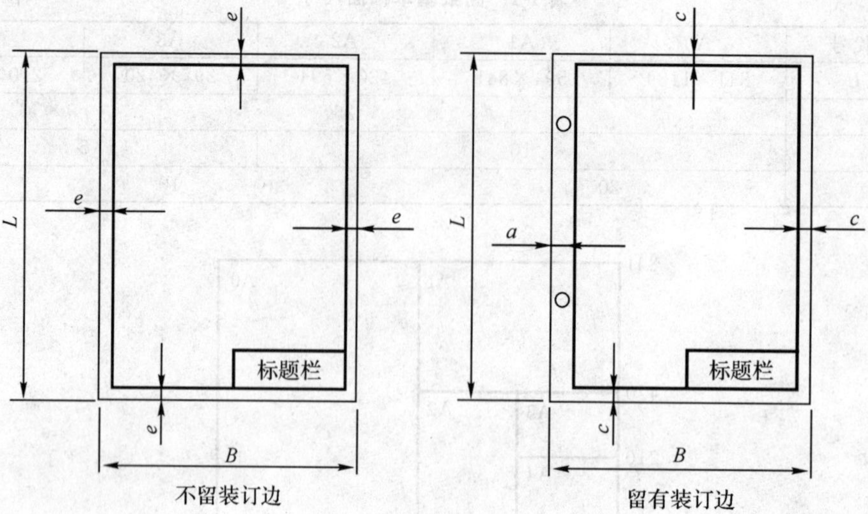

图 1-4　图纸格式(竖用)

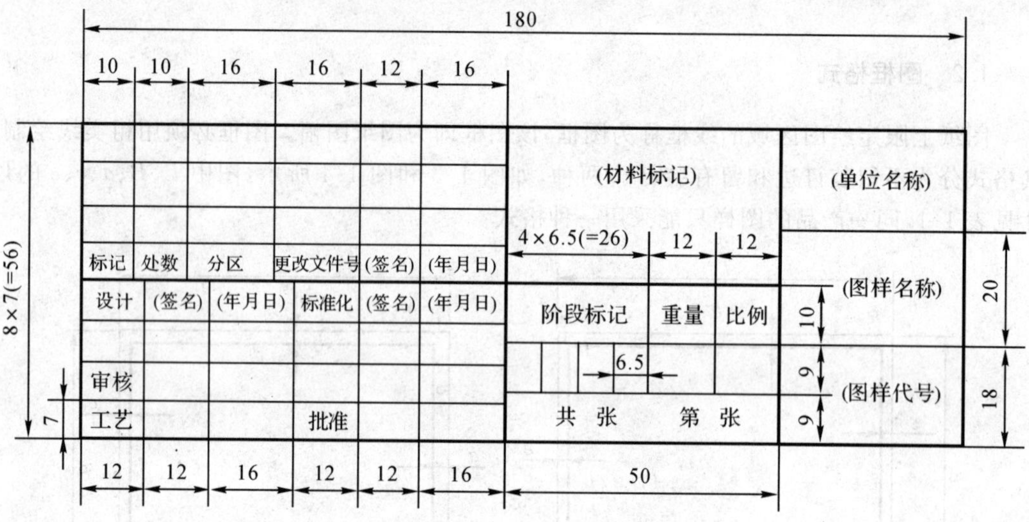

图 1-5　标题栏的尺寸与格式(mm)

2　比例(GB/T 14690—1993)

绘制图形时,不可能都按照实物的真实尺寸 1∶1 绘制。图样中的图形与实物相应要素的线性尺寸之比,称为绘图比例。根据实际的需求,绘图比例可放大,也可缩小。绘制图样时,应由表 1-2 规定的系列中选取适当比例。值得强调的是,不论采用何种比例,图形中所标注的尺寸数值必须是实际尺寸,与绘图比例无关。

3　字体(GB/T 14691—1993)

在图样中书写的汉字、数字,其字体在书写过程中必须做到:字体工整、笔画清晰、间隔均匀、排列整齐；字体大小用字号表示，分别为 1.8，2.5，3.5，5，7，10，14，20(mm)八种，字号即是字体的高度(用 h 表示)，而字宽一般为 $h/\sqrt{2}\approx 0.7h$。如需要书写更大的字，其字体高度应按$\sqrt{2}$的比率递增。

表 1-2 常用绘图比例

种类	比例				
原值比例	1∶1				
放大比例	2∶1	5∶1	1×10^n∶1	2×10^n∶1	5×10^n∶1
	(4∶1)	(2.5×10^n∶1)	(4×10^n∶1)	(2.5∶1)	
缩小比例	1∶2	1∶5	1∶1×10^n	1∶2×10^n	1∶5×10^n
	(1∶1.5)	(1∶2.5)	(1∶3)	(1∶4)	(1∶6)
	1∶1.5×10^n	1∶2.5×10^n	1∶3×10^n	1∶4×10^n	1∶6×10^n

3.1 汉字

汉字应写成长仿宋体，并应采用国家正式公布推行的《汉字简化方案》中规定的简化字，汉字的高度 h(字号)不应小于 3.5mm，字宽与字高之比一般为 2∶3。不同的图幅应选择合适高度的字体，一般 A0 图幅采用 5 号字体，其余采用 3.5 号字体，且用作指数、分数、极限偏差、注角等的字母与数字，一般应小一号字体(图 1-6)。

字体工整 笔画清楚 间隔均匀 排列整齐

横平竖直 结构均匀 注意起落 添满方格

技术制图机械电子汽车航空船舶

土木建筑矿山港口纺织服装井坑

图 1-6 标准长仿宋字体

3.2 字母和数字

数字和字母分可写成斜体或直体，斜体字体向右倾斜，与水平基准线成 75°(图 1-7)。

4 图线(GB/T 17450—1998)

图线是组成图样的元素，掌握图线的绘制对图样有着至关重要的影响。一条图线的错误可以导致整张图样的报废，对于工程技术人员而言，严格按照图线的意义绘制图样，才能正确表达其间的信息意图。常用的图线线型见表 1-3，这些基本图线有其各自的图线意义，不能混淆。

1 2 3 4 5 6 7 8 9 0

ABCDEFGHIJKLMNOPQRSTUVWXYZ

abcdefghijklmnopqrstuvwxyz

I II III IV V VI VII VIII IX X

图 1-7 标准数字和字母

表 1-3 图线线型及应用

图线名称	图线型式	图线宽度	主要用途
粗实线		b(≈0.7)	可见轮廓线 可见过渡线
细实线		约 b/2	尺寸线及尺寸界线 剖面线、引出线 重合断面的轮廓线 螺纹的牙底线及齿轮的齿根线 分界线及范围
波浪线		约 b/2	断裂处的边界线 视图和剖视图的分界线
双折线		约 b/2	断裂处的边界线 视图和剖视图的分界线
虚线		约 b/2	不可见轮廓线 不可见过渡线
细点划线		约 b/2	轴线、对称中心线、 轨迹线、齿轮的节圆及节线
粗点划线		b(≈0.7)	有特殊要求的线或表面的表示线
双点划线		约 b/2	相邻辅助零件的轮廓线 限定位置的轮廓线

图线的线宽分为粗、细两种。粗线的线宽宽度 d 应按图样的类型、图幅的规格、尺寸的大小，在 0.5mm～2mm 之间选择。其推荐系列为 0.5，0.7，1，1.4，2mm。在确定了粗线线宽 d 之后，细线的宽度即可确定，约为 $d/2$～$d/3$。

各类图线在图样中的意义各不相同，绘图时应按要求选取图线的类型与粗细。如粗实线描绘零件的可见轮廓线，虚线描绘零件的不可见轮廓线，两者决不能相混。图线的应用如图 1-8 所示。

图线的类型在图样的绘制过程中不仅要正确掌握，还应注意线性之间笔画的使用，结合图 1-9 说明下列注意问题：

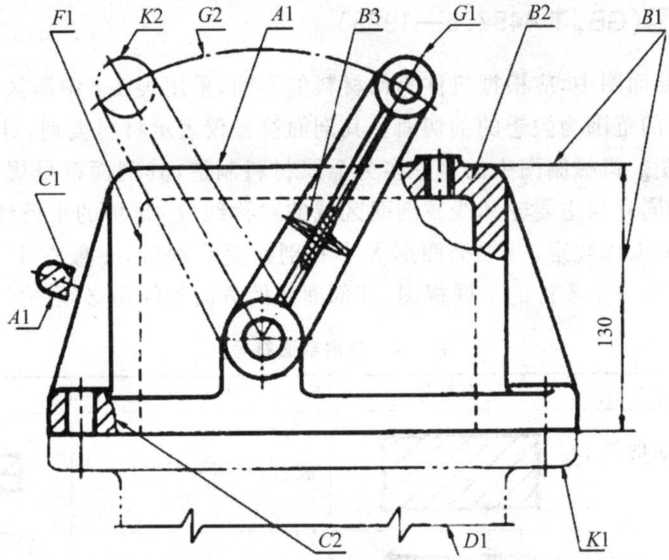

A1　可见轮廓线　B1　尺寸线及尺寸界线　B2　剖面线　B3　重合断面的轮廓线　C1　断裂处的边界线
C2　视图和剖视的分界线　D1　断裂处的边界线　F1　不可见轮廓线　G1　对称中心线　G2　轨迹线
K1　相邻辅助零件的轮廓线　K2　极限位置的轮廓线

图 1-8　图线应用示例

(1)同一图样中同类图线的宽度应一致。虚线、点划线及双点划线的线段长度和间隔应相等,在图样中要显得匀称协调。

(2)点划线和双点划线实际为短划、长划线,其首末两端应是长划而不是短划。点划线应超出相应图形轮廓线 2～5mm,如图 1-9 中 D1 所指。

(3)绘制圆的对称中心线时,圆心应为长划线的交点,如图 1-9 中 C1 所指。在较小图形上绘制点划线或双点划线有困难时,可以用细实线代替,如图 1-9 中 E1 所指。

(4)当虚线与虚线或与其他图线相交时,应以线段相交,如图 1-9 中 A1 所指。当虚线是粗实线的延长线时,其连接处应留有空隙,如图 1-9 中 B1 所指。

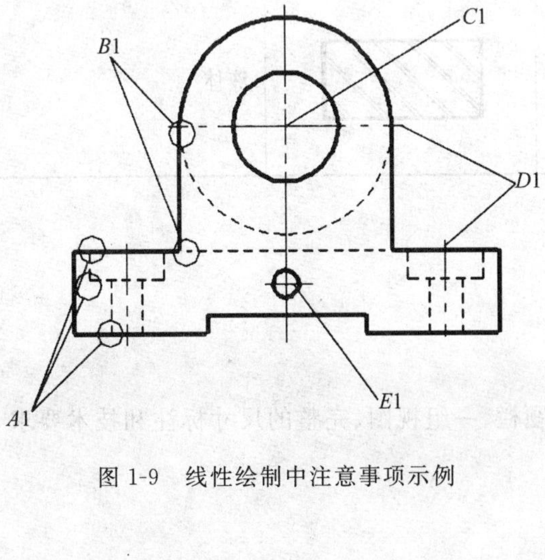

图 1-9　线性绘制中注意事项示例

5 剖面符号(GB/T 4457.5—1998)

在剖视图和断面图中,应根据机件零件材料的不同,采用表 1-4 中所规定的剖面符号表示,画有剖面符号的范围为假想的剖切面。其剖面符号仅表示材料类别,对于材料的名称和代号必须另行注明。机械制图中的零件多为金属材料制造,其剖面符号规定用细实线画成间距相等、方向相同且与主要轮廓线或剖面区域的对称线成 45°角的平行线,平行线之间的距离大小国家标准未作规定,可根据图形大小和剖面复杂程度,一般在 1～6mm 范围内选择。同时要注意:同一个零件的不同视图,其剖面线的方向和间距必须一致。

表 1-4 常用剖面符号

材料	剖面符号	材料	剖面符号
金属材料(已有规定的剖面符号除外)		胶合板(不分层次)	
非金属材料(已有规定的剖面符号除外)		玻璃及供观察用的其他透明材料	
型砂、填砂、砂轮、陶瓷及硬质合金刀片		木材纵剖面	
线圈绕组元件	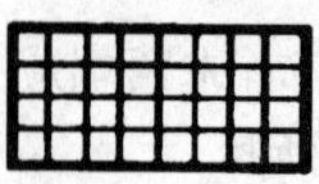	木材横剖面	
转子电枢、变压器和电抗器等的迭钢片		格网(筛网、过滤网)	
砖	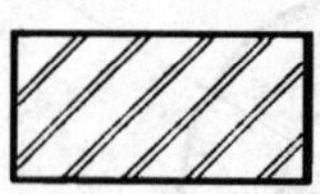	液体	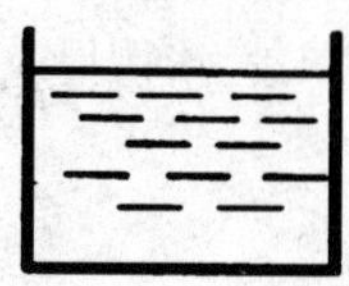

◎ 任务解答

要求 1 解答

1. 分析

零件图一般包括标题栏、一组视图、完整的尺寸标注和技术要求,看图步骤如下:

(1)读标题栏

了解零件的名称、材料、画图的比例、重量等。

(2)分析视图、想象形状

读零件的内、外形状和结构，是读零件图的重点。组合体的读图方法(包括视图、剖视、剖面等)，仍然适用于读零件图。

从基本视图看出零件的大体内外形状；结合局部视图、斜视图以及剖面等表达方法，读懂零件的局部或斜面的形状；同时，也从设计和加工方面的要求，了解零件的一些结构的作用。

(3)分析尺寸

零件图中的图形，只是用来表达零件的形状，而零件各部分的真实大小及相对位置，则靠标注尺寸来确定。零件图上所标注的尺寸不但要满足设计要求，还应满足生产要求。零件图上的尺寸要标注得完整、清晰，符合国标规定等要求。了解零件各部分的定形、定位尺寸和零件的总体尺寸，以及注写尺寸时所用的基准。

(4)技术要求

用一些规定的符号、数字以及文字注解等表示出零件制造后在技术指标上所应达到的要求。主要包括：

①表面粗糙度。

②公差与配合。

③形状和位置公差(简称形位公差)。

④零件的表面处理、热处理和其他有关制造要求等。

(5)综合考虑

把读懂的结构形状、尺寸标注和技术要求等内容综合起来，就能比较全面地读懂这张零件图。有时为了读懂比较复杂的零件图，还需参考有关的技术资料，包括零件所在的部件装配图以及与它有关的零件图。

2. 解答

如图 1-1 所示端盖零件图包括：标题栏、一组视图、完整的尺寸标注和技术要求。

(1)标题栏：从标题栏可知，该零件的名称为端盖，材料是 HT150，数量为 1；其他内容有图的编号、比例以及制图、审核人员签字等。

(2)一组视图：端盖属于箱体类零件，包括主视图和一个剖视图，主视图用于表达端盖的外部形状和连接孔的位置，剖视图用于表达内部结构；其中零件的外形轮廓用粗实线表示，剖面线用细实线表示，中心线用细点划线表示。

(3)完整的尺寸标注：用以确定零件各部分的大小和位置。

(4)技术要求：包括表面粗糙度、公差要求和制造要求。

通过以上四个步骤，我们基本能够得出该零件的内部、外部结构和其他一些信息。

要求 2 解答

图样是工程技术界的共同语言，是产品或工程设计结果的一种表达形式，是产品制造和工程施工的依据，是组织和管理生产的重要技术文件。为了便于技术交流，国家标准《机械制图》对图样做出了统一规定。

国家标准对图纸的幅面及格式、比例、字体、图线和尺寸标注等内容进行了统一规范，在绘制图样的过程中应自觉遵守。

◎ 任务评价

课题名称		《机械制图》国家标准	任课教师			
要求	序号	要求中的评价项目	结果			
			A	B	C	D
1	1	是否明确机械制图中图纸的幅面和格式?				
	2	如何识读图纸的比例、线型和剖面符号?				
	3	机械图纸的组成及其作用有哪些?				
2	4	国家标准的作用体现在哪些方面?				
综合成绩						
自我总结						
学生签字： 年　月　日			指导教师签字： 年　月　日			

课题 2　绘图工具的使用和几何作图

◎ 任务书

项目	绘图工具的使用和几何作图	用时	8 学时
目的	1. 理解并掌握平面图形中的尺寸分析方法和线段分析方法，从而确定正确的作图步骤。 2. 进一步培养学生严肃认真的工作态度和耐心细致的工作作风。		
要求	1. 抄画如图 1-10 所示的吊钩平面图，用 A4 图纸，比例为 1 ∶ 1。		

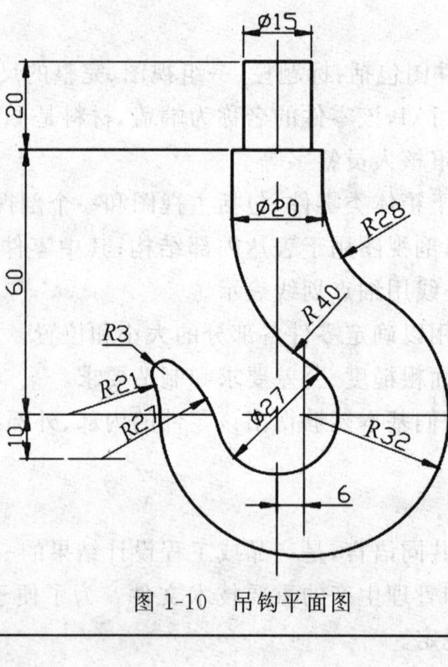

图 1-10　吊钩平面图

◎ 知识链接

1 绘图工具和仪器的使用方法

绘制图样时，若要保证绘图的准确性和提高绘图的效率，必须正确使用各种绘图工具和仪器。常用的绘图工具有图板、丁字尺、三角板、圆规、分规、直线笔、曲线板等。制图用品包括铅笔、图纸、橡皮、胶带纸、铅笔刀等，在绘图前应把这些工具、仪器、用品准备齐全。

下面分别介绍各种工具及仪器的使用方法。

1.1 图板与丁字尺

图板作为绘图时的垫板，要求其表面平坦且光滑。用作导边的左侧必须平直，以便丁字尺在导边的上下配合移动，绘制水平线，如图 1-11 左图所示。再结合三角板，即可以绘制垂直线及各种角度的图线，如图 1-11 右图所示。图板亦有五种图号，使用时应选择与图幅大小相一致的图板。绘图前先将图纸用胶带纸固定在图板上，用丁字尺校正图纸的平行度。

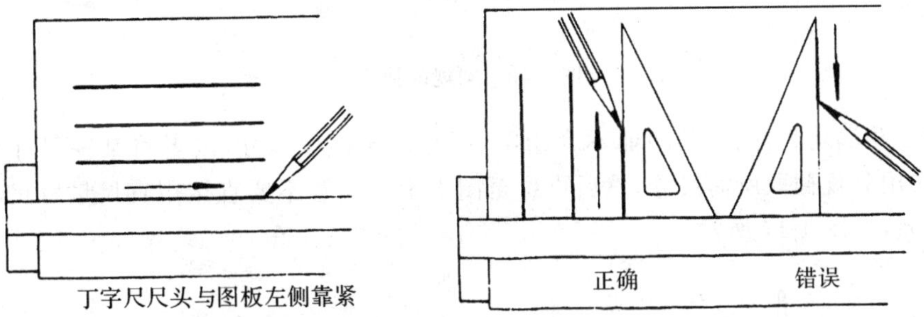

图 1-11 图板与丁字尺的使用

1.2 三角板

一副三角板有两块，一块为 45°三角板，另一块为 30°和 60°三角板。三角板和丁字尺配合使用，可以绘制垂直线和 30°、45°、60°以及 $n\times15°$的各种斜线。此外，利用一副三角板还可以绘制出已知直线的平行线或垂直线，如图 1-12 所示。

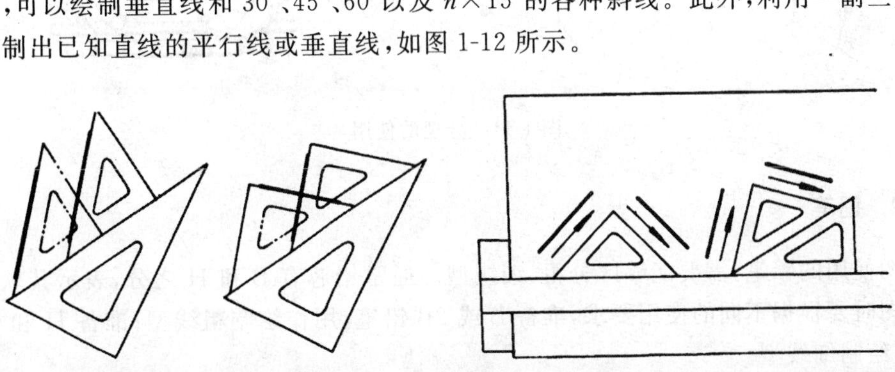

图 1-12 三角板的使用

1.3 圆规与分规

圆规是用来绘制圆与圆弧的，定于圆心的一端为针尖，另一端为铅笔芯用于画圆弧。画图时，针尖脚与铅芯脚在垂直纸面的基础上，稍向前倾斜并按逆时针方向旋转作图，如图 1-13 所示。

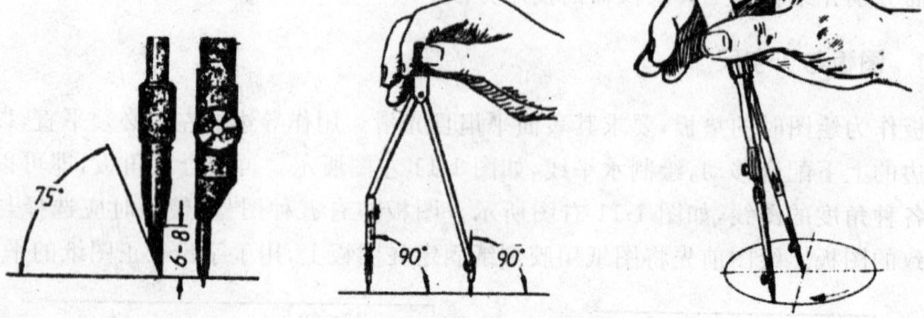

图 1-13　圆规的使用

分规的两端均为针尖，其功能不为绘图，而是用于截取尺寸，或者将某一尺寸均等分。作图时，先用分规截取所需尺寸，然后再量至图纸上。注意不要直接用直尺量取尺寸，以免读数的误差，如图 1-14 所示。

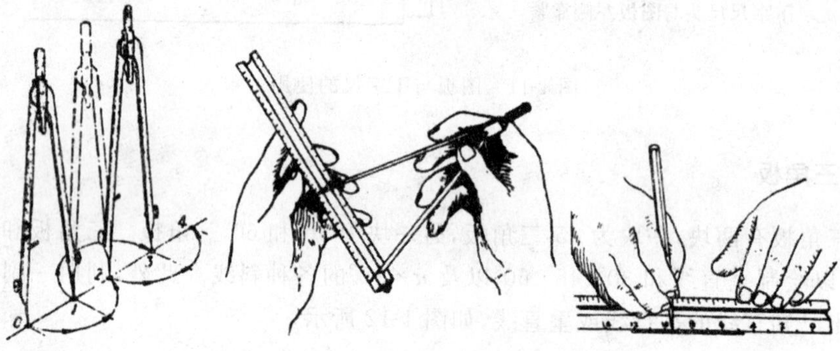

图 1-14　分规的使用

1.4 铅笔

绘图使用的铅笔，需要能够区分粗、细线型。通常铅芯有 B 和 H 之分，表示其软、硬程度。绘图时要根据不同的使用要求，准备 B 或 2B 铅笔，用作绘制粗线型；准备 H 和 2H 铅笔，用作绘制细线型。

铅笔的切削应有利于其所绘制的图线粗细，通常将 H 类铅笔削成锥形，用于画底稿时的细线型；而将 B 类铅笔削成楔形，用于加深粗实线作为轮廓线时。铅笔的切削类型如图 1-15 所示。

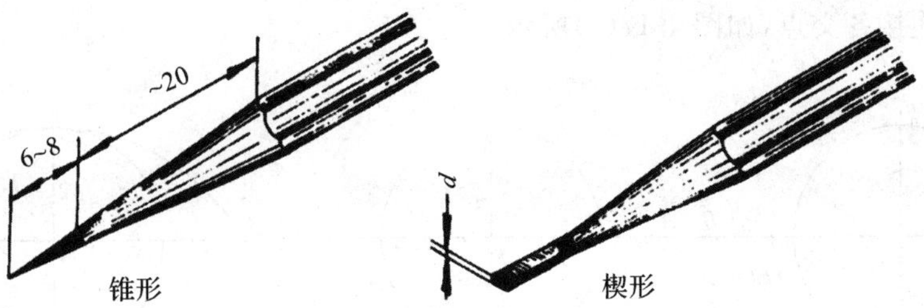

图 1-15　铅笔的切削

1.5　曲线板

曲线板用来绘制非圆曲线。已知曲线上的几个点，光滑连接成圆弧时，除了徒手连接，使用曲线板连接的效果更理想。绘图时找出曲线板上与所画曲线吻合的一段，沿曲线板画出曲线即可。如果曲线较长，或顺、逆时针不规则，需要分段绘制。但前后绘制的两段曲线之间应有一小段是重合的，只有如此绘制的曲线才能保证其圆滑性，如图 1-16 所示。

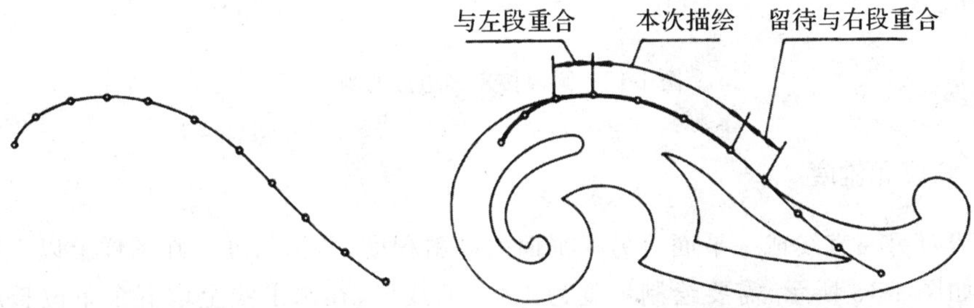

(a) 徒手用细线将各点连成曲线

(b) 选择曲线板上曲率合适的部分，分段描绘。在两段连接处，要有一小段重合，以保证各段曲线光滑过渡

图 1-16　曲线板的使用

2　几何作图

机械产品中的零件或机件，其形状各异，轮廓线千变万化，但它们的图样基本都是由直线、圆弧和其他一些曲线所组成的几何图形。因而在绘制图样时，经常需要运用一些最基本的几何作图方法。

2.1　圆内接正多边形的画法

以正七边形为例，说明圆内多边形的绘图方法，如图 1-17 所示。

(1)画外接圆，如图 1-17(a)所示。

(2)将外接圆直径等分为 N 等份，如图 1-17(b)所示。

(3)以 N 点为圆心，以外接圆直径为半径作圆与水平中心线交于 A、B 两点，如图 1-17(c)所示。

(4)由 A 和 B 分别与奇数(或偶数)分点连线并与外接圆相交,如图 1-17(d)所示。

(5)依次连接各交点,如图 1-17(e)所示。

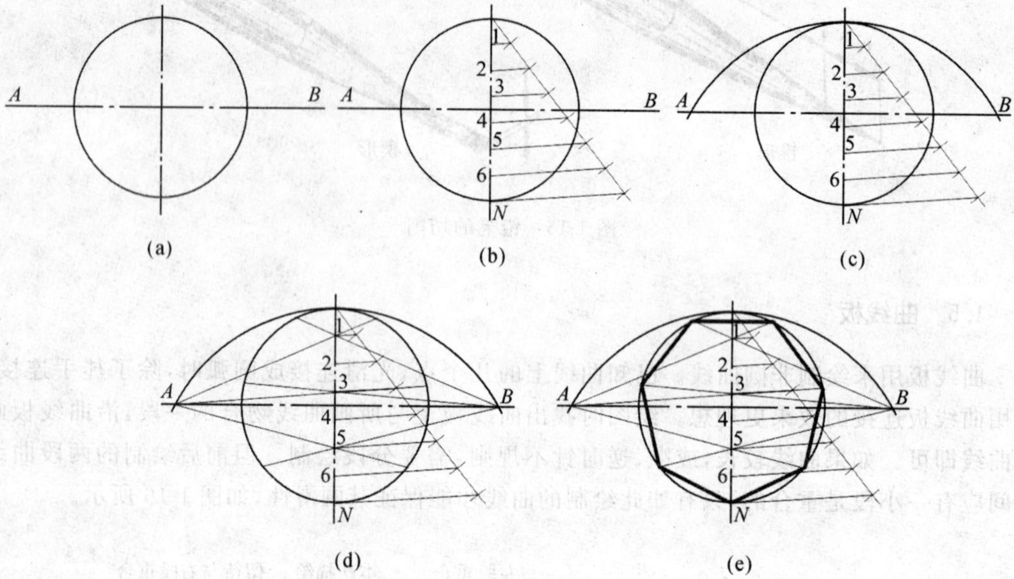

图 1-17 圆内接正多边形的画法

2.2 斜度和锥度

一直线对另一直线或一平面对另一平面的倾斜程度,称为斜度。在图样上以 1∶n 的形式标注。如图 1-18 所示,需要绘制斜度为 1∶5 的线段,在水平线上取五个单位长度,垂直方向取一个单位长度,画出斜度为 1∶5 的线段后,在所需位置推平行线即完成。

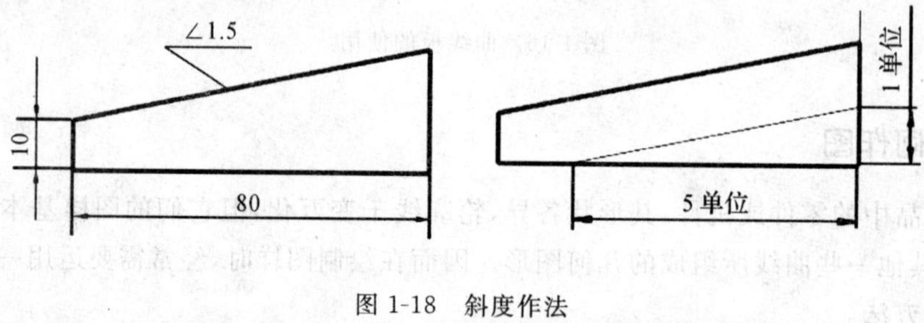

图 1-18 斜度作法

正圆锥底圆的直径与圆锥高度之比称为锥度,或是圆台的底圆直径与顶圆直径之差与高度之比,在图样上仍以 1∶n 的形式标注。如图 1-19 为锥度 1∶5 的作法。

2.3 圆弧连接

在绘制机械图样时,经常会遇到用直线或圆弧来光滑连接已知圆弧或直线。光滑连接也就是在连接点处相切。为了保证相切,在作图时就必须准确作出连接圆弧的圆心和切点。

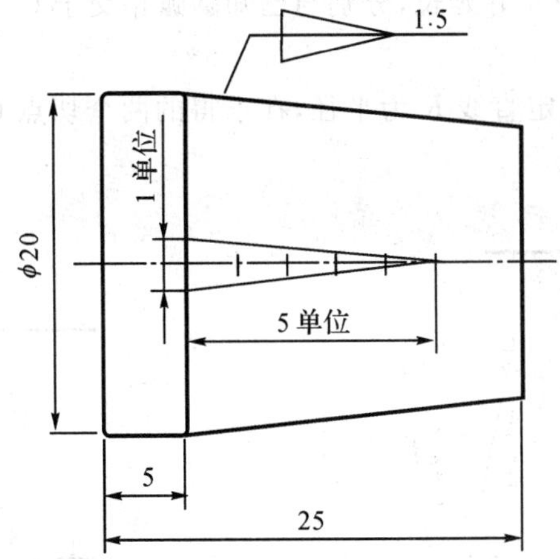

图 1-19　锥度作法

(1)用给定直线 R 为半径作圆弧，连接两已知直线，作图方法如下：

① 作两条辅助线分别与两已知直线平行且相距为 R。交点 O 即为连接圆弧的圆心。

② 由点 O 分别向两已知直线作垂线，垂足 M、N 即为圆弧连接的两个切点。

③ 以点 O 为圆心，R 为半径，在 M、N 两点之间画圆弧连接两直线，如图 1-20 所示。

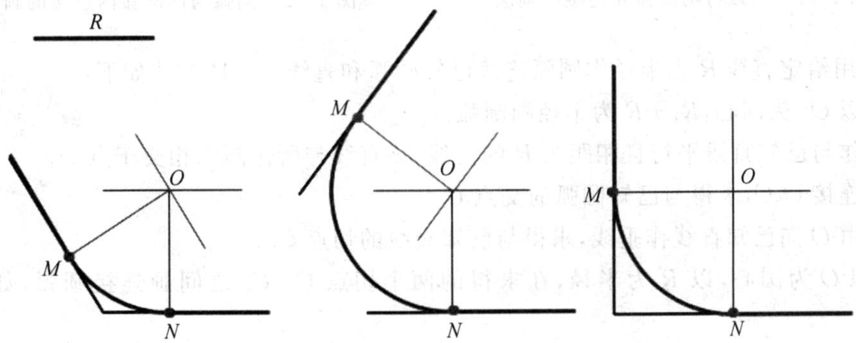

图 1-20　圆弧连接两直线的画法

(2)用给定直线 R 为半径作圆弧，连接半径分别为 R_1 和 R_2 的两已知圆弧(外切)。作图方法如下：

① 以 O_1 为圆心，以 R_1+R 为半径画圆弧。

② 以 O_2 为圆心，以 R_2+R 为半径画圆弧。两圆弧相交于点 O_3。

③ 连接 O_1O_3 和 O_2O_3，分别与已知圆弧相交于 C_1、C_2 两点，该两点即圆弧连接之切点。

④ 以 O_3 为圆心，以给定直线 R 为半径，在求得的两个切点 C_1、C_2 之间画连接圆弧，如图 1-21 所示。

(3)用给定直线 R 为半径作圆弧连接半径分别为 R_1 和 R_2 的两已知圆弧(内切)。作图方法如下：

① 以 O_1 为圆心，$R-R_1$ 为半径画圆弧。

② 以 O_2 为圆心，$R-R_2$ 为半径画圆弧。两圆弧相交于点 O_3。

③ 分别连接 O_3O_1、O_3O_2 并延长，分别与已知圆弧相交于 C_1、C_2 两点，该两点即圆弧连接之切点。

④ 以 O_3 为圆心，以给定直线 R 为半径，在求得的两个切点 C_1、C_2 之间画连接圆弧，如图 1-22 所示。

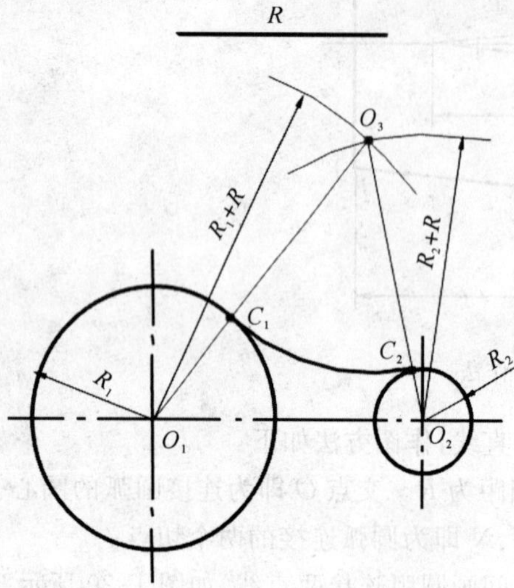

图 1-21　圆弧与两圆弧外连接的画法

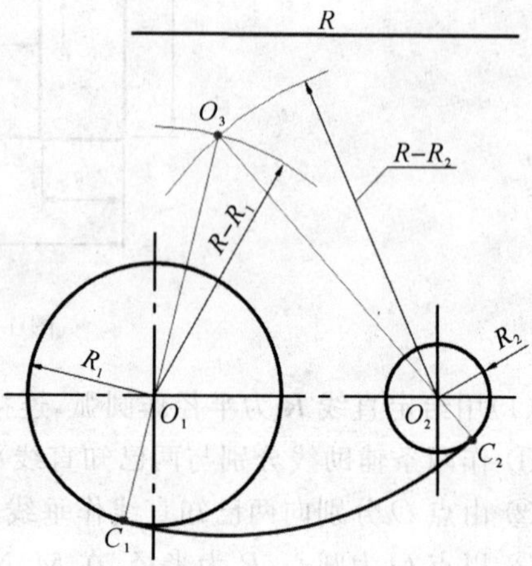

图 1-22　圆弧与两圆弧内连接的画法

(4)用给定直线 R 为半径作圆弧连接已知圆弧和直线。作图方法如下：

① 以 O_1 为圆心，R_1+R 为半径画圆弧。

② 作与已知直线平行且相距为 R 的直线，该直线与所作圆弧相交于点 O。

③ 连接 O_1O，求得与已知圆弧的交点 C_1。

④ 由 O 向已知直线作垂线，求得与已知直线的切点 C_2。

⑤以 O 为圆心，以 R 为半径，在求得的两个切点 C_1、C_2 之间画连接圆弧，如图 1-23 所示。

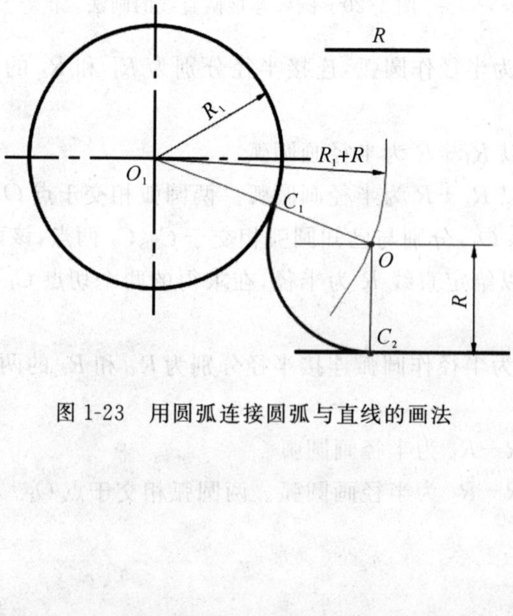

图 1-23　用圆弧连接圆弧与直线的画法

2.4 圆弧连接作图小结

(1)无论哪种形式的连接,连接圆弧的圆心都是利用动点运动轨迹相交的概念来确定其位置的。

(2)距离直线等距离的点的轨迹,是直线的平行线。

(3)与圆弧等距离的点的轨迹,是同心圆弧。

(4)连接圆弧的圆心是由作图确定的,故在标注尺寸时只注半径,而不注圆心位置的定位尺寸。

◎ 任务解答

要求解答

1. 布置图形位置

布置图形务使匀称、美观。根据图形的长、宽尺寸确定位置,同时要考虑标注尺寸或说明等其他内容所占的位置,位置确定之后,画出各图的基准线。最后用一张洁净的纸盖在上面,只把要画图的地方露出来。

2. 绘制底稿

根据定好的基准线,按尺寸先画已知线段,再画中间线段,最后画轮廓线段,注写尺寸如图 1-24、图 1-25、图 1-26、图 1-27 所示。绘制底稿时,线条应分出各种线型,但其粗细可不必严格区分,因为随后还要加深描粗。底稿线应细而轻淡,以便修改和擦净不需要的图线。底稿上的箭头可暂时不画,数字暂时不写,留待加深时统一画、统一写。

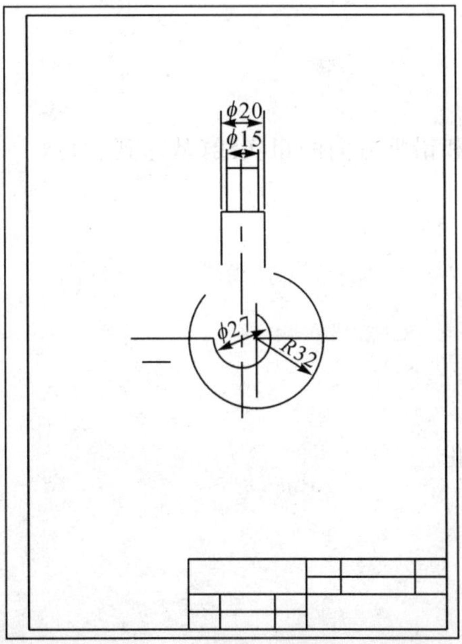

图 1-24　画已知线段

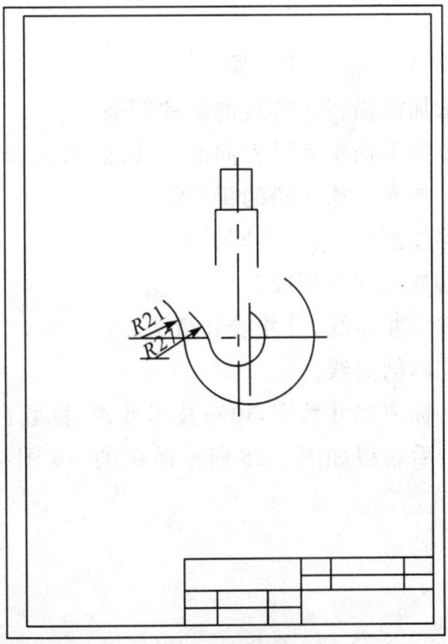

图 1-25　画中间线段

3. 铅笔描深

(1)画好底稿后用铅笔描深粗之前,先要对底稿检查一遍,改正图中的错误和补齐遗漏的线条，并把画错的线和不需要的线全部擦去。

(2)加深描粗图线时，线型应由粗细不同来区别，但黑度应一致，以便复制。加深描粗后的铅笔线，可见轮廓线粗细 b 可用 0.5mm。描深时用力要均匀，描错或描坏的图线，用擦图片来控制擦去的范围，然后用橡皮顺纸纹擦净。

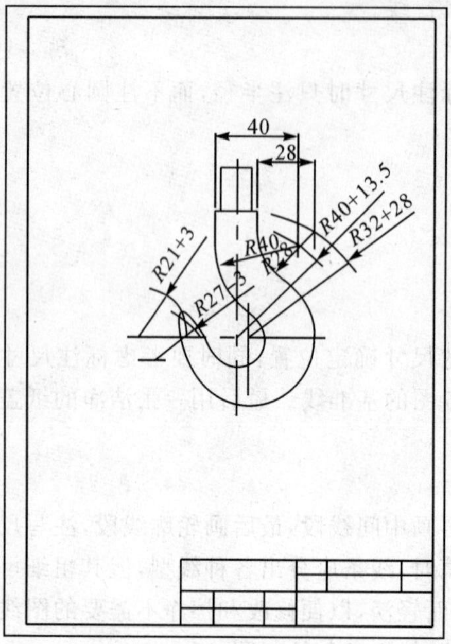

图 1-26 画连接线段

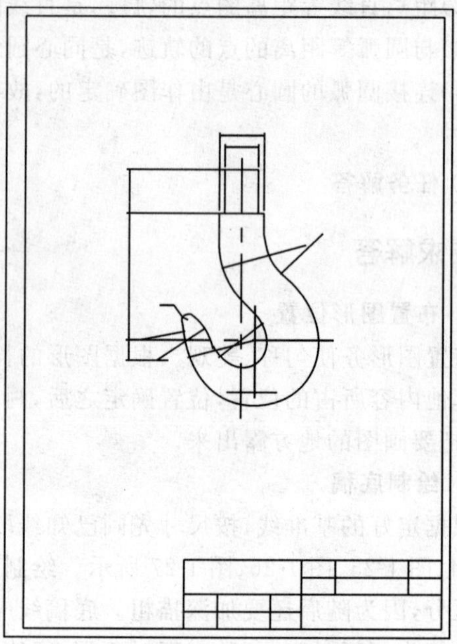

图 1-27 画尺寸线和尺寸界线

(3)加深描粗的步骤：

①加深描粗粗实线的圆和圆弧。

②加深描粗水平方向的粗实线(自上而下)和铅垂方向的粗实线(从左到右)。

③加深描粗倾斜的粗实线。

④加深虚线(次序同粗实线)。

⑤加深细点划线。

⑥尺寸界线、尺寸线和箭头。

⑦画剖面线。

⑧标注尺寸数字，填写技术要求、标题栏等。

最后获得如图 1-28 所示吊钩的 A4 图纸一份。

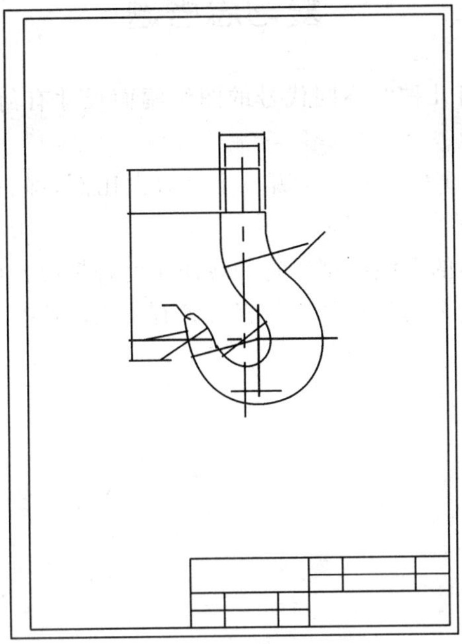

图 1-28　吊钩的 A4 图纸

◎ 任务评价

<table>
<tr><td colspan="2">课题名称</td><td>绘图工具的使用和几何作图</td><td colspan="2">任课教师</td><td colspan="2"></td></tr>
<tr><td rowspan="2">要求</td><td rowspan="2">序号</td><td rowspan="2">要求中的评价项目</td><td colspan="4">结果</td></tr>
<tr><td>A</td><td>B</td><td>C</td><td>D</td></tr>
<tr><td rowspan="4">1</td><td>1</td><td>常见的绘图仪器有哪些以及如何使用？</td><td></td><td></td><td></td><td></td></tr>
<tr><td>2</td><td>能否使用绘图仪器绘制常见的线型？</td><td></td><td></td><td></td><td></td></tr>
<tr><td>3</td><td>常见的几何作图有哪些以及如何绘制？</td><td></td><td></td><td></td><td></td></tr>
<tr><td>4</td><td>是否明确几何图形的一般绘制步骤？</td><td></td><td></td><td></td><td></td></tr>
<tr><td colspan="2">综合成绩</td><td colspan="5"></td></tr>
<tr><td colspan="2">自我总结</td><td colspan="5"></td></tr>
<tr><td colspan="3">学生签字：
年　　月　　日</td><td colspan="4">指导教师签字：
年　　月　　日</td></tr>
</table>

复习思考题

1. 图纸的基本幅面有几种？不同代号的图纸幅面尺寸有何关联？A3 图纸幅面的长、宽尺寸各为多少？

2. 什么叫绘图比例？1∶2 和 2∶1 哪一个是放大比例，哪一个是缩小比例？绘图比例能否随意选取？

3. 为什么要规定基本的图线线型？它们各用于何种情况？应用图线应注意什么？

4. 分规与圆规各有什么用处？分规与直尺各有什么用途？

第 2 单元　投影体系的建立

学习指南

本章内容主要介绍投影法，所谓投影法就是投影的一种方法。投影法只是某种“工具”，某种投影的“环境”。我们学习制图，其实就是学习三维立体的投影，这个投影是需要一定环境的，投影体系的建立，也就是为我们研究投影搭建了一个平台，有了这个平台，有了投影体系，投影的讨论才得以展开。

投影方法有很多，都是围绕着投影的五个基本要素，即投射中心、投射线、物体、投影和投影面，研究三维立体与其投影之间的关系。

教学目标：

1. 明确投影概念，掌握正投影法的基本原理和基本特性。
2. 熟悉三投影面体系的组成和展开。
3. 通过投影基础理论的学习培养空间想象能力。

教学重点：

1. 正投影法的基本原理和基本特性。
2. 三投影面体系的组成和展开。
3. 空间概念的建立及空间想象能力的培养。

教学难点：

1. 正投影法的基本原理和基本特性。
2. 空间概念的建立及空间想象能力的培养。

教学学时：

8 学时。

课题 3　三投影面体系

◎ 任务书

项目	三投影面体系的建立	用时	8 学时
目的	1. 明确投影概念，掌握正投影法的基本原理和基本特性。 2. 熟悉三投影面体系的组成和展开。		

续表

项目	三投影面体系的建立	用时	8学时
要求	1. 正投影法的投影特性是什么？ 2. 三视图的投影规律是什么？ 3. 如图 2-1 所示，给出 6 个三视图，试想象其空间形状并画出轴测图。 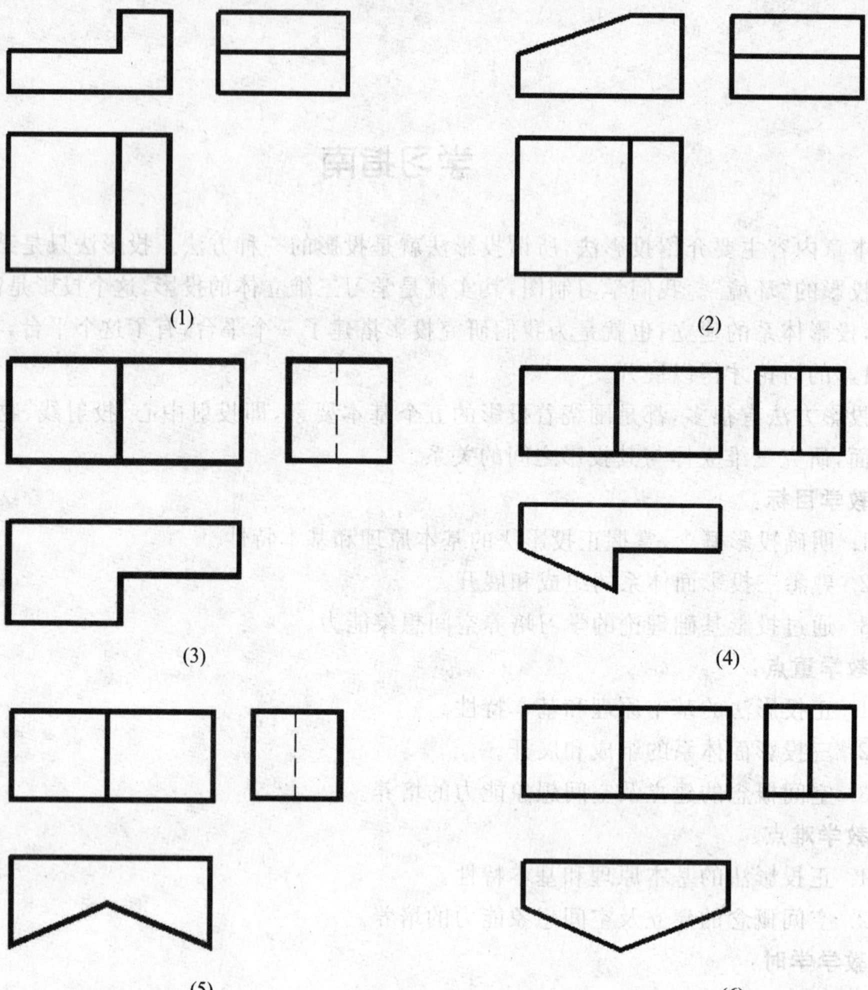 图 2-1		

◎ 知识链接

1 投影法

物体在灯光或在日光的照射下，就会在地面或墙壁上产生影子，这是一种自然现象。投影法就是将这种自然现象加以几何抽象而产生的。

投影法必须具备五个要素，即：投射中心、投射线、空间物体、投影和投影面。投射线通过空间物体向选定的投影面投射，并在该投影面上得到投影图形的方法，称为投影法。投影法通常分为两类：中心投影法和平行投影法。

1.1 中心投影法

如图 2-2 所示，中心投影法是由投射中心、空间物体和投影面组成的投影法。用中心投影法得到的物体的投影，其大小与物体相对投影面的远近有关，投影不能反映物体的真实形状，但图形富有立体感，用于绘制建筑物富有立体感的透视图较为合适，机械制图中很少采用。

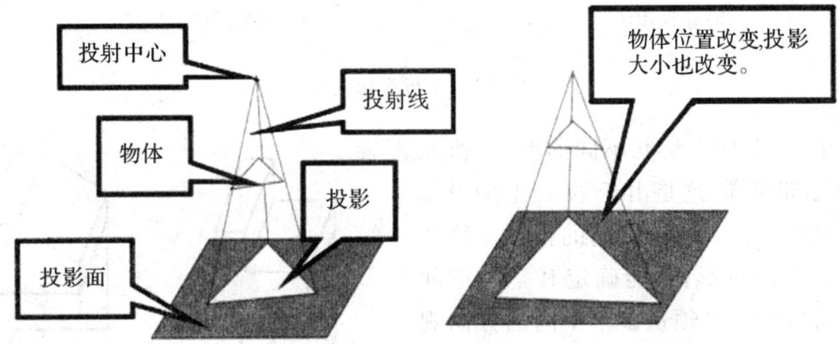

图 2-2　中心投影法

1.2 平行投影法

如图 2-3 所示，平行投影法与中心投影法的区别在于，平行投影法的投射线相互平行。按投射线与投影面是否垂直，平行投影法又分为正投影法和斜投影法。投射线垂直于投影面的投影称为正投影法，投射线倾斜于投影面的投影称为斜投影法。

在平行投影法的正投影法中，如果使空间平面(图中的三角形)与投影面平行，投影面上的投影能反映空间平面的真实形状，其大小与空间平面距离投影面的远近无关(图 1-3(a))。

机械制图中采用的投影方法，即平行投影法中的正投影法，斜投影法一般只在轴测图的斜二轴测中使用。

2 正投影图

使用正投影法得到的投影图，称为正投影图。如图 2-4 所示，空间形体受投射线作用，在投影面 H 面上留下投影，H 面上的投影称为正投影图，简称投影图。

在正投影法中，平面和直线的投影有以下三个特性：

(1)实形性　当平面与直线平行于投影面时，平面的投影反映真实形状，直线的投影反映实长。

(2)积聚性　当平面与直线垂直于投影面时，平面的投影积聚成直线，直线的投影积聚成点。

(3)类似性　当平面与直线倾斜于投影面时，平面的投影类似原平面，直线的投影比原直线短。

平行投影法

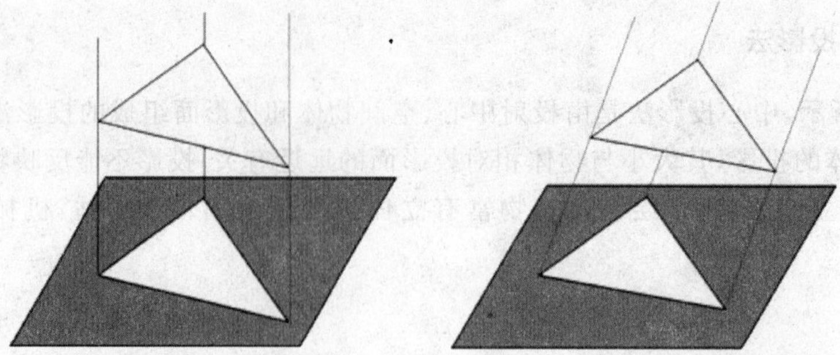

(a) 正投影法　　(b) 斜投影法

图 2-3　平行投影法

图 2-4 中，空间两个形状不同的形体，留在 H 面上的投影却相同，这是由于 H 面上的投影图只表达了空间形体某一个方向的投影。物体在一个投影面上的投影，不能确定其三维空间的形体形状与位置。必须从多个不同的方向观察，采用多面投影绘制多面投影图。机械制图中通常采用与形体的长、宽、高相对应的三个相互垂直的投影面，来绘制形体的三面投影图。于是，在 H 面的后方增加 V 投影面，在 H 面的右方增加 W 投影面，三个投影面相互垂直，如图 2-5 所示。

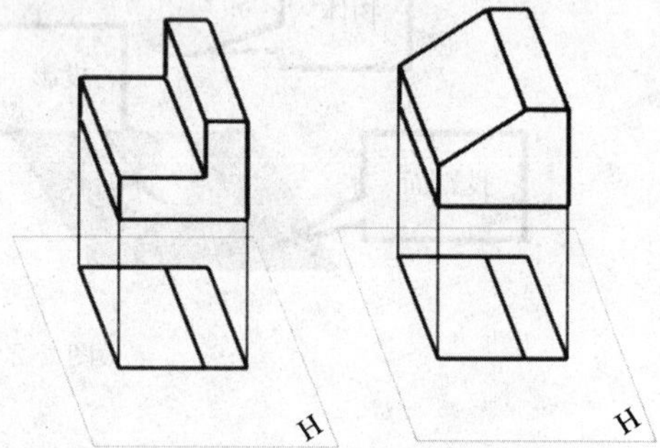

图 2-4　正投影图

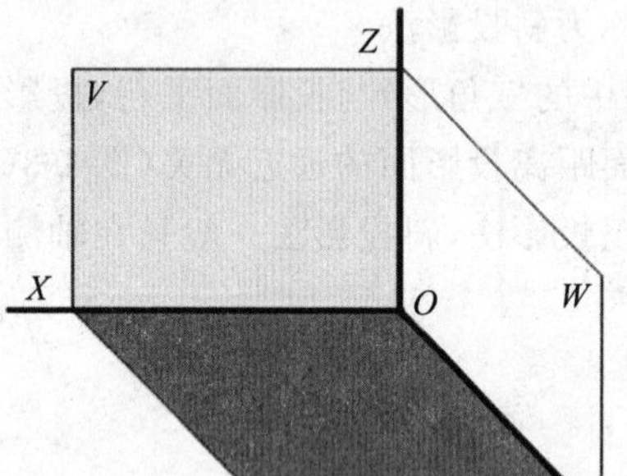

图 2-5　三面投影体系

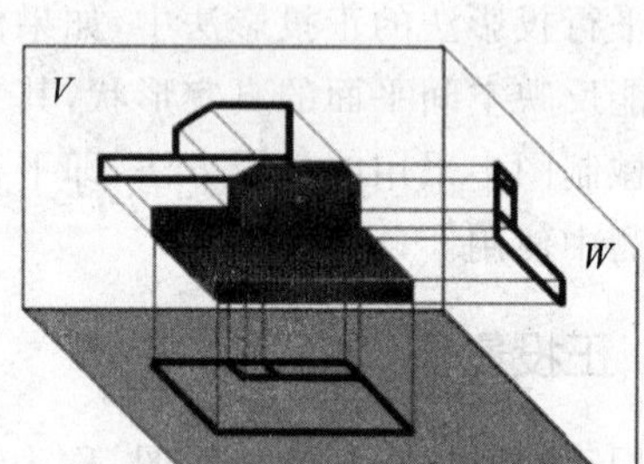

图 2-6　三面投影图

V 面称为正面投影面，H 面称为水平投影面，W 面称为侧面投影面。三个投影面之间的交线 OX、OY、OZ 称为投影轴，表示形体长、宽、高的三个度量方位，三条轴线汇聚一点，该点被称为原点 O。投影面与投影轴构成了三面投影体系。

如图 2-6 所示，某实体在此投影体系中生成了三张投影图，各投影面上的投影约定为：形体在正面投影面上的投影称为正面投影，形体在水平投影面上的投影称为水平投影，形体在侧面投影面上的投影称为侧面投影。

图 2-6 中,只有正面投影能够真实反映空间形体在 V 面的投影形状,而水平投影和侧面投影的形状失真。这是为什么?这是由于阅读者的视线仅与 V 面垂直,只有 V 面投影符合正投影法的投影规则,而后两者的投影属于斜投影法。如何解决才能使得三面投影图都能够真实反映空间物体对应三个投影方向的真实形状?

机械制图中,将三个投影面展开在一个平面上。按制图国家标准的规定,投影面展开时 V 面不动,H 面绕 OX 轴向下旋转,W 面绕 OZ 轴向右旋转,至 H、W 两投影面均与 V 面共面。展开后的投影面,OY 轴一分为二,落在 H 面上的称为 OY_h,落在 W 面上的称为 OY_w,如图 2-7 所示。共面后的三个投影面,水平投影面在正面投影面的下方,侧面投影面在正面投影面的右侧。

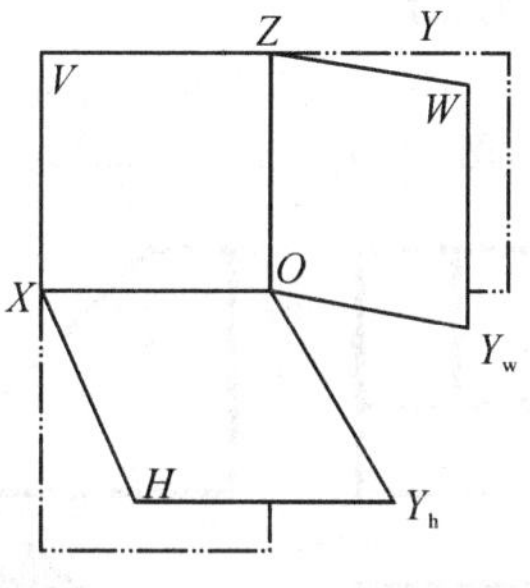

(a) 展开过程

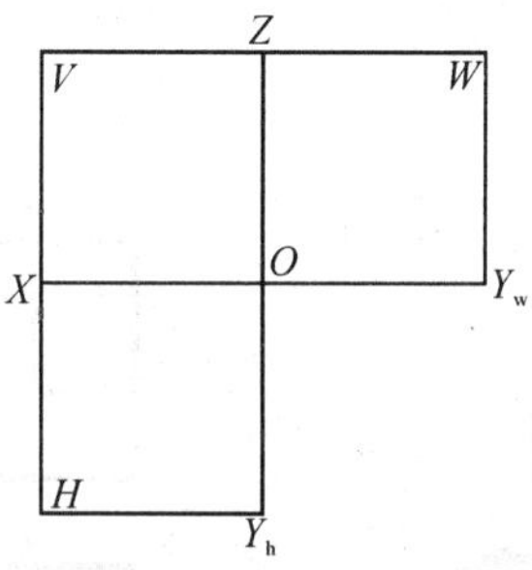

(b) 三投影面共面

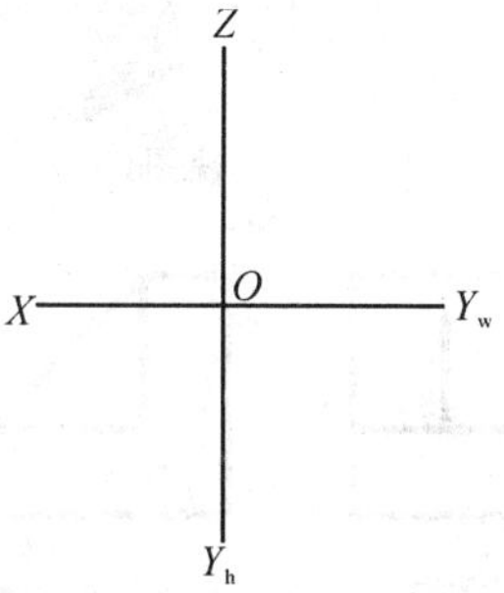

(c) 简化的三投影面

图 2-7　三面投影图的展开过程

如图 2-8(a)所示,为某实体展开后的三面投影图,均真实反映出该实体的三面投影形状。图 2-8(b)是机械制图中表达空间形体对应于长、宽、高三个方向的投影图,简称"三视图",所谓的长、宽、高即是投影轴 OX、OY、OZ 的度量差。

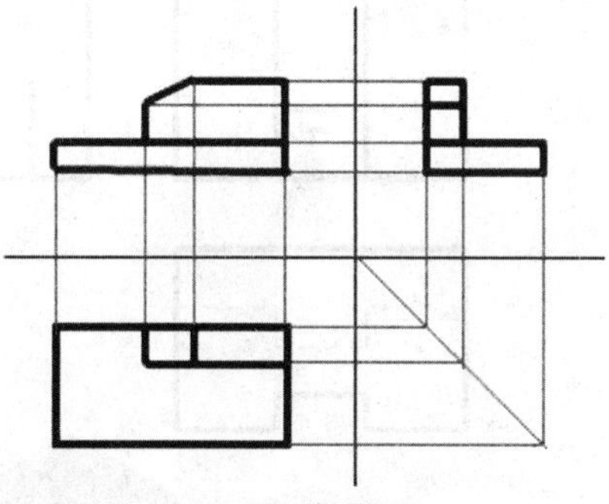
(a) 展开投影图

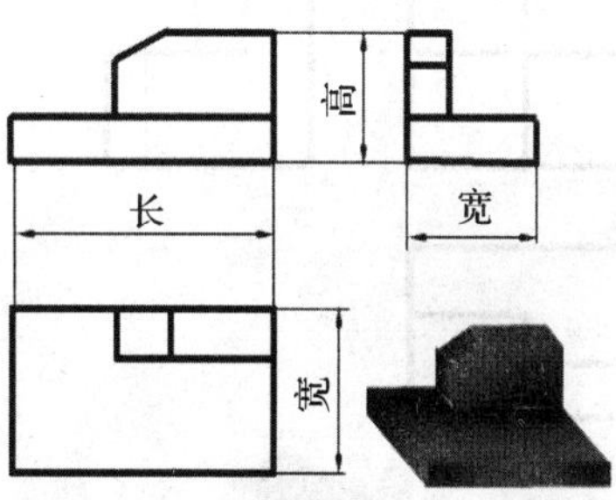

(b) 三视图

图 2-8　展开后的三面投影图

3　三视图示例

建立了投影体系之后,读者可以尝试阅读以下实例,以便熟悉三维的投影体系,锻炼三维空间的形象思维能力。

三视图六例(图 2-9 至图 2-14)。为了便于读图,每个例子都配有具有立体感的轴测图,为读者读图提供参考。另外第一章节中有关图线的线型应用,重提三例以便熟记。

———— 粗实线 应用于形体的可见轮廓线。

-------- 虚线 应用于形体的不可见轮廓线。

—·—·—·— 点画线 应用于图形的轴线、对称中心线。

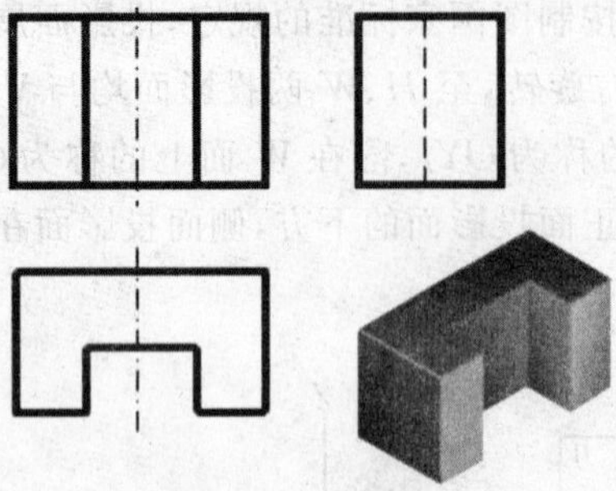

图 2-9 三视图(一)

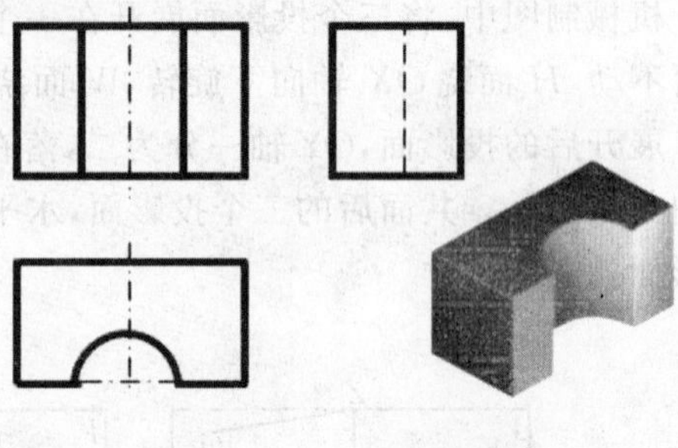

图 2-10 三视图(二)

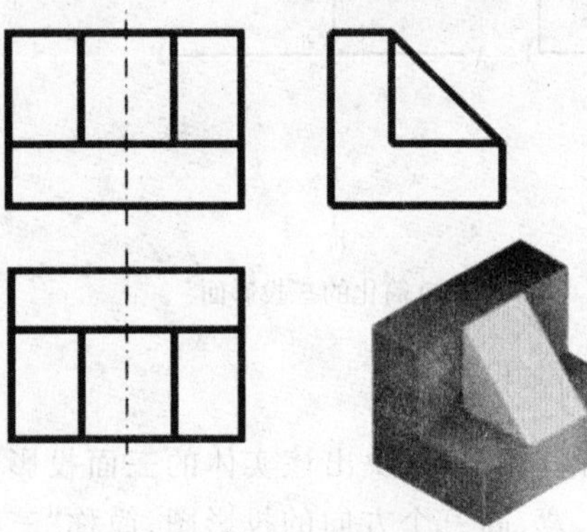

图 2-11 三视图(三)

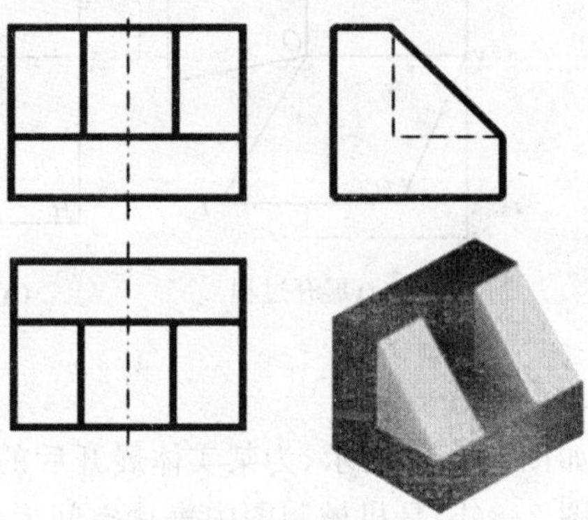

图 2-12 三视图(四)

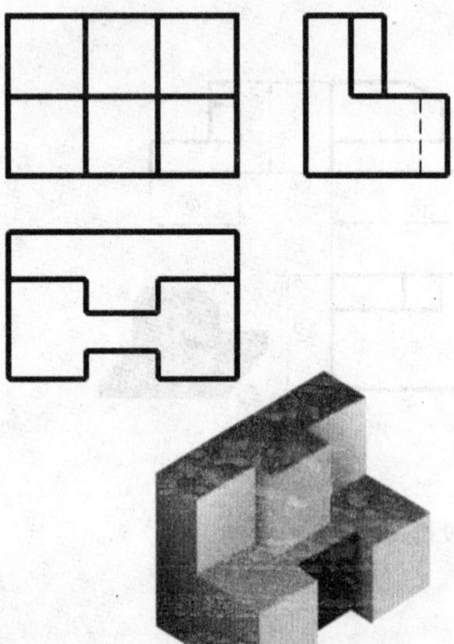

图 2-13 三视图(五)

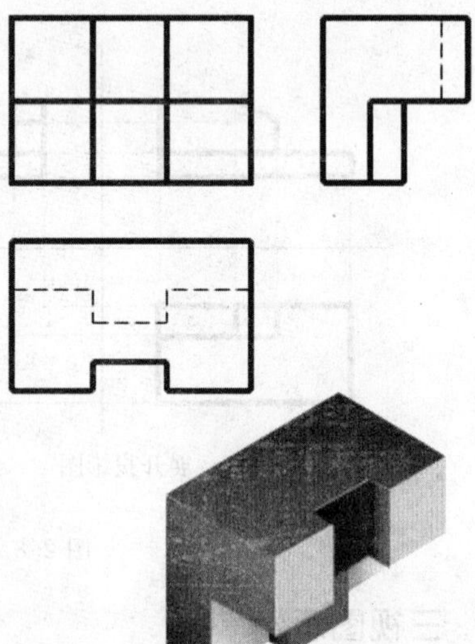

图 2-14 三视图(六)

◎ 任务解答

要求 1 解答

在正投影法中，平面和直线的投影有以下三个特性：

(1)实形性　当平面与直线平行于投影面时，平面的投影反映真实形状，直线的投影反映实长。

(2)积聚性　当平面与直线垂直于投影面时，平面的投影积聚成直线，直线的投影积聚成点。

(3)类似性　当平面与直线倾斜于投影面时，平面的投影类似原平面，直线的投影比原直线短。

要求 2 解答

机械制图中，将三个投影面展开在一个平面上。按制图国家标准的规定，投影面展开时 V 面不动，H 面绕 OX 轴向下旋转，W 面绕 OZ 轴向右旋转，至 H、W 两投影面均与 V 面共面。展开后的投影面被 OY 轴一分为二，落在 H 面上的称为 OY_h，落在 W 面上的称为 OY_w。共面后的三个投影面，水平投影面在正面投影面的下方，侧面投影面在正面投影面的右侧。

三视图的投影规律为：主、俯视图长对正，主、左视图高平齐，俯、左视图宽相等。

要求 3 解答

借助轴测图的立体效果，读图会显得简单轻松。但是轴测图也不是万能的，受到了视觉投射的局限性。在实际的工程图纸中，运用的是视图。所以在本项目中，同样有六例视图，每张视图后不再配置其相应的轴测图。读者在读图之后，想象出空间实体的形状。

怎么样？读懂了吗？如果有点困难实属正常哦，否则就没有必要再开课了。其实这些实例只是作为开课前的热身运动，让脑子动起来！让思想活起来！接下来的课程中需要发挥空间形象思维，运用大脑的想象力，在平面投影与空间形体之间搭建形象思维的桥梁。

空间的想象力是否正确？拿什么作为评判标准？在以后的学习中会进一步体验。本项目中的六张视图，图 2-15 中列出了它们的轴测图，读者可以根据轴测图检验自己的想象能力。只是轴测图只有四张，还有二张呢？答案请在本章节中寻找。

图 2-15　平面体轴测图

◎ 任务评价

课题名称		三投影面体系的建立	任课教师				
要求	序号	要求中的评价项目		结果			
				A	B	C	D
1	1	是否掌握正投影法的基本原理和基本特性？					
2	2	能否想象出三面投影体系的组成和展开？					
3	3	已知简单立体的三视图，能否想象出其空间形状？					
综合成绩							
自我总结							

学生签字： 年 月 日	指导教师签字： 年 月 日

复习思考题

1. 什么是投影的五要素？五要素之间有什么关系？
2. 投影法有哪几类？其特点各是什么？简述正投影法的基本特性。
3. 说出三投影面体系中投影面、投影轴、投影图的名称。
4. 什么是投影？什么是投影图？
5. 三面投影体系中，为什么要将投影面展开成共面？

第 3 单元　点、直线、面

学习指南

任何空间的立体，无论是复杂的或简单的，都是由平面或曲面组成。而平面或曲面是由直线或曲线组成，线又是由点组成。所以，点是几何学中最小的元素。将点的投影作为制图学习的起点，因为点还是投影图中最小的投影单元。

掌握了一个点的投影，再把握两点的投影即把握了直线的投影，而不在一条直线上的三点投影，可以转化为平面的投影，以此循序渐进直至体的投影。

教学目标：

1. 掌握点的三面投影和规律，理解点的投影和该点与直角坐标的关系。
2. 熟悉直线的三面投影，掌握特殊位置直线的投影特性。
3. 熟悉平面的三面投影，掌握特殊位置平面的投影特性。
4. 直线与平面及平面与平面的相对位置。

教学重点：

1. 重影点的概念以及如何判断两点在空间的相对位置关系。
2. 两条直线的相对位置：平行、相交、交叉、垂直相交。
3. 在平面内取点、取线的方法。

教学难点：

求直线和平面的交点，平面和平面的交线。

教学学时：

8 学时。

课题 4　点、线、面投影的求作与分析

一、点的投影

◎ 任务书

项目	点的投影图的求作	用时	2 学时
目的	1. 掌握点的投影的做法和规律。		

续表

项目	点的投影图的求作	用时	3 学时
要求	1. 如图 3-1 所示,求作点 A 的第三面投影。 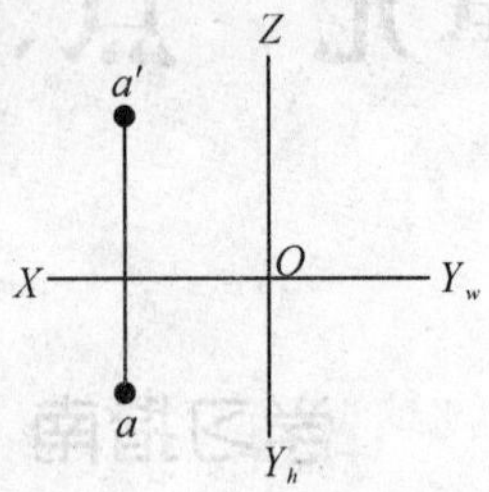 图 3-1　端盖零件图 2. 根据空间点 A(15,25,20),求出点的三面投影。 3. 如图 3-2 所示,根据 A、B 两点的三面投影,判断 A、B 两点的空间位置,并填空。 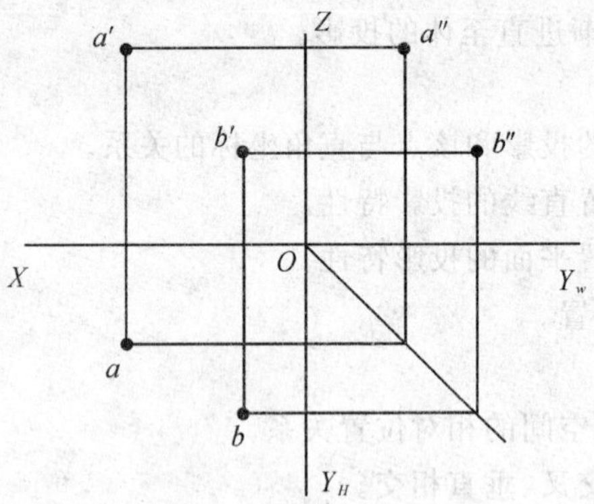 图 3-2 A 点在 B 点之__。(上、下) B 点在 A 点之__。(前、后) A 点在 B 点之__。(左、右)		

点是构成空间立体最基本的几何元素,两点即可以连接成直线;一条直线与该线外的点可以组成一平面;若干个平面又可以组合成完整的平面立体。所以要学好机械制图,首先要从点的投影开始,掌握最基本的投影元素,即点的投影规则和投影特性。

◎ **知识链接**

1　点的单面投影

所谓点的投影,可以定义为:空间点在投射线的作用下,在投影面上留下的投影点。如图 3-3,可以用作图的方法表示点的投影,即过点 A 作 H 面的垂线,该垂线与 H 面的交点 a 即为点 A 在 H 面上的投影,投影即称为投影图。

在投影图中已约定:所有的点的投影采用小写字母表示,而空间点用大写字母表示。由正投影法的投影特性可知,空间点 A 的位置确定后,其投影点 a 的位置也就确定了,这是因为 Aa 的连线一定垂直于其投影面 H。

反之,根据投影面上的一个投影点 a,是否可以确定其空间点 A 的位置?如图 3-4 所

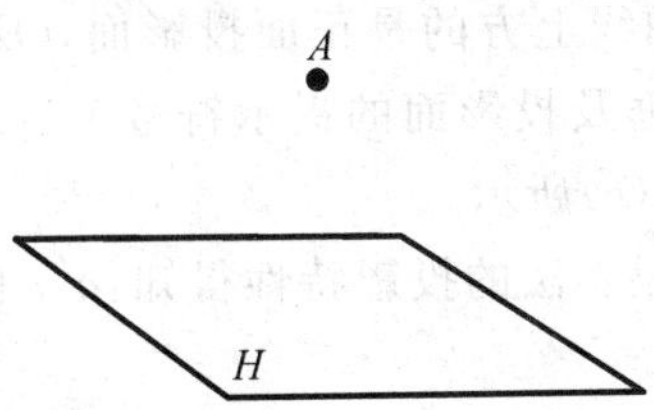

图 3-3 点在一个投影面上的投影

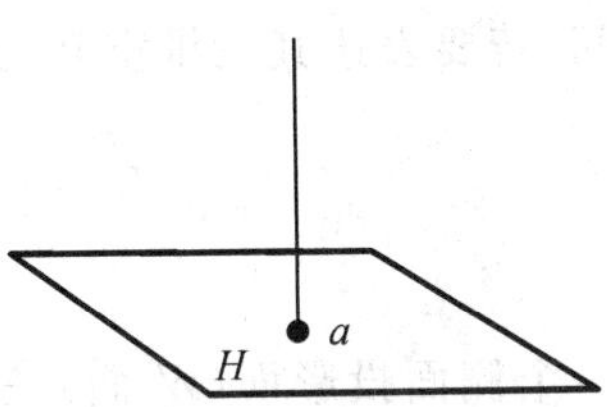

图 3-4 点在一个投影不能确定其空间的三维坐标

示，过投影点 a 作 H 面的垂线，空间点 A 必在此垂线上。但是 A 点距离 H 面的高度却是不确定的，因为 A 点在垂线位置上下移动时，其投影不变。因此，一个投影 a 不能确定其空间 A 点的三维坐标。

2 点的双面投影

如图 3-5 所示，空间点 A 位于由 V 面和 H 面组成的两面投影体系中。过点 A 分别作 V 面和 H 面的垂直线(投射线)，与 V 面的垂足称为点 A 的正面投影，用小写字母 a' 表示，与 H 面的垂足称为点 A 的水平投影，用小写字母 a 表示。为了表示两个不同投影面的投影，分别用加撇的 a' 和不加撇的 a 加以区别。同时再一次地强调：空间点用大写字母表示，投影点用小写字母表示。

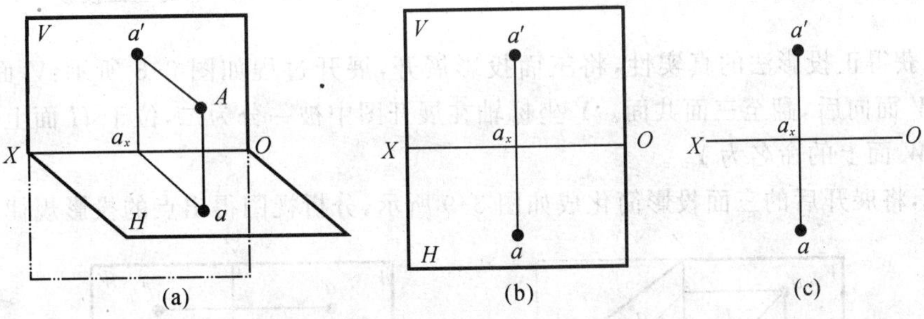

图 3-5 点在两面投影体系中的投影

如图 3-5(a)所示的两面投影图中，V 面投影 $a'a_x$ 之间的间距真实地反映出 A 点的高度(与 H 面的距离)，而 H 面投影 aa_x 不反映实际距离，这是由于读者的观察视线仅与 V 面垂直而与 H 面倾斜。因此，必须将 H 面展开成 V、H 共面的形式，如图 3-5(b)所示，展开的投影图中，两面的投影距离 $a'a_x$ 和 aa_x 均反映实际距离。

从 V、H 两投影面的展开方式得知：OX 轴线上方的是正面投影面，OX 轴线下方的是水平投影面。因此，图中表示投影面范围的线框及投影面的提示符号 V、H，均显多余将其省略更显简洁。于是图 3-5(b)简化成如图 3-5(c)所示。

将正面投影 a' 与水平投影 a 相连接，由正投影法的投影特性得知：$a'a$ 的连线一定垂直于 OX 轴线，其交点为 a_x。

分析视图，可以得出：

V 面投影；$a'a_x$ 为点 A 到 H 面的距离，反映点 A 到 H 面的高度位置。

H 面投影；aa_x 为点 A 到 V 面的距离，反映点 A 到 V 面的宽度位置。

A 点的两个投影，仅表达出点 A 的二维空间，若要表达其三维空间，必须再增设一个投影面。

3 点在三面投影体系中的投影

如图 3-6 所示，在 V、H 两面的右边，增设一个侧面投影面(W 面)，三个投影面相互垂直构成三面投影体系。空间点 A 位于其中，分别做 H、V、W 的三面投影，其三面投影为 a、a'、a''。如图 3-7 所示，其中投影 a 为点 A 在 H 面上的投影，称为点 A 的水平投影；投影 a' 为点 A 在 V 面上的投影，称为点 A 的正面投影；投影 a''为点 A 在 W 面上的投影，称为点 A 的侧面投影。

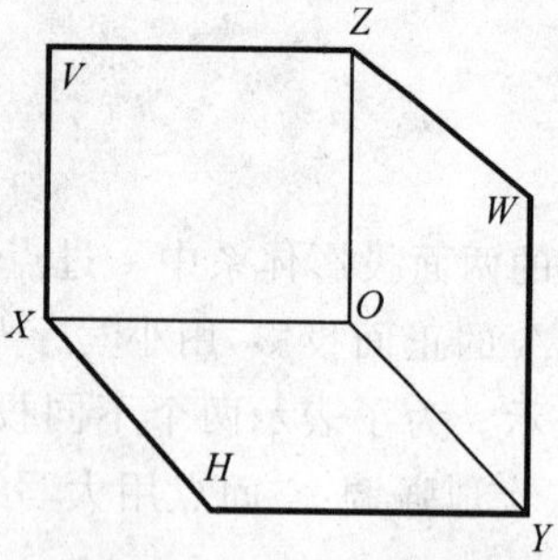

图 3-6 三面投影体系

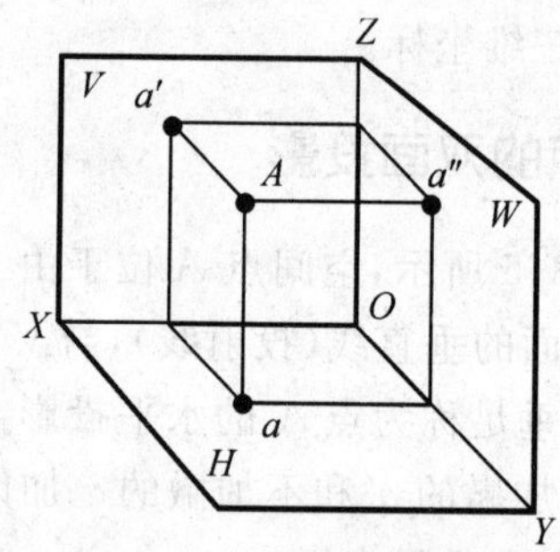

图 3-7 点的三面投影

为了获得正投影法的真实性，将三面投影展开，展开过程如图 3-8 所示：V 面不动，H 面向下，W 面向后，翻至三面共面。Y 坐标轴在展开图中被一分为二，位于 H 面上的命名为 Y_h，位于 W 面上的命名为 Y_w。

同理，将展开后的三面投影简化成如图 3-9 所示，分析视图得出点的投影规律如下：

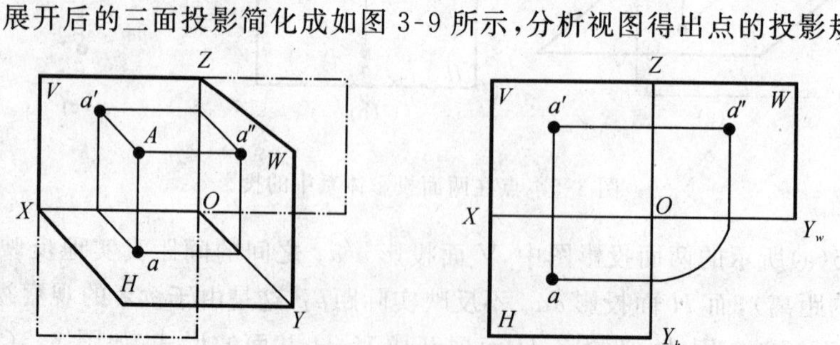

图 3-8 点的投影展开过程

(1)特性一 $a'a \perp OX$（V 面 H 面长度对正）

(2)特性二 $a'a'' \perp OZ$（V 面 W 面高度平齐）

(3)特性三 $aa_x = a''a_z$（H 面 W 面宽度相等）

其中 a_x 为 $a'a$ 连线与 OX 轴交点。a_z 为 $a'a''$ 连线与 OZ 轴交点。根据正投影法的投影规则得出：

(1)$aa_y = a'a_z = X = Aa''$（A 到 W 面的距离）

(2)$aa_x = a''a_z = Y = Aa'$（A 到 V 面的距离）

(3)$a'a_x = a''a_y = Z = Aa$（A 到 H 面的距离）

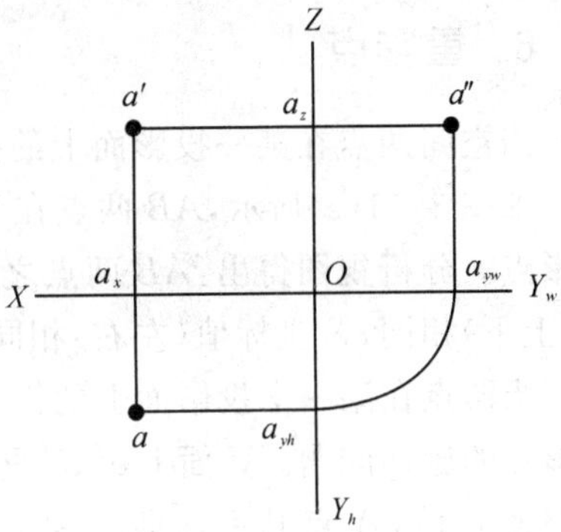

图 3-9　点的投影

4　点的三面投影与直角坐标的关系

投影 a、a'、a''展示了点 A 的三维方位，对应于投影轴上 X、Y、Z 坐标，点的三面投影与直角坐标的关系，分析图 3-8 和图 3-9，得出投影规律：

(1) Aa''（点 A 到 W 面的距离）$= a'a_z = aa_y = a_xO$（A 点的 X 坐标）

(2) Aa'（点 A 到 V 面的距离）$= a''a_z = aa_x = a_yO$（A 点的 Y 坐标）

(3) Aa（点 A 到 H 面的距离）$= a''a_y = a'a_x = a_zO$（A 点的 Z 坐标）

因此，若已知空间某一个点的 X、Y、Z 坐标，即可以作出该点的三面投影图。反之，也可以通过测量点的三面投影距离，得到点的坐标值，得出点相对于坐标原点的空间位置。所以，点的投影亦可用三维坐标的方式表达，如 A(X、Y、Z)。

5　两点的相对位置

两点的相对位置是指两点在空间的上下、前后、左右的位置关系。例如空间两点 A(20，15，10)，B(15，20，15)，比较它们的坐标值大小即可判断出两者之间的相对位置。判断方法：X 坐标值大的在左、Y 坐标值大的在前、Z 坐标值大的在上。这是由于 X 坐标自 O 向左，Y 坐标自 O 向前，Z 坐标自 O 向上。

分析 A、B 两点的坐标，可以得出：A 点在 B 点之左、之后、之下，或者 B 点在 A 点之右、之前、之上。

另外，两点之间的方位关系，在投影图上亦可分析得出。如图 3-10 所示，在 A、B 两点的三面投影图中，由于 V 面呈现的方位关系是上下、左右；H 面呈现的方位关系是左右、前后；W 面呈现的方位关系是前后、上下；因此得出：

(1)V 面投影 a' 位于 b' 之下（比较 Z 坐标）

a' 位于 b' 之左（比较 X 坐标）

(2)H 面投影 a 位于 b 之后（比较 Y 坐标）

a 位于 b 之左（比较 X 坐标）

(3)W 面投影 a'' 位于 b'' 之下（比较 Z 坐标）

a'' 位于 b'' 之后（比较 Y 坐标）

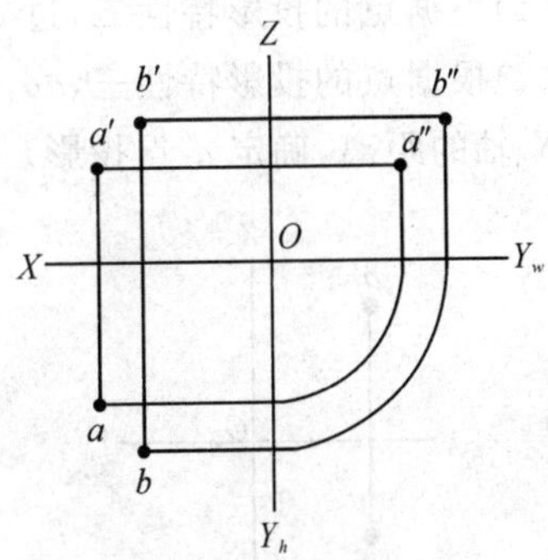

图 3-10　两点的相对位置

同样得出空间两点 A(20，15，10)、B(15，20，15)的相对位置为：A 点在 B 点之左、之后、之下。

6 重影点

当空间两点在某一投影面上的投影重合为一点时，称此两点为该投影面上的重影点。

如图 3-11(a)所示，AB 两点在 V 面上的投影 a'、b' 重合为一点，称 AB 两点为 V 面上的重影点。分析视图得出：AB 两点之所以在 V 面上发生投影点重影，是因为其两点的 Z 坐标值(上下)相同；X 坐标值(左右)相同；唯一不同的是 Y 坐标值(前后)。

当两点在某一个投影面上的投影重影时，需要判别其可见性，所谓可见性就是判断两个重影点的遮挡问题。V 面上 a'、b' 重影属于前后遮挡的问题，需要分析 H 面的 a、b 投影，得知 B 点在前，A 点其后。即 a' 被 b' 所遮挡，被遮挡的 a' 加符号()，以示其为不可见，如图 3-11(b)所示。

图 3-11(b)为简化了的投影图，省略坐标字符，轴线保留。

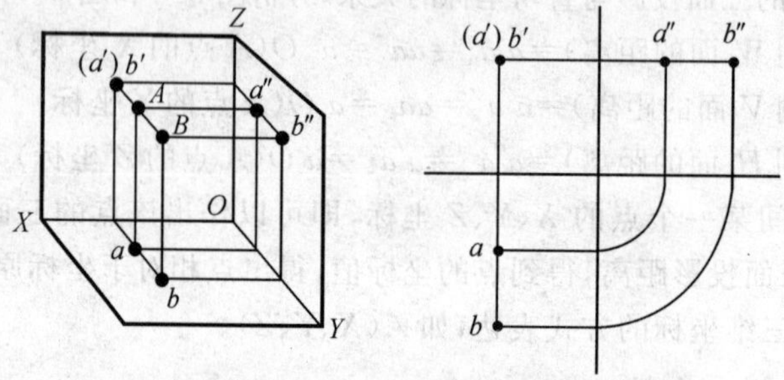

(a) 立体图　(b) 投影图

图 3-11　重影点

◎ 任务解答

要求 1 解答

作图步骤：

(1) 根据点的投影特性二，过 a' 作 OZ 轴的垂线并延长，a'' 必在此线上(3-12(b))。

(2) 根据点的投影特性三，$aa_x = a''a_z$，如图 3-12(c)所示，得出 a'' 到 OZ 轴的距离等于 a 到 OX 轴的距离，确定 a'' 点投影。

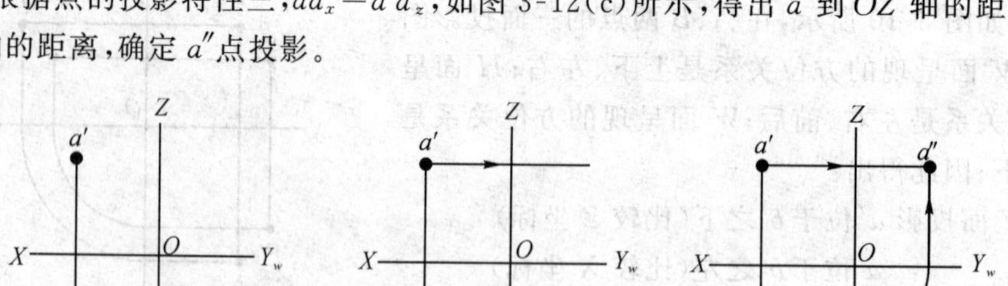

(a)　(b) 步骤一　(c) 步骤二

图 3-12　求点的第三面投影

要求 2 解答

作图步骤如图 3-13 所示。

(1)按题意 $A(15,25,20)$已知 A 的三维坐标分别为:$X=15$、$Y=25$、$Z=20$,单位 mm。

(2)建立直角坐标,确定原点 O,取 $X=15$,见图 3-13(a)。

(3)取 $Y=25$ 确定水平投影 a 的位置,再取 $Z=20$ 确定正面投影 a'的位置,见图 3-13(b)。

(4)在确定了 a 和 a'的基础上,按要求一作出侧面投影 a''见图 3-13(c)。

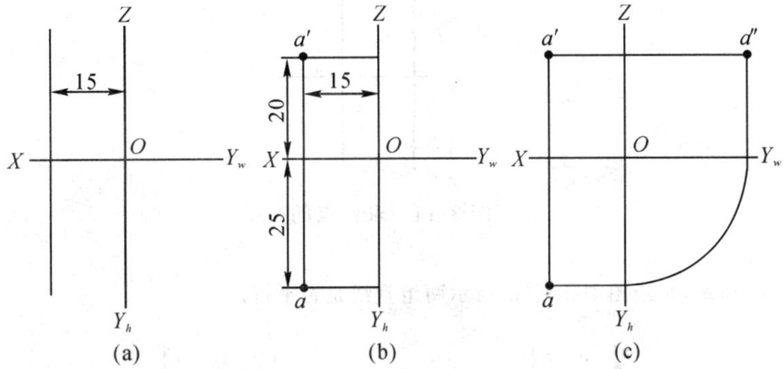

图 3-13　由点的坐标作出三面投影

要求 3 解答

判定空间两点的相对位置,根据点的 x、y、z 坐标值的大小确定:x 坐标值大的点在左边,y 坐标值大的点在前边,z 坐标值大的点在上边。

因此,A 点在 B 点之上,B 点在 A 点之前,A 点在 B 点之左。

◎ 任务评价

课题名称		点的投影图的求作	任课教师			
要求	序号	要求中的评价项目	结果			
			A	B	C	D
1	1	是否理解点的三面投影之间的对应关系?				
2	2	能否确定点的投影与点的坐标的关系?				
	3	点到投影面之间的距离关系是怎样的?				
3	4	是否理解重影点的概念?				
	5	如何判断两点在空间的相对位置关系?				
综合成绩						
自我总结						

学生签字: 年　月　日	指导教师签字: 年　月　日

二、线的投影

◎ 任务书

项目	直线的投影图的求作	用时	2学时
目的	掌握各种位置直线的投影特性，并能借以判断直线的空间位置。		

要求

1. 如图 3-14 所示，已知点 K 在线段 AB 上，求点 K 的正面投影。

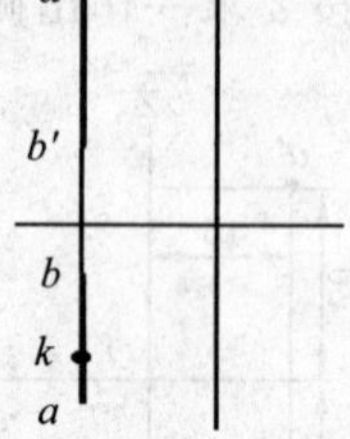

图 3-14　求作点的投影

2. 如图 3-15 所示，判断图中(a)、(b)所示两组直线是否平行。

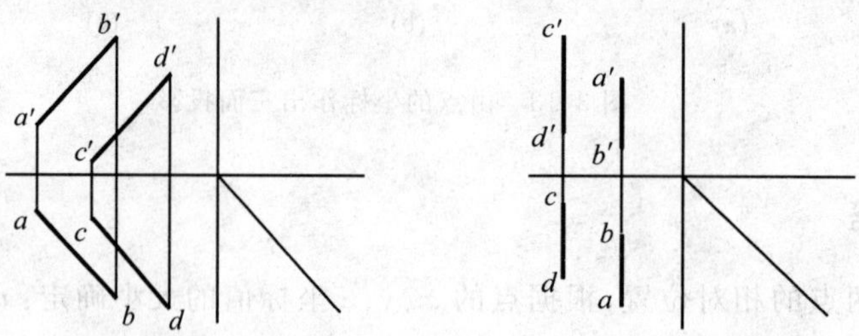

(a) 一般位置直线　　(b) 特殊位置直线

图 3-15　判断直线是否平行

3. 如图 3-16 所示，过 C 点作水平线 CD 与 AB 相交。

4. 如图 3-17 所示，过点 E 作线段 AB、CD 的公垂线 EF。

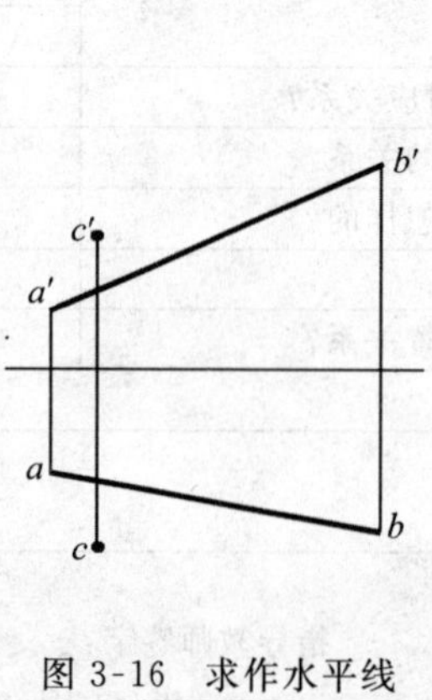

图 3-16　求作水平线

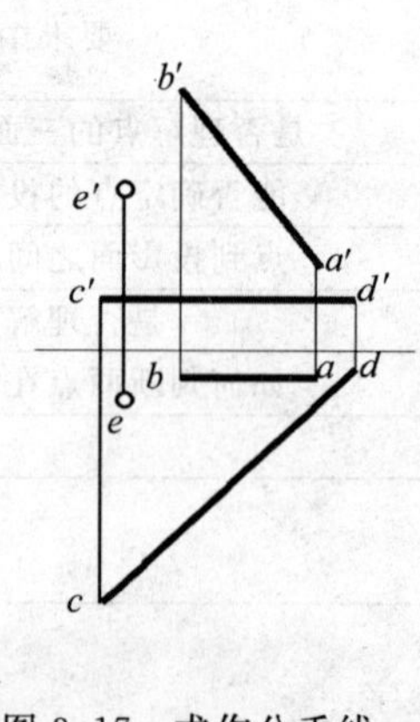

图 3-17　求作公垂线

◎ 知识链接

将如图 3-18 所示 A、B 两点的同面投影(同一个投影面)相连接,就得到了直线 AB 的三面投影图,如图 3-19 所示。空间直线 AB 相对于投影面的位置如何？垂直、平行、还是倾斜？讨论了空间直线相对于投影面的位置,才能决定其投影特性。

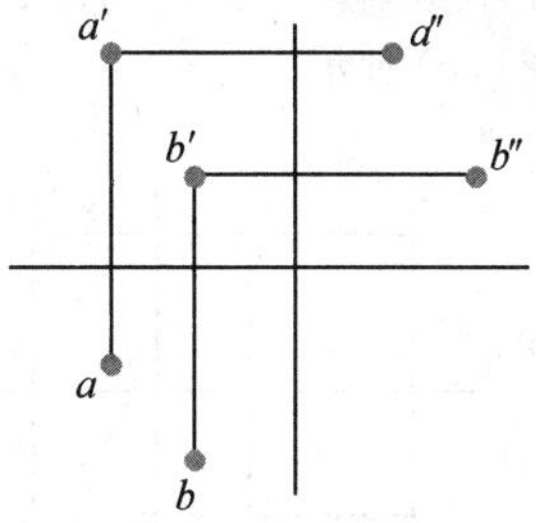

图 3-18　A、B 两点的投影图

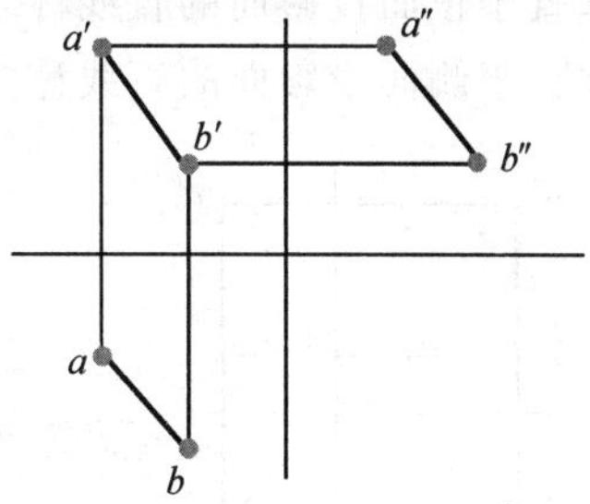

图 3-19 直线 AB 的投影图

1　直线的投影特性

1.1　直线相对于一个投影面的投影特性

直线相对于一个投影面的位置如图 3-20 所示。

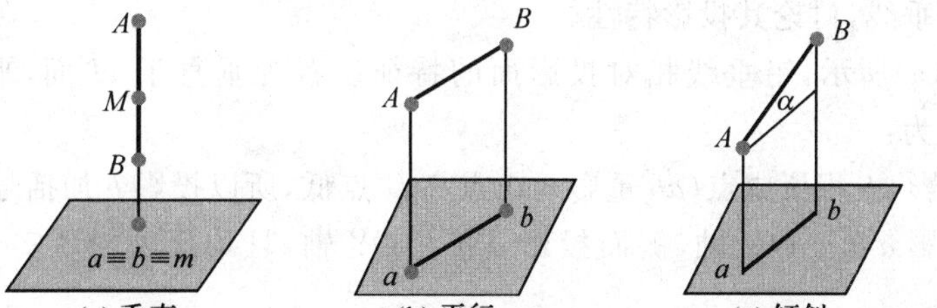

(a) 垂直 ab积聚成点　(b) 平行 $ab=AB$　(c) 倾斜 $ab=AB\cos\alpha$

图 3-20　直线对一个投影面的投影

分析直线相对于投影面的位置,直线的投影具有以下三种特：

(1)当直线 AB 与投影面垂直,投影 ab 的投影特性为:投影积聚成点,如图 3-20(a)所示。

(2)当直线 AB 与投影面平行,投影 ab 的投影特性为:投影反映空间直线 AB 的实长,如图 3-20(b)所示。

(3)当直线 AB 与投影面倾斜,投影 ab 的投影特性为:投影比空间直线短,如图 3-20(c)所示。

1.2　直线在三面投影体系中的投影特性

对于三面投影体系,空间直线与其相对位置可以分为三类:投影面垂直线、投影面平行线、投影面倾斜线。前两类称为特殊位置直线,后一类称为一般位置直线。

1.2.1 投影面垂直线

(1)垂直面投影线的定义：垂直于一个投影面，与另两个投影面均平行的直线，称为投影面垂直线。对应于三面投影体系，分别有：

① 垂直于水平投影面的直线称之为铅垂线，如图 3-21(a)所示。

② 垂直于正面投影面的直线称之为正垂线，如图 3-21(b)所示。

③ 垂直于侧面投影面的直线称之为侧垂线，如图 3-21(c)所示。

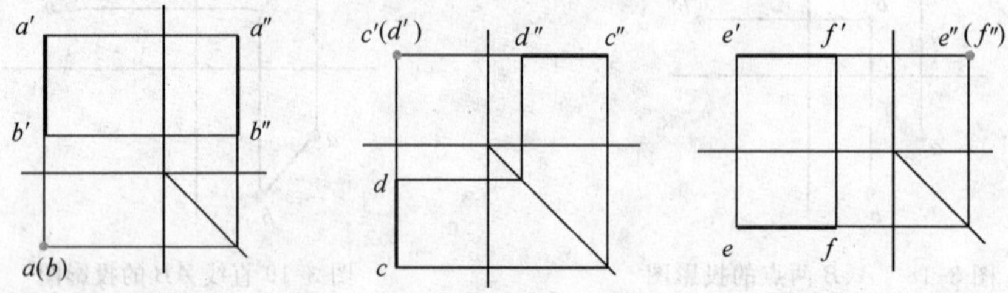

(a) 铅垂线　(b) 正垂线　(c) 侧垂线

图 3-21　投影面垂直线

(2)投影面垂直线的投影特性。

① 在其垂直的投影面上，投影有积聚性。

② 另外两个投影，反映线段实长，且均垂直于相应的投影轴。

(3)例举铅垂线，讨论其投影特性。

如图 3-21(a)所示，铅垂线相对投影面的特征位置为垂直于 H 面，平行于 V 面和 W 面，其投影特性为：

① 水平投影 ab 积聚成点(ab 重影)，A 点高 B 点低，所以投影 b 加括号；

② 正面投影 $a'b' \perp OX$ 轴，侧面投影 $a''b'' \perp OY$ 轴，且均反映 AB 实长，即 $a'b'=a''b''=AB$。

1.2.2 投影面平行线

(1)平行于一个投影面，与另两个投影面均倾斜的直线，称为投影面平行线。对应于三面投影体系，分别有：

① 平行于水平投影面的直线称之为水平线，如图 3-22(a)所示。

② 平行于正面投影面的直线称之为正平线，如图 3-22(b)所示。

③ 平行于侧面投影面的直线称之为侧平线，如图 3-22(c)所示。

(2)投影面平行线的投影特性。

① 在其平行的那个投影面上的投影反映实长，并反映直线与另两投影面倾角的真实大小。

② 另两个投影面上的投影平行于相应的投影轴，其到相应投影轴的距离反映直线与它所平行的投影面之间的距离。

(3)例举水平线，讨论其投影特性。

如图 3-22(a)所示，水平线相对投影面的特征位置为平行于 H 面，倾斜于 V 面和 W 面，其投影特性为：

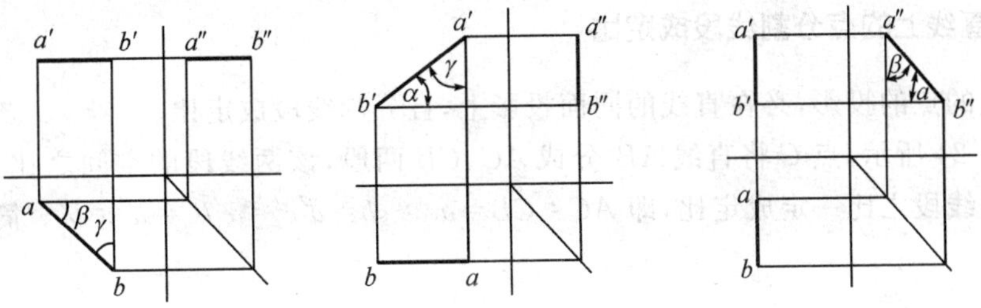

(a) 水平线　(b) 正平线　(c) 侧平线

图 3-22　投影面平行线

① 水平投影 ab 反映空间线段的实长，即 $ab=AB$；且水平投影反映空间直线与 V 面、W 面的夹角，即与 OX 轴的夹角为 β，与 OY_h 轴的夹角为 γ。

② 正面投影 $a'b'$平行于OX 轴，侧面投影 $a''b''$平行于OY_w 轴。它们与 OZ 轴相交，交点的 Z 坐标值，即是该水平线与它所平行的投影面之间的距离。

1.2.3　一般位置直线

与三个投影面既不平行也不垂直的直线称为一般位置直线。如图 3-23 所示，一般位置直线的投影特性性为：

(1)一般位置直线的三面投影与三个投影轴之间均不平行也不垂直。

(2)一般位置直线的任何一个投影均不反映该直线的实长，且小于实长。

(3)一般位置直线的任何一个投影与投影轴的夹角，均不能真实反映空间直线与投影面的倾角。

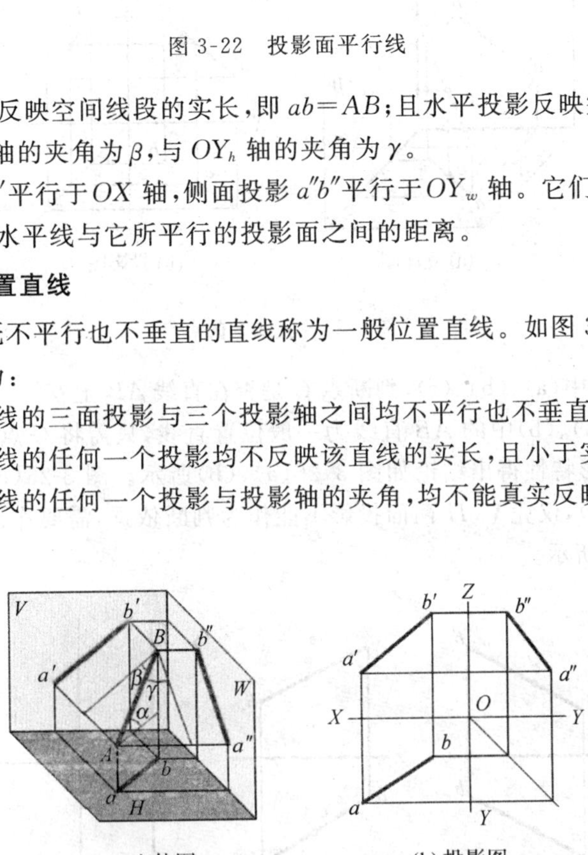

(a) 立体图　(b) 投影图

图 3-23　一般位置直线

2　直线上的点及分割线段成定比

2.1　直线上的点

直线上的点的投影特性：若点在直线上，则点的投影必在直线的同面投影上。

如图 3-24 所示，若点 C 在直线 AB 上，则点 C 的投影必满足：c 在 ab 上，c'在 $a'b'$上，c''在 $a''b''$上。反之，如果一个点的投影分别位于一直线的同面投影上，且符合点的投影特性，那么该点一定是直线上的点。

2.2 直线上的点分割线段成定比

直线上的点的投影，必在直线的同面投影上，且分割线段成定比。

如图 3-24 所示，点 C 将直线 AB 分成 AC、CB 两段，该两线段的空间之比与其各投影面上的投影线段之比一定成定比，即 $AC:CB=ac:cb=a'c':c'b'=a'':b''$。简称“定比定律”。

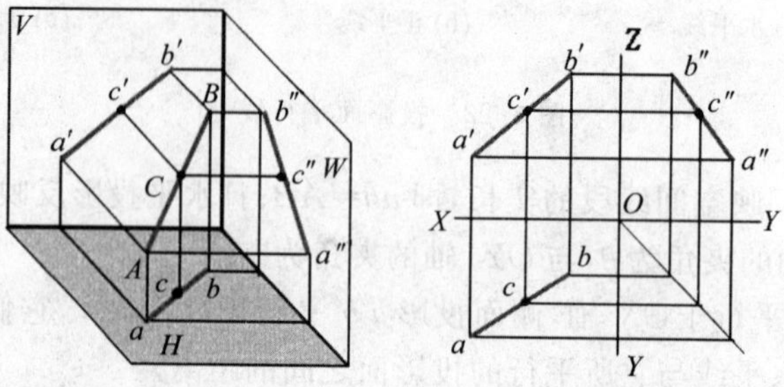

(a) 立体图　　(b) 投影图

图 3-24　直线上的点

根据如图 3-25 中(a)、(b)、(c)，判断点 C 是否在直线 AB 上？

分析：图 3-25(a)、(b)中的 AB 直线为一般位置直线，只需将 C 点的两面投影连接，依据点在直线上的投影特性得出结论如图 3-26(a)、(b)所示。图 3-25(c)中的 AB 直线为特殊位置直线(侧平线)，仅凭 V、H 两面投影不能作为判断依据，需要作出 W 面的投影，方能结论，如图 3-26(c)所示。

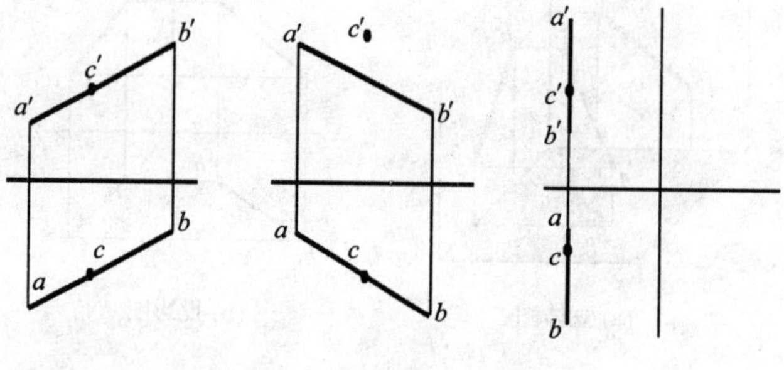

(a)　　(b)　　(c)

图 3-25　判断点 C 是否在直线 AB 上

另一个解题方法：依据“定比定律”，分析 $ac:cb$ 与 $a'c':c'b'$ 的比值是否相等，判断得出点 C 是否在直线 AB 上？请读者自行分析。

3　两直线的相对位置

空间两直线的相对位置有：平行、相交和交叉(异面)。

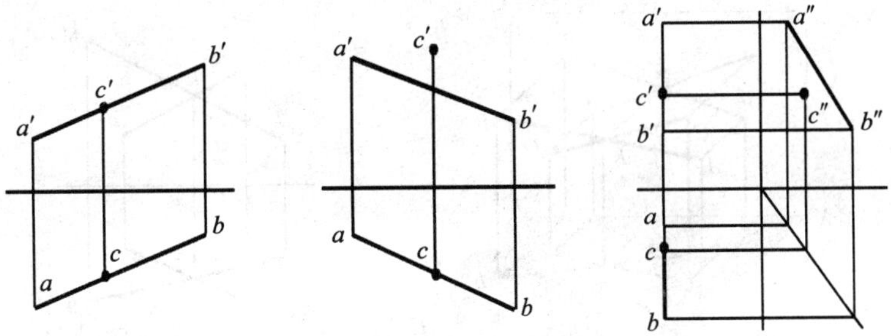

(a) 点C在直线AB上　(b) 点C不在直线AB上　(c) 点C不在直线AB上

图 3-26　点 C 是否在直线 AB 上的图解

3.1　两直线平行

两直线平行的投影特性：若空间两直线平行，则它们的同面投影也一定平行，即它们的正面投影、水平投影、侧面投影一定都平行。

如图 3-27 所示，已知 $AB /\!/ CD$，则：$ab /\!/ cd$、$a'b' /\!/ c'd'$，$a''b'' /\!/ c''d''$。

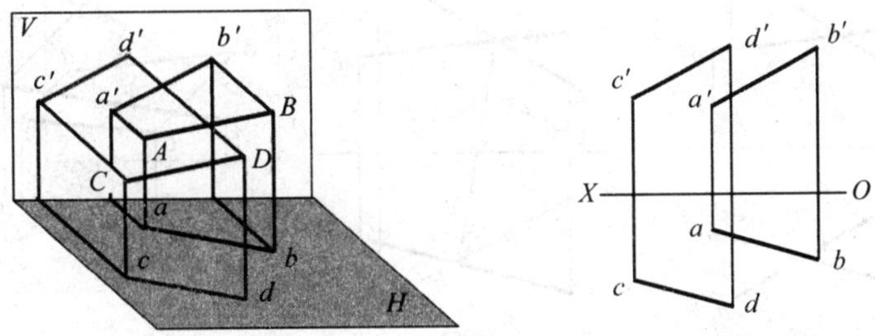

(a) 立体图　(b) 投影图

图 3-27　两直线平行

3.2　两直线相交

若空间两直线相交，则它们的同面投影也必定相交，两直线的交点在投影面上投影一定满足点的投影规律。如图 3-28 所示，若直线 AB 与 CD 相交于点 K，则其水平投影 ab 与 cd 必交于 k，正面投影 $a'b$ 与 $c'd'$ 必交于 k'。而 kk' 连线必满足点的投影规律，即 $kk' \perp OX$ 轴。

判断两直线是否相交的关键在于交点。两直线之所以相交，表示两条直线共存一个公共点，该点为两条直线所共有。抓住这个共同点，对于解决直线的相交问题至关重要。

3.3　两直线交叉

如图 3-29(a)所示，直线 AB 与 CD 相交吗？

将图中看似“交点”的两面投影连接，该连线与 OX 轴不垂直，如图 3-26(b)所示，“交点”不符合一个点的投影规律，所以得出的结论是：AB 与 CD 不相交。

如图 3-29(a)所示，直线 AB 与 CD 平行吗？

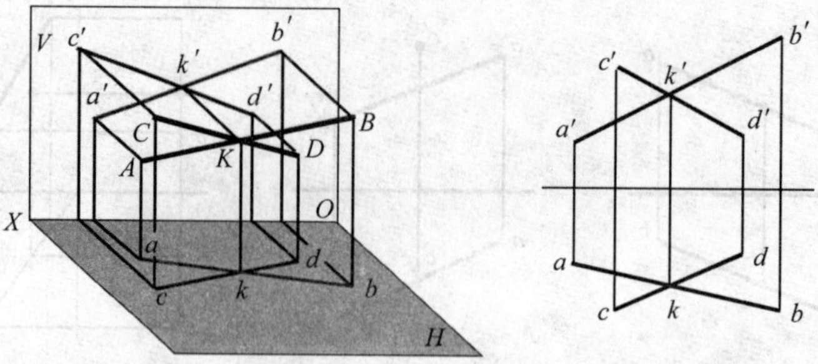

(a) 立体图 (b) 投影图

图 3-28 两直线相交

由平行两直线的投影规则，若空间两直线平行，它们的同面投影也一定平行，得出的结论是：两直线不平行。

由此可以断定：如图 3-29(a)所示的直线 *AB* 与 *CD* 为空间两条既不平行又不相交的直线，称为两交叉直线，如图 3-29(c)所示。

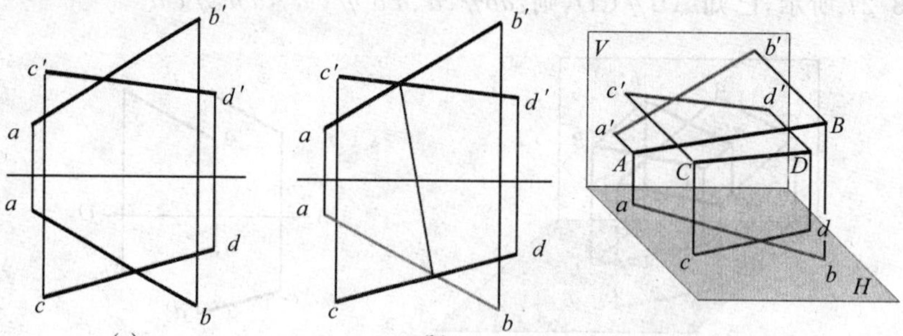

(a) (b) (c)

图 3-29 两直线交叉

交叉两直线在空间不存在交点。投影面上的所谓“交点”，其实是两直线上的一对重影点的投影。如图 3-30(a)所示，Ⅰ为直线 *AB* 上的点，Ⅱ为直线 *CD* 上的点，Ⅰ、Ⅱ两点为水

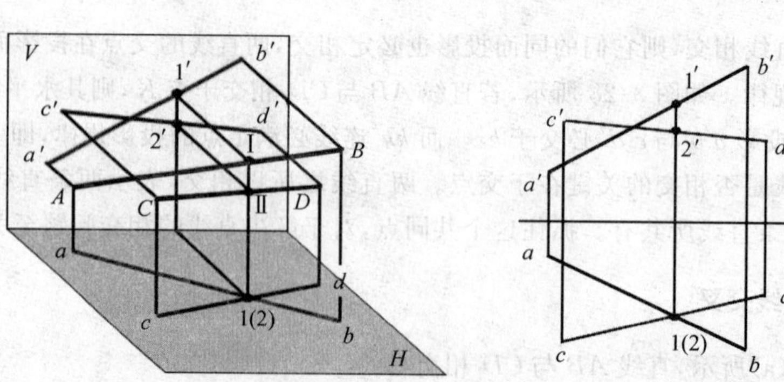

(a) 立体图 (b) 投影图

图 3-30 交叉两直线水平面重影点的可见性

平面上的重影点，即Ⅰ、Ⅱ两点的水平投影 1、2 重影。

交叉两直线上的重影点，可以用其帮助判断两直线的空间位置。例如：分析Ⅰ、Ⅱ两点的正面投影 1′、2′，得知Ⅰ点高，Ⅱ点低。由此得出水平投影面上，重影点的可见性为：1 可见，2 不可见，即Ⅱ点的水平投影被Ⅰ点的水平投影所遮挡。通常被遮挡的投影点必须加括号，表示其为不可见，如图 3-30(b)所示。

同理Ⅲ、Ⅳ两点为正平面的重影点，用其水平投影 3、4 分析得出：Ⅲ点在前，Ⅳ点在后，故Ⅳ点的正面投影 4′加括号，如图 3-31 所示。

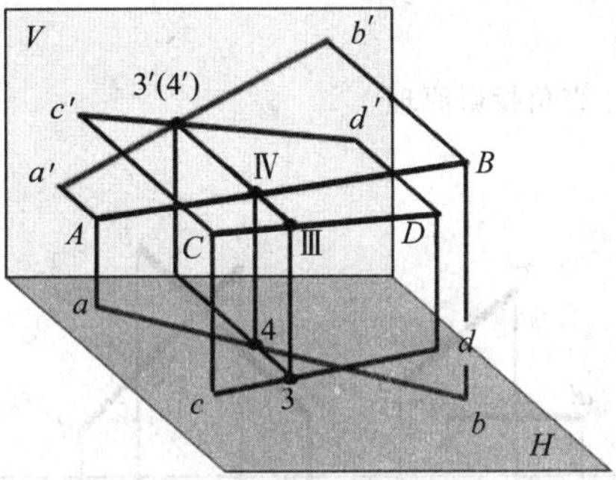

(a) 立体图

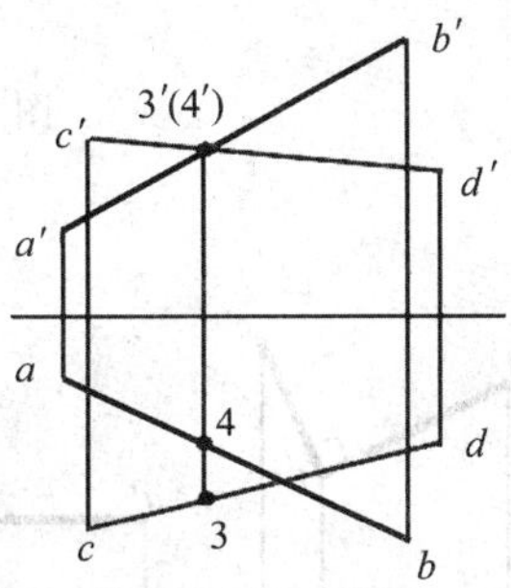

(b) 投影图

图 3-31　交叉两直线正平面重影点的可见性

4　两直线相交成直角的直角投影原理

空间两直线相交成直角，是两直线相交的特例。讨论直角的投影原理，其实就是讨论组成直角的两条直角边相对于投影面的位置，即直角的投影是否反映真实形状，取决于两条直角边与投影面的相对位置：

(1)如果垂直相交的两直线都不平行于某一个投影面，那么两直线在该投影面上的投影不反映直角。

(2)如果垂直相交的两直线都平行于某一个投影面，那么两直线在该投影面上的投影反映直角。

(3)如果垂直相交的两直线有一条直线平行于某一个投影面，那么两直线在该投影面上的投影仍反映直角，反之亦然。

(4)如果相交两直线在某一投影面上的投影反映直角，且有一条直线平行于该投影面时，那么空间两直线的夹角必定是直角。

如图 3-32 所示，直线 AB 与 BC 相交成直角，即直线 AB 与 BC 为两直角边，两直角边中，有一条直角边 BC 是平行于水平投影面的(水平线)，那么在水平投影面上，两交线的投影一定反映直角(另一条直角边 AB 相对于投影面的位置已经不重要了，不管 AB 是什么位置的直线，投影都反映直角)。

如图 3-33 所示为四例两直线相交成直角的投影，由于两直线中至少有一条直线为投影面的平行线，所以它们在相应的投影面上，投影均为直角。

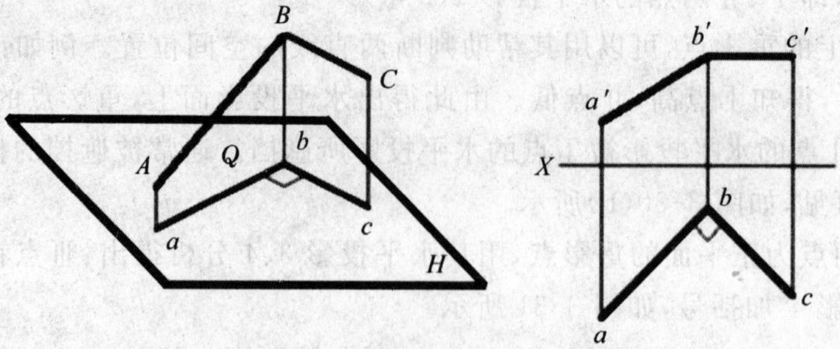

图 3-32　直角投影原理

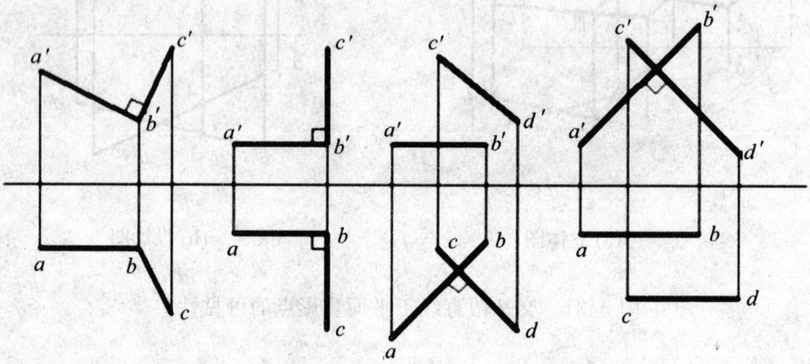

图 3-33　直角投影原理

◎ 任务解答

要求 1 解答

解法一：应用第三投影，作图过程如图 3-34 所示。

(1)已知直线 AB 的两面投影作出该直线的第三投影，如图 3-34(b)所示。

(2)根据点在直线上的投影特性，首先作出 K 点的侧面投影 k''，如图 3-34(c)所示。

(3)最后求出 K 点的正面投影 k'，如图 3-34(d)所示。

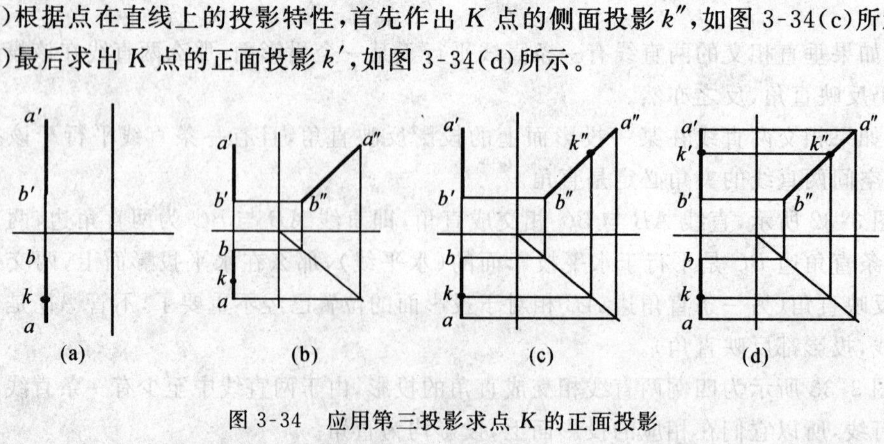

图 3-34　应用第三投影求点 K 的正面投影

解法二：应用定比定律，作图过程如图 3-35 所示。

(1)过 a' 作直线(夹角约 45°)，如图 3-35(b)所示。

(2)在新作直线上过 a' 复制直线 akb 如图 3-35(c)所示。

(3)将复制直线的端点与 b' 连接如图 3-35(d)所示。

(4)过复制直线的中间点，推平行线得出 k'，如图 3-35(e)所示。

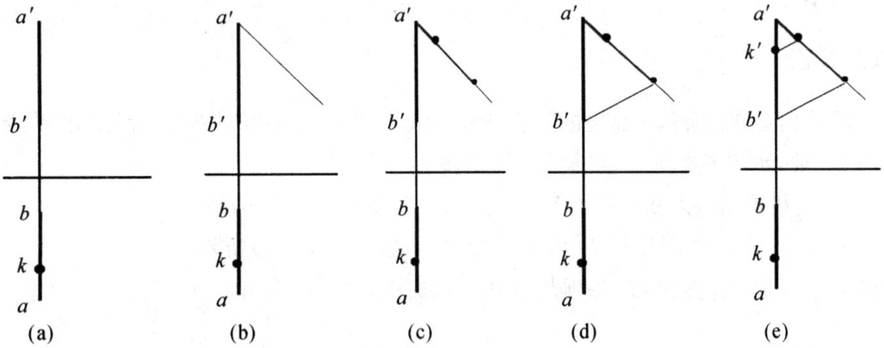

图 3-35　应用定比定律求点 K 的正面投影

要求 2 解答

分析：

(1)如图 3-36(a)所示，AB、CD 为两条一般位置的直线，作出它们的第三面投影，得出 AB、CD 两直线平行，如图 3-36(c)所示。

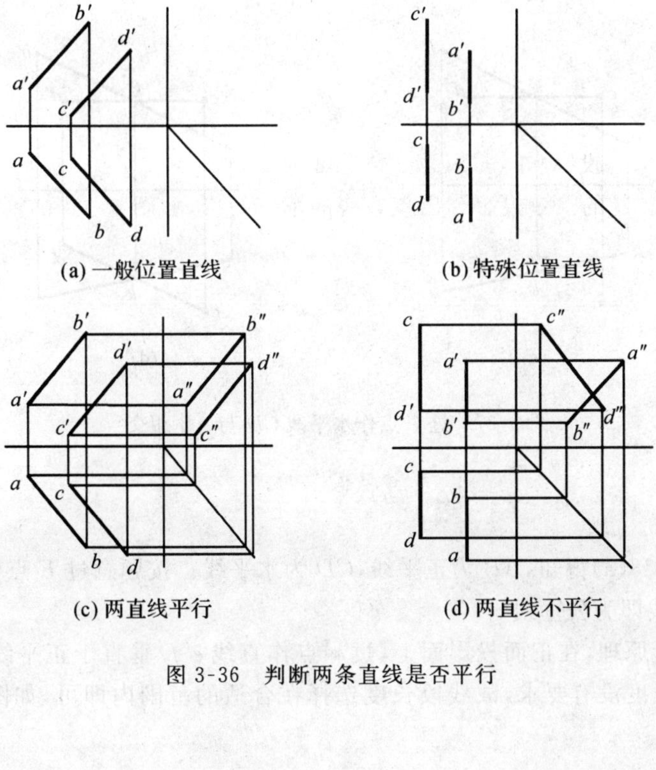

图 3-36　判断两条直线是否平行

(2)如图 3-36(b)所示,AB、CD 为两条特殊位置的直线(侧平线),作出它们的第三面投影,得出 AB、CD 两直线不平行,如图 3-36(d)所示。

通过该任务,补充空间两直线是否平行的附加判断论证。

判断一般位置的两条直线是否平行,只需看其两面投影即可得出结论。

判断特殊位置的两条直线是否平行,仅凭两面投影是不能得出结论的,必须看其第三投影,方可得出结论。

要求 3 解答

分析:抓住解题的关键词语"过 C 点作水平线",已知水平线的投影特性"水平线的正面投影平行 OX 轴,水平投影反映实长"。作图步骤:

(1) 在正面投影面上,过 c' 作 OX 轴的平行线,如图 3-37(b)所示。

(2)求出交点 K 的正面投影 k' 和水平投影 k,如图 3-37(c)所示。

(3)在水平投影面,连接 ck 并延长求出 d,如图 3-37(d)所示。

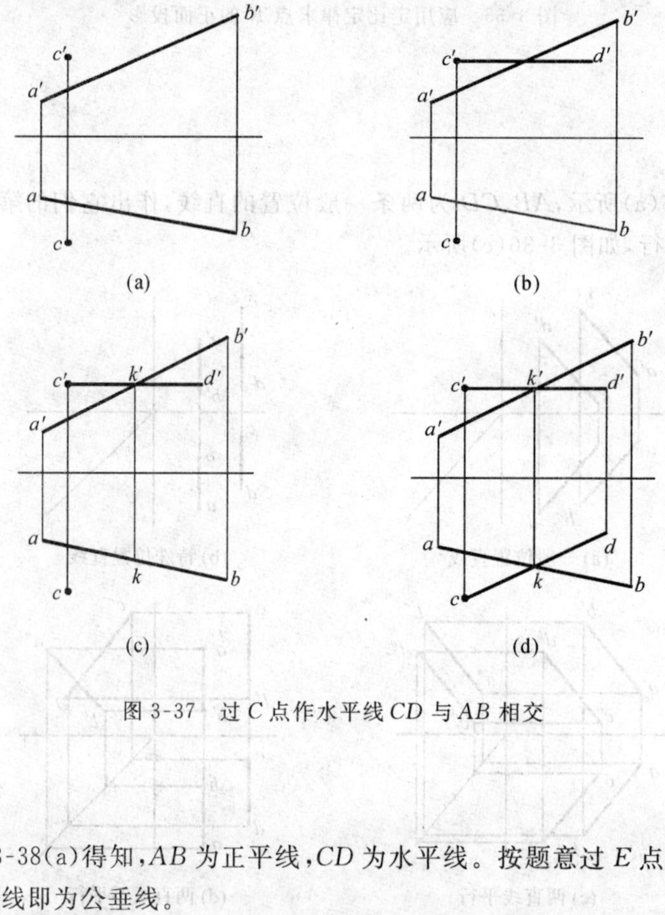

图 3-37 过 C 点作水平线 CD 与 AB 相交

要求 4 解答

分析:由图 3-38(a)得知,AB 为正平线,CD 为水平线。按题意过 E 点作一直线与 AB、CD 均垂直,该直线即为公垂线。

根据直角投影原理,在正面投影面上,过 e' 点作直线 $e'f'$ 垂直于正平线 $a'b'$,由于题意中对所作线段的长度没有要求,故线段长度选择在合适的范围内即可,如图 3-38(b)所示;

在水平投影面上过 e 点作直线 ef 垂直于水平线 cd，如图 3-38(c)所示；所作直线 EF 即为 AB、CD 的公垂线。

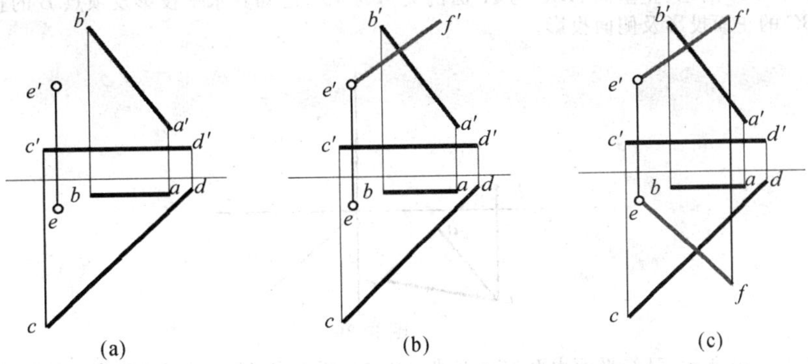

图 3-38　过点 E 作线段 AB、CD 的公垂线 EF

◎ 任务评价

课题名称		直线的投影图的求作	任课教师			
要求	序号	要求中的评价项目	结果			
			A	B	C	D
1	1	能否做出直线上点的投影？				
	2	如果点在直线上，直线上的线段比值成定比？				
3	3	如何根据两条直线投影特性判断其相对位置？				
4	4	特殊位置直线的投影特性？				
	5	如何确定两条直线相交				
综合成绩						
自我总结						
学生签字： 年　月　日		指导教师签字： 年　月　日				

三、面的投影

◎ 任务书

项目	平面的投影图的求作	用时	2 学时
目的	掌握各种位置平面的投影特性，并能借以判断平面的空间位置		

续表

项目	平面的投影图的求作	用时	5 学时

要求

1. 如图 3-39 所示，正垂面 ABC 与 H 面的夹角为 45°，已知其水平投影及顶点 B 的正面投影，求 $\triangle ABC$ 的正面投影及侧面投影。

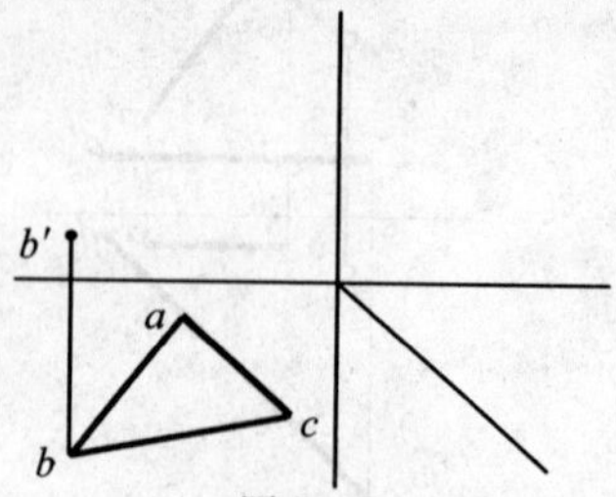

图 3-39

2. 如图 3-40 所示，已知平面由两相交直线 AB、AC 所确定，试在平面内任作一条直线。

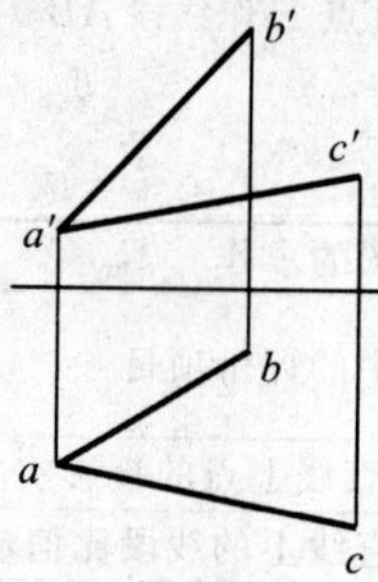

图 3-40

3. 如图 3-41 所示，在平面 ABC 内作一条水平线，使其到 H 面的距离为 10mm。

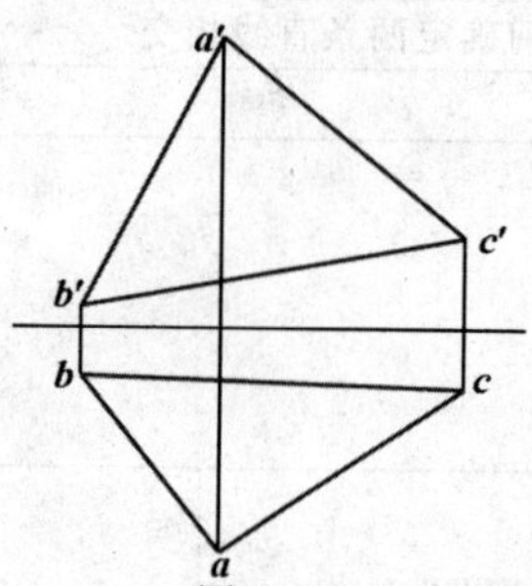

图 3-41

4. 如图 3-42 所示，已知 K 点在平面 ABC 上，求 K 点的水平投影。

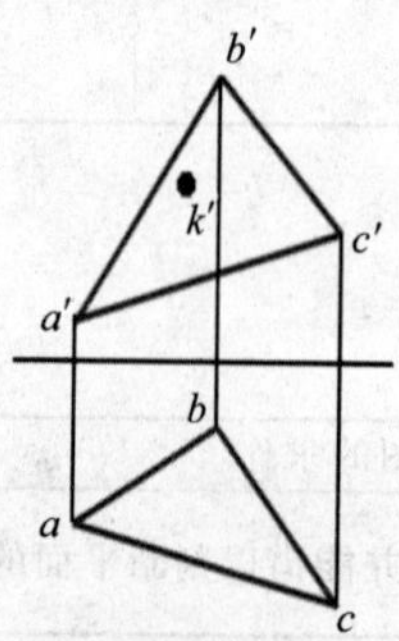

图 3-42

◎ 知识链接

1　平面的表示方法

空间平面的表示方法有下列五种最常见的形式，如图 3-30 所示。

(1)不在一条直线上的三个点(图 3-43(a))。

(2)一条直线及线外一点(图 3-43(b))。

(3)相交两直线(图 3-43(c))。

(4)平行两直线(图 3-43(d))。

(5)一有限的平面图形(图 3-43(e))。

以上五种情况可以互相转化，其中最常用的表示法是：用一个有限的平面图形表示平面。

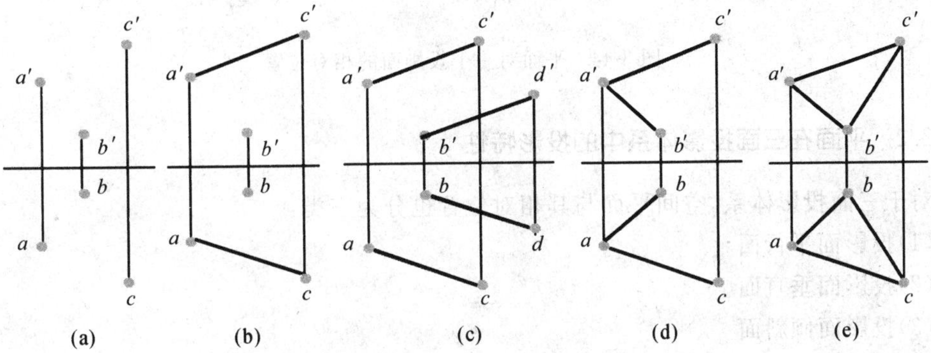

图 3-43　平面的表示方法

2　平面的投影特性

要讨论平面的投影特性，首先要讨论平面相对于投影面的位置，因为平面的投影特性是由平面与投影面的相对位置决定的。

2.1　平面对一个投影面的投影特性

平面对一个投影面的相对位置可以分为三种，投影面平行面、投影面垂直面、投影面倾斜面，平面的投影特性由其相对投影面的位置决定。

2.1.1　投影面平行面

即空间平面与投影面平行，此时投影面上的投影反映空间平面的实际形状。如图 3-44(a)所示。

2.1.2　投影面垂直面

即空间平面与投影面垂直，此时投影面上的投影积聚成直线。如图 3-44(b)所示。

2.1.3 投影面倾斜面

即空间平面与投影面倾斜，此时投影面上的投影既不反映实际形状，也无积聚性，但反映出类似性。如图 3-44(c)所示。

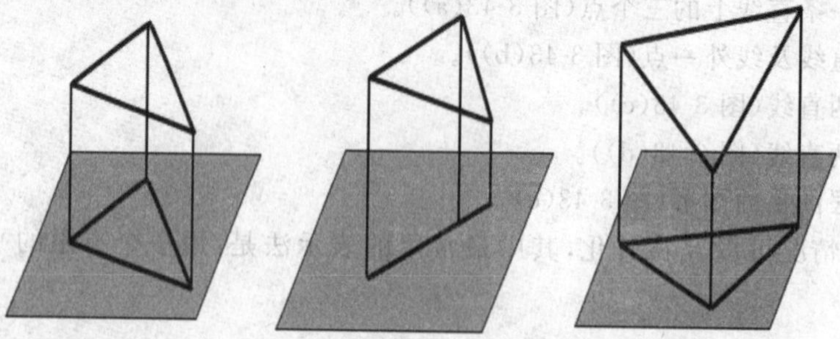

图 3-44 平面对一个投影面的相对位置

2.2 平面在三面投影体系中的投影特性

对于三面投影体系，空间平面与其相对位置也分为三类：

(1)投影面平行面

(2)投影面垂直面

(3)投影面倾斜面

前两类平面称为特殊位置平面，后一类平面称为一般位置平面。

2.2.1 投影面平行面

(1)投影面平行面的定义：平行于某一投影面，垂直于另两个投影面的空间平面，称为投影面平行面。对应于三面投影体系，投影面平行面有：

① 与水平投影面平行的空间平面称之为水平面，如图 3-45(a)所示。

② 与正面投影面平行的空间平面称之为正平面，如图 3-45(b)所示。

③ 与侧面投影面平行的空间平面称之为侧平面，如图 3-45(c)所示。

(2)投影面平行面的投影特性。

① 在它所平行的投影面上的投影反映实形。

② 另两个投影面上的投影分别积聚成与相应的投影轴垂直的直线。

(3)例举水平面，讨论其投影特性如下。

如图 3-45(a)所示，水平面相对投影面的位置，平行于 H 面，垂直于 V 面和 W 面，其投影特性为：

① 水平投影面上的投影反映实形。

② 正面投影、侧面投影积聚成直线，均垂直于 Z 轴。

2.2.2 投影面垂直面

(1)投影面垂直面的定义：垂直于某一投影面，倾斜于另两个投影面的空间平面，称为投

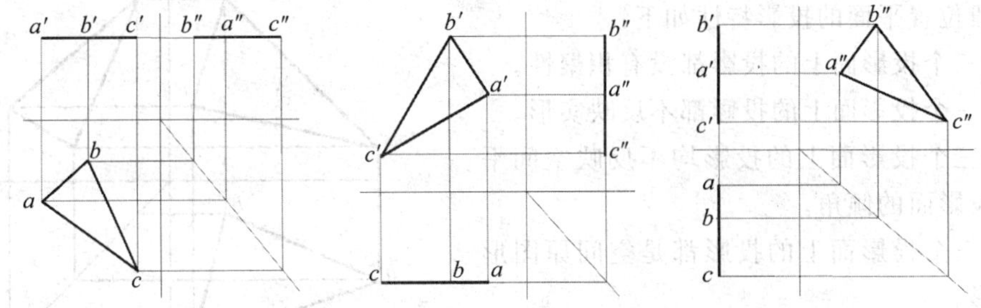

(a) 水平面　　(b) 正平面　　(c) 侧平面

图 3-45　投影面平行面

影面垂直面。对应于三面投影体系，投影面垂直面有：

① 与水平投影面垂直的空间平面称之为铅垂面，如图 3-46(a)所示。

② 与正面投影面垂直的空间平面称之为正垂面，如图 3-46(b)所示。

③ 与侧面投影面垂直的空间平面称之为侧垂面，如图 3-46(c)所示。

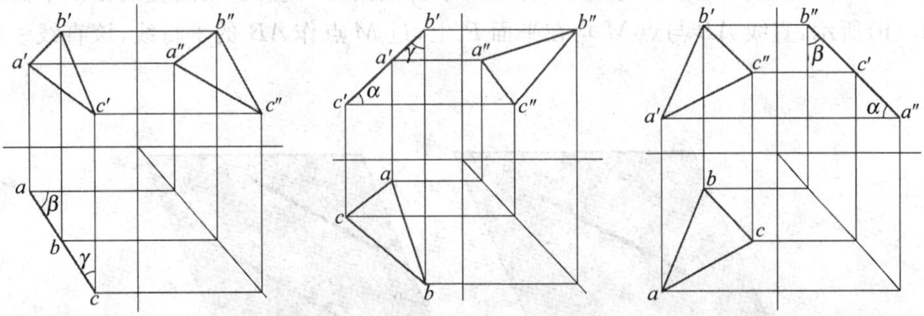

(a) 铅垂面　　(b) 正垂面　　(c) 侧垂面

图 3-46　投影面垂直面

(2)投影面垂直面的投影特性。

① 在它所垂直的投影面上的投影积聚成直线，该直线与投影轴的夹角反映空间平面与另外两投影面夹角的大小。

② 另外两个投影面上的投影为类似形。

(3)例举铅垂面，讨论其投影特性如下。

如图 3-46(a)所示，铅垂面相对投影面的位置：垂直于 H 面，倾斜于 V 面和 W 面，其投影特性为：

① 水平投影 abc 积聚成直线，该直线与 OX 轴夹角 β 反映空间平面与 V 面夹角的真实大小，与 OY_W 轴夹角 γ 反映空间平面与 W 面夹角的真实大小。

② 正面投影和侧面投影为类似形。

2.2.3　一般位置平面

一般位置平面的定义：与三个投影面都不平行也不垂直，与三个投影面均处于倾斜位置的平面称为一般位置平面，如图 3-47 所示。

一般位置平面的投影特性如下：

(1)三个投影面上的投影都没有积聚性。

(2)三个投影面上的投影都不反映实形。

(3)三个投影面上的投影均不反映空间平面相对投影面的倾角。

(4)三个投影面上的投影都是空间原图形的类似形。

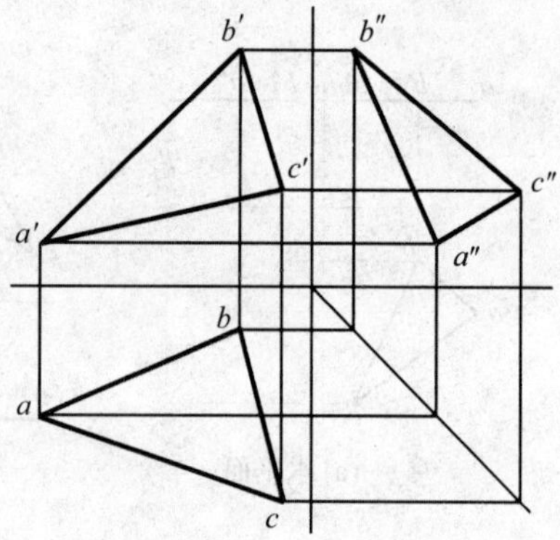

图 3-47　一般位置平面

2.3　平面上的直线和点

2.3.1　平面上取任意直线

如何在已知平面上作一条直线？或者说如何证明所作的直线在已知的平面上？即直线是否在平面上的判断依据：

(1)若一直线过平面上的两点，则此直线必在该平面内。如图 3-48(a)所示，点 M、N 为 P 面上的两个点，过 M、N 作的直线一定在 P 面上。

(2)若一直线过平面上的一点且平行于该平面上的另一直线，则此直线在该平面内。如图 3-48(b)所示，直线 AB 与点 M 均在平面 P 上，过 M 点作 AB 的平行线，该直线一定在 P 面上。

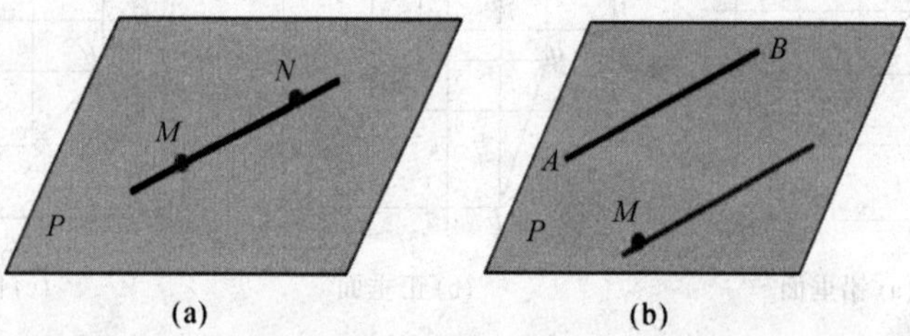

图 3-48　平面上取直线

2.3.2　平面上取点

在平面上取点，需要分两步来完成：

(1)先在平面上取过点的直线。

(2)再在直线上取点。

第一步，“先在平面上取过点的直线”，既在平面内找一条直线作为辅助线，该直线必须经过所要找取的点。

第二步，“再在直线上取点”，即在找出的辅助线上求出点的位置。

平面上取点的方法，简称为：“面上取线，线上取点”。

总结平面上取点、取线的方法，可以归纳为：“定点先定线，取线先找点”。

◎ 任务解答

要求 1 解答

分析：题示△ABC为正垂面且与H面的夹角为45°，则正面投影△$a'b'c'$一定积聚成直线且与OX轴成45°倾角，作图步骤如下：

(1)在正面投影面上过b'作与OX轴成45°倾角的直线，根据A、C的水平投影a、c，得出A、C的正面投影a'、c'，如图3-49(b)所示。

(2)根据A、B、C的正面投影和水平投影，作出a''、b''、c''如图3-49(c)所示，最后将其同面投影连接完成题意要求，如图3-49(d)所示。

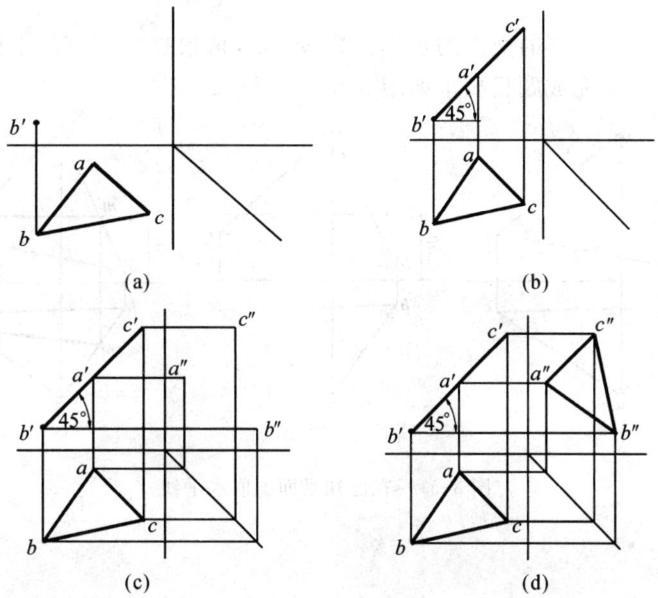

图 3-49　求△ABC的正面投影及侧面投影

要求 2 解答

解法一：平面由直线AB、AC所确定，根据直线是否在平面上的判断依据(1)，过两直线上的M、N点所作直线一定在平面上，如图3-50(b)所示。

解法二：过C点作直线AB的平行线CD，如图3-50(c)所示，根据直线是否在平面上的判断依据(2)，直线CD也一定在所要求的平面上。

思考：本例题有多少解？(无数)

要求 3 解答

分析：作图关键是水平线，水平线的投影特性：其正面投影平行OX轴，水平投影反映实长。

作图步骤为：

(1)先在正面投影作距离OX轴10mm的平行线如图3-51(b)所示。

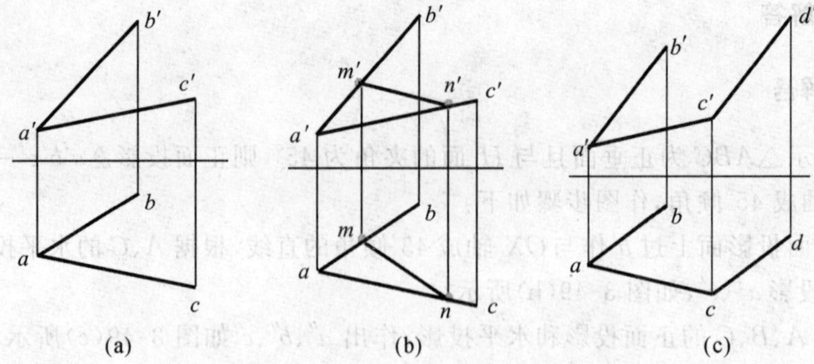

图 3-50　在已知平面上取任意直线

(2)找出平行线与平面的交点的正面投影 m'、n'，再根据点在直线上的投影规律，作出交点的水平投影 m、n，完成题目要求如图 3-51(c)所示。

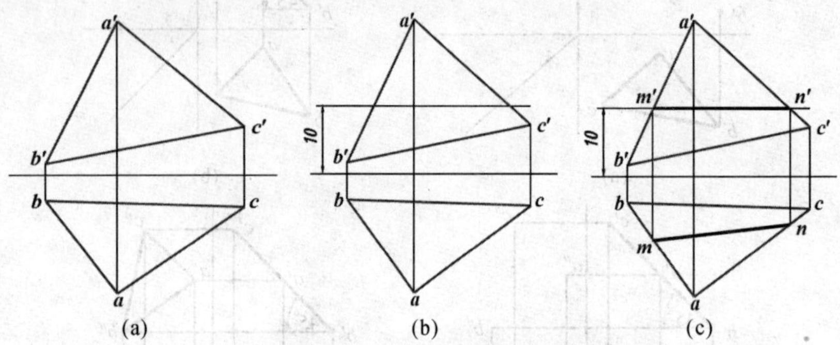

图 3-51　在已知平面上取水平线

要求 4 解答

分析:采用“面上取线,线上取点”的方法求作该题。

作图步骤如下:

第一步,面上取线。

(1)过已知 K 点的正面投影,作直线 AD 的正面投影 $a'd'$,如图 3-52(b)所示,

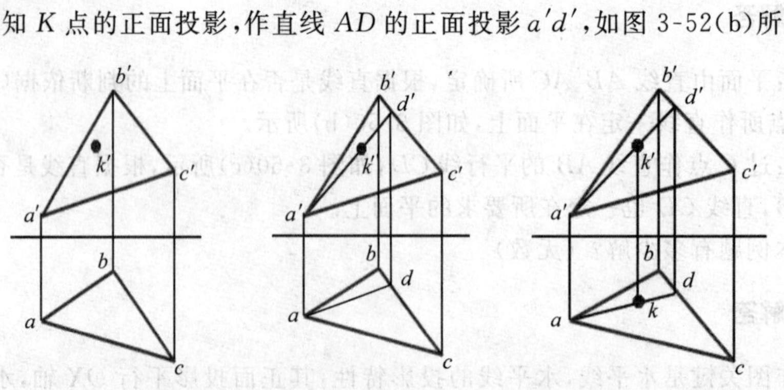

图 3-52　在已知平面上取点

(2)作出直线 AD 的水平投影，如图 3-52(b)所示。

第二步，线上取点。

在辅助直线 AD 的水平投影上，作出 K 点的水平投影 k，如图 3-52(c)所示。

◎ 任务评价

<table>
<tr><td>课题名称</td><td colspan="2">平面的投影图的求作</td><td colspan="2">任课教师</td><td colspan="2"></td></tr>
<tr><td rowspan="2">要求</td><td rowspan="2">序号</td><td rowspan="2">要求中的评价项目</td><td colspan="4">结果</td></tr>
<tr><td>A</td><td>B</td><td>C</td><td>D</td></tr>
<tr><td rowspan="2">1</td><td>1</td><td>特殊位置平面的投影特性？</td><td></td><td></td><td></td><td></td></tr>
<tr><td>2</td><td>如何根据特殊位置平面的投影求平面与投影面的夹角？</td><td></td><td></td><td></td><td></td></tr>
<tr><td>2</td><td rowspan="2">3</td><td rowspan="2">如何在平面内作指定要求的直线？</td><td></td><td></td><td></td><td></td></tr>
<tr><td>3</td><td></td><td></td><td></td><td></td></tr>
<tr><td>4</td><td>4</td><td>如何在平面内取点？</td><td></td><td></td><td></td><td></td></tr>
<tr><td>综合成绩</td><td colspan="6"></td></tr>
<tr><td>自我总结</td><td colspan="6"></td></tr>
<tr><td colspan="3">学生签字：
年　月　日</td><td colspan="4">指导教师签字：
年　月　日</td></tr>
</table>

四、直线与平面及平面与平面之间的相对位置

◎ 任务书

<table>
<tr><td>项目</td><td>直线与平面、平面与平面的平行和相交</td><td>用时</td><td>2 学时</td></tr>
<tr><td>目的</td><td colspan="3">1. 直线与平面、平面与平面相互平行的判断与求解。
2. 直线与平面、平面与平面相交的求解。</td></tr>
<tr><td>要求</td><td colspan="3">1. 如图 3-53 所示，判断直线 AB 是否与△CDE 平行。
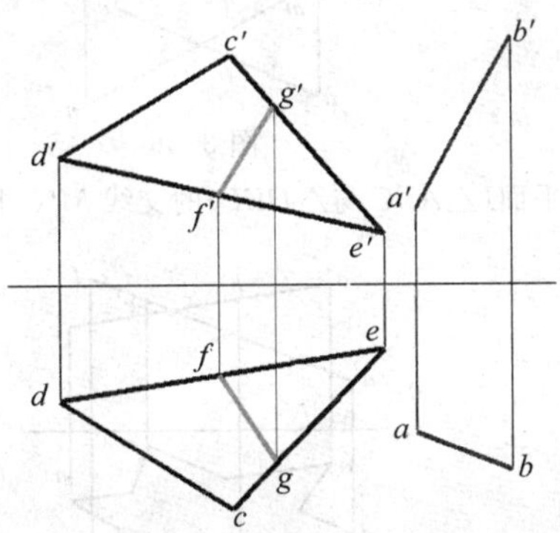

图 3-53</td></tr>
</table>

续表

要求

2. 如图 3-54 所示，过 M 点作直线 MN 平行于 V 面和平面 ABC。

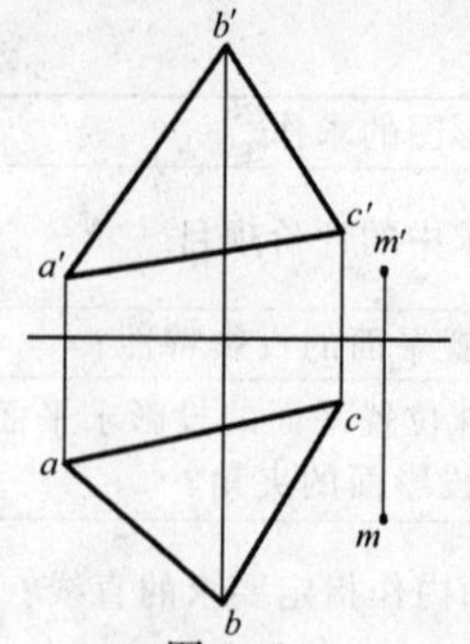

图 3-54

3. 如图 3-55 所示，一平面由两平行线 AB、CD 组成，试过点 K 作一平面平行于已知平面。

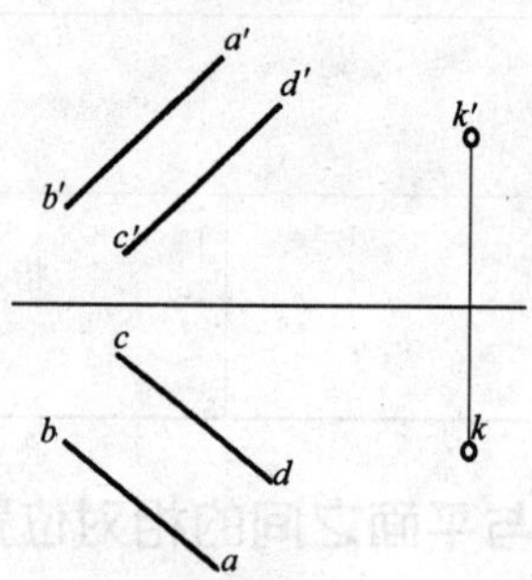

图 3-55

4. 如图 3-56 所示，求直线 MN 与平面 ABC 的交点 K 并判别可见性。

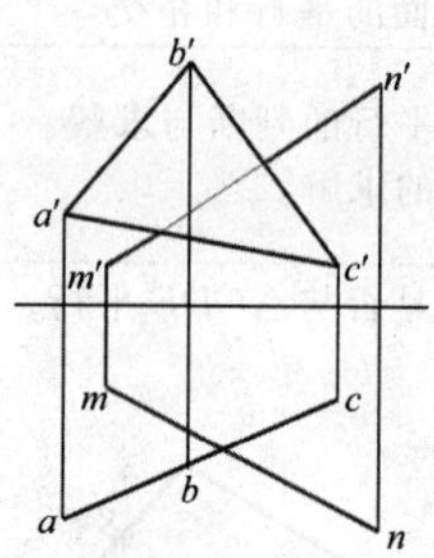

图 3-56

5. 如图 3-57 所示，求两平面（$\triangle ABC$ 与 $\triangle DEF$）的交线 MN 并判别可见性。

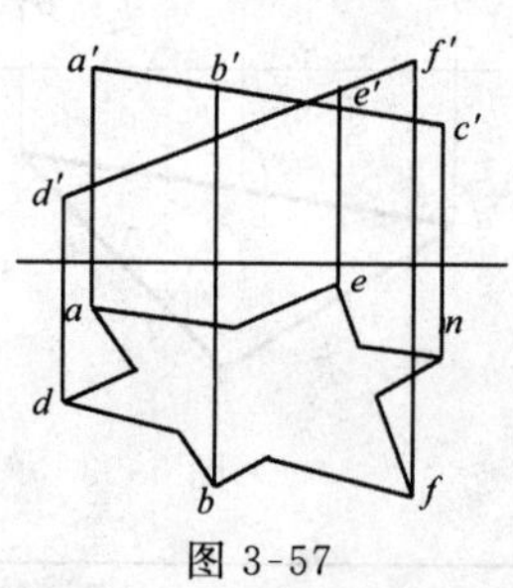

图 3-57

◎ 知识链接

相对位置包括：

(1)直线与平面的平行、相交和垂直。

(2)平面与平面的平行、相交和垂直，其中垂直只是相交的特例。

1 平行问题

1.1 直线与平面平行

判断直线与平面是否平行的依据：若平面外的一直线平行于平面内的某一直线，则该直线与该平面平行。如图3-58所示，平面 P 及面外的一直线 AB，若是能在平面内找出一条直线与面外的直线 AB 平行（面内直线 CD 与面外直线 AB 平行），则直线 AB 与平面 P 平行。

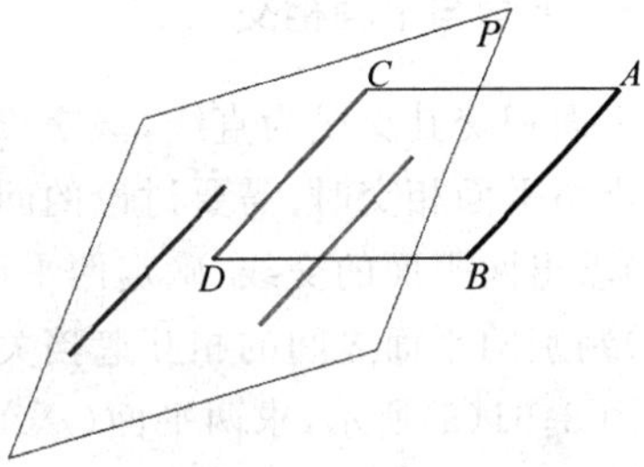

图3-58 直线与平面的平行问题

1.2 平面与平面平行

平面与平面平行是否平行的判断依据：

(1)若一平面上的两相交直线分别平行于另一平面上的两相交直线，则这两平面相互平行。如图3-59所示，若 AB 与 DE 平行，AC 与 DF 平行，则由两组相交直线组成的两平面必平行。

(2)若两投影面垂直面相互平行，则它们具有积聚性的那组投影必相互平行。如图3-60所示，平行线 AB、CD 组成的平面与△EFG 平行，由于它们都属于铅垂面，则水平面上积聚成线的投影也必平行。

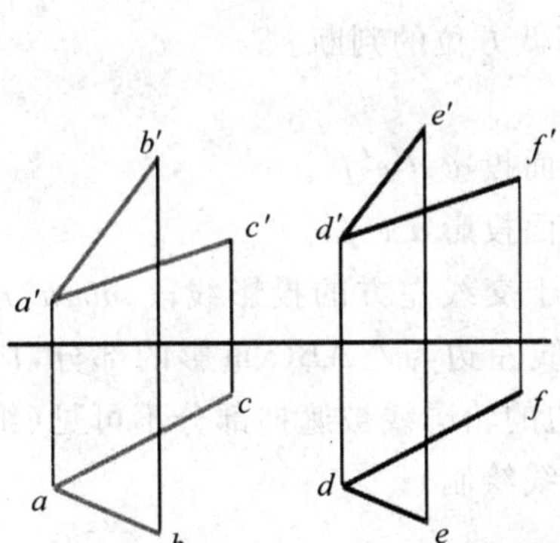

图3-59 平面与平面平行

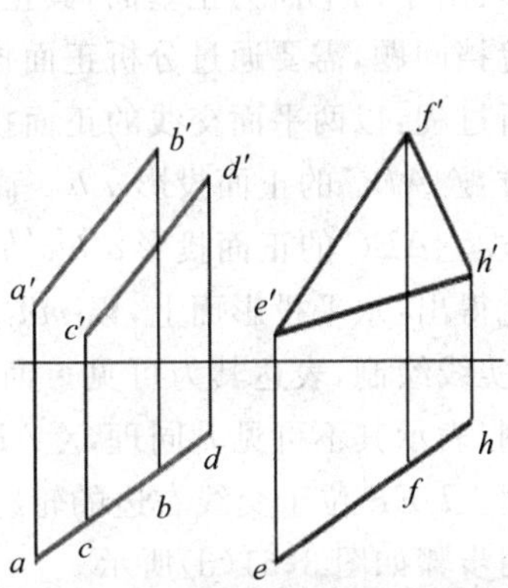

图3-60 两特殊位置平面相互平行

2 相交问题

2.1 直线与平面相交

当直线与平面相交，一定会有交点存在，该交点是直线与平面的共有点，交点即在直线上又在平面上。讨论直线与平面相交，需要解决的问题是：

(1) 求出直线与平面的交点。

(2) 判别两者之间的相互遮挡关系，即判别可见性。

我们只讨论直线与平面中至少有一个处于特殊位置的情况。

2.2 平面与平面相交

两平面相交其交线为直线，该交线是两平面的共有线，同时交线上的点都是两平面的共有点。当两平面相交时，需要讨论的问题是：

(1)求出两平面的交线，确定两平面的两个共有点。

(2)判别两平面之间的相互遮挡关系，即判别可见性。

如图 3-61(a)所示，求两平面(△*ABC* 与△*DEF*)的交线 *MN* 并判别可见性。

作图分二步：

第一步，求交线。

分析：平面 *ABC* 与 *DEF* 都为正垂面(正面投影均积聚成线)，两平面的交线 *MN* 应为正垂线，交线的正面投影积聚成点，水平投影垂直于 *OX* 轴。

作图步骤：

(1)在正面投影找出两积聚面的交点，即为交线 $m'n'$ 的积聚点，如图 3-61(c)所示。

(2)由正面投影 $m'n'$，在水平投影作直线垂直于 *OX* 轴线，根据两平面交线的共有性，得出交线的水平投影范围为 *mn*，如图 3-61(c)所示。

第二步，判断可见性。

分析：由于两平面为正垂面，其正面投影均已积聚成直线，无需判断可见性。水平投影存在的遮挡问题，需要通过分析正面投影，方可得出高低方位的判断。

分析过程：以两平面交线的正面投影 $m'n'$ 为界。

左方：△*ABC* 的正面投影 $a'b'c'$ 高于△*DEF* 的正面投影 $d'e'f'$。

右方：△*ABC* 的正面投影 $a'b'c'$ 低于△*DEF* 的正面投影 $d'e'f'$。

以此得出：水平投影面上，以 *mn* 为界，△*ABC* 位于交线左方的投影线段 *mban* 方位在上，用粗实线绘制，表达其为可见。而△*DEF* 位于交线左边与△*ABC* 重影的部分，应用细虚线绘制，表示其不可见。同理，△*ABC* 位于交线右边的轮廓线被遮挡部分不可见(细虚线绘制)，而△*DEF* 位于交线右边的轮廓线均可见(粗实线绘制)。

作图步骤如图 3-61(d)所示。

◎ 任务解答

要求 1 解答

分析：根据直线与平面是否平行的判断依据，如果能在△*CDE* 的平面内找出与 *AB* 平

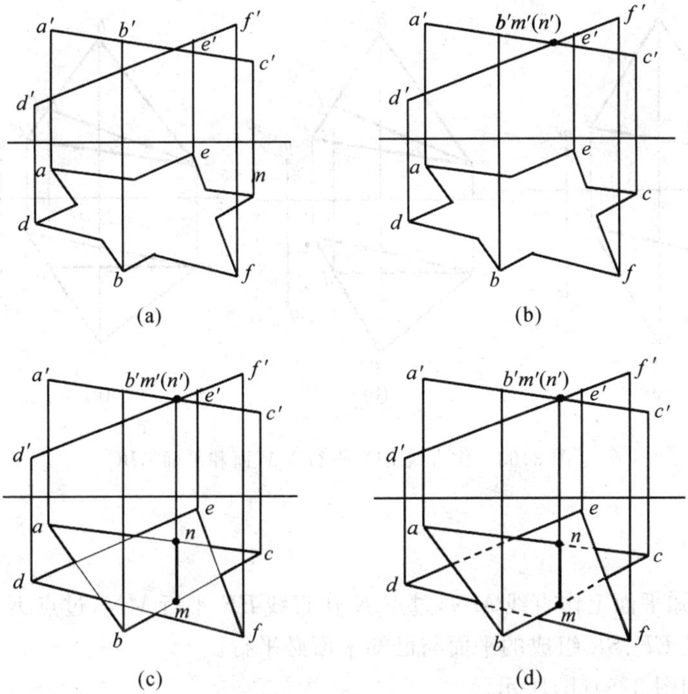

图 3-61　求两平面的交线并判别可见

行的直线，则两者平行，否则两者不平行。

作图步骤如下：

(1)在△CDE 内，作直线 FG 的正面投影 $f'g'$ 平行于直线 AB 的正面 $a'b'$，如图 3-62 所示。

(2)作出 FG 的水平投影 fg，如图 3-62 所示。

由于 fg 与 AB 的水平投影 ab 不平行，所以得出的结论是直线 AB 与△CDE 不平行。

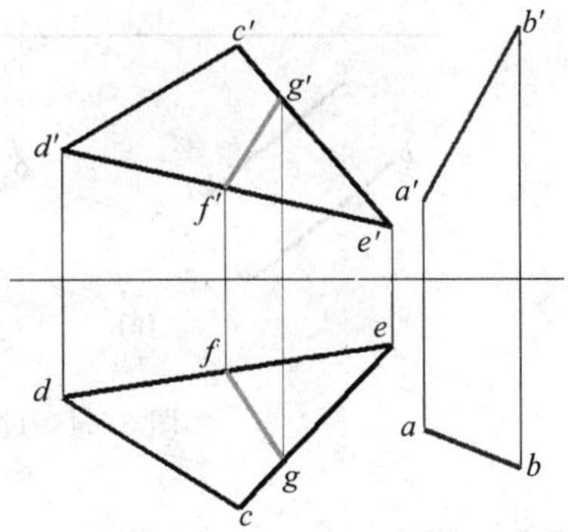

图 3-62　直线与平面不平行

要求 2 解答

分析：由题意要求，所作直线 MN 应为正平线。先在已知平面 ABC 上作正平线 AD，然后过 M 点作与直线 AD 的平行线即可。作图步骤如下：

(1)在已知平面 ABC 内作正平线 AD(正平线的水平投影平行于 OX 轴)，如图 3-63(b)所示。

(2)过 M 点作直线 MN 平行于 AD，如图 3-63(c)所示，则直线 MN 必平行于△ABC。

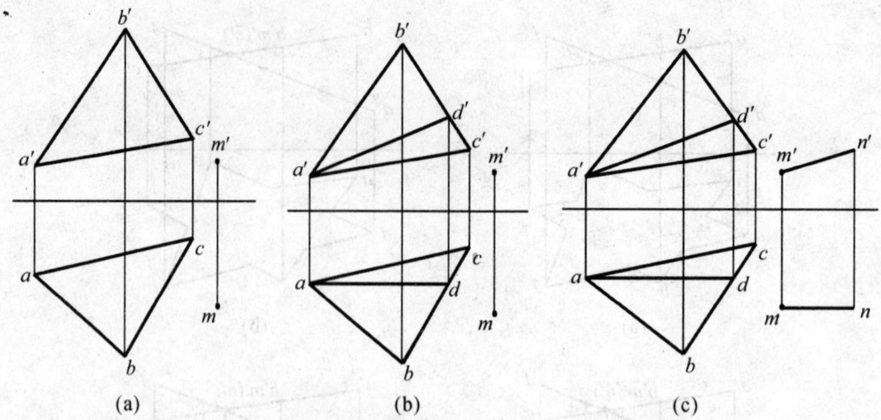

图 3-63　作直线 MN 平行于 V 面和平面 ABC

要求 3 解答

分析：在已知平面上作直线 MN，过点 K 作直线 EF 平行 MN，过点 K 作直线 SR 平行 AB，两相交直线 EF、SR 组成的平面与已知平面必平行。

作图过程如图 3-64(b)所示。

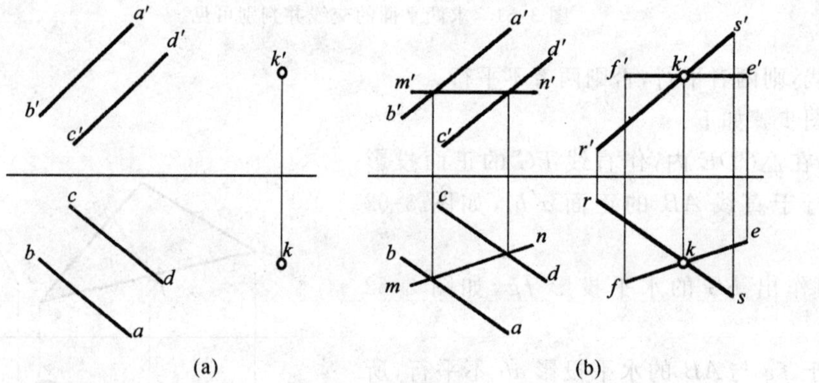

图 3-64　过点 K 作平面与已知平面平行

要求 4 解答

作图分二步。

第一步，求交点。

分析：平面 ABC 为铅垂面，其水平投影积聚成直线，该积聚直线与 mn 的交点即为交点 K 的水平投影 k，再依据交点为公共点的投影特性，作出 K 点的正面投影 k'，作图过程如图 3-65(b)所示。

第二步，判别可见性。

分析：该题的遮挡问题出现在正面投影，即前后发生遮挡。而前后的遮挡的判断，需要分析水平投影，方可得出前后方位的论断。

由于直线 MN 与平面 ABC 相交，直线 MN 被交点 K 一分为二，为 NK 和 MK。分析水平投影可知；线段 nk 在平面 abc 之前，线段 mk 在平面 abc 之后。故正面投影 $m'k'$ 被平面投影 $a'b'c'$ 所遮挡，用虚线表示其的不可见，而线段 $n'k'$ 没有被遮挡，用粗实线表示其可见。作图过程如图 3-65(c)所示。

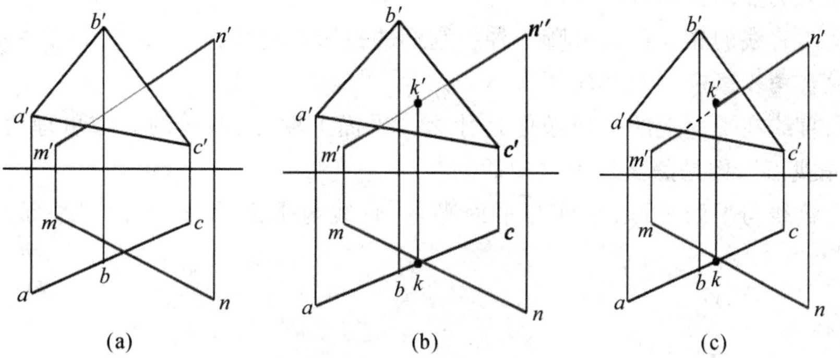

图 3-65　求直线与平面的交点并判别可见性

◎ 任务评价

<table>
<tr><td colspan="2">课题名称</td><td>直线与平面、平面与平面的平行和相交</td><td colspan="2">任课教师</td><td colspan="2"></td></tr>
<tr><td rowspan="2">要求</td><td rowspan="2">序号</td><td rowspan="2">要求中的评价项目</td><td colspan="4">结果</td></tr>
<tr><td>A</td><td>B</td><td>C</td><td>D</td></tr>
<tr><td rowspan="2">1</td><td>1</td><td>如何判断直线与平面平行?</td><td></td><td></td><td></td><td></td></tr>
<tr><td>2</td><td>直线和平面的相对位置有哪些?</td><td></td><td></td><td></td><td></td></tr>
<tr><td>2</td><td>3</td><td>如何作直线与平面平行?</td><td></td><td></td><td></td><td></td></tr>
<tr><td>3</td><td>4</td><td>如何作平面与平面平行?</td><td></td><td></td><td></td><td></td></tr>
<tr><td>4</td><td>5</td><td>如何求直线与平面的交点?</td><td></td><td></td><td></td><td></td></tr>
<tr><td>5</td><td>6</td><td>如何求平面与平面的交线?</td><td></td><td></td><td></td><td></td></tr>
<tr><td colspan="2">综合成绩</td><td colspan="5"></td></tr>
<tr><td colspan="2">自我总结</td><td colspan="5"></td></tr>
<tr><td colspan="3">学生签字：
年　　月　　日</td><td colspan="4">指导教师签字：
年　　月　　日</td></tr>
</table>

复习思考题

1. 点、直线、平面的正投影规律各是什么？如果有一平面，其一个投影积聚成直线，另两个投影为类似形线框，那么它是哪类平面？

2. 直线上的点的投影具有哪两个特性？

3. 空间两直线的相对位置分哪三种？它们的投影有何特性？

4. 说说直角投影定律及其应用。

5. 点和直线在平面上的几何条件是什么？平面上取点、取线的方法可理解为“定点先定线，取线先找点”，你是怎么理解这句话的？

6. 试述直线与平面平行、平面与平面平行、直线与平面垂直、平面与平面垂直的几何条件。

第 4 单元　体的投影

学习指南

工程上所采用的立体，根据其功能的不同，在形体和结构上有着千差万别，但按照立体各组成部分的几何性质的不同，可分为平面立体与曲面立体两大类。

由平面围成的立体称为平面立体，如棱柱、棱锥等。部分或全部表面为曲面的立体则称为曲面立体，曲面立体根据其构成形式的不同，分为由回转曲面构成的回转体和含有非回转曲面的非回转体。由于回转体结构简单、制作方便，因而在工程上采用曲面立体通常都是回转体，如圆柱体、圆锥体、圆球体、圆环体等。

这些棱柱、棱锥、圆柱体、圆锥体、圆球体、圆环体等单一立体，常被称为基本立体。它们是构成工程形体的基本要素，也是绘图、读图时进行形体分析的基本单元。

教学目标：

1. 熟练掌握基本体三视图的画法和投影规律。
2. 通过画三视图培养学生的空间想象和表达能力。
3. 掌握切割体、截交线的画法与识读。
4. 掌握相贯体、相贯线的画法与识读。

教学重点：

1. 熟练掌握各基本体的视图画法。
2. 掌握手工绘图所需工具的使用方法。

教学难点：

1. 利用三视图的投影规律分析基本体的视图。

教学学时：

16 学时。

课题 5　基本体的投影分析

一、平面体的投影

◎ 任务书

<table>
<tr><td>项目</td><td>平面体的投影及其表面的截交线</td><td>用时</td><td>3 学时</td></tr>
<tr><td>目的</td><td colspan="3">1. 明确平面体的概念，掌握棱柱、棱锥的投影规律和画法。
2. 能画出平面立体表面上点和截交线的三面投影。</td></tr>
<tr><td>要求</td><td colspan="3">1. 如图 4-1 所示，已知六棱柱表面 A、B 两点的正面投影，作出其 H、W 两面的投影。
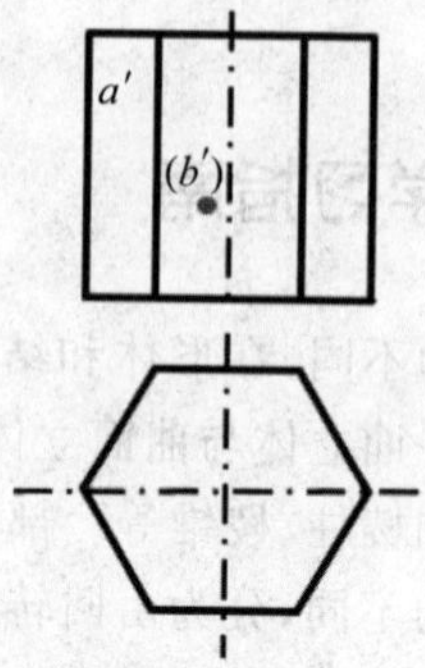

图 4-1
2. 如图 4-2 所示，已知三棱锥表面 N 点的正面投影，作出其 H、W 两面的投影。
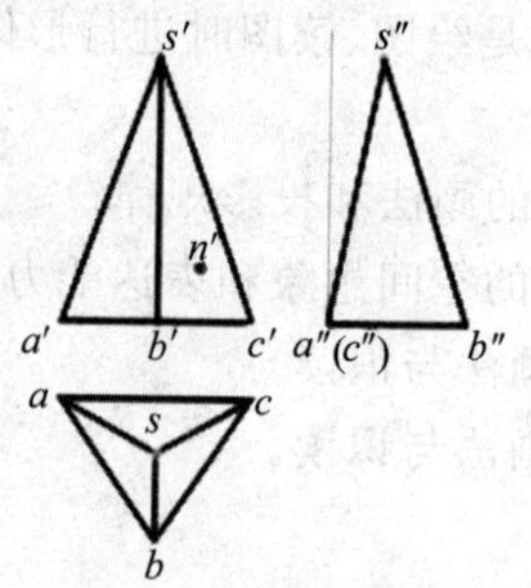

图 4-2
3. 如图 4-3 所示，求四棱锥被截切后的水平投影和侧面投影。
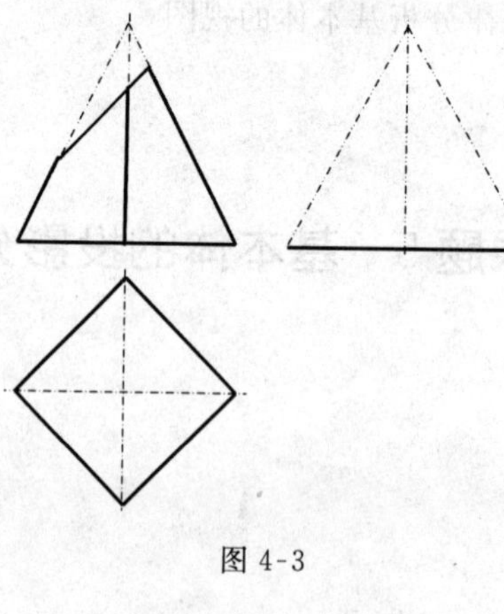
图 4-3</td></tr>
</table>

续表

要求	4. 如图 4-4 所示，求八棱柱被平面 P 截切后的水平投影。 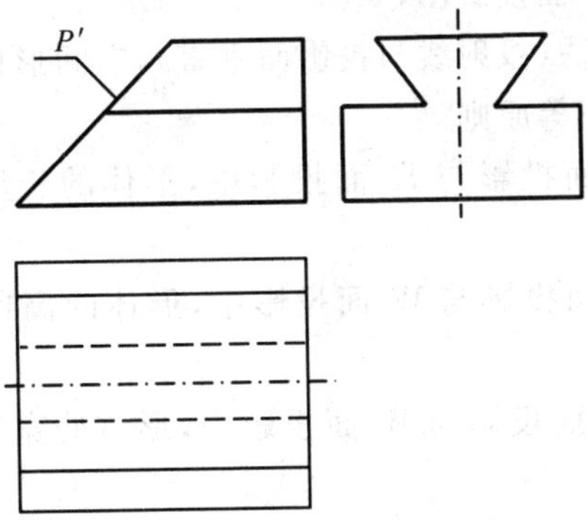 图 4-4

◎ **知识链接**

体的投影，实质上是构成该体的所有表面的投影总和。

平面立体是由若干平面组合而成，若干平面的投影总和构成了体的投影。平面是由直线所组成的线框，而直线段有其两端点。于是平面立体的投影，又归结为各表面（平面）的交线（直线）以及各顶点的投影。

图 4-5(a)是三面投影体系中的一平面立体，该体由 13 个平面组合而成，其中有 12 个投影面平行面，一个正垂面。将该空间立体转换为三面投影图的步骤与过程，如下所示：

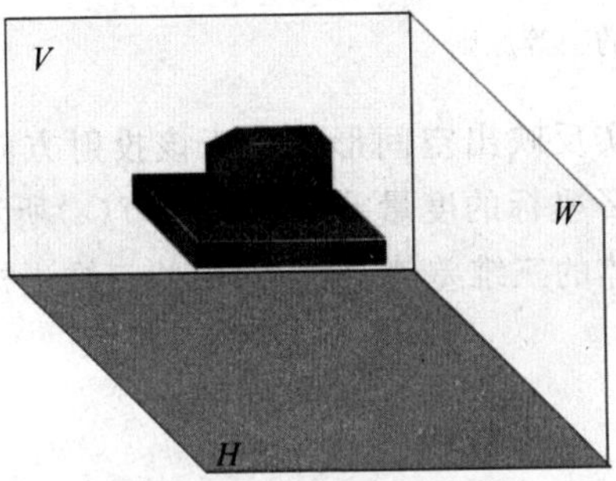

(a) 若干平面组合而成的平面体

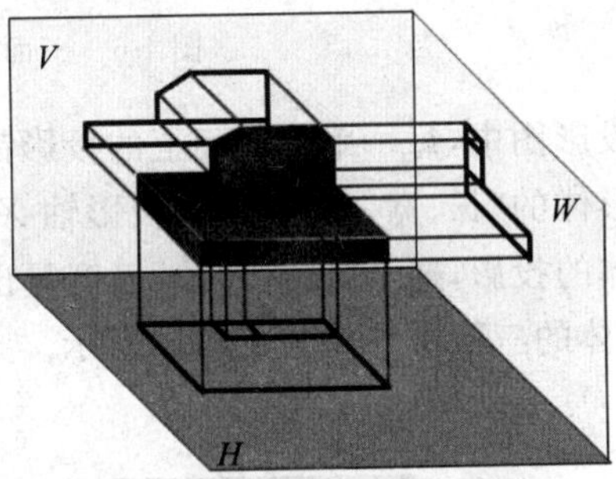

(b) 平面体向三面投影面投影

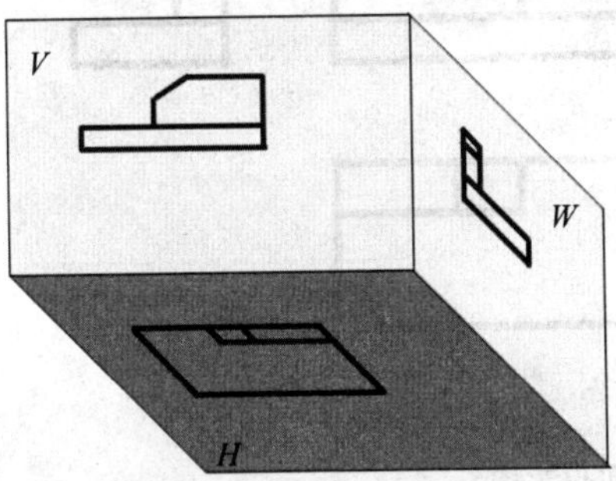

(c) 未展开的三面投影图

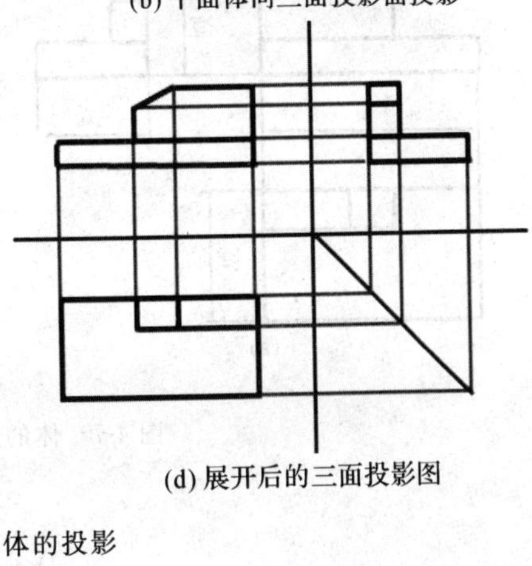
(d) 展开后的三面投影图

图 4-5　体的投影

(1)过平面立体作三个方向的投射线，即向三面投影面投影，如图 4-5(b)所示。

(2)三面投影面上生成的三面投影，如图 4-5(c)所示。

(3)投影面展开后的三面投影图，如图 4-5(d)所示。

由于采用的是正投影法(投射线与投影面垂直)，空间形体在投影过程中，一定遵循“长对正、高平齐、宽相等”的三等原则。

所谓“长对正”，即 V 面投影与 H 面投影中，形体的长度方位一定对正，如图 4-6(a)所示。

所谓“高平齐”，即 V 面投影与 W 面投影中，形体的高度方位一定平齐，如图 4-6(b)所示。

所谓“宽相等”，即 H 面投影与 W 面投影中，形体的宽度方位一定相等，如图 4-6(c)所示。

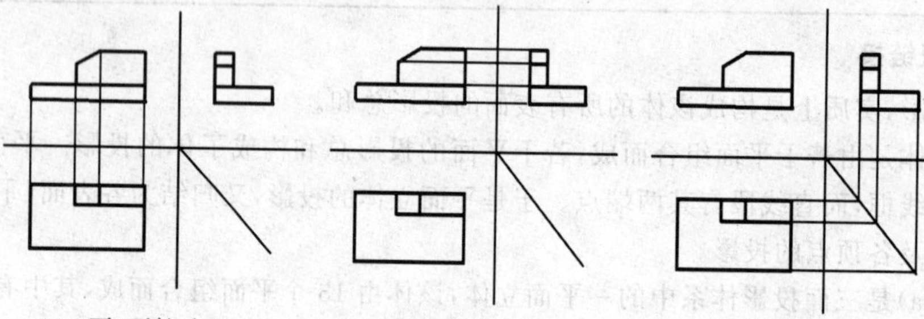

(a) V面H面长对正　(b) V面W面高平齐　(c) H面W面宽相等

图 4-6　三面投影的三等原则

三面投影图中，每一个投影面上的投影都真实反映出空间形体位于该投射方向的形体特征。而形体的“长、宽、高”表现为投影轴 X、Y、Z 坐标的度量差值，如图 4-7(a)所示。

对于体的投影，这个“度量差值”已度量出形体的三维差值，投影图中的三维坐标轴可以省略，于是体的三面投影如图 4-7(b)所示。

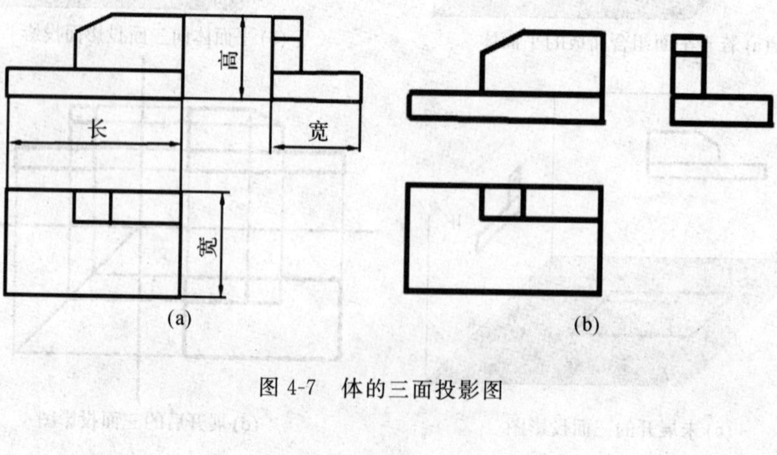

(a)　(b)

图 4-7　体的三面投影图

1 基本平面体的投影

1.1 棱柱体

1.1.1 棱柱体的投影

棱柱由两个底面和若干侧棱面组成。侧棱面与侧棱面的交线为侧棱线，侧棱线之间相互平行。图 4-8 所示的，六棱柱两底面为水平面，在水平投影图中反映实形。前后两侧棱面是正平面，其余四个侧棱面是铅垂面，它们的水平投影都积聚成直线，与两底面六边形的边重合。

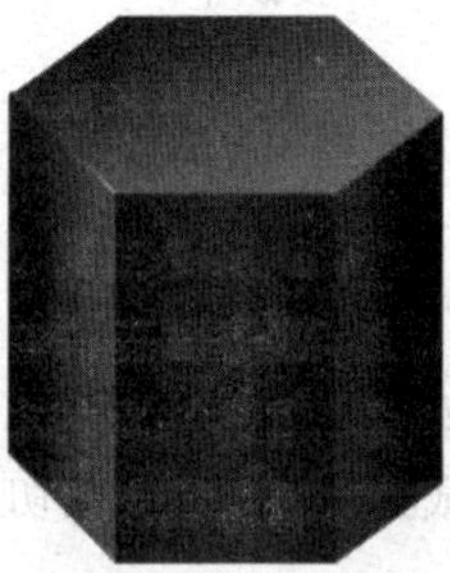

(a)立体图

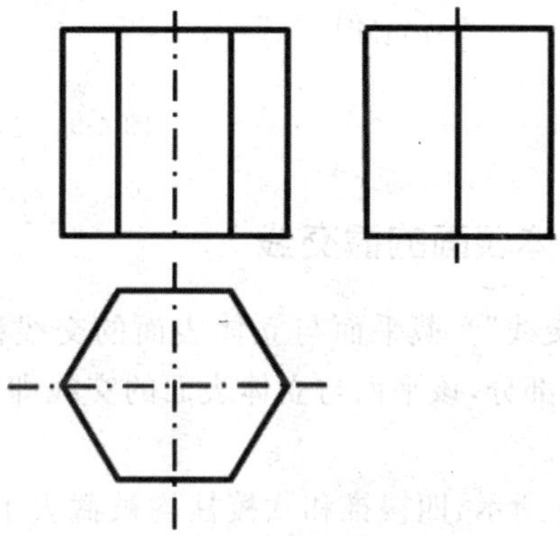

(b) 投影图

图 4-8 六棱柱

1.1.2 棱柱体表面取点

由于棱柱的表面都是平面，所以在棱柱的表面上取点与在平面上取点的方法相同。但是由于是立体表面的点，其投影会出现遮挡问题，即点的投影有可能被其他的平面遮挡，出现投影点不可见的现象。因此，在立体表面作出点的投影之后，需要对其作可见性的判断，判断依据：若点所在平面的投影可见，该平面上点的投影也可见。反之，若点所在平面的投影不可见，该平面上点的投影也不可见。若平面的投影积聚成直线，点的投影一般作为可见处理。

1.2 棱锥体

1.2.1 棱锥体的投影

棱锥由一个底面和若干侧棱面组成。侧棱线交于有限远的一点—锥顶。图 4-9 所示的三棱锥处于图示位置时，其底面 ABC 是水平面，在俯视图上反映实形。侧棱面 SAC 为侧垂面，在侧面投影积聚成了直线。另两个侧棱面为一般位置平面。

1.2.2 棱锥体表面取点

采用平面上取点的方法，即“面上取线，线上取点”的方法。

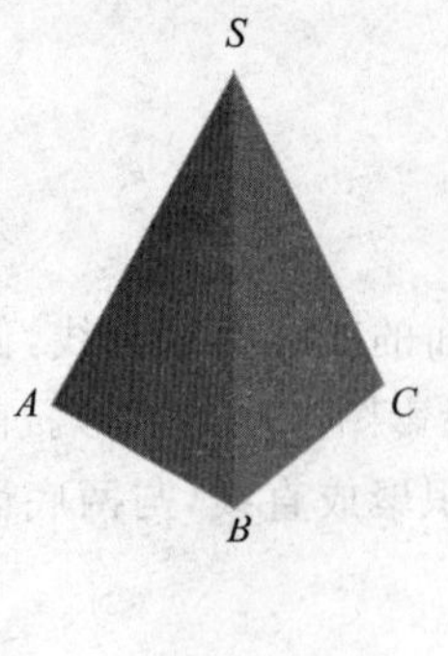

(a)立体图

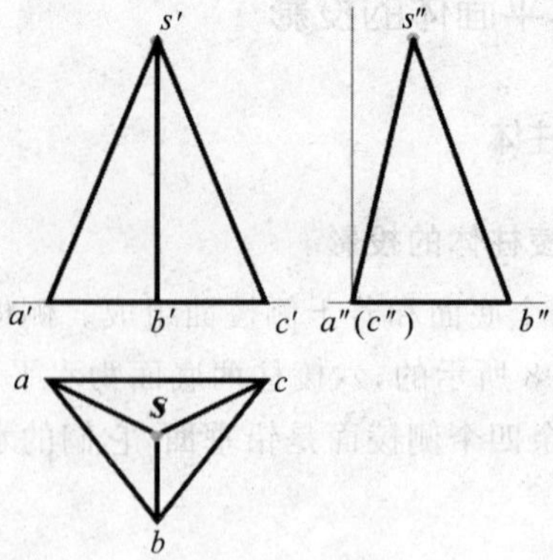

(b)投影图

图 4-9　三棱锥

2　平面体表面的截交线

何为“截交线”？截平面与立体表面的交线称为“截交线”。换句话说就是用一平面去“截切”体的一部分，该平面与立体表面的交线即被称为“截交线”。用以截切立体的平面被称为“截平面”。

如图 4-10 所示，四棱锥和八棱柱均被截去了一部分，留下了的即是截平面与其表面的交线。

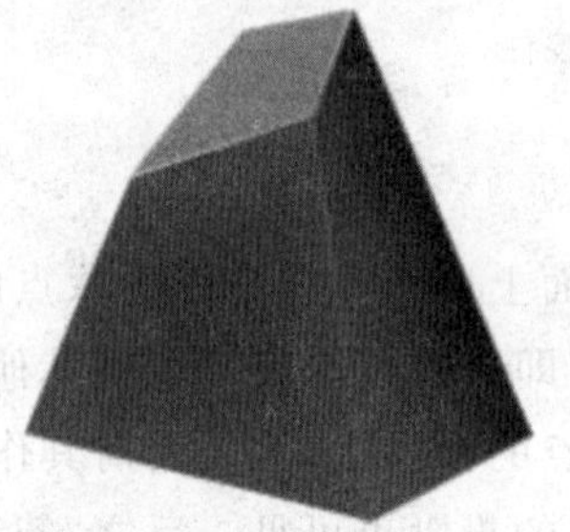

(a)

(b)

图 4-10　平面立体的截交线

2.1　截交线的性质

(1)截交线是一封闭的平面多边形。

(2)截交线的每条边是截平面与棱面的交线。

(3)截交线是截平面与立体表面的共有线，截交线上的点既在截平面上，又在立体表面上，是截平面与立体表面的共有点。

(4)截交线的形状取决于立体的形状和立体与截平面的相对位置。

2.2 求截交线的方法

(1)棱线法。

(2)棱面法。

求各棱线与截平面交点的方法称为棱线法,求各棱面与截平面交线的方法称为棱面法。

2.3 求平面立体截交线的步骤

(1)空间投影分析,在已知的投影面上找出已知截交线上的点,寻找依据:共有点。

(2)根据已知点求出未知点,采用面上取点的方法。

(3)依次连接各截交线上点,注意次序一定不能有错。

(4)分析各棱线并判断其可见性。

(5)检查截交线的类似性。

◎ 任务解答

要求1解答

分析:由正面投影的可见性分析,A 点落在左前位的侧凌面上,B 点落在最后的侧凌面上,由点的投影特性,首先作出 A、B 两点的水平投影(水平投影面上所有的侧凌面均积聚成直线),最后作出侧面投影,作图过程如图4-11(b)所示。

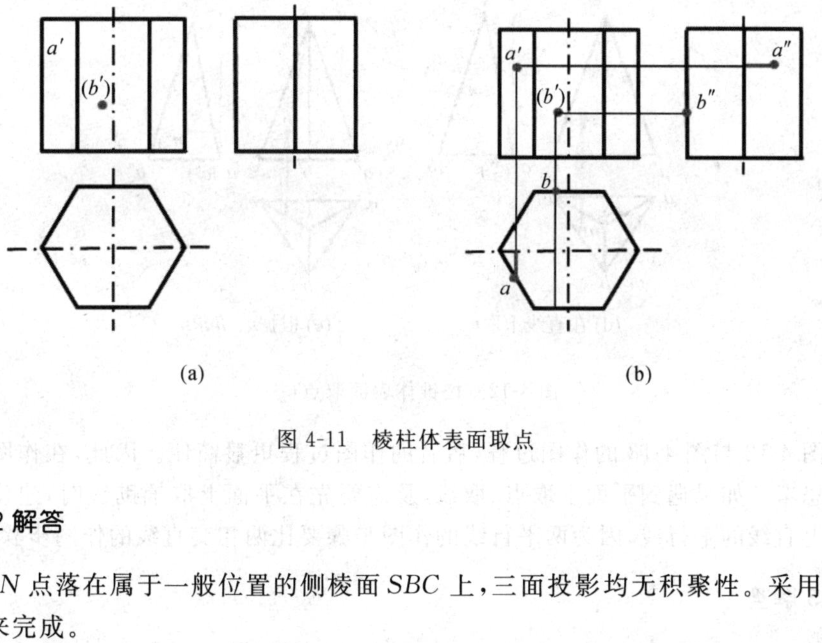

图4-11 棱柱体表面取点

要求2解答

分析:N 点落在属于一般位置的侧棱面 SBC 上,三面投影均无积聚性。采用平面上取点的方法来完成。

作图步骤如下:

(1)首先过 N 点的正面投影做辅助直线,如图4-12(b)所示。

(2)作出辅助线的水平投影,如图4-12(c)所示。

(3)根据已知 N 点的正面投影,作出其水平投影,如图4-12(d)所示。

(4)根据 N 点的两面投影,作出侧面投影,如图 4-12(e)所示。

(5)各投影点的可见性的判断:由于三个侧凌面的水平投影均可见,故 n 可见。而侧凌面 SBC 的侧面投影不可见,对 N 点的侧面投影 n''添加()表示其不可见。

“面上取线,线上取点”的方法,在使用过程中应灵活机动,就“面上取线”而言,可以采用多种取线的形式。

如图 4-13(a)所示,过侧棱面上的 K 点,取一条水平线,由于该水平线与底面直线 AB 平行,又根据空间两平行直线的投影特性:“若空间两直线平行,则它们的同面投影也一定平行”。作所取直线的水平投影,如图 4-13(b)所示。再在该直线上取点 k,最后同样根据“高平齐、宽相等”得出 k'',如图 4-13(c)所示。

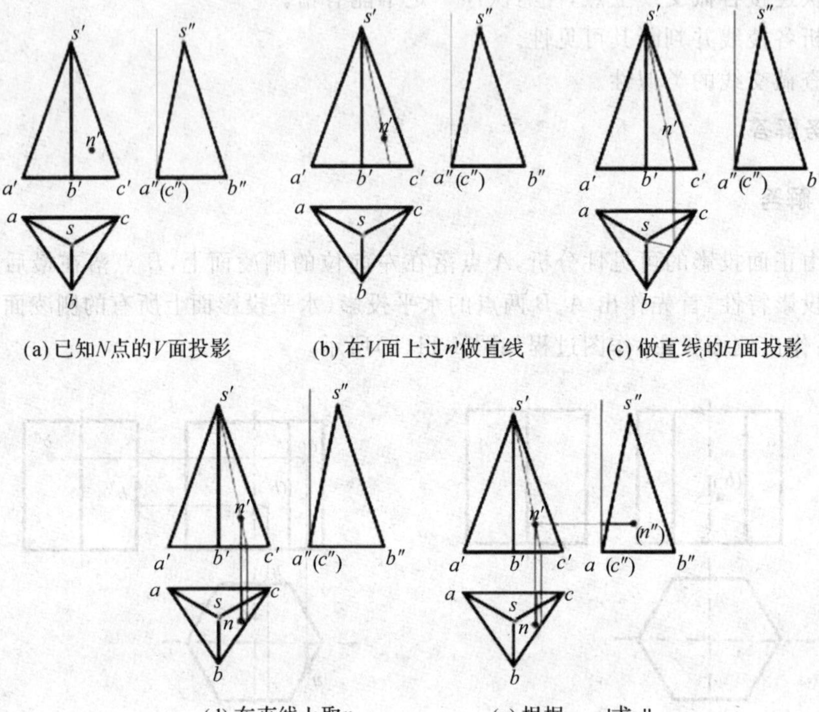

(a) 已知N点的V面投影　(b) 在V面上过n'做直线　(c) 做直线的H面投影

(d) 在直线上取n　(e) 根据n、n'求n''

图 4-12　棱锥体表面取点(一)

比较图 4-12 与图 4-13 的作图过程,后者的作图过程更显简便。因此,在作图过程中应多观察多思考。如果遇到平面上取点、取线,及需要先在平面上取辅助线时,建议尽量选取已知平面上直线的平行线,因为两平行线的作图步骤要比两相交直线的作图步骤简单。

要求 3 解答

分析:其立体图 4-10(a)所示。由于截平面的正面投影具有积聚性,截交线也积聚在该正垂面上,用棱线法求出截平面与四条棱线的四个交点。

作图步骤如下:

(1)用棱线法求出截平面与四条棱线的四个交点,如图 4-14(b)所示。

(2)将棱线上各交点连接,得到截交线的投影,如图 4-14(c)所示。

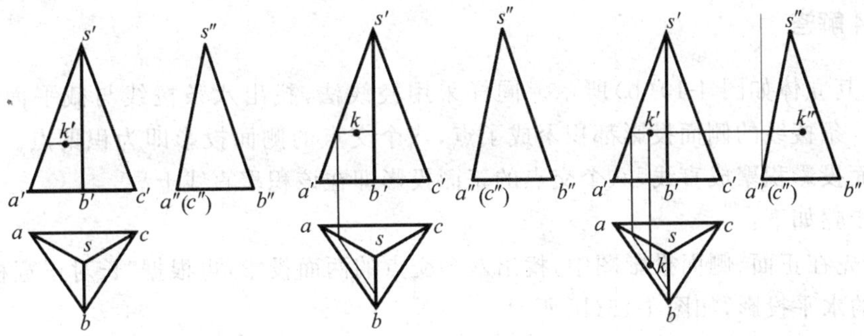

(a) (b) (c)

图 4-13　棱锥体表面取点(二)

(3)棱线分析并判断其可见性,水平投影四条棱线均可见,用粗实线绘制。侧面投影Ⅰ号交点所在棱线不可见,用虚线绘制。如图 4-14(d)所示。

(4)最后检查截交线的水平投影与侧面投影是否相类似,检查无误后加深轮廓线完成作图。

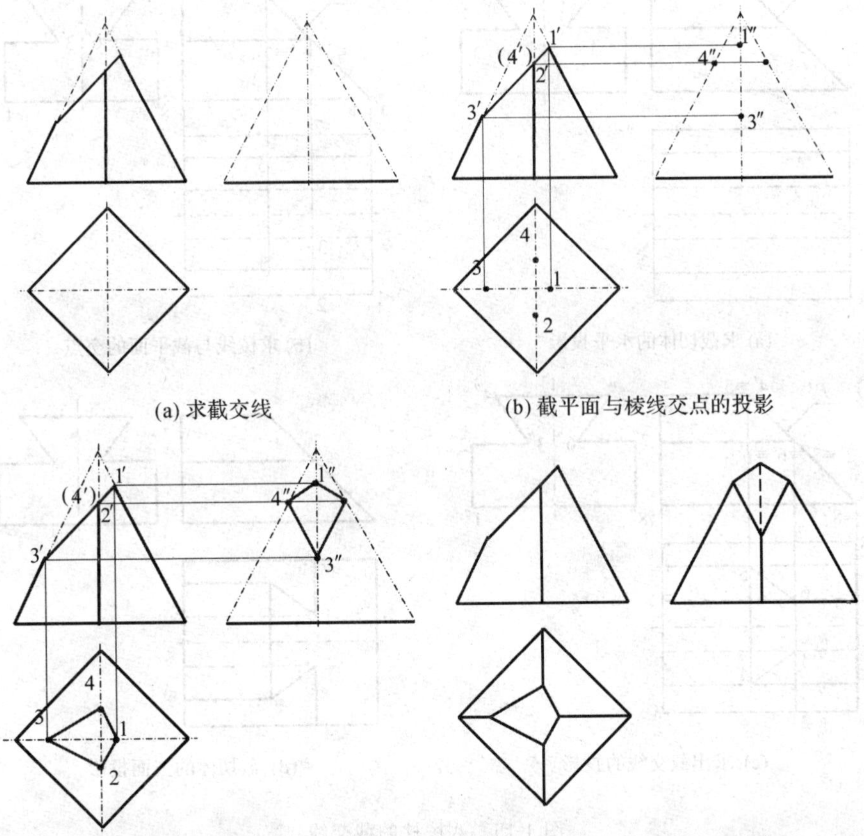

(a) 求截交线　(b) 截平面与棱线交点的投影

(c) 截交线的投影　(d) 截切四棱锥的投影

图 4-14　四棱锥的截交线

要求 4 解答

分析：其立体如图 4-10(b)所示。同样采用棱线法，找出八条棱线与截平面的八个交点。由于八条棱线的侧面投影都积聚成了点，八个交点的侧面投影即为积聚点。又由于截平面的正面投影积聚成直线，八个交点的正面投影即在该积聚直线上。

作图步骤如下：

(1)首先在正面、侧面投影图中，找出八个交点的两面投影，再根据“长对正宽相等”作出八个交点的水平投影，如图 4-15(b)所示。

(2)按顺序将水平投影面上的各交点相连接，如图 4-15(c)所示。

(3)棱线分析并判断可见性(水平投影)，最高的两条棱线交点为 4、5，其左方棱线被截切故应擦去。2、3、6、7 交点所在棱线的长度相等，但可见性不同，3、6 号棱线不可见，故用虚线表示。最长的棱线属 1、8 号棱线，其方位为最低，如图 4-15(d)所示。

(4)检查截交线的水平投影与侧面投影是否相类似，最后加深轮廓线。

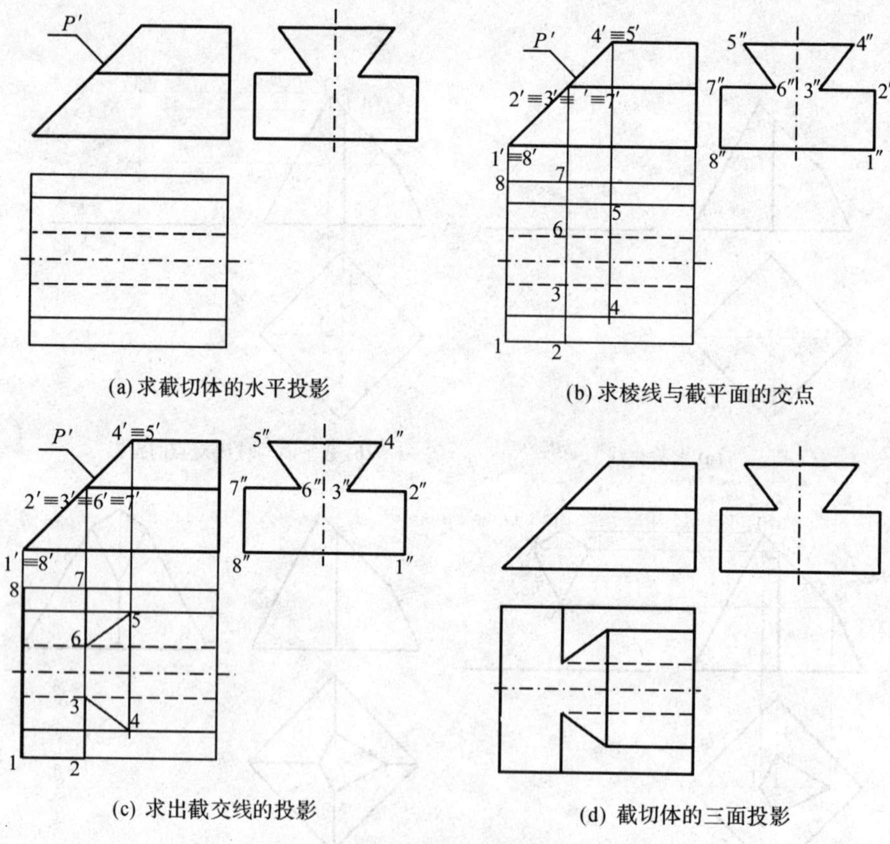

(a) 求截切体的水平投影　　(b) 求棱线与截平面的交点

(c) 求出截交线的投影　　(d) 截切体的三面投影

图 4-15　八棱柱的截交线

◎ 任务评价

课题名称		平面体的投影及其表面的截交线	任课教师			
要求	序号	要求中的评价项目	结果			
			A	B	C	D
1	1	棱柱怎样放置时其投影具有积聚性？				
	2	如何利用积聚性求棱柱表面点的投影？				
2	3	怎样求棱锥表面点的投影？				
3、4	4	立体表面的截交线有什么性质？				
	5	简述求截交线的方法和步骤				
	6	立体表面取点和求截交线有什么关系？				
综合成绩						
自我总结						
学生签字： 年　月　日			指导教师签字： 年　月　日			

二、曲面立体的投影

◎ 任务书

项目	《机械制图》国家标准	用时	5 学时
目的	1. 明确平面体的概念，掌握棱柱、棱锥的投影规律和画法。 2. 能画出平面立体表面上点和截交线的三面投影。		
要求	1. 如图 4-16 所示，已知圆柱表面 A 点的正面投影，求其另两投影面的投影。 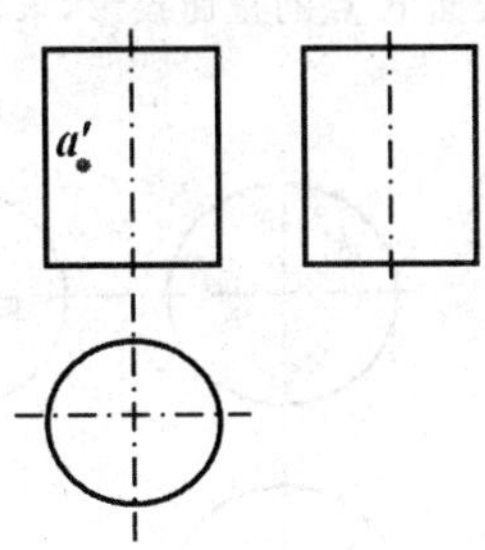 图 4-16		

续表

工具	2. 如图 4-17 所示，已知圆锥体表面 K 点的正面投影，求其另两投影面的投影。 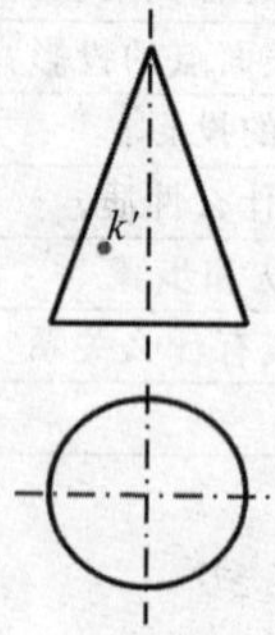 图 4-17 3. 如图 4-18 所示，已知圆锥体表面 N 点的正面投影，求其另两投影面的投影。 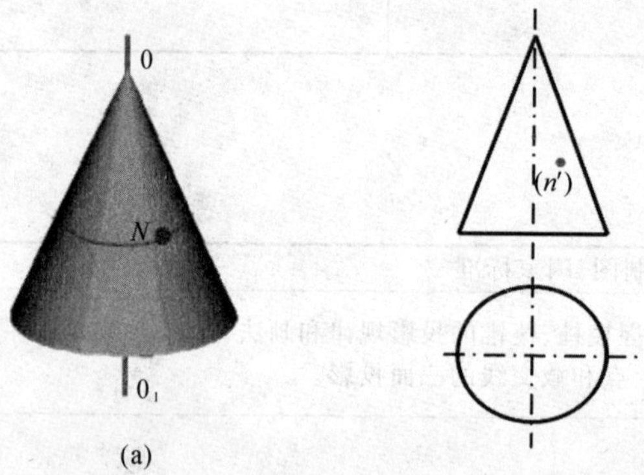 图 4-18 4. 如图 4-19 所示，已知圆球表面 K 点的正面投影，求其另两投影面的投影。 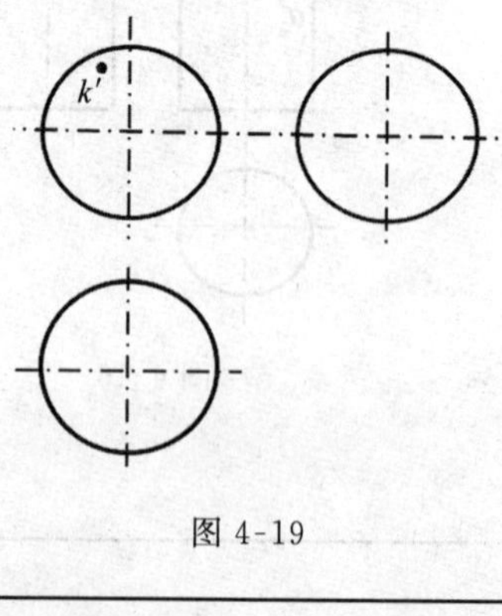 图 4-19

续表

工具	5. 如图 4-20 所示，已知被截切圆柱体的正面投影，求其另两投影面的投影。 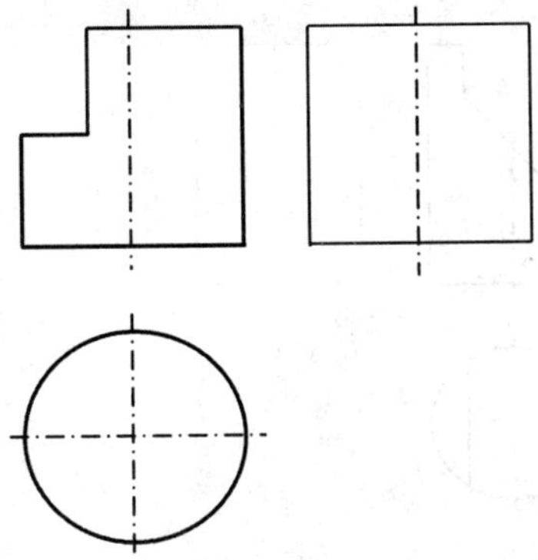 图 4-20 6. 如图 4-21 所示，已知被截切圆柱体的正面投影，求其另两投影面的投影。 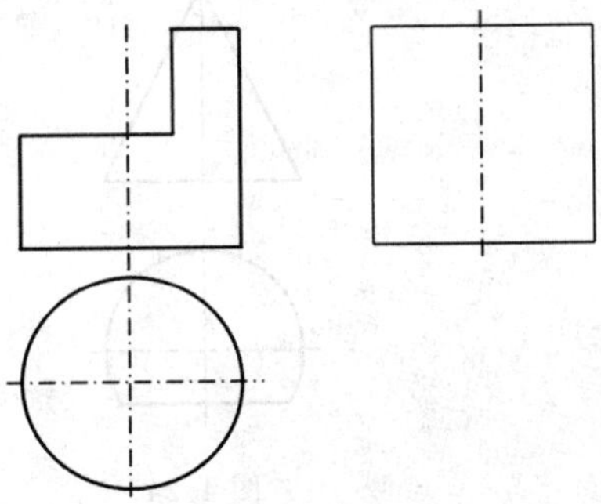 图 4-21 7. 如图 4-22 所示，已知被截切圆柱体的正面投影，求其投影图。 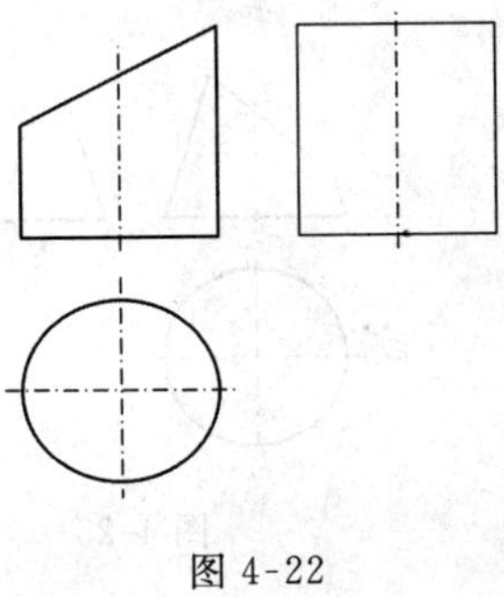 图 4-22

续表

工具

8. 如图 4-23 所示，已知圆柱被截切，求其侧面投影图。

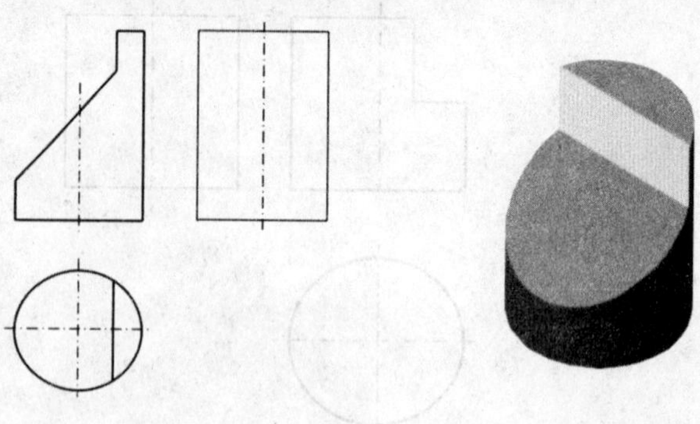

图 4-23

9. 如图 4-24 所示，圆锥被正平面截切，补全正面投影。

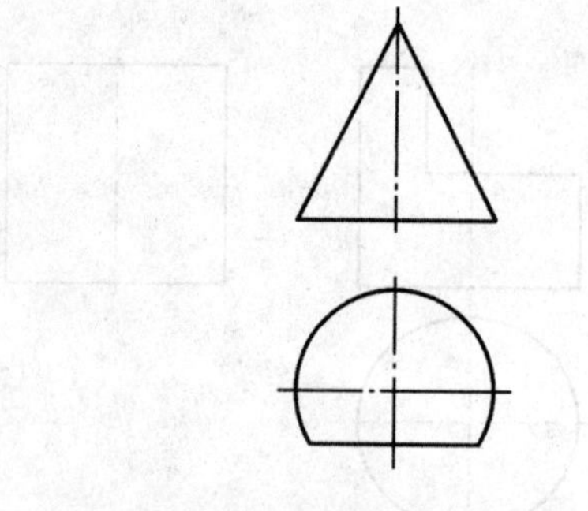

图 4-24

10. 圆锥体被正垂面截切，截切位置如图 4-25 所示，求出截交线并完成三面投影图。

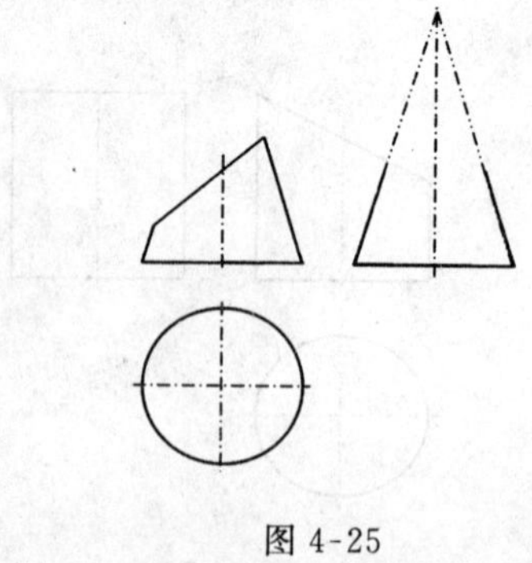

图 4-25

续表

工具	11. 半圆球的中部被截去了一个槽，形体如图 4-26 所示，作出其水平投影和侧面投影。 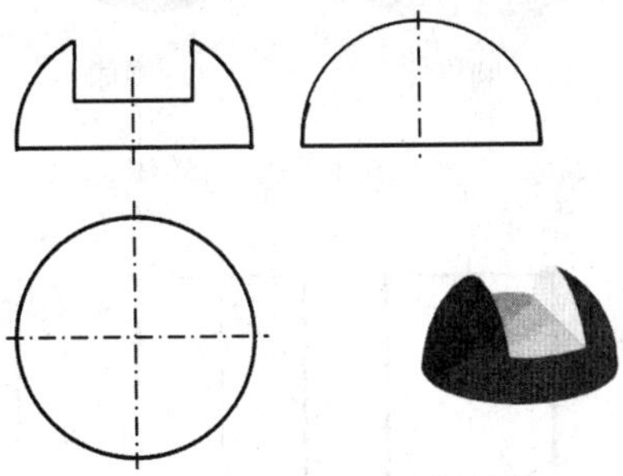 图 4-26 12. 复合回转体被双面截切(水平面与正垂面)，如图 4-27 的主视图所示，求出该复合体的水平投影及侧面投影。 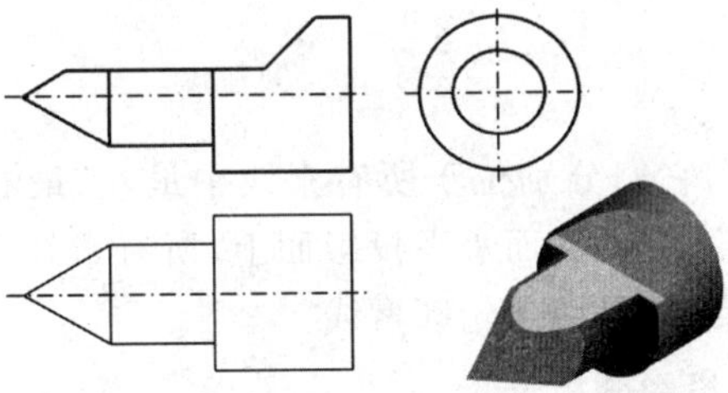 图 4-27

◎ **知识链接**

1　回转体的投影

曲面立体的表面通常为曲面，曲面中最常见的为回转曲面，表面有回转曲面的立体称为回转体。回转曲面是由一线段(该线段称为回转曲面的母线)绕空间另一直线作定轴旋转运动而形成的光滑曲面，母线在回转面上的任意位置均被称为素线，常见的回转体有圆柱体、圆锥体、圆球、圆环等，如图 4-28 所示。

1.1　圆柱体

1.1.1　圆柱体的投影

圆柱体由圆柱面和两个底面组成。圆柱面是由直线 AA_1 绕着与它平行的轴线 OO_1 旋转而成，如图 4-29(a)所示。直线 AA_1 称为母线，圆柱面上与轴线 OO_1 平行的任一直线称为圆柱面的素线。无穷多的素线围成圆柱面，其中有四条素线被称为轮廓素线。如图 4-29

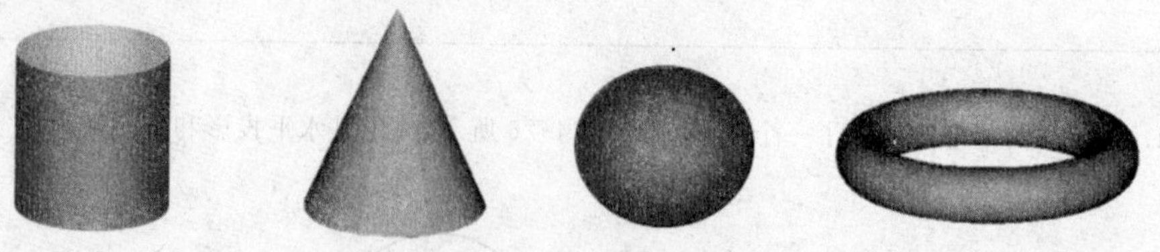

(a) 圆柱体　(b) 圆锥体　(c) 圆球　(d) 圆环

图 4-28　回转体

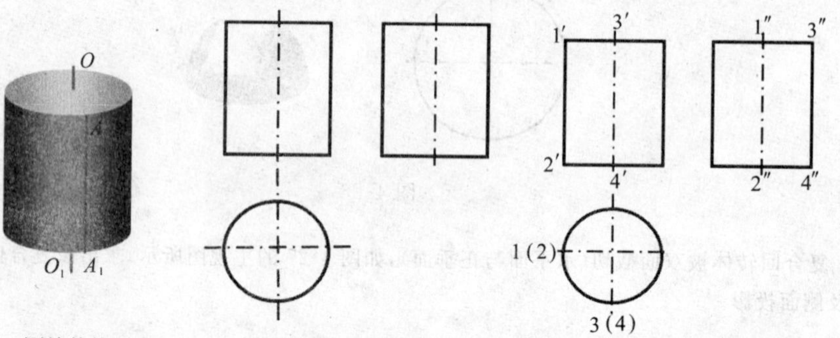

(a) 圆柱体的形成　(b) 圆柱体的投影　(c) 轮廓素线的投影分析

图 4-29　圆柱体

(b)所示的圆柱投影图中，它们分别位于所有素线中最左、最右(正面投影图的轮廓线)、最前、最后(侧面投影图的轮廓线)。而水平投影面上，所有素线都积聚成点围成圆，交叉的点画线与积聚圆的四个交点，即是四条轮廓素线。

1.1.2　轮廓素线的投影分析

如图 4-29(c)所示，Ⅰ-Ⅱ、Ⅲ-Ⅳ为最左和最前的两条轮廓素线。Ⅰ-Ⅱ的正面投影 1′-2′在投影图中居左位，而侧面投影 1″-2″居中位，其水平投影积聚。Ⅲ-Ⅳ的侧面投影 3″-4″在投影图中居前位，正面投影 3′-4′居中位。其水平投影积聚。另两条轮廓素线(最后、最右)请读者自行分析。

1.1.3　圆柱体表面取点

圆柱体表面取点，可以利用其投影中的积聚圆，从简获取。

1.2　圆锥体

1.2.1　圆锥体的投影

如图 4-30(a)所示，圆锥体由圆锥面和底面组成。圆锥面是由直线 *SA* 绕与它相交的轴线 *OO*1 旋转而成。*S* 称为锥顶，直线 *SA* 称为母线。圆锥面上过锥顶的任一直线称为圆锥面的素线。圆锥体的投影图如图 4-30(b)所示，在图示位置，水平投影为一圆。另两个投影为等边三角形，三角形的底边为圆锥底面的投影，两腰分别为圆锥面不同方向的两条轮廓素线的投影。

1.2.2　轮廓素线的投影与曲面可见性的判断

如图 4-30(c)的正面投影，两腰 *SB*、*SD* 分别为圆锥面上最左、最右的两条轮廓素线，水

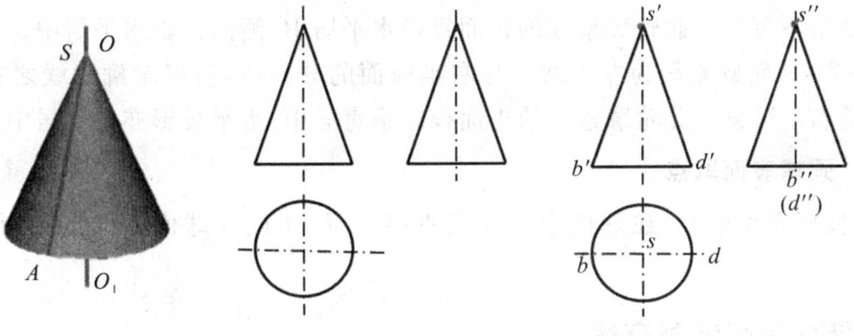

(a) (b) (c)

图 4-30 圆锥体

平投影无积聚性，侧面投影居中且可见性不同。曲面的可见性由投影面的方位所决定：正面投影为前半曲面可见，后半不可见；侧面投影为左半曲面可见，右半曲面不可见；水平投影为整个圆锥面均可见。

1.2.3 圆锥体表面取点

由于圆锥体的投影无积聚性，在圆锥面上取点仍采用面上取点的方法，即“面上取线，线上取点”。取线的方法有素线法和辅助圆法。

1.3 圆球

1.3.1 圆球的投影

圆球为圆母线以它的直径为轴旋转而成。三个投影图分别为三个和圆球的直径相等的圆，它们分别是圆球三个方向轮廓素线的投影，如图 4-31 所示。

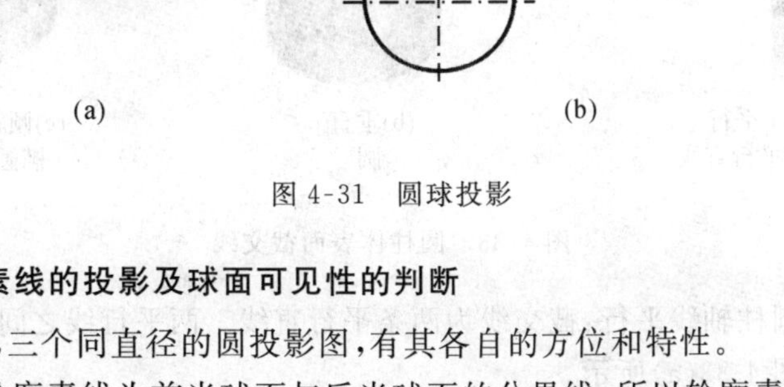
(a) (b)

图 4-31 圆球投影

1.3.2 轮廓素线的投影及球面可见性的判断

图 4-31(b)中，三个同直径的圆投影图，有其各自的方位和特性。

V 面投影：该轮廓素线为前半球面与后半球面的分界线，所以轮廓素线之前的所有球面均可见，其后不可见。此轮廓素线的水平投影水平居中，侧面投影垂直居中。

H 面投影:该轮廓素线为上半球面与下半球面的分界线,所以轮廓素线之上的所有球面均可见,其余不可见。此轮廓素线的正面投影水平居中,侧面投影水平居中。

W 面投影:该轮廓素线为左半球面与右半球面的分界线,所以轮廓素线之左的所有球面均可见,其右不可见。此轮廓素线的正面投影垂直居中,水平投影亦垂直居中。

1.3.3　圆球表面取点

圆球的投影无积聚性,在球面上无任何直线可寻,所以在球面上取点,必须使用辅助圆法。

2　回转体表面的截交线

回转体表面的截交线是截平面与回转体截切后,在回转体表面产生的交线,如图 4-32 所示。该截交线是截平面与回转体表面的共有线,其形状取决于回转体表面的形状及截平面与回转体轴线的相对位置。

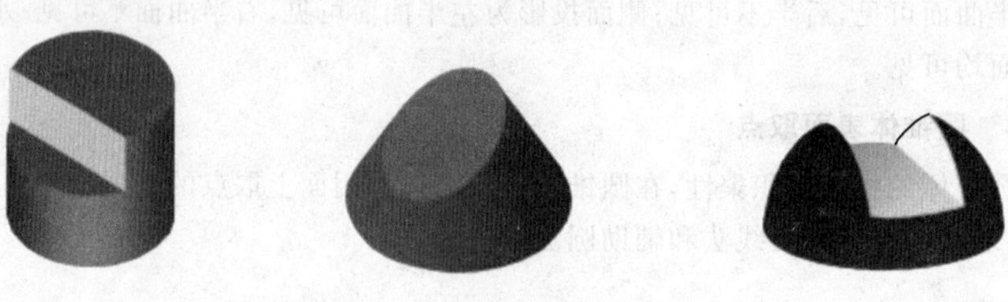

图 4-32　回转体表面的截交线

2.1　圆柱体表面的截交线

截平面与圆柱面交线的形状取决于截平面与圆柱轴线的相对位置,如图 4-33 所示,截平面与圆柱轴线的相对位置可以分为三种情况:

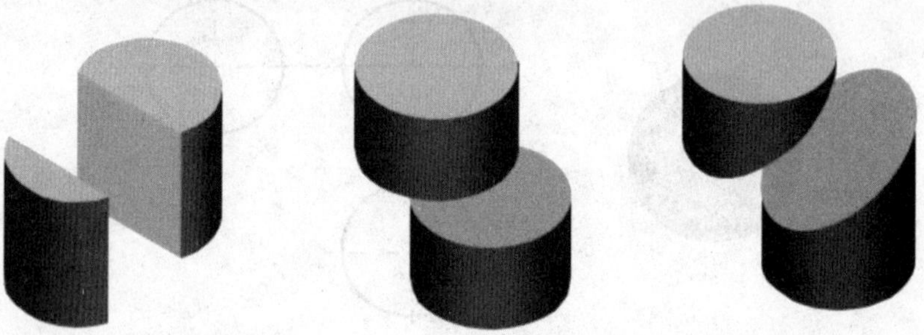

(a)平行　两平行直线　　(b)垂直　圆　　(c)倾斜　椭圆

图 4-33　圆柱体表面截交线

(1)截平面与圆柱轴线平行:截交线为两条平行直线。两平行线之间距离取决于截平面与轴线的距离,如图 4-33(a)所示。

(2)截平面与圆柱轴线垂直:截交线为圆,如图 4-33(b)所示。

(3)截平面与圆柱轴线倾斜:截交线即为椭圆,如图 4-33(c)所示。

2.2 圆锥体表面的截交线

如图 4-34 所示的五种圆锥体表面截交线,取决于截平面与圆锥轴线的相对位置。其相对位置及截交线的投影特性如下:

(1)当截平面切过圆锥锥顶时,截交线为两条相交直线,如图 4-34(a)所示。

(2)当截平面与圆锥的中心轴线垂直时,截交线为圆,如图 4-34(b)所示。

(3)当截平面与圆锥的中心轴线倾斜时,截交线为椭圆,如图 4-34(c)所示。

(4)当截平面与圆锥的某一条素线平行时,截交线为抛物线,如图 4-34(d)所示。

(5)当截平面与圆锥的中心轴线平行时,截交线为双曲线,如图 4-34(e)所示。

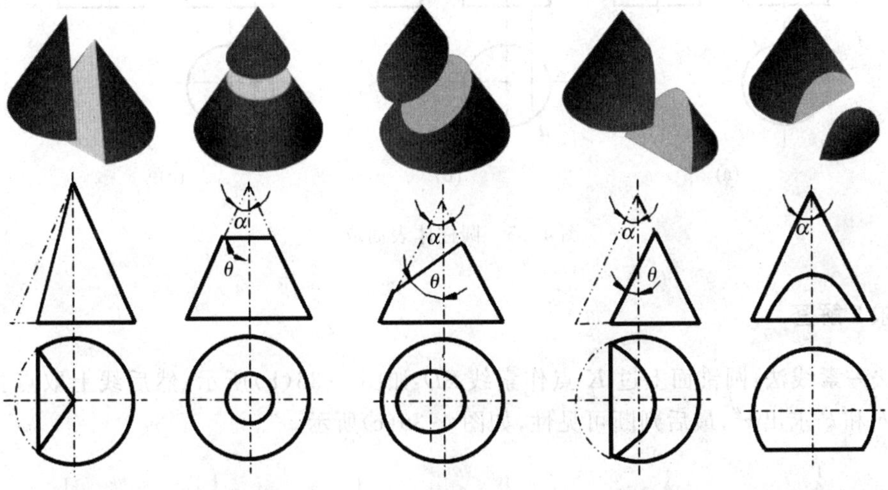

(a)过锥顶 两相交直线　(b)与轴线垂直 圆　(c)与轴线倾斜 椭圆　(d)与某素线平行 抛物线　(e)与轴线平行 双曲线

图 4-34　圆锥体表面五种截交线

2.3 圆球表面的截交线

圆球被截切,或者说圆球与平面相交,截交线的形状都是圆,但根据截平面与投影面的相对位置不同,其截交线的投影可能为圆、椭圆或积聚成一条直线。

回转体截交线的总结:

(1)截平面与回转体表面的共有点。

(2)求截交线的步骤。

① 空间及投影分析。

② 分析回转体的形状以及截平面与回转体轴线的相对位置,以确定截交线的形状。

③ 分析截平面及回转体与投影面的相对位置,明确截交线的投影特性,如积聚性、类似性等,找出截交线的已知投影,预见未知投影。

④ 当截交线的投影为非圆曲线时,其作图步骤为:先找特殊点,再补充中间点。

⑤将各点光滑地连接起来,并判断截交线的可见性。

⑥分析轮廓素线且判断其可见性。

◎ 任务解答

要求 1 解答

分析：利用积聚圆，先求出水平投影。过 a' 作直线与积聚圆相交，由于 a' 不带()表 A 点位于前半圆柱面上。故 a 点位于如图 4-35(b)所示位置，再根据“高平齐，宽相等”获得 a''，如图 4-35(c)所示。最后检查各投影点的可见性，如遇不可见的投影点需加()。

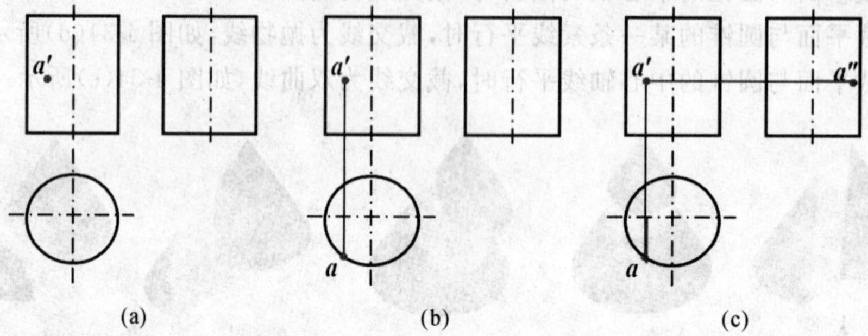

图 4-35 圆柱体表面取点

要求 2 解答

方法一素线法：圆锥面上过 K 点作素线 SD 如图 4-36(b)所示，然后线上取点找出 k，再根据 k' 和 k 求出 k''，最后判断可见性，如图 4-36(c)所示。

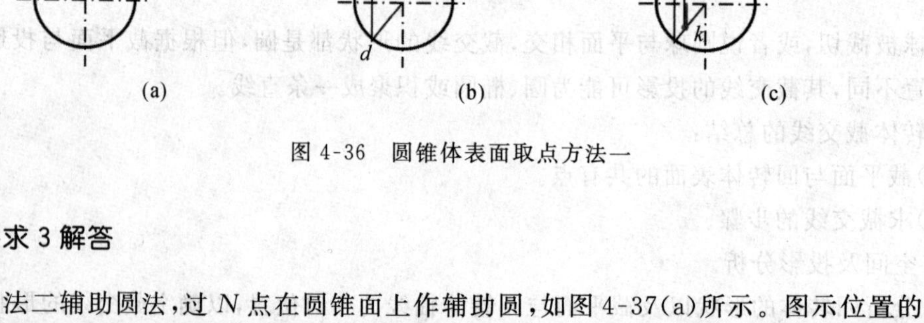

图 4-36 圆锥体表面取点方法一

要求 3 解答

方法二辅助圆法，过 N 点在圆锥面上作辅助圆，如图 4-37(a)所示。图示位置的辅助圆为(水平圆)，其正面投影积聚，水平投影为圆，作出此圆后再在此圆上取点。

作图步骤如下：

(1)过 N 点作辅助圆的两面投影，如图 4-37(c)所示，注意辅助圆的半径从何寻找。

(2)再在辅助圆上找出 N 点的水平投影且可见。根据 N 点的正面投影和水平投影，找

出 N 点的侧面投影，且判断出其投影不可见，如图 4-37(d)所示。

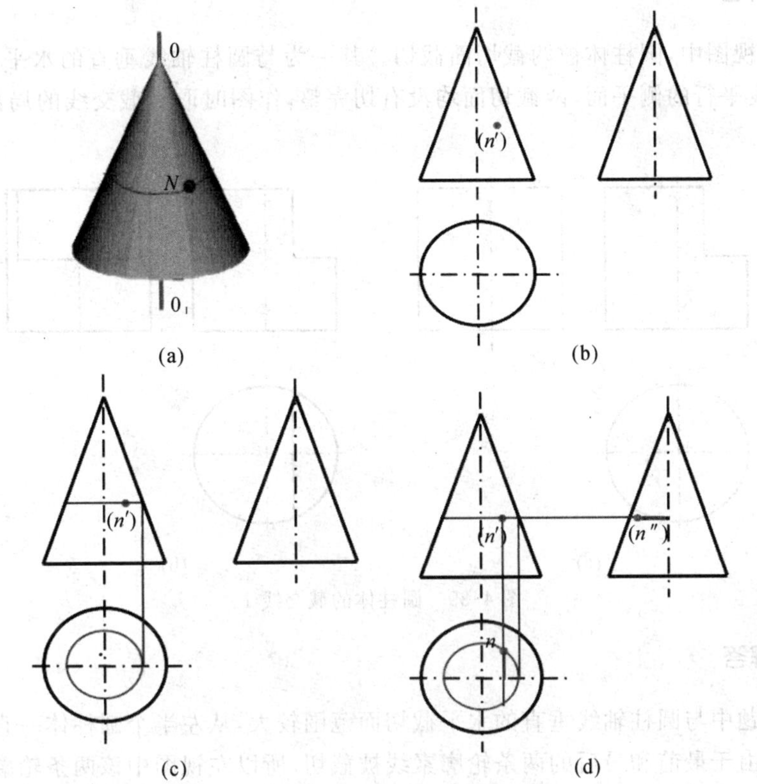

图 4-37　圆锥体表面取点方法二

要求 4 解答

分析：采用辅助圆法。过 K 点作辅助水平圆（V 面以直径积聚，H 面实形）如图 4-38(b)所示，K 点的水平投影 k 位于此圆上（注意在前半球面），再求出 k''。最后判断各投影点的可见性，由于 K 点坐落于圆球的前半、上半、左半，故三面投影均可见，如图 4-38(c)所示。

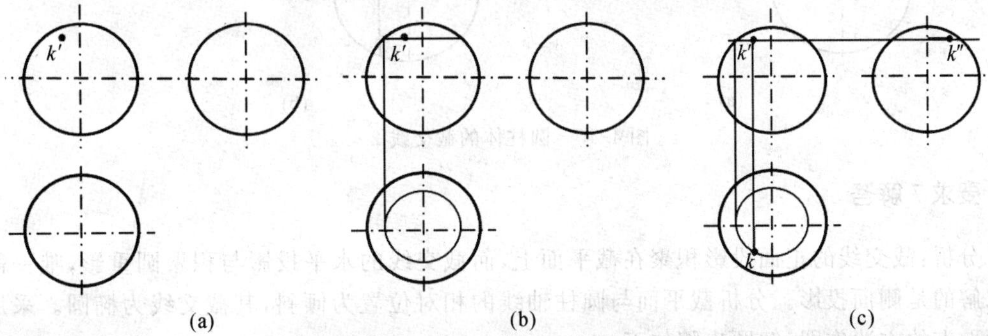

图 4-38　圆球表面取点

要求5解答

分析:主视图中,圆柱体被两截切面截切。其一为与圆柱轴线垂直的水平面,其二为与圆柱中心轴线平行的侧平面,两截切面均没有切完整,作图时取其截交线的局部,如图4-39(b)所示。

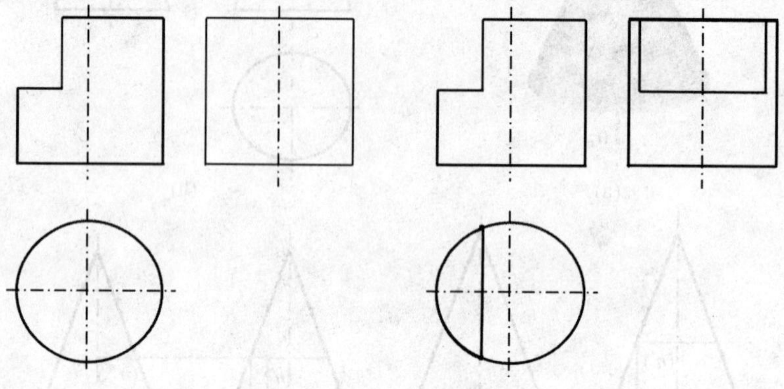

(a)　　　　(b)

图4-39　圆柱体的截交线1

要求6解答

分析:此题中与圆柱轴线垂直的水平截切面范围较大,从左半个圆柱体一直延续到中心轴线的右面,由于最前和最后的两条轮廓素线被截切,所以左视图中该两条轮廓素线不再完整,如图4-40(b)所示。

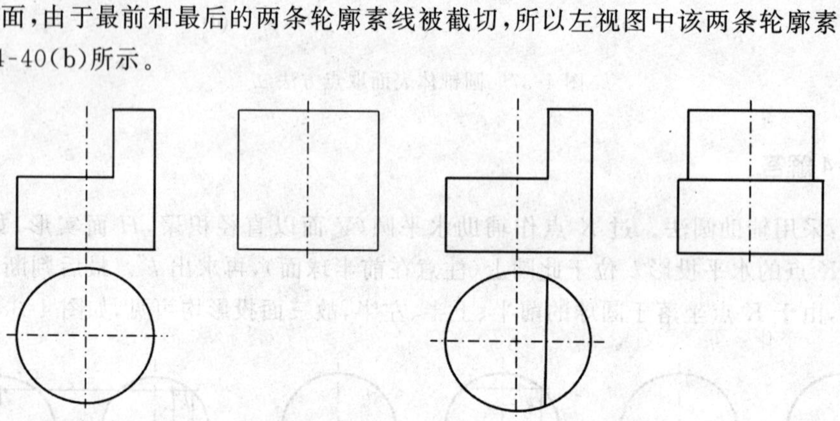

(a)　　　　(b)

图4-40　圆柱体的截交线2

要求7解答

分析:截交线的正面投影积聚在截平面上,而截交线的水平投影与积聚圆重影,唯一需要求解的是侧面投影。分析截平面与圆柱轴线的相对位置为倾斜,其截交线为椭圆。采用表面取点的方法作图,解题步骤如下:

(1)找特殊点(极限位置点、轮廓素线上的点),此题可以找出最高、最低、最前、最后四个点,如图4-41(a)所示。

(2)补充中间点。所谓补充,是因为仅有四个特殊点连接成椭圆还远远不够。如图4-

41(b)所示，补充四个一般点。注意侧面投影中前后两点之间的宽度取自于水平投影。

(3)光滑连接各点，如图 4-41(c)所示。

(4)分析轮廓素线的投影，侧面投影一前一后两条轮廓素线被截断，其高度应与正面投影的居中点平齐，如图 4-41(d)所示。

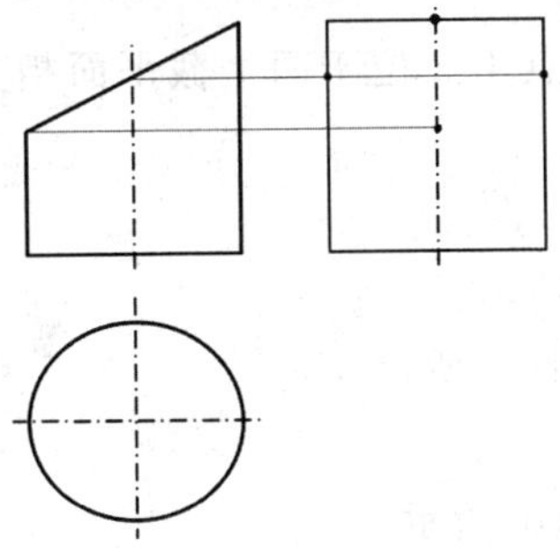

(a) 四个特殊点的投影

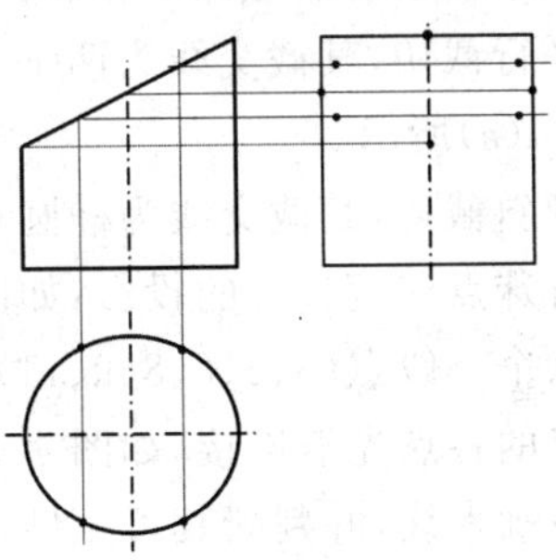

(b) 补充中间点

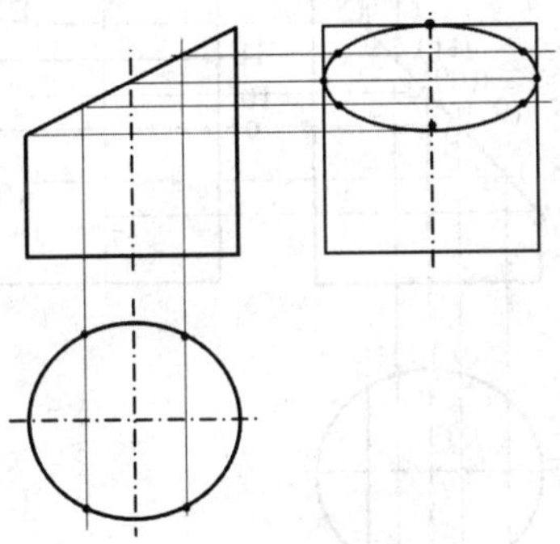

(c) 光滑连接各点

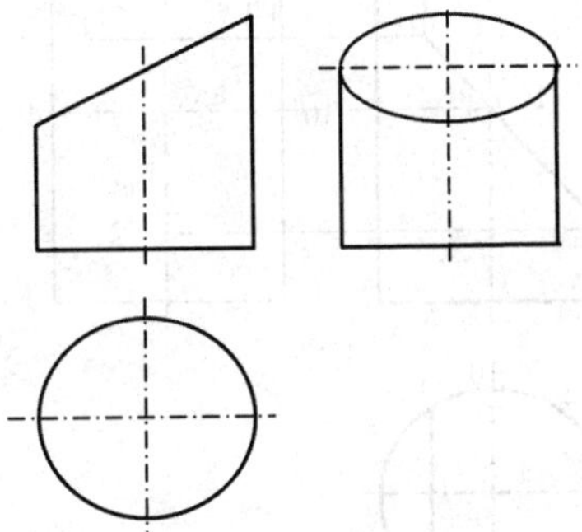

(d) 轮廓线分析

图 4-41　圆柱体的截交线 4

当截面与圆柱轴线倾斜，截交线即为椭圆。该椭圆的长、短轴，随截平面与圆柱轴线夹角的变化而改变。如图 4-42 所示的圆柱截交线仍为椭圆，但与图 4-41 中的椭圆相比，其长短轴发生了变化。那么，什么情况下椭圆的长短轴相等？投影为圆呢？解答是当截平面与圆柱轴线成 45°时，如图 4-43 所示。

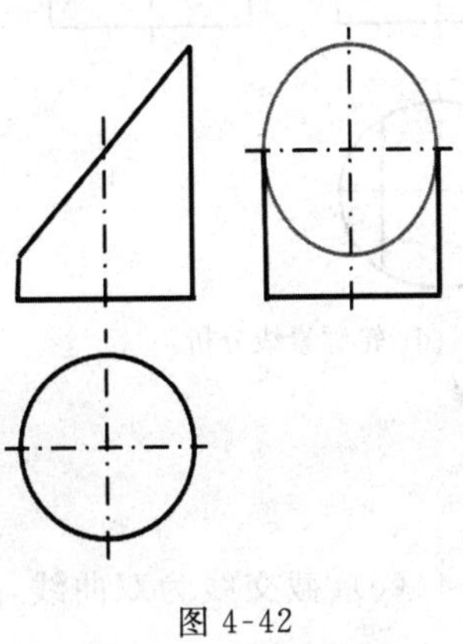

图 4-42

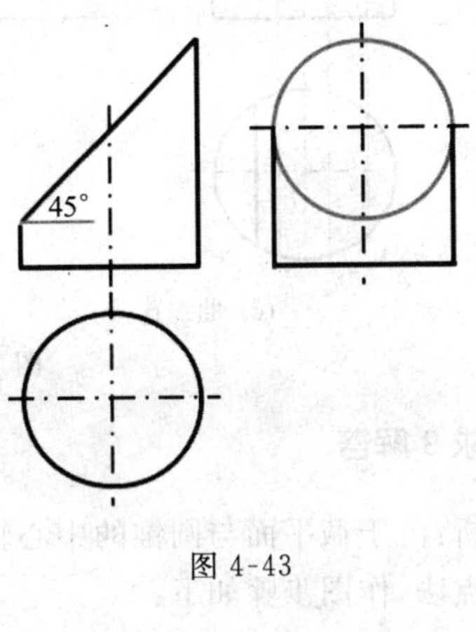

图 4-43

要求 8 解答

分析:当某个立体被多次截切,要逐个截平面分析和绘制截交线。先假想为完整的截切,求出完整的截交线后再取局部。本例中的两个截平面与圆柱中心轴线的相对位置为平行和倾斜,因此本题求解需分两步作图。

第一步,平行截切,其截交线为两平行线,其端点 1、2 位于两个截平面相交处及圆柱表面上,如图 4-44(a)所示。

第二步,倾斜截切,其截交线为椭圆局部。

(1)作出特殊点(4、7、10)的投影,如图 4-44(a)所示。

(2)补充六个一般点(3、5、6、8、9、11),如图 4-44(b)所示。

(3)将求出的各点光滑连接,如图 4-44(c)所示。

(4)分析轮廓素线,并判断其可见性,如图 4-44(d)所示。

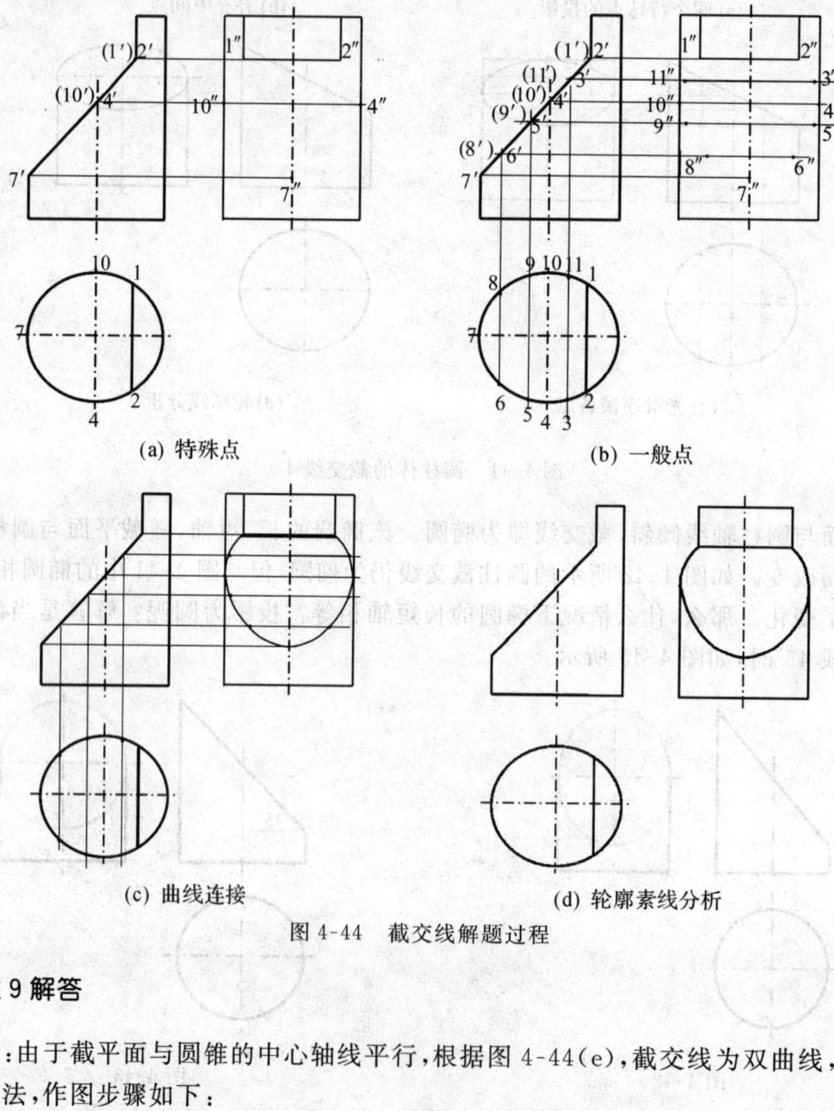

图 4-44 截交线解题过程

要求 9 解答

分析:由于截平面与圆锥的中心轴线平行,根据图 4-44(e),截交线为双曲线,解题采用表面取点法,作图步骤如下:

(1)采用辅助圆寻找特殊点 A、B、E 的投影，其中 A、B 为底圆面的上，E 为最高点，如图 4-29(b)所示。

(2)同样采用辅助圆，补充一般点 C、D 的投影，如图 4-45(c)所示。

(3)将各点的正面投影光滑连接，如图 4-45(d)所示。

(4)分析轮廓素线及可见性，主视图中的两条轮廓素线未被截切，且可见，作图时应完整绘出，如图 4-45(e)所示。

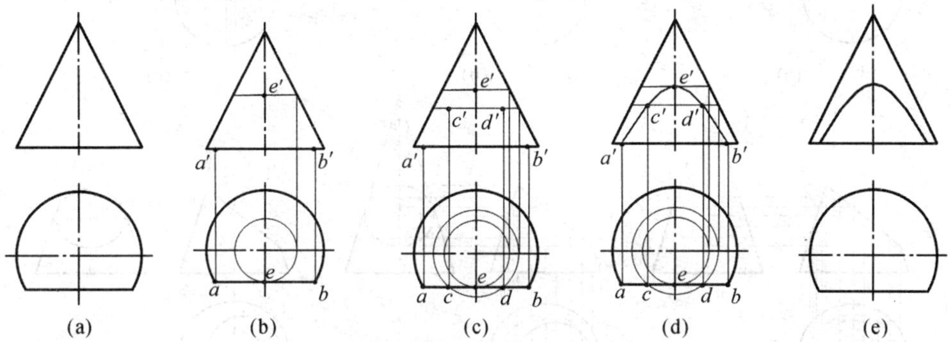

图 4-45　圆锥体表面的双曲线

要求 10 解答

分析：由于截平面与圆锥中心轴线倾斜，截交线为椭圆。仍然采用表面取点法，即找出特殊点，补充中间点来完成作图。

作图步骤如下：

(1)找出四个特殊点；即截交线与圆锥四条轮廓素线的四个交点，其中最左最右两点也是截交线上最低最高点(两点连线为椭圆的轴线)，而另两个点并非截交线上的最前最后点(也并非椭圆的另一条轴线)，如图 4-46(b)所示。

(2)寻找截交线上最前、最后点(正面投影中，积聚成直线的截平面上的中间点)，用辅助圆作出该两点(两点连线即为椭圆的另一条轴线)，如图 4-46(c)所示。

(3)用辅助圆法补充六个一般点，如图 4-46(d)所示。

(4)分别将水平投影和侧面投影上的各点光滑连接，如图 4-46(e)所示。

(5)分析轮廓素线，注意侧面投影中的两条轮廓线也不再完整，即被截断的部分应擦去，如图 4-46(f)所示。

要求 11 解答

分析：本题中半球面被多面截切，两个侧平面一个水平面，截交线为一个水平圆、两个侧平圆(重影)，且均为局部圆。

作图步骤如下：

(1)作出一个水平圆和一个侧平圆，注意圆弧半径是假想完整的截平面截切时的圆弧半径，如图 4-47(b)所示。

(2)由于完整截切是假想的，所以必须在作出了完整圆弧之后，再取实际需要的局部圆弧段，如图 4-47(c)所示。

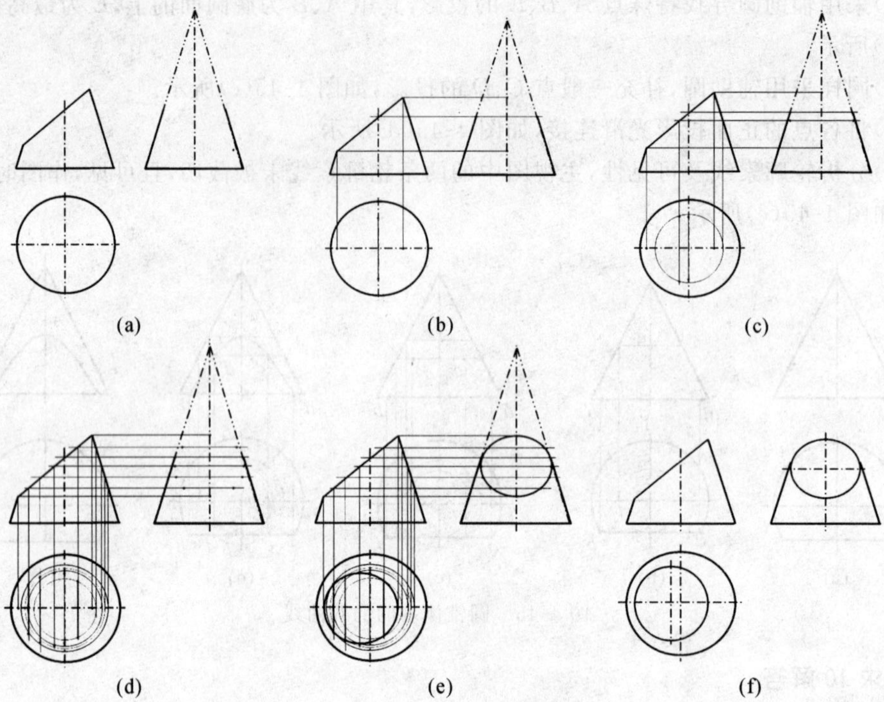

图 4-46 圆锥体表面的椭圆

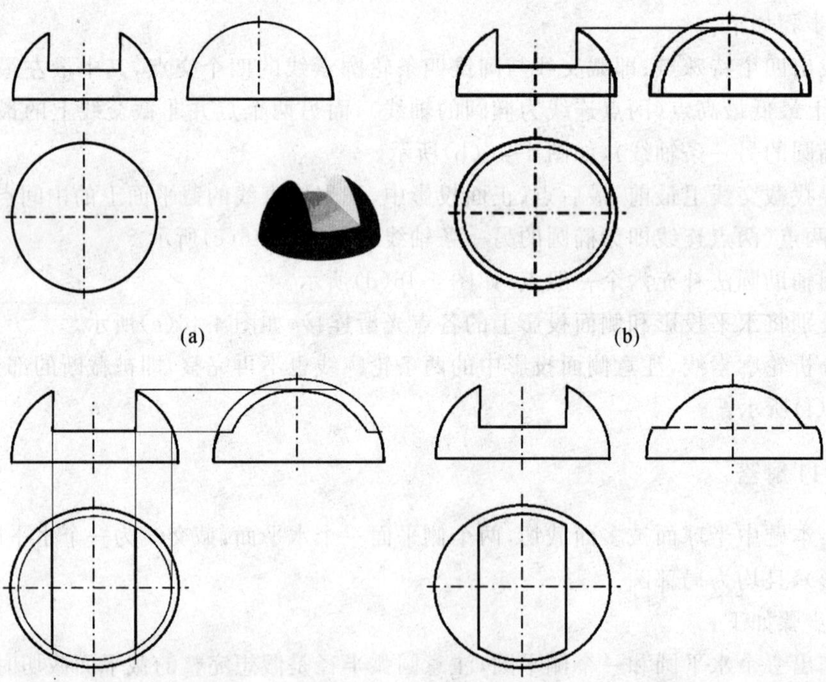

图 4-47 半球面上的截交线

(3)注意水平截切面的侧面投影与正面投影同样具有积聚性,侧平截切面的水平投影也与正面投影同样具有积聚性,如图 4-47(c)所示。

(4)最后分析轮廓线,注意被截切断的线段应擦去,如图 4-47(d)所示。

要求 12 解答

分析:复合回转体由一个圆锥体、两个直径不同的圆柱体所组成,它们的连接关系为同轴贴合。求解思路为分体单解,假想将复合体解体成三个基本体,逐一求出这些基本体的截交线,最后依次连接完成整体截切的要求,解题过程分三步。

第一步,圆锥体截切。

由于截平面与圆锥中心轴线处于平行的位置,其截交线应为双曲线,通过表面取点法作出相应的截交线,作图过程如图 4-48(b)所示。

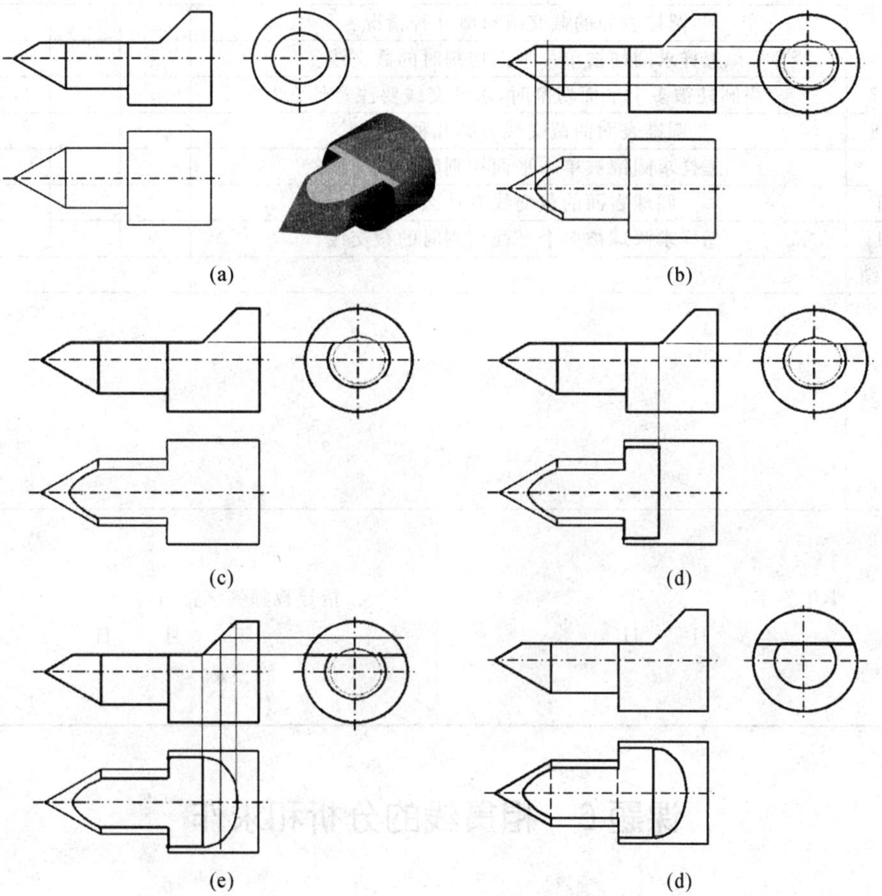

图 4-48 复合回转体表面的截交线

第二步,小圆柱截切。

由于截平面与小圆柱中心轴线处于平行位置,其截交线为两条平行线,根据"高平齐"在左视图中找出两平行线之间宽度,作图过程如图 4-48(c)所示。

第三步,大圆柱截切,两个截切面分别求交线。

(1)水平截切面,交线仍然为两平行线,注意两线之间的宽度,为左视图中大圆柱上两交点之间距离,作图过程如图 4-48(d)所示。

(2)正垂截切面,交线为椭圆的局部,作图过程如图 4-48(e)所示。

(3)最后分析轮廓线、判断可见性、完善轮廓线的投影,如图 4-48(f)所示。

◎ 任务评价

课题名称		曲面体的投影及其表面的截交线	任课教师			
要求	序号	要求中的评价项目	结果			
			A	B	C	D
1	1	圆柱怎样放置时其投影具有积聚性?				
	2	如何利用积聚性求圆柱表面点的投影?				
2、3	3	怎样求棱锥表面点的投影,有几种方法?				
4	4	怎样求圆球表面点的投影?				
5、6、7、8	5	圆柱表面的截交线有哪几种情况?				
	6	怎样求圆柱被单一平面切割时的截交线?				
	7	当圆柱被多个平面切割时,求截交线要注意什么?				
9、10	8	圆锥表面的截交线有哪几种情况?				
	9	怎样求圆锥被单一平面切割时的截交线?				
11	10	圆球表面的截交线有什么特点?				
	11	怎样求圆球被多个平面切割时的截交线?				
综合成绩						
自我总结						
学生签字: 年 月 日			指导教师签字: 年 月 日			

课题 6 相贯线的分析和求作

◎ 任务书

项目	立体相贯线的绘制	用时	8 学时
目的	1. 明确相贯线的特性,掌握相贯线的画法。 2. 正确识读各种相贯线。		

续表

<table>
<tr><td>项目</td><td>立体相贯线的绘制</td><td>用时</td><td>5 学时</td></tr>
<tr><td>要求</td><td colspan="3">
1. 如图 4-49 所示，一大一小两圆柱体垂直正贯，求其相贯线。
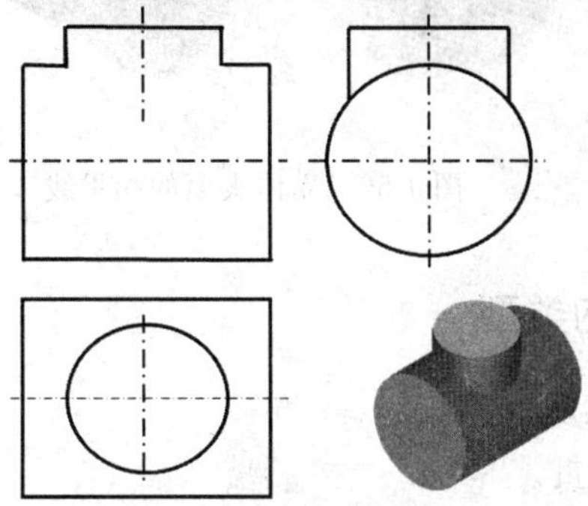
图 4-49
2. 如图 4-50 所示，圆柱上开一小圆柱孔(实体与虚体相贯)，求其相贯线。
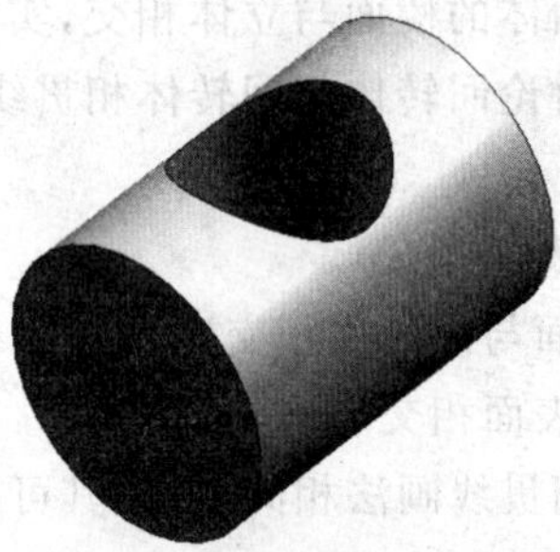
图 4-50
3. 如图 4-51 所示，圆柱与圆锥相贯，求其相贯线的投影。
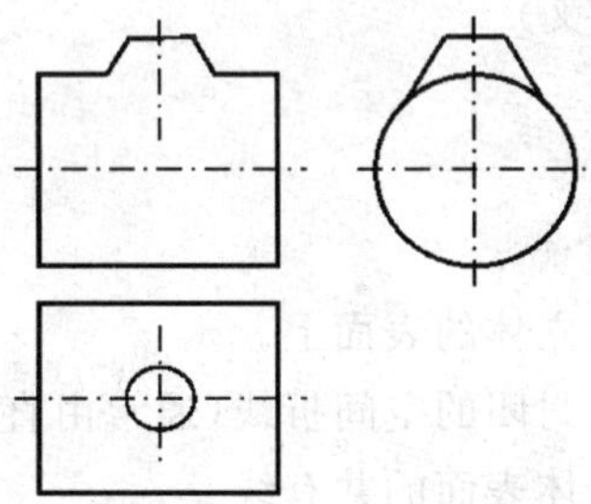
图 4-51
</td></tr>
</table>

◎ 知识链接

两立体相交称为相贯，两立体表面产生的交线称为相贯线，如图 4-52 所示。

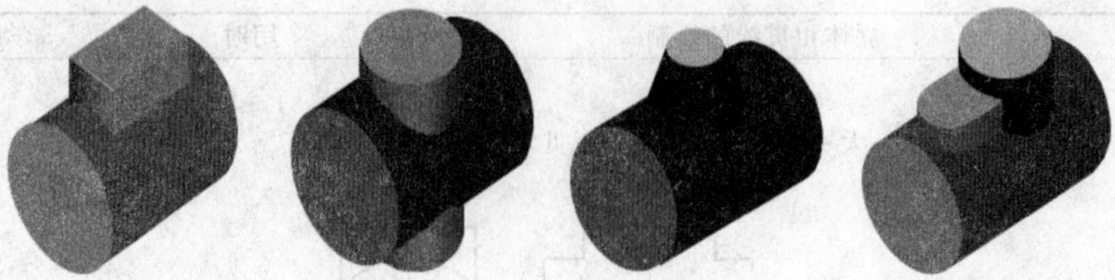

图 4-52　立体表面的相贯线

1　各类立体相贯的类型

(1)按照立体的几何性质

① 平面体与平面体相贯。

② 平面体与回转体相贯。

③ 回转体与回转体相贯。

由于平面立体由若干平面组合而成，所以第一种相贯线的实质为，面与面求交线的集合。第二种相贯可归纳为，平面体的棱面与立体相交，实质为截交线的求解。前两者在前面的章节中已讨论，本节将重点讨论回转体与回转体相贯线的求解方法。

(2)按照立体的虚实形体

① 实体与实体相贯(两外表面相交)。

② 实体与虚体相贯(外表面与内表面相交)。

③ 虚体与虚体相贯(两内表面相交)。

不同结构的内、外表面的相贯线画法相同，只是其可见性要根据情况正确判断处理。

(3)按照回转体轴线之间的相对位置

① 正交(两回转体轴线垂直相交)。

② 斜交(两回转体轴线倾斜相交)。

③ 偏交(两回转体轴线交叉)。

本节主要讨论正交问题。

2　相贯线的主要性质

(1)表面性：相贯线位于两立体的表面上。

(2)封闭性：相贯线一般是封闭的空间折线(通常由直线和曲线组成)或空间曲线。

(3)共有性：相贯线是两立体表面的共有线。

求解相贯线的作图，实质是找出相贯的两立体表面的若干共有点的投影。

3　相贯线的作图方法

(1)表面取点法：根据相贯线的共有性，利用积聚的表面取点。

(2)辅助平面法：根据三面共点的原理，利用辅助平面求出两回转体表面上的若干共有点，从而画出相贯线的投影。

(3)辅助平面法的作图步骤

① 作辅助平面与相贯的两立体相交。

② 分别求出辅助平面与相贯的两立体表面的交线。

③ 求出交线的交点(即相贯线上的点)。

(4)辅助平面的选择原则

使辅助平面与两回转体表面的交线的投影简单易画,例如直线或圆。一般选择投影面平行面。

4 相贯线的作图过程

(1)找特殊点,特殊点通常为轮廓素线上的点,其中包括:最上、最下、最左、最右、最前、最后各点,找出特殊点确定交线的范围。

(2)根据需要补充若干中间点,用以确定交线的弯曲趋势。

(3)光滑且顺次连接各点,作出相贯线并判别可见性。

(4)轮廓线分析,完善其投影。

5 相贯线的作图方法与立体的虚实无关

两立体相贯,无论是实体与实体、实体与虚体、还是虚体与虚体,相贯线的作图方法与步骤均一致。实体的曲面通常也被称为外表面,而虚体的曲面通常被称为内表面。具有内表面的立体在求其相贯线的作图过程中,由于轮廓素线的不可见性,切记要用虚线表示其存在,如图 4-53 所示。

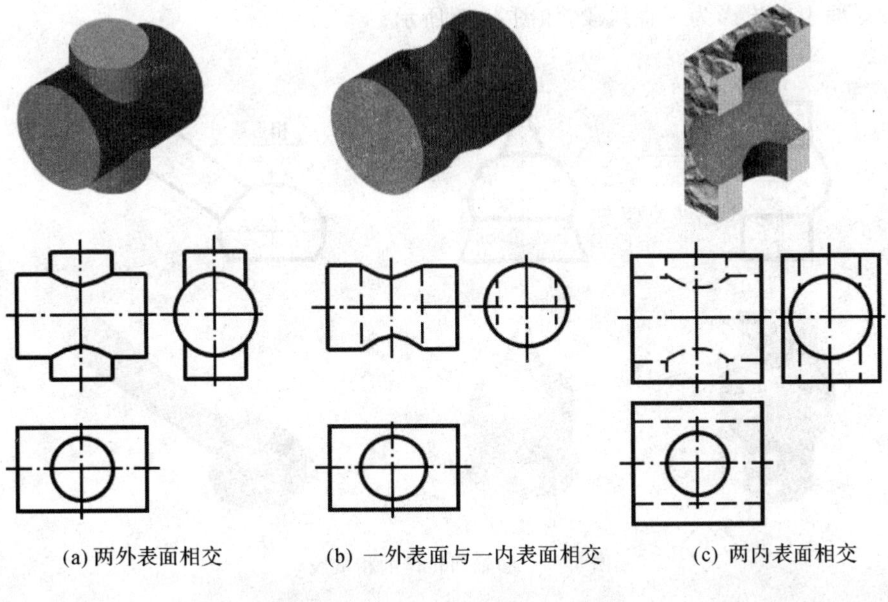

(a) 两外表面相交　(b) 一外表面与一内表面相交　(c) 两内表面相交

图 4-53　内、外表面圆柱体的相贯线

6 两圆柱直径的变化对相贯线的影响

当两圆柱体垂直相交，直径不同时，其相贯线为小圆柱向大圆柱的中心轴线方向弯。直径相同时，其相贯线为两条平面曲线（椭圆），如图 4-54 所示。

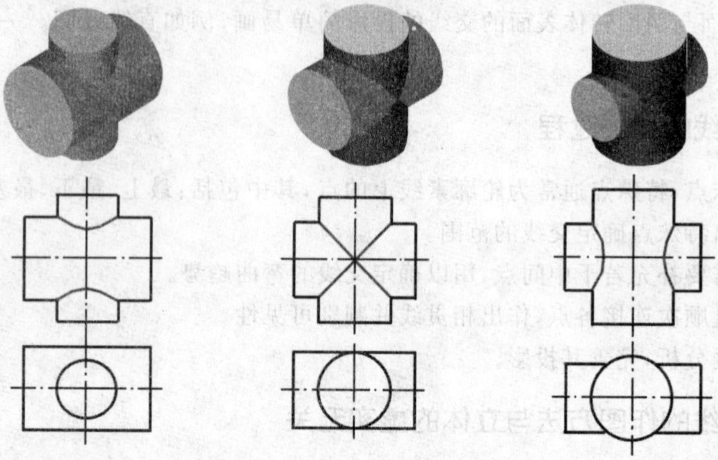

图 4-54 两圆柱直径的变化对相贯线的影响

7 相贯线的特殊情况

（1）当若干个回转体叠加且具有公共轴线时，相贯线为垂直于公共轴线的圆，在与轴线平行的投影面上的投影为一直线段，如图 4-55 所示。

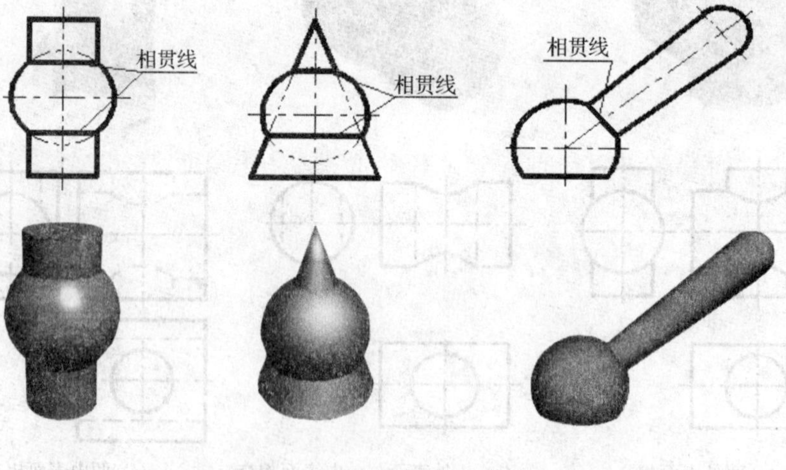

图 4-55 同轴回转体的相贯线

（2）圆柱与圆柱或圆锥相交并公切于一球，相贯线为椭圆，在与轴线平行的投影面上的投影为直线，如图 4-56 所示。

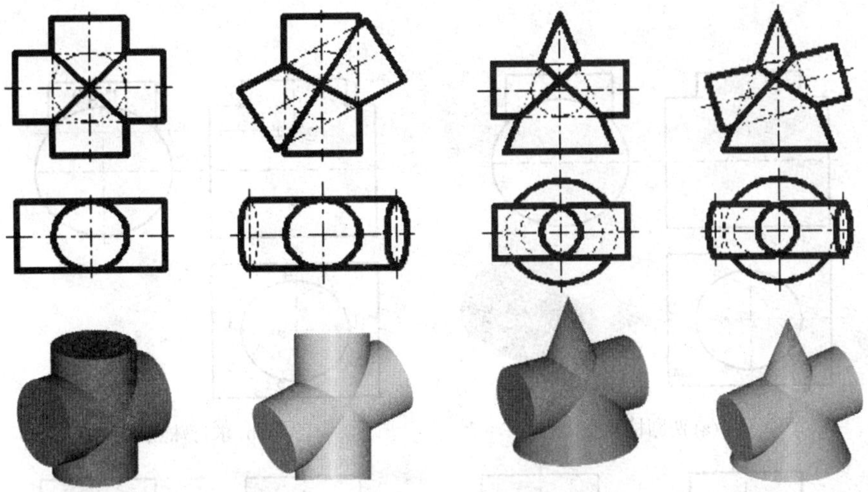

两等径圆柱正交　两等径圆柱斜交　圆柱与圆锥正交　圆柱与圆锥斜交

图 4-56　切于一球的两圆柱或圆柱与圆锥的相贯线

◎ 任务解答

要求 1 解答

分析：利用积聚性，采用表面取点法。小圆柱轴线垂直于 H 面，水平投影积聚为圆，根据相贯线的共有性，相贯线的水平投影积聚在该圆上。大圆柱轴线垂直于 W 面，侧面投影积聚为圆，相贯线的侧面投影应积聚在该圆上，且为两圆柱面共有的一段圆弧。因此，只需作出相贯线的正面投影。

作图过程：

(1)求特殊点：作出Ⅰ、Ⅱ、Ⅲ、Ⅳ的三面投影，其中Ⅰ、Ⅲ为最高点，同时也是最左、最右点。Ⅱ、Ⅳ为最低点同时也是最前、最后点，如图 4-57(b)所示。

(2)补充中间点：先在已知的 W 面上找出其侧面投影 $5''$、$6''$，再由宽相等得出水平投影 5、6，最后根据“高平齐长对正”求出正面投影 $5'$、$6'$，如图 4-57(c)所示。

(3)依此将各点光滑连接，并判断其可见性：正面投影图中，前半段相贯线可见，后半段重影(不可见)，如图 4-57(d)所示。

(4)轮廓线分析：大圆柱最高轮廓素线上的 1、2 两点之间线段，与小圆柱相贯，该段轮廓线消失，注意不要绘制成虚线，如图 4-57(d)所示。

要求 2 解答

分析：相贯线的作图方法同要求一。由于上下贯通，上下两条相贯线对称。注意所开圆柱孔不可见轮廓素线的投影为虚线，作图过程如图 4-58(b)所示。

要求 3 解答

分析：圆锥的三面投影均无积聚性，圆柱投影只有在侧面积聚成圆。根据相贯线的共有

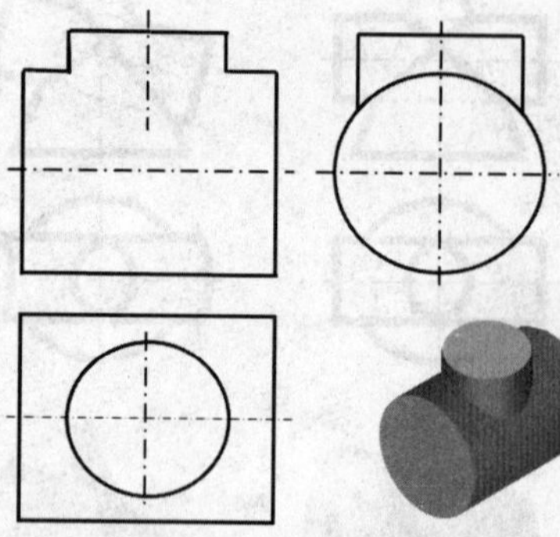

(a) 两圆柱相交

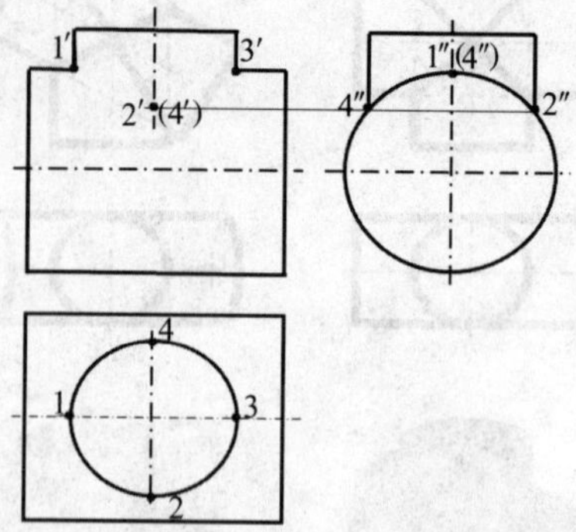

(b) 求特殊点

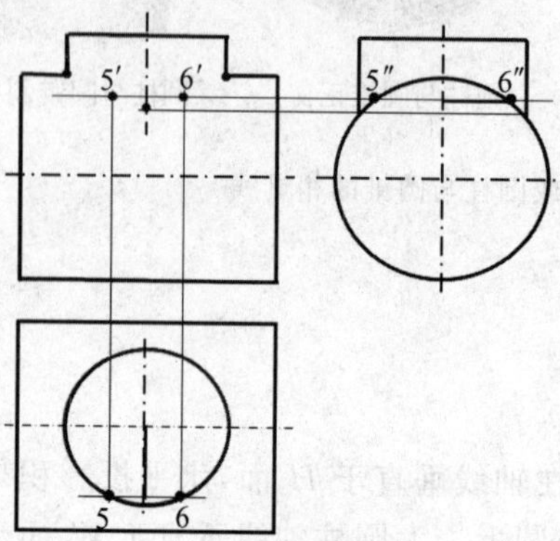

(c) 补充中间点

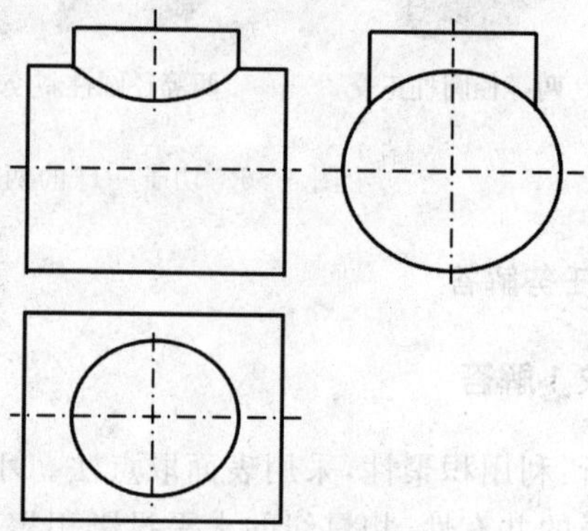

(d) 光滑连接各点

图 4-57　圆柱体与圆柱体的相贯线

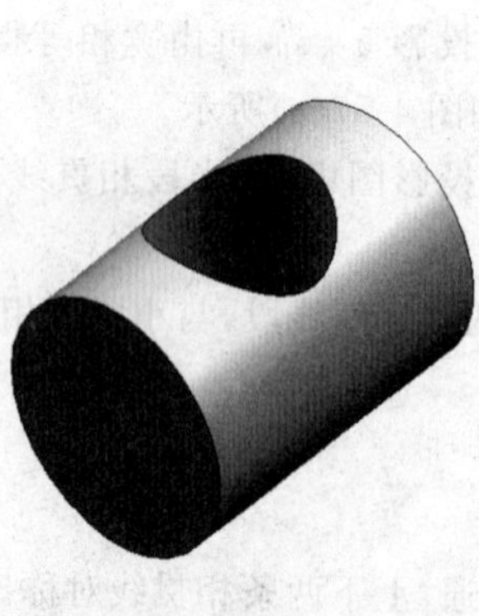

(a)

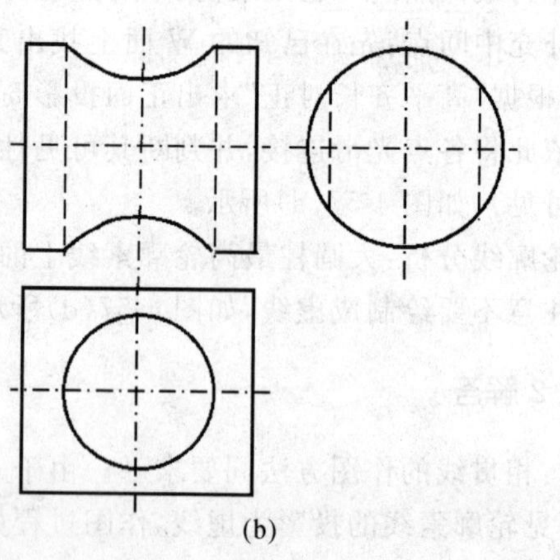

(b)

图 4-58　圆柱体上开孔的相贯线

性，侧面投影中，积聚圆在圆锥轮廓线之内的圆弧，即为两者共有的相贯线而且是三个投影面中唯一已知的。因此，需要从该段圆弧入手，求出其在正面、水平投影面上的投影。

解题步骤：

(1)求出特殊点Ⅰ、Ⅱ、Ⅲ、Ⅳ的三面投影：四个特殊点中两个最高点（也是最左点Ⅰ和最右点Ⅱ），两个最低点（也是最前点Ⅲ和最后点Ⅳ），如图 4-59(b)所示。

(2)用辅助平面法补充中间点：所谓辅助平面法，即假想用水平面 P 截切两相交的立体，*P* 面与圆柱体的交线为两平行直线，*P* 面与圆锥体的交线为圆，而圆与两平行直线的交点是两回转体表面的共有点，也就是相贯线上的点。如图 4-59(c)所示，补充了四个中间点，辅助平面法的示意图如图 4-59(d)所示。

(3)光滑连接各点并判断其可见性，如图 4-59(d)所示。

(4)分析轮廓素线，完成作图。

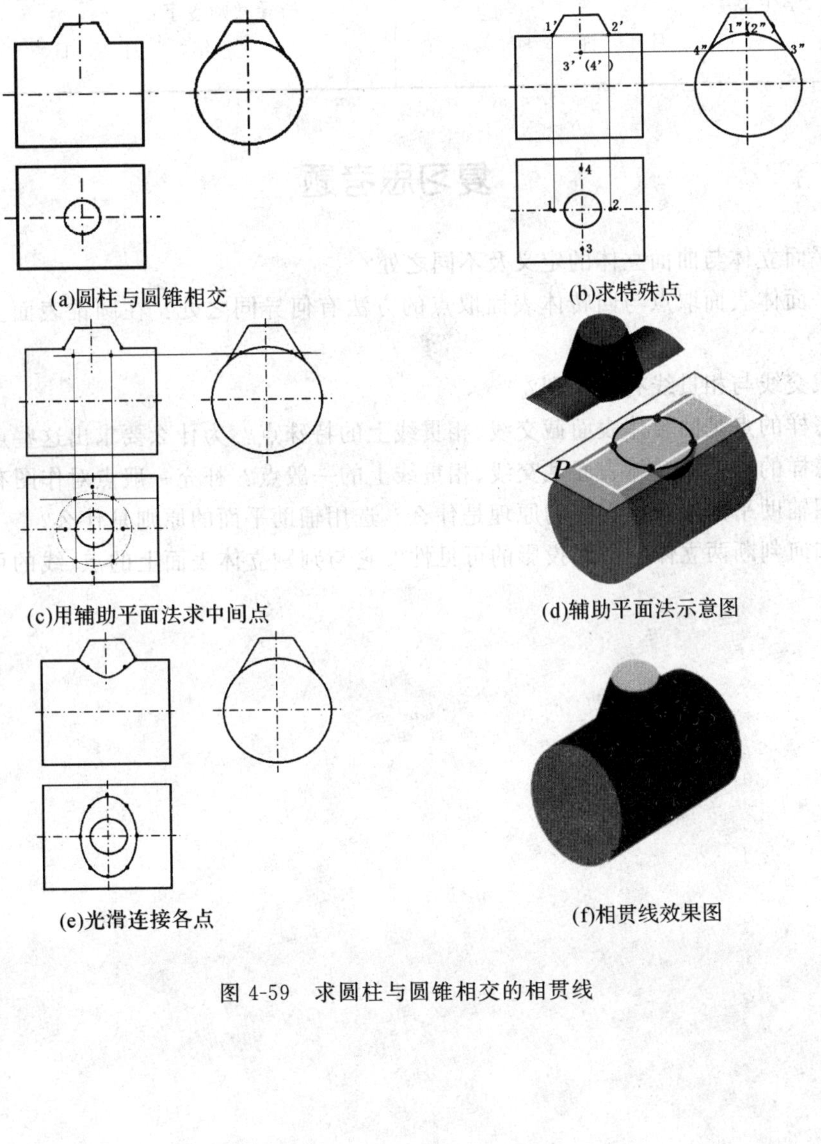

图 4-59　求圆柱与圆锥相交的相贯线

◎ **任务评价**

课题名称		立体相贯线的绘制	任课教师			
要求	序号	要求中的评价项目	结果			
			A	B	C	D
1、2	1	立体的相贯有哪些情况？				
	2	相贯线有什么性质，怎样画相贯线？				
	3	两圆柱直径的变化对相贯线有什么影响？				
3	4	不同类型的立体相贯时，如何求其相贯线？				
综合成绩						
自我总结						

学生签字： 年　月　日	指导教师签字： 年　月　日

复习思考题

1. 平面立体与曲面立体的定义及不同之处？

2. 平面体表面取点与回转体表面取点的方法有何异同之处？在圆锥表面上取点的方法有几种？

3. 截交线与相贯线有何区别？

4. 怎样的点是回转体表面截交线、相贯线上的特殊点？为什么要求出这些点？

5. 怎样的点是回转体表面截交线、相贯线上的一般点？补充一般点对作图有何作用？

6. 用辅助平面法求相贯线的原理是什么？选用辅助平面的原则是什么？

7. 如何判断两立体相贯线投影的可见性？它与判别立体表面上的点、线的可见性有何关联？

第 5 单元　组合体

学习指南

本单元节的内容主要讲述组合体三视图的绘制方法和组合体三视图的阅读方法。所谓“组合体”就是复合立体，由若干基本体组合而成。所谓“视图”，就是用正投影法绘制的形体投影图。

视图与投影图的关系如下：

主视图—体的正面投影，投射方向从前向后，主视图的对应方位：上、下、左、右。

俯视图—体的水平投影，投射方向从上向下，俯视图的对应方位：前、后、左、右。

左视图—体的侧面投影，投射方向从左向右，左视图的对应方位：上、下、前、后。

图 5-1 所示的“体的三面投影图”，现称作“组合体的三视图”。该“组合体”由上下两个基本立体（四棱柱与五棱柱）组合叠加，而“视图”的绘制过程，仍然遵守投影规则，应做到主视、俯视长相等且对正；主视、左视高相等且平齐；俯视、左视宽相等且对应。再次强调“长对正、高平齐、宽相等”的三等关系，为学习三视图扎实基础。

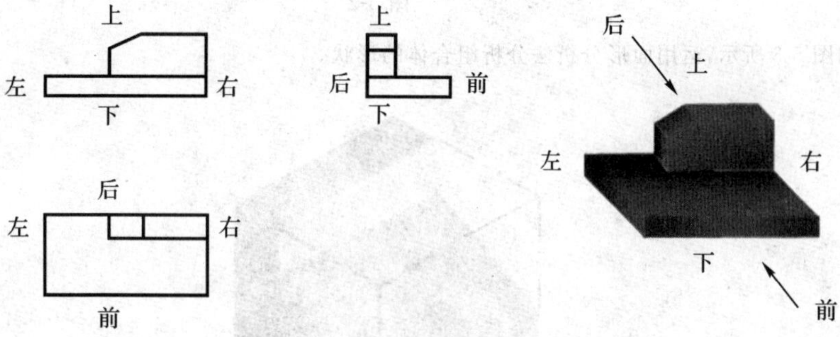

图 5-1　体的三视图

教学目标：

1. 明确组合体的概念，了解组合体的组合形式。
2. 掌握运用形体分析法分析组合体三视图的方法。
3. 能读懂组合体三视图，通过读图进一步培养空间想象能力。

教学重点：

运用形体分析法绘制组合体的三视图。

教学难点：

1. 读懂组合体补全视图。

2. 空间想象能力与空间思维能力的提高。

教学学时：

8 学时。

课题 7　组合体的表达

一、组合体的形体分析

◎ 任务书

项目	运用不同的方法分析组合体	用时	2 学时
目的	1. 明确组合体的概念，掌握组合体组合、连接形式。 2. 熟悉形体分析的方法。		
要求	1. 如图 5-2 所示，运用形体分析法分析组合体的形状。  图 5-2 2. 如图 5-3 所示，运用面形分析法分析组合体的形状。 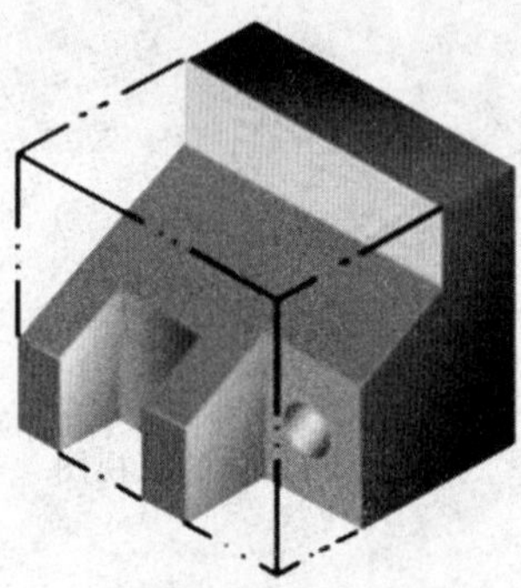 图 5-3		

◎ 知识链接

由若干个基本体组合而成的立体称为组合体，其组合的形式千变万化，充分了解及掌握其组合形式，对组合体的深入学习无疑是个良好的开端。

1　组合体的组合形式

(1)叠加体:由若干个基本体以叠加的形式组合而成的,称为叠加体,如图 5-4 所示。

(2)切割体:以切割的形式组成的,称为切割体,如图 5-5 所示。

图 5-4　叠加组合体

图 5-5　切割组合体

(3)混合体:以叠加、切割混合的形式组合而成。

2　组合体的叠加形式

(1)当两基本体表面以不平齐的形式贴合时,面与面之间有实线,表示两表面不共面,如图 5-6(a)所示。

(2)当两基本体表面以平齐的形式贴合时,面与面之间无线,表示两表面共面,如图 5-6(b)所示。

(3)当两基本体表面相交,相交处一定产生有交线,表示两基本体相惯,如图 5-6(d)所示。

(4)当两基本体表面相切,相切处无线,表示两基本体之间光滑过度,如图 5-6(c)所示。

◎ 任务解答

要求 1 解答

组合体的形体分析,就是依据组合体的形状,将其分解成若干个基本体,弄清楚各基本体的形状与特征,以及基本体与基本体之间的相对位置、组合方式。再依据基本体之间的四种叠加形式,完整原整体的形状。

形体分析法通常适用于叠加类组合体的形体分析,将复杂的组合体拆解成若干个简单的基本体。如图 5-7 所示,将复杂组合体拆解成四个简单的基本体,如套筒、支撑板、肋板、底板。再分析它们的组合方式,充分了解该组合体的形状、结构和特征。

要求 2 解答

对于用切割方式形成的组合体,通常利用"填补"的方式来"还原",既"还原"成某个简单的基本实体后,再逐一切割下若干个基本体。如图 5-8 所示,将复杂切割体"填补"成一简单的长方体,再逐个截切下三个四棱柱,一个圆柱体,使复杂体变成了简单体。

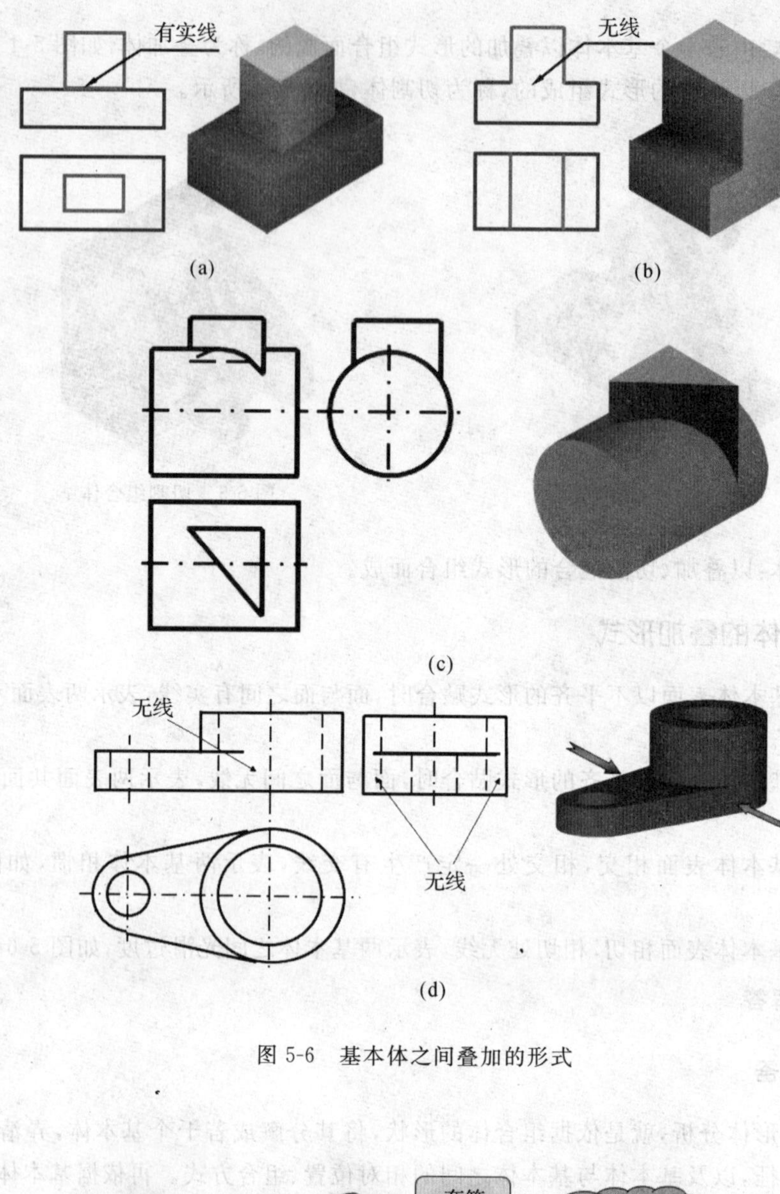

图 5-6　基本体之间叠加的形式

图 5-7　叠加体的形体分析

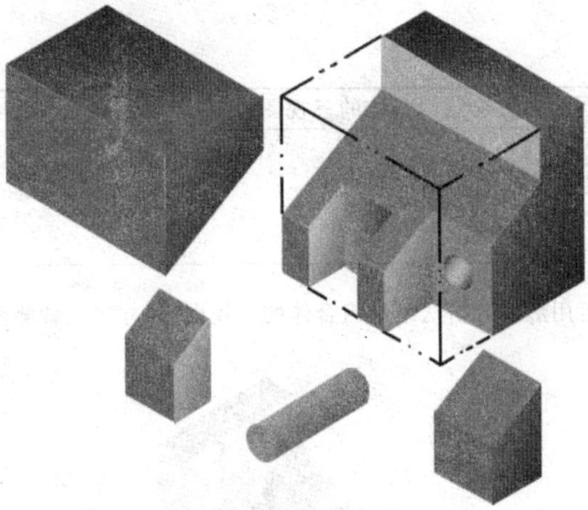

图 5-8 切割体的面形分析

面形分析法较适合于以切割方式形成的组合体，分析图形时常常利用“视图上的一个封闭线框一般情况下代表一个面的投影”的投影特性，对体的主要表面的投影进行分析、检查。

由于组合体的组合方式往往既有叠加又有切割，所以分析视图时一般不是独立地采用某种方法，而是两者综合使用、互相配合、互相补充。

◎ 任务评价

<table>
<tr><td colspan="2">课题名称</td><td>运用不同的方法分析组合体</td><td colspan="2">任课教师</td><td colspan="2"></td></tr>
<tr><td rowspan="2">要求</td><td rowspan="2">序号</td><td rowspan="2">要求中的评价项目</td><td colspan="4">结果</td></tr>
<tr><td>A</td><td>B</td><td>C</td><td>D</td></tr>
<tr><td rowspan="2">1</td><td>1</td><td>组合体的组合形式有哪些？</td><td></td><td></td><td></td><td></td></tr>
<tr><td>2</td><td>如何运用形体分析法分析组合体的形状？</td><td></td><td></td><td></td><td></td></tr>
<tr><td>2</td><td>3</td><td>如何运用面形分析法分析组合体的形状？</td><td></td><td></td><td></td><td></td></tr>
<tr><td colspan="2">综合成绩</td><td colspan="5"></td></tr>
<tr><td colspan="2">自我总结</td><td colspan="5"></td></tr>
<tr><td colspan="3">学生签字：
年 月 日</td><td colspan="4">指导教师签字：
年 月 日</td></tr>
</table>

二、组合体视图的画法

◎ 任务书

<table>
<tr><td>项目</td><td>运用不同的方法绘制组合体的三视图</td><td>用时</td><td>2 学时</td></tr>
<tr><td>目的</td><td colspan="3">1. 运用形体分析法绘制组合体的三视图。
2. 运用形面分析法绘制组合体的三视图。</td></tr>
<tr><td>要求</td><td colspan="3">1. 如图 5-9 所示，运用形面分析法绘制组合体的三视图(尺寸按照轴测图量取)。

图 5-9</td></tr>
</table>

◎ 知识链接

对于组合体视图的画法，在掌握了的形体分析之后，就变得简单而轻松。下面详述组合体视图的画法。

组合体视图的画图步骤：

1. 分析形体：如图 5-7 所示将组合体分解成底板、支撑板、肋板、套筒。

2. 分析被分解的各部分间的相对位置及表面过渡关系：

(1)底板与支撑板：后端面平齐、左右对称贴合。

(2)底板与肋板：肋板对称于底板居中贴合。

(3)套筒与支撑板：左右两端相切，相切处无线。后端面不平齐。

(4)套筒与肋板：相交，产生截交线。

3. 选择主视图的投射方向，选择原则为，主视图应较多地表达出物体的形状特征及各部分间的相对位置关系。由于“套筒”是轴承座的主要部件，主视图中的投影应充分体现其形状特征“圆柱体”。

4. 画底稿(用细实线绘制)：

(1)布置视图：画对称中心线、轴线及定位基准线，如图 5-10(a)所示。

(2)逐个画出各分解基本形体的三视图：(先画反映形体特征的视图，三个视图对照画；先整体，后局部；先定位置，后定形状)。

① 画底板：底板的特征视图为俯视图，先画俯视图再画其他视图，如图 5-10(b)所示。

② 画套筒：套筒的特征视图为主视图，故先画主视图，如图 5-10(c)所示。

③ 画支撑板：必须先画主视图，求出其与套筒相切的切点，才是左视图支撑板的高度，如图 5-10(d)所示。

④ 画肋板：先画主视图，同样求出其与套筒相交的交点，才是其左视图的高度，如图 5-10(e)所示。

5. 检查无误后，用粗实线加粗加深可见轮廓线，完成作图。

思考：套筒的绘制顺序为何必须在支撑板之前完成？

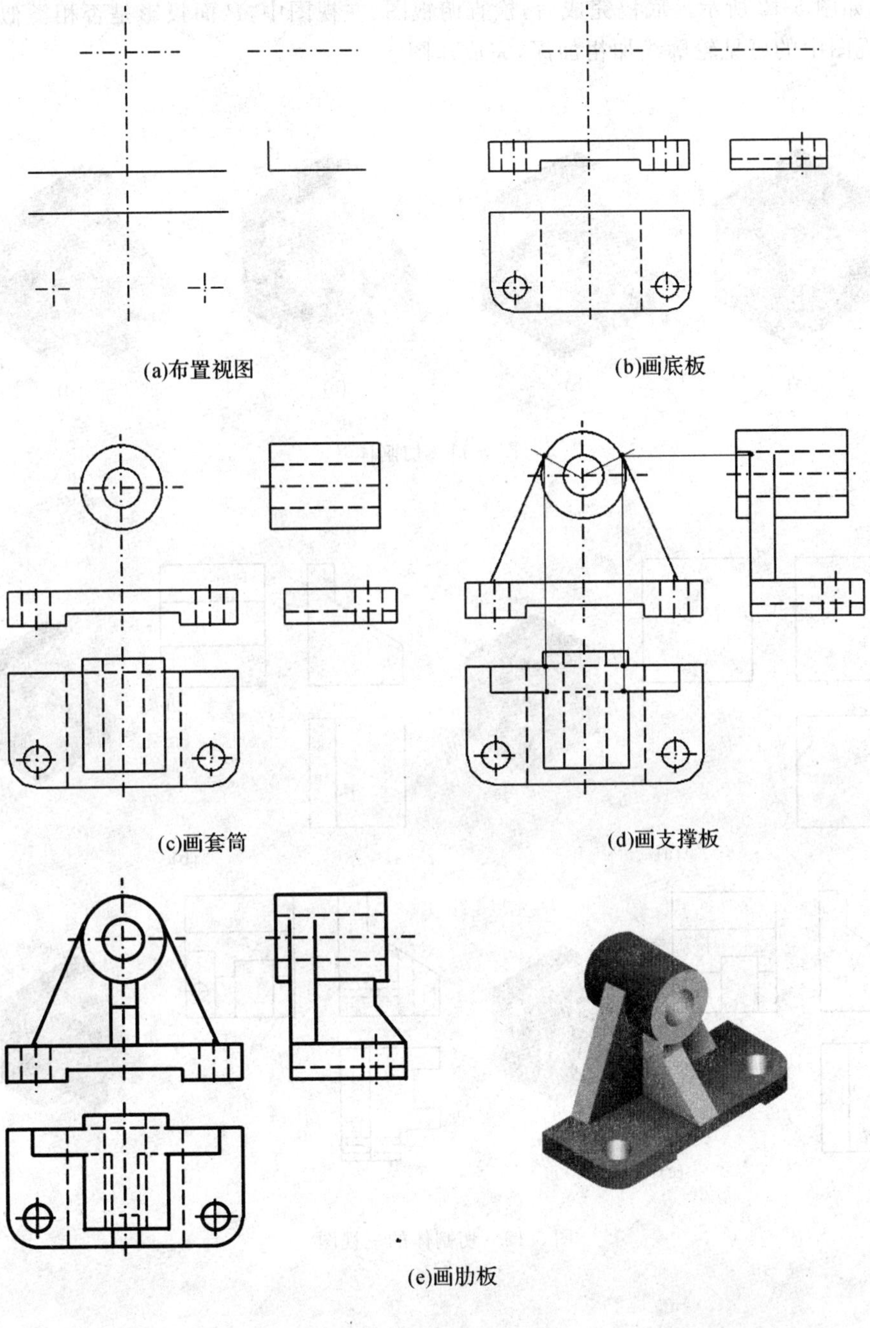

图 5-10　轴承座的三视图

◎ 任务解答

要求解答

分析：先将此切割体"填补还原"，再逐一对其截切如图 5-11 所示，作图的过程模仿截切的过程，如图 5-12 所示。底稿完成后，检查俯视图、左视图中，P 面投影是否相类似，检查无误后将视图中的可见轮廓线加粗加深，完成作图。

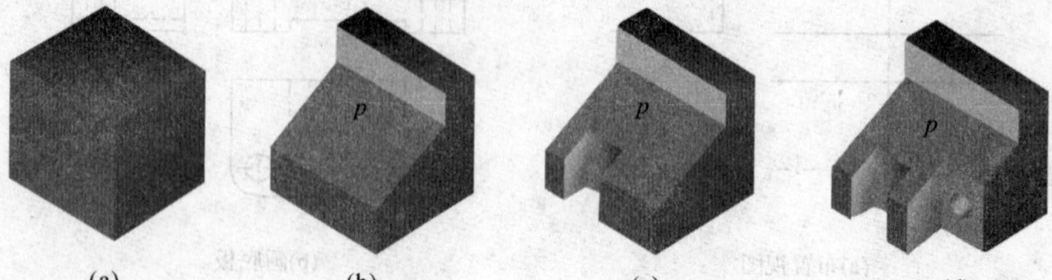

图 5-11　切割体

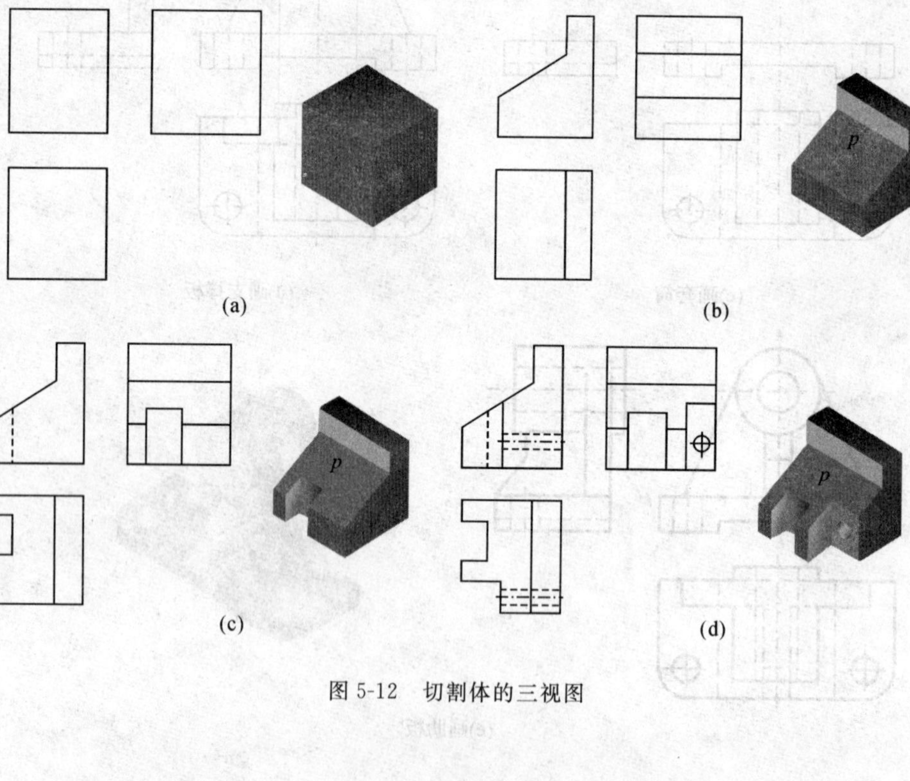

图 5-12　切割体的三视图

◎ 任务评价

课题名称		运用不同的方法绘制组合体的三视图	任课教师			
要求	序号	要求中的评价项目	结果			
			A	B	C	D
1	1	如何运用形面分析法绘制组合体的三视图?				
综合成绩						
自我总结						
学生签字: 年 月 日			指导教师签字: 年 月 日			

三、组合体视图的阅读

◎ 任务书

项目	阅读和补画组合体的三视图	用时	4 学时
目的	1. 明确投影概念,掌握正投影法的基本原理和基本特性。 2. 熟悉三投影面体系的组成和展开。		
要求	1. 已知物体的三视图(图 5-13),想象出物体的形状。 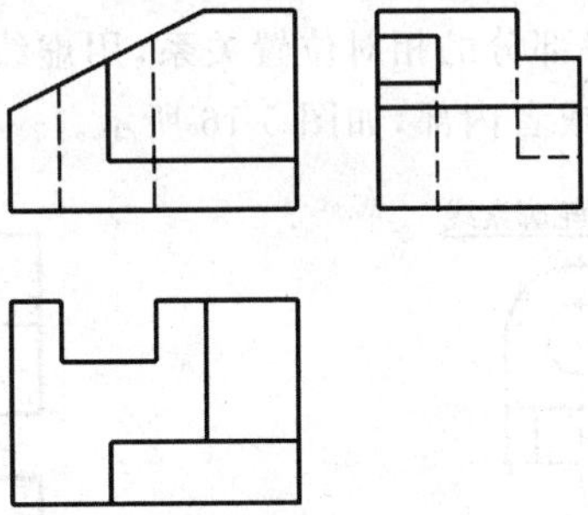 图 5-13		

续表

要求	2. 已知某形体的主视图、俯视图(图 5-14),求作左视图。 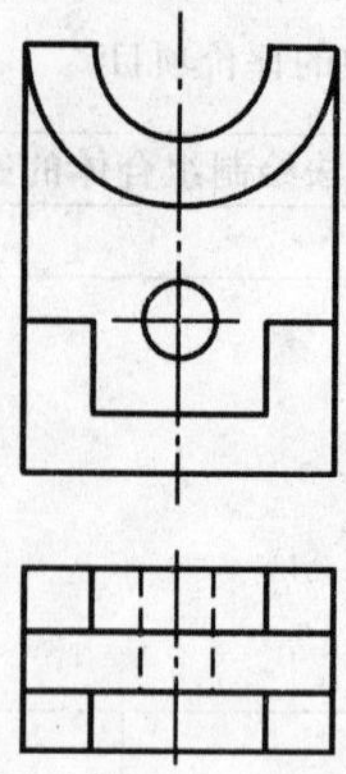 图 5-14

◎ **知识链接**

读图是绘图的逆过程。运用投影规律,由组合体的视图想象出其空间形体的逆过程。读图的方法同样是以形体分析法为基本方法,对于一些复杂的视图可用线面分析法作为辅助手段。通过对形体的分析,弄清楚构成组合体的每一个基本立体的形状以及它们之间的相对位置和组合方式,想象出整个形体的结构和形状。

1 组合体视图阅读的基本方法

1.1 弄清楚视图中图线及线框的意义

视图中的每一段图线都有其线形意义,例如一段粗实线可能是积聚面的投影,也可能是面与面的交线,或者是回转面的轮廓素线的投影,如图 5-15 所示。

利用虚、实线可以区分各部分的相对位置关系,用虚线绘制的形体通常表示被遮挡,其相对位置往往处于后、下、右或者内部,如图 5-16 所示。

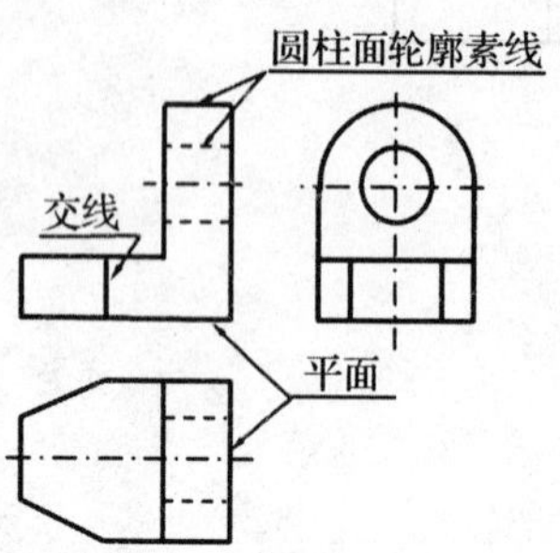

图 5-15 粗实线的意义

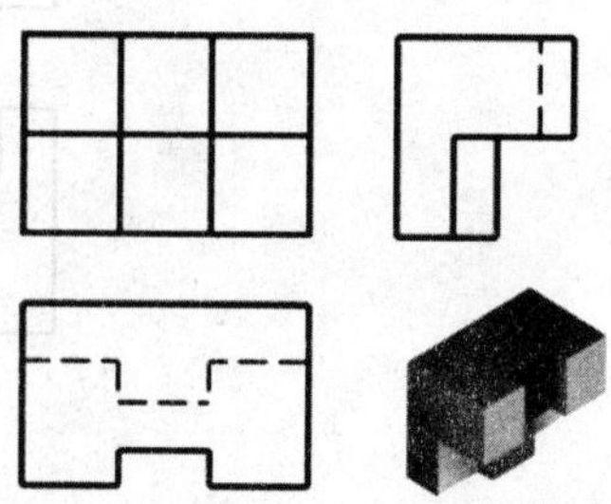

图 5-16 虚线的意义

视图中一个封闭线框一般情况下表示一个面的投影,这个面可能是平面或者曲面。如果线框套着线框,通常是两个凹凸不平的面或者是具有打通的孔。而两个相邻的封闭线框则表示此两个面是异面的，它们可能高低不平或相交，如图5-17所示。

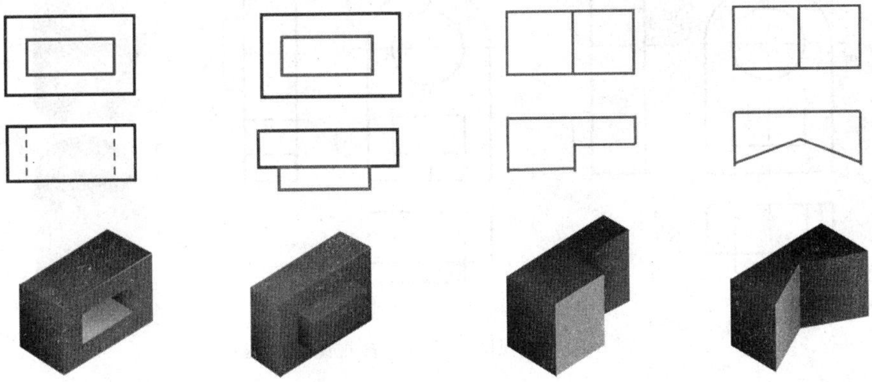

图5-17　线框的意义

1.2　几个视图对照分析以确定物体的形状和位置

读图必须三个视图结合起来读。想象物体的形状，要注意抓住反映物体形状特征的那个视图，如图5-18组图中的俯视图即为形状特征视图。确定物体的位置，要注意抓住反映物体位置特征的那个视图，如图5-19组图中左视图即为位置特征视图。

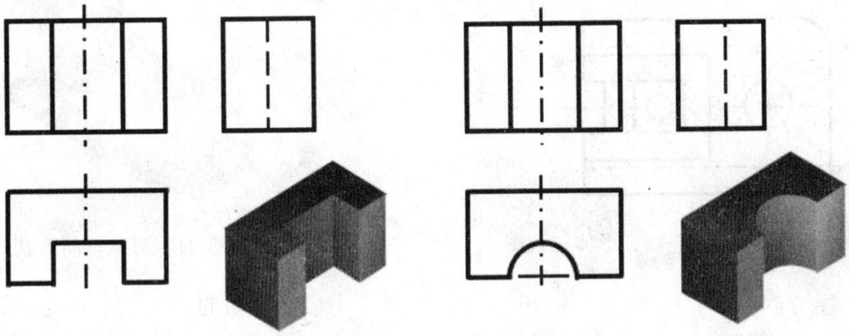

图5-18　俯视图为形状特征视图的组图

如果组合体的形状较复杂，应采用形体分析，用“分线框、对投影”的方法分析出组合体由哪些基本元素组成。分析应从特征视图入手，想象出各部分的形状、相对位置关系及组合方式。整个分析过程中，要善于构思空间物体，始终把空间想象和投影分析相结合，最后综合出整体形状。

2　组合体视图阅读的基本步骤

已知物体的三视图，如图5-20所示，想象出物体的形状。

分析：从已知的三视图分析，该形体前后对称，由三个部分组成，组合形式基本以叠加为主，结合局部截切的方式形成的组合体。

读图步骤：

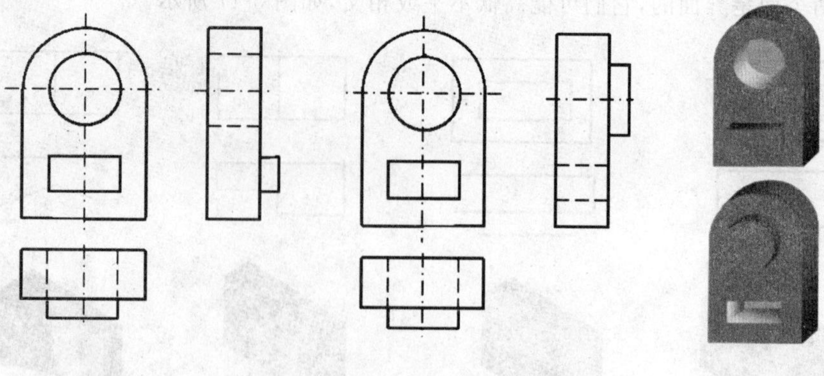

图 5-19　左视图为位置特征视图的组图

(1)“分线框、对投影”:以主视图为主,配合其他视图,利用“三等”关系,将视图表达的形体分解成Ⅰ、Ⅱ、Ⅲ部分,如图 5-22 所示。

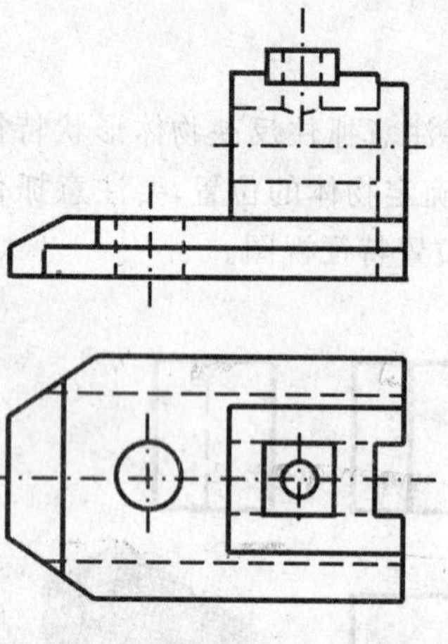

图 5-20　形体三视图

图 5-21　形体空间形状

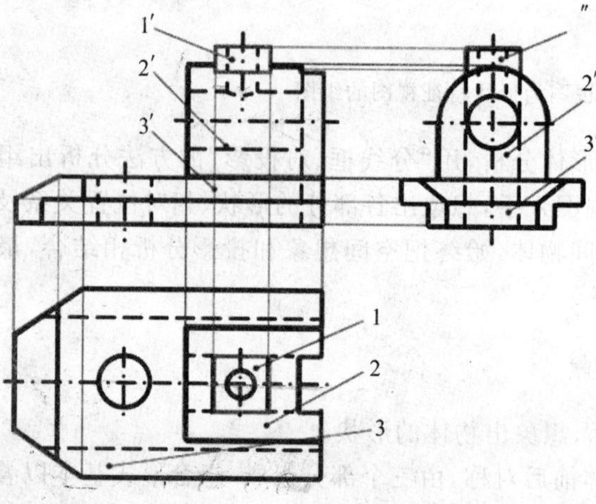

图 5-22　形体分解

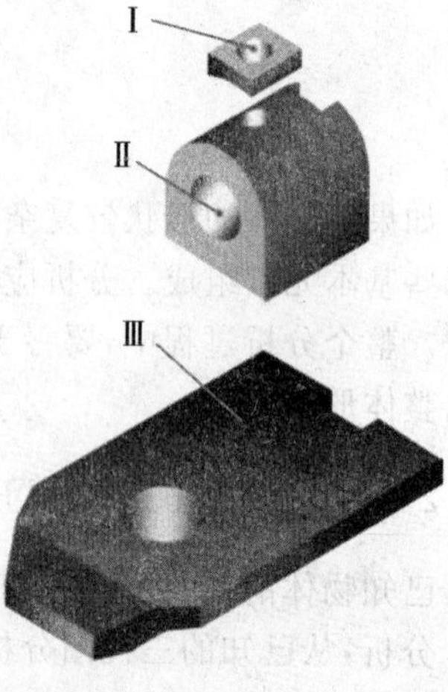

图 5-23　分解各形体的空间形状

(2)“对投影、抓特征”:对划分出的三部分投影,找出反映物体形状特征的视图,想象Ⅰ、Ⅱ、Ⅲ、三部分形体的形状,如图 5-23 所示。

(3)“定位置、想整体”:抓住位置特征视图,分析三部分之间的相互位置关系,综合起来想象出物体的整体形状,如图 5-21 所示。

◎ 任务解答

要求 1 解答

分析:结合三视图分析,该物体为切割式组合体。首先采用“填补”的方式“还原”其为四棱柱,如图 5-24 所示。然后根据视图“分线框、对投影”,逐一分析每一块被截切后的形状。

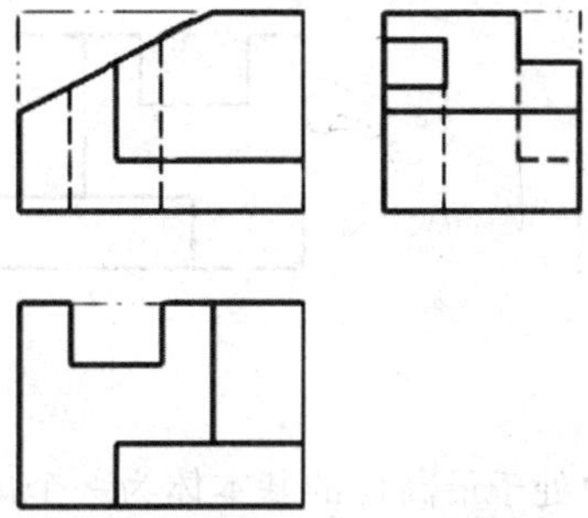

图 5-24 将截切体“还原”

读图步骤:

(1)分析正垂面 P。对投影想象第一个正垂面被截切后的形体,如图 5-25 所示。

(2)第二块四棱柱(后方)被截切的形体,如图 5-26 所示。

(3)第三块四棱柱(前方)被截切的形体,如图 5-27 所示。

最后对读图想象的形体,再投影成三视图,与原图对比。若两者一致,说明读图准确,否则休整思路关注细节,再读视图直到正确。

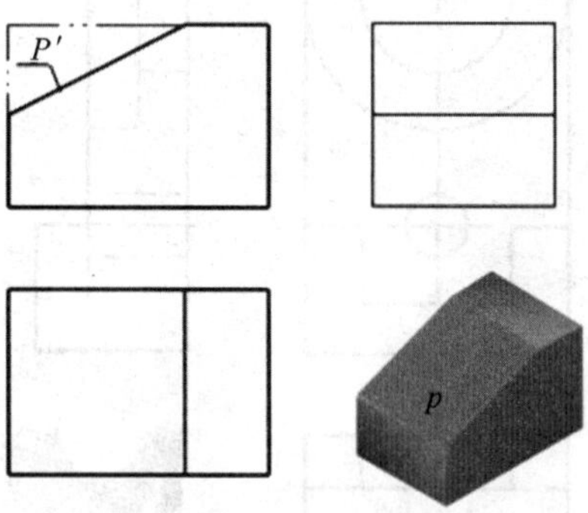

图 5-25 形体一

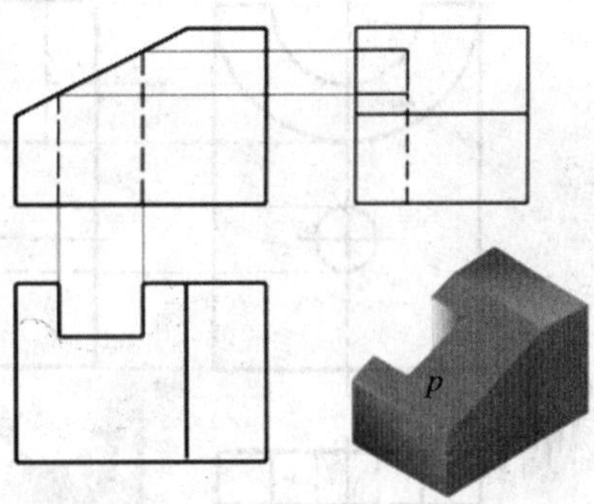

图 5-26 形体二

检验读图是否正确的方法,通常采用“二加三”练习,即根据二个视图,加画第三视图。该练习的形式是将读图与绘图结合一题,在绘图中融入相关的阅读,依次验证读图的准确性。

要求 2 解答

分析:利用形体分析法,分离出该组合体的最基本单元。

主视图中四个封闭线框,根据它们的高低不同,再结合俯视图的线框对应,找出组合体

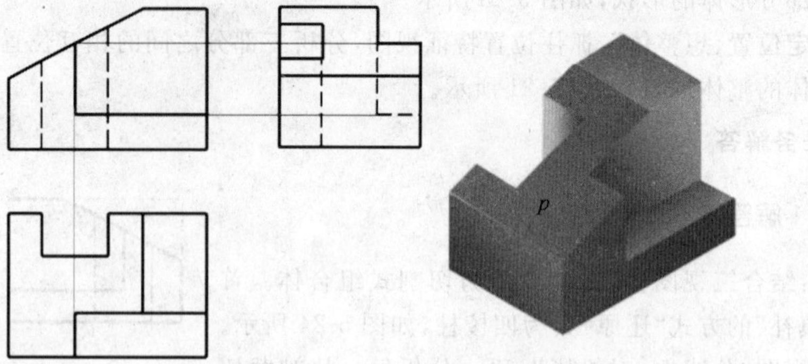

图 5-27 截切组合体和它的空间形状

中处于最高位的基本体为一个虚体半圆柱，最低的是凹字形八棱柱，中间仍然一个虚体半圆柱，其直径稍大些与八棱柱长度相同。

俯视图中前、后三层叠加，表明一大一小两半圆柱与八棱柱，三者厚度相同，且凹字形最前，小半圆柱最后。其间的后两层有虚线，与主视图中小圆柱对应，表明有一打通的圆孔。

绘图步骤：

(1)作出后两层(截切有两半圆柱，一小圆孔)的左视图，如图 5-28 所示。

(2)最前面贴加八棱柱后的左视图，如图 5-29 所示。

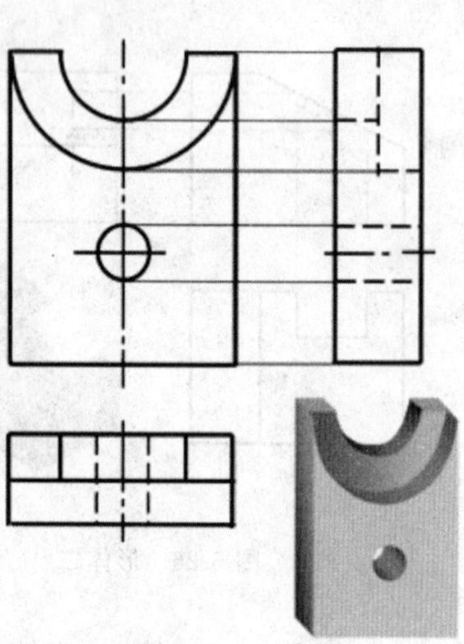

图 5-28

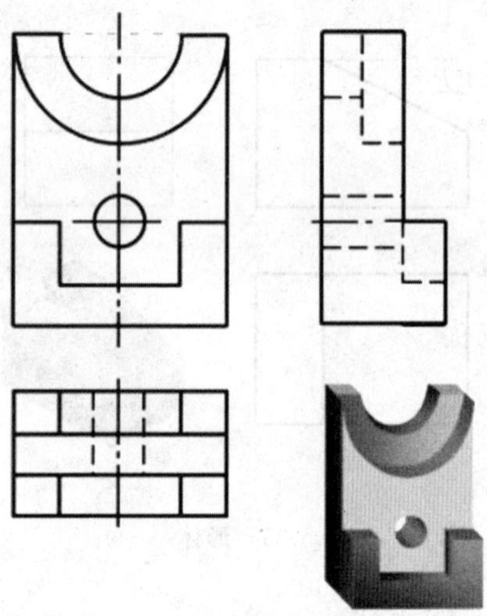

图 5-29

(3)最后仔细检查，加深图线，完成作图。

◎ 任务评价

<table>
<tr><td>课题名称</td><td>阅读和补画组合体的三视图</td><td>任课教师</td><td colspan="4"></td></tr>
<tr><td rowspan="2">要求</td><td rowspan="2">序号</td><td rowspan="2">要求中的评价项目</td><td colspan="4">结果</td></tr>
<tr><td>A</td><td>B</td><td>C</td><td>D</td></tr>
<tr><td rowspan="3">1</td><td>1</td><td>组合体视图阅读的基本方法应注意哪些?</td><td></td><td></td><td></td><td></td></tr>
<tr><td>2</td><td>组合体视图阅读的基本步骤是什么?</td><td></td><td></td><td></td><td></td></tr>
<tr><td>3</td><td>如何运用形体分析法阅读组合体视图?</td><td></td><td></td><td></td><td></td></tr>
<tr><td>2</td><td>4</td><td>如何根据已有视图补全组合体的其他视图?</td><td></td><td></td><td></td><td></td></tr>
<tr><td colspan="2">综合成绩</td><td colspan="5"></td></tr>
<tr><td colspan="2">自我总结</td><td colspan="5"></td></tr>
<tr><td colspan="3">学生签字:
年　　月　　日</td><td colspan="4">指导教师签字:
年　　月　　日</td></tr>
</table>

复习思考题

1. 简述组合体三视图的投影规律。
2. 什么是组合体? 什么叫组合体的形体分析法? 什么叫线面分析法?
3. 组合体的组合形式有哪几种? 各基本体表面连接关系有哪些? 画法有何区别?
4. 画组合体时,如何选择主视图? 怎样才能提高绘图速度?
5. 读组合体三视图要注意哪些要点?

第 6 单元　尺寸标注

学习指南

视图是应用正投影的方法，得出三维立体的形状、结构、特征等有关形体上的信息图。其形体的真实大小及组成结构之间的相对位置，要通过标注尺寸来确定。因此，视图结合其尺寸才是构成工程图样的重要内容。

本章讨论组合体尺寸的标注方法，组合体的尺寸标注是零件尺寸标注的基础。

教学目标：

1. 掌握尺寸标注的基本规则与要求。
2. 掌握基本体的尺寸标注。
3. 掌握组合体的尺寸标注。

教学重点：

1. 基本体的尺寸标注。
2. 组合体的尺寸标注

教学难点：

完整、清晰地标注组合体的尺寸。

教学学时：

8 学时。

课题 8　组合体视图的尺寸标注

◎ 任务书

项目	组合体视图的尺寸标注	用时	8 学时
目的	1. 掌握尺寸标注的基本规则与要求。 2. 掌握基本体和组合体的尺寸标注。		

续表

<table>
<tr><td>项目</td><td>《机械制图》国家标准</td><td>用时</td><td>15 学时</td></tr>
<tr><td>要求</td><td colspan="3">1. 标注轴承座的尺寸(省略尺寸数字),轴承座的形体如图 6-1 所示。
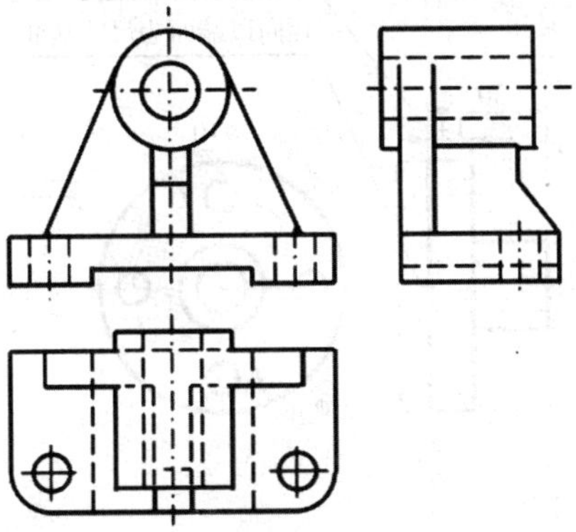
图 6-1
2. 分析机件、标注尺寸(尺寸数字从图上量取并取整数)如图 6-2 所示。
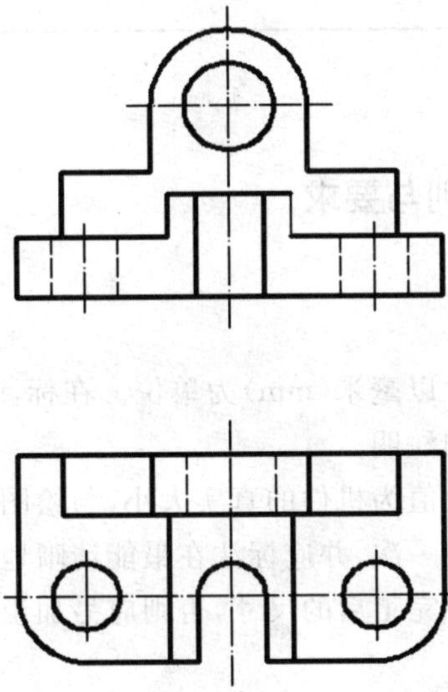
图 6-2</td></tr>
</table>

续表

要求	3. 分析如图 6-3 所示的盘类机件的尺寸标注，找出漏标的尺寸（读者自行分析）。 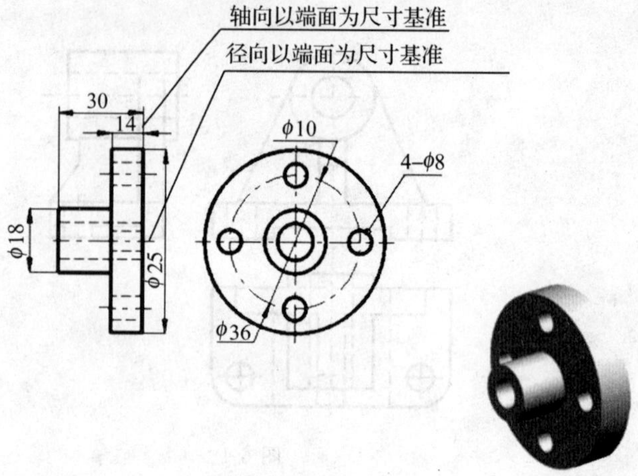 图 6-3

◎ 知识链接

1 尺寸标注基本规则与要求

1.1 基本规则

(1)图样（视图）中的尺寸以毫米(mm)为单位。在标注尺寸数值时，不需再注明。但如采用其他单位时，则必须另加注明。

(2)图样中所注尺寸的数值为机件的真实大小，与绘图比例及绘图的准确度无关。

(3)每个尺寸一般只标注一次，并应标注在最能清晰地反映该结构特征的视图上。

(4)图中所注尺寸为零件完工后的尺寸，否则应另加说明。

1.2 尺寸的要素

完整的尺寸，应包含如下四个尺寸要素。

1.2.1 尺寸界线

尺寸界线的关键字是“界”，限定该尺寸的范围，用细实线绘制，如图 6-4 所示。尺寸界线应由轮廓线、轴线或对称中心线处引出，也可用这些线代替。尺寸界线应超出尺寸线终端 2～3mm。

1.2.2 尺寸线

尺寸线位于尺寸界线之间，必须单独用细实线绘制，不能与其他图线重合或在其延长线上，如图 6-4 所示。标注线性尺寸时，尺寸线必须与所标注的线段平行，相同方向的各尺寸

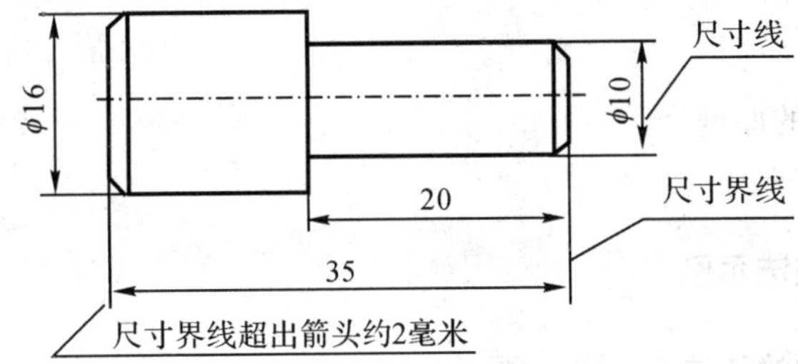

图 6-4　尺寸的组成

线间距要均匀，间隔范围 5～10mm，以便注写尺寸数字和相关符号。

1.2.3　尺寸线终端

尺寸线终端位于尺寸线的一端或两端。其形式有两种，箭头或细斜线。机械制图通常采用箭头表示，箭头尖端必须与尺寸界线接触，不得超出也不得有空隙，如图 6-5(a)所示。建筑制图常采用细斜线作为尺寸线终端，画法如图 6-5(b)所示。

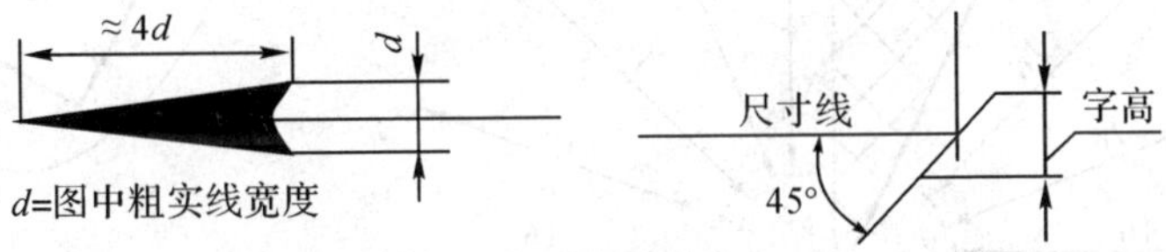

(a) 箭头表示　　(b) 细斜线表示

图 6-5　尺寸线终端

1.2.4　尺寸数字

尺寸数字应按国家标准的要求认真书写。对于水平方向的尺寸，尺寸数字应标注在尺寸线的上方。对于垂直方向的尺寸，尺寸数字应标注在尺寸线的左方。尺寸数字不能与视图上任何图线重叠，否则必须将图线断开，写在中断处，如图 6-4 和图 6-6 所示。

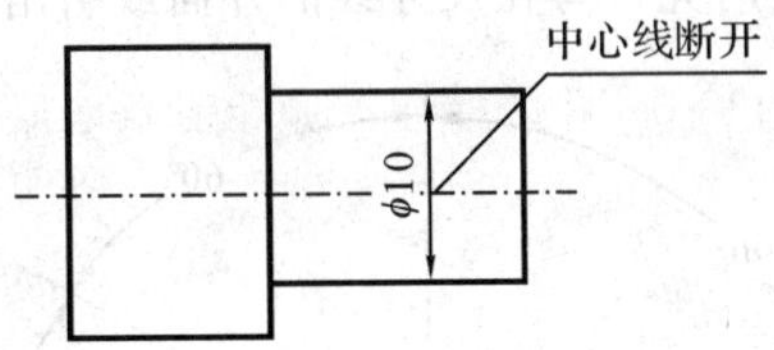

图 6-6　尺寸数字不能与图线重叠

有些尺寸在标注时，需要在尺寸数字前添加常用符号和缩写词，以便区分不同的尺寸类型。例如图 6-4 中的φ16 表示直径为 16 毫米的圆柱，直径数字 16 前的字符φ即为缩写词，以下为常用符号和缩写词：

φ ——直径

R ——半径

S ——球面

□——正方形

× ——锥度

∠ ——斜度

T ——板状零件的厚度

C ——45°倒角

1.3 各类尺寸注法示例

1.3.1 线性尺寸的注法

标注线性尺寸时，尺寸线必须与所标注的线段平行。尺寸界线一般应与尺寸线垂直。线性尺寸的数字应按图 6-7(a)中所示的方向注写，并尽可能避免在图示 30°的范围内标注尺寸，无法避免时可采用图 6-7(b)所示的方法进行引出标注。

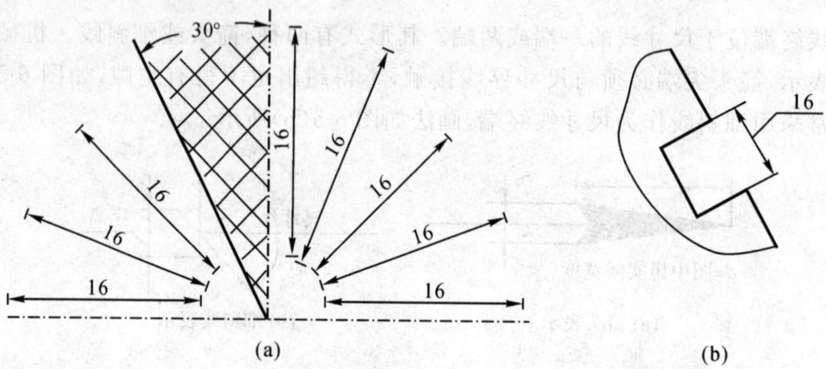

图 6-7 线性尺寸的数字注法

1.3.2 角度尺寸注法

首先要记住的是：角度的尺寸数字一律水平书写，而且必须注明单位，如图 6-8 所示。标注角度时，尺寸界线应沿径向引出，尺寸线画成圆弧，其圆心是该角的顶点。尺寸数字通常写在尺寸线的中断处，必要时允许写在尺寸线的外面或引出标注。

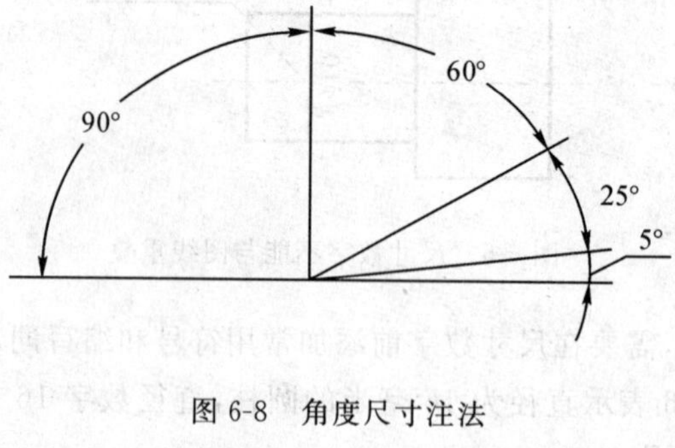

图 6-8 角度尺寸注法

1.3.3 圆、圆弧及球面尺寸的注法

(1)标注直径尺寸时，应在尺寸数字前加注符号“ϕ”。圆柱尺寸可以标注在非圆的视图上，如图 6-4 中圆柱体直径尺寸的标注。

(2)标注圆弧尺寸时，应在尺寸数字前加注符号“R”。圆弧尺寸必须标注在反映圆弧的视图上，如图 6-9 所示。

注意：当圆弧度数大于 180°时，一定要用直径“ϕ”标注其尺寸。

(3)标注球面直径时，应在符号“ϕ”前加注符号“S”，标注球面半径时，应在符号“R”前加注符号“S”。

(4)当圆弧半径过大或在图纸范围内无法注出圆心位置时的标注方法如图 6-10 所示。

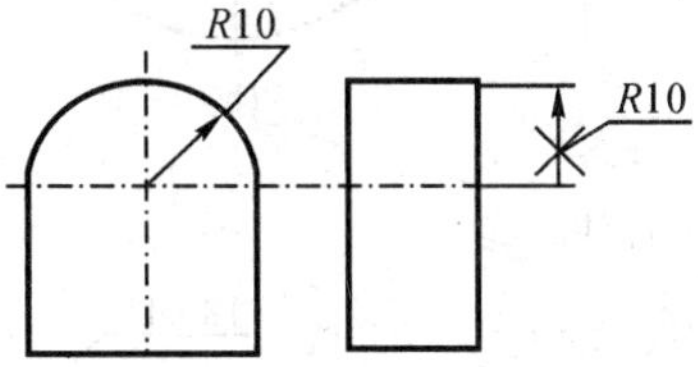

图 6-9　圆弧尺寸注法

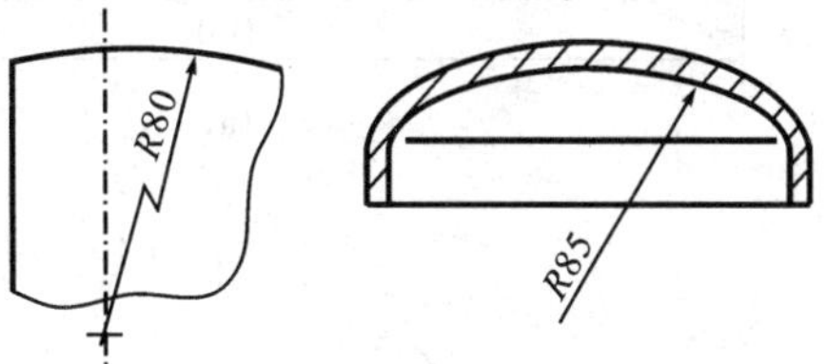

图 6-10　大圆弧尺寸注法

1.3.4　小尺寸的标注

对于一些小尺寸的标注，在没有足够的空间画箭头或注写数字时，箭头可画在外面，或用小圆点替代两个箭头，尺寸数字也可采用旁注或引出标注，如图 6-11 所示。图 6-12 为小圆及小圆弧的标注。

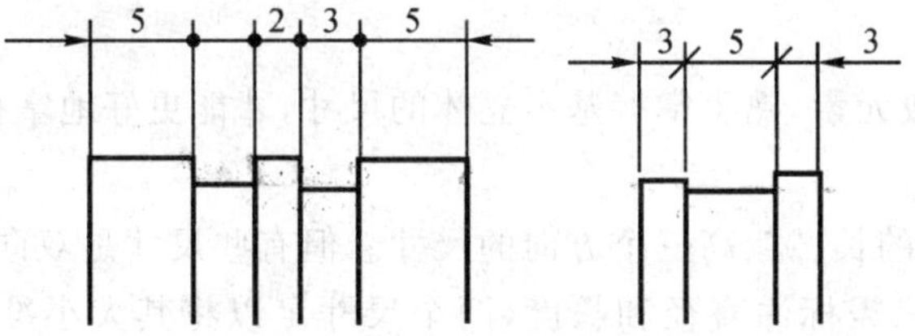

图 6-11　小尺寸的标注

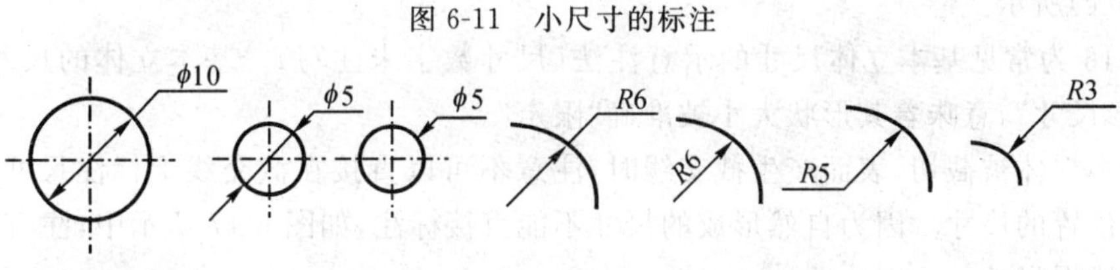

图 6-12　小圆弧的尺寸标注

1.3.5　均匀分布的孔的标注

沿直线均匀分布的孔的尺寸标注，如图 6-13(a)所示，沿圆周均匀分布的孔的标注，如图 6-13(b)所示。

1.3.6　板状零件和正方形结构的标注

标注均匀厚度板状零件的尺寸时，在厚度的尺寸数字前加注缩写符号“t”，不必再另画视图表示其厚度，如图 6-14 所示。

标注机件的断面为正方形结构的尺寸时，可在边长尺寸数字前加注缩写符号“□”，或用 18×18 代替“□”。图中相交的两条细实线为平面符号，表示两相交细实线所示的封闭线框内为平面，如图 6-15 所示。

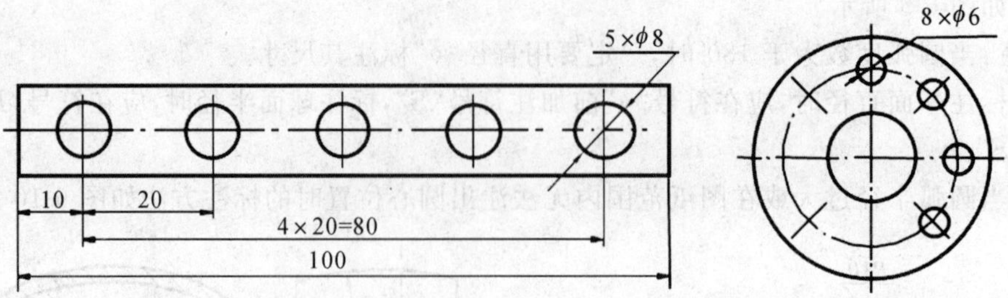

(a) (b)

图 6-13 均匀分布的孔的标注

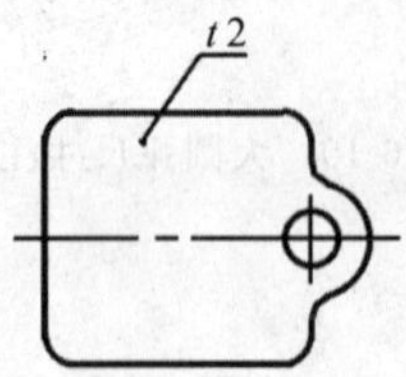

图 6-14 板状零件厚度的标注

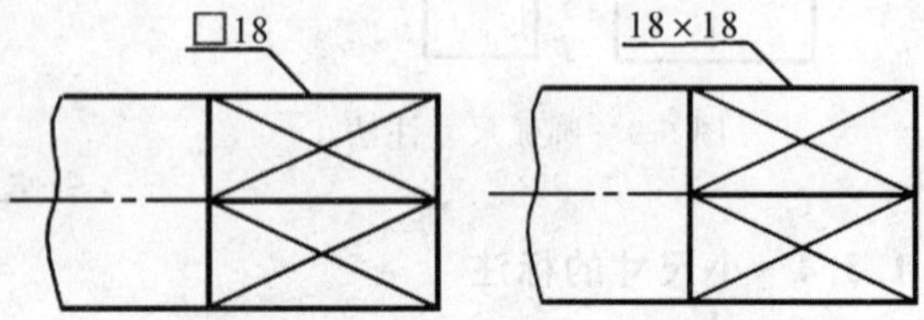

图 6-15 正方形结构的尺寸标注

2 基本立体的尺寸标注

由于基本立体是组合体的组成元素，熟悉掌握基本立体的尺寸，才能更好地掌握组合体尺寸的标注。

对于基本立体，一般应注出它的长、宽、高三个方向的尺寸。但有些尺寸是双向的，例如圆柱体的直径尺寸。对于圆柱体只需标注直径和长度，两个尺寸足以将其大小准确定形。如图 6-16(e)所示。

图 6-16 为常见基本立体尺寸的示意注法(尺寸数字未注写)。基本立体的尺寸通常被称为“定形尺寸”，意味着其形状大小被准确“限定”。

当基本立体被截切，表面产生截交线时，注意不可以直接在截交线上标注尺寸，应该标注截切面位置的尺寸。因为自然形成的尺寸不能直接标注，如图 6-17 所示中，注有符号“φ”的尺寸为错误尺寸。

3 组合体的尺寸标注

组合体各形体的真实大小及相对位置，必须通过尺寸标注来确定。工业生产中的零件加工、零件大小尺寸的依据，就是来自零件图样上所注的尺寸。对于零件的检测、装配等过程，尺寸标注同样起着重要作用。

标注尺寸必须做到：

(1)正确性——尺寸注写要符合国家标准《机械制图》中有关《尺寸注法》的规定。

(2)完整性——尺寸必须注写齐全，不遗漏，不重复。

(3)清晰性——尺寸的注写布局要整齐、清晰，便于读图。

(4)合理性——所注尺寸即能保证设计要求，又能适合加工、检验、装配等生产工艺要求。

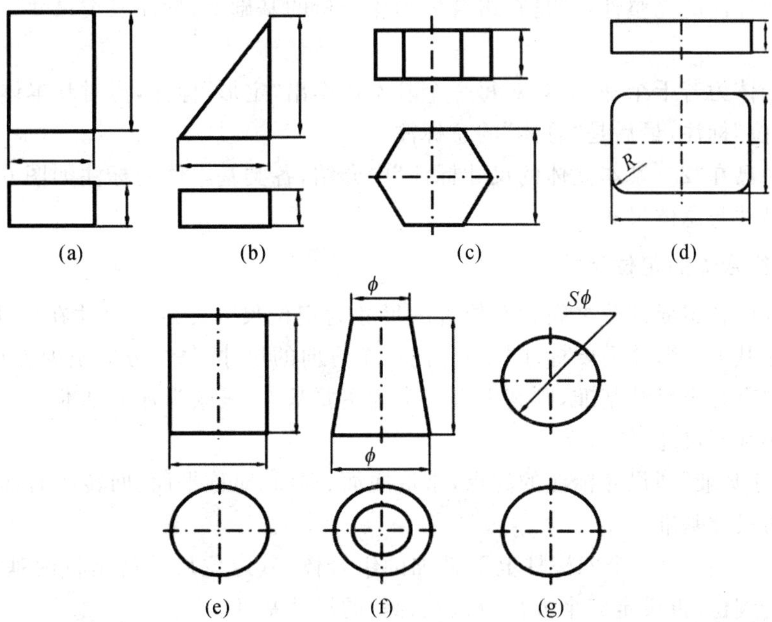

图 6-16　常见基本立体尺寸注法

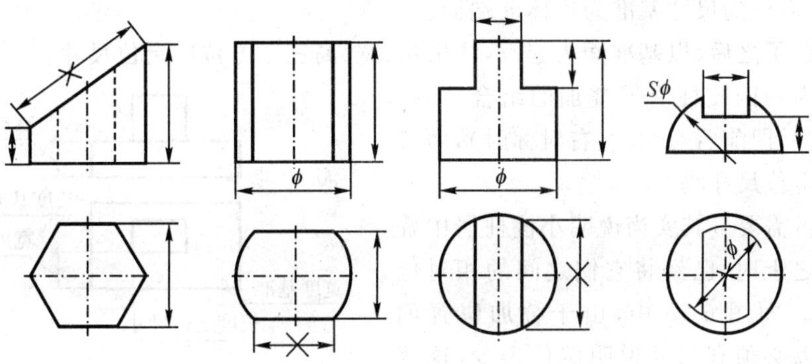

图 6-17　截切立体的尺寸标注

以上四项在尺寸标注的过程中必须严格遵循，否则将给生产带来诸多的问题，甚至带来废品。

四项原则的第一项“正确性”，在本章第一节“尺寸标注基本规则与要求”中已详述。第四项的“合理性”将在以后的零件图、装配图中介绍，这里主要讨论如何完整、清晰地标注尺寸。

3.1　完整地标注尺寸

组合体的尺寸，按其作用可分为三类：

(1)定形尺寸——用于确定组合体各组成部分的形状和大小的尺寸。

(2)定位尺寸——用于确定组合体各组成部分之间相对位置的尺寸。

(3)总体尺寸——用于确定组合体长、宽、高三个方向的最大外形尺寸。

所谓尺寸标注的完整性，就是在组合体形体分析的基础上，标注三类尺寸。完整性的过程如下：

分解组合体为若干个基本体，对每一个基本体作出“定形”标注，再对基本体之间的相对位置作出“定位”标注，最后是“总体”的总标注。

定形尺寸已在“2 基本立体的尺寸标注”中介绍，各类基本体的标注如图 6-16 所示，下面讨论定位尺寸与总体尺寸。

3.1.1 组合体的定位尺寸

确定组合体各组成部分之间相对位置的尺寸为定位尺寸。定位尺寸在标注之前，首先必须选定尺寸基准。形体需要标注长、宽、高三个方向的尺寸，每个方向至少要有一个基准。如果同一方向有几个尺寸基准，则其中有一个为主要基准，其余为辅助基准。辅助基准与主要基准之间必须有尺寸联系。

所谓“尺寸基准”即尺寸标注的起点，常取底面、端面、对称平面、回转体的轴线以及圆的中心线等作为尺寸基准。

如图 6-18 所示，由两个四棱柱上下叠加的组合体，其定位尺寸就是将两基本体之间的相对位置确定到位，再设定三个方位(长、宽、高)的尺寸基准。

(1)高度方向的尺寸基准为形体的底面。

(2)长度方向的尺寸基准为形体右端面。

(3)宽度方向的尺寸基准为形体前端面。

基准确定了之后，以基准面为起点，注出长、宽、高三个方位的定位尺寸。

假如同为两四棱柱上下叠加的组合体，叠加位置居中时(即前后对称，左右对称时)，两者之间还需要定位尺寸吗？

当然不再需要。其实当说明小棱柱居中叠加在大棱柱之上时，已经将它们之间的相对位置说清楚了。而图 6-18 中，由于叠加位置偏右、偏后，所以必须有尺寸说明偏位多少，这就是定位尺寸的作用。

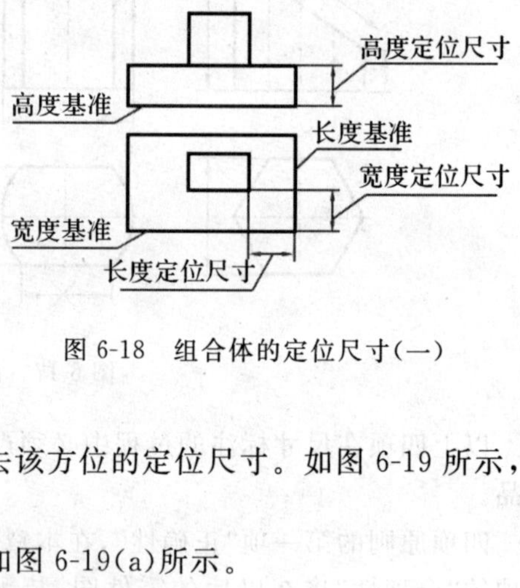

图 6-18 组合体的定位尺寸(一)

当两基本体叠加时，在某个方位处于对称、平齐等情况，或由视图明显地反映出来时，则可省去该方位的定位尺寸。如图 6-19 所示，四种叠加形式的定位尺寸：

(1)左右、前后均不对称，也不平齐，定位尺寸如图 6-19(a)所示。

(2)左右对称，前后不对称也不平齐，定位尺寸如图 6-19(b)所示。

(3)左右对称，前后不对称但后端面平齐，定位尺寸如图 6-19(c)所示。

(4)思考为什么如图 6-19(d)所示的视图中不需要标注定位尺寸？

图 6-20 为一组孔的定位尺寸和圆柱体的定位尺寸。

3.1.2 标注定形、定位尺寸时应注意的问题

(1)基本体被平面截切时，要标注基本体的定形尺寸和截平面的定位尺寸，如图 6-21(b)所示。记住不能在截交线上直接标注尺寸。

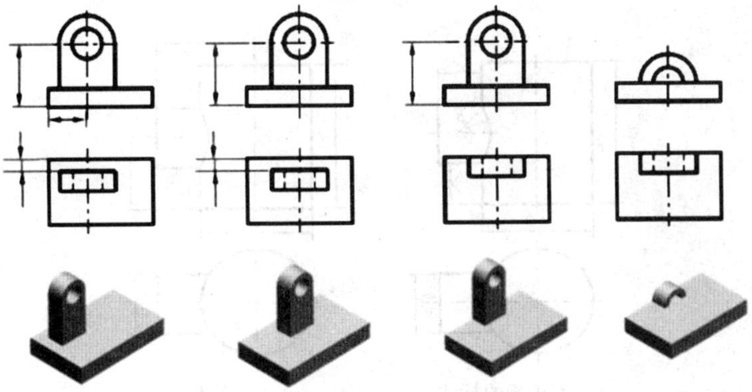

图 6-19　组合体的定位尺寸(二)

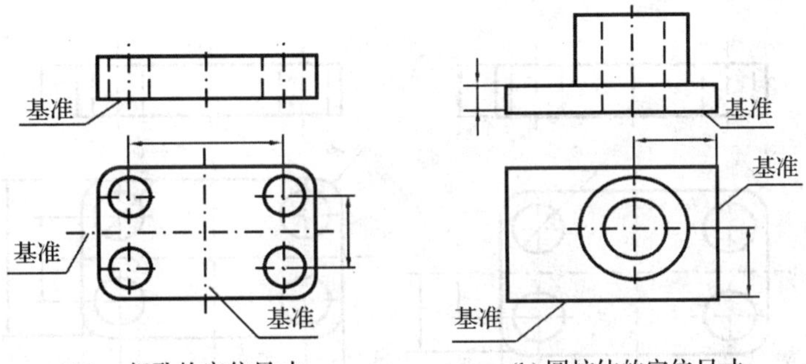

图 6-20　组合体的定位尺寸(三)

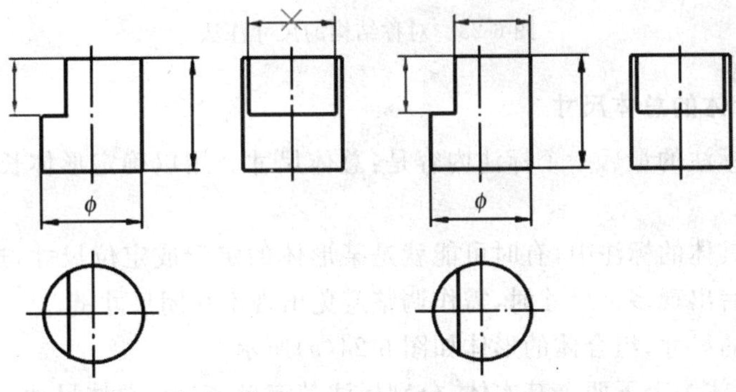

图 6-21　基本体被截切的定形、定位尺寸注法

(2)当形体的表面具有相贯线时，应标注产生相贯线的两基本体的定形、定位尺寸，如图 6-22(b)所示。记住不能在相贯线上直接标注尺寸。

(3)对称结构的尺寸不能只注一半，如图 6-23(b)所示的为正确的对称结构的尺寸标注。注意：多个半径、直径的标注，切不可标注出如图 6-21(a)所示的错误。

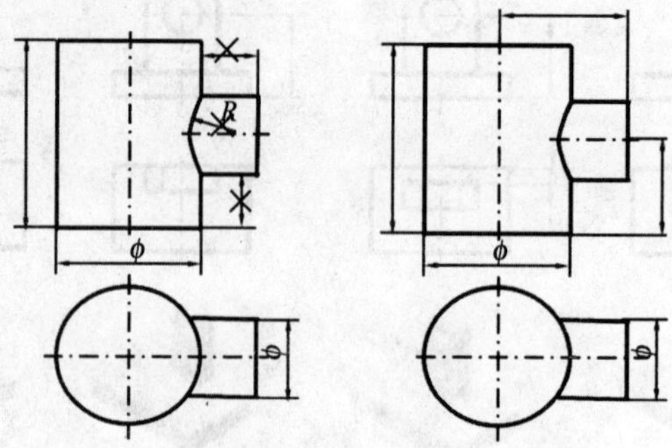

(a) 不正确的标注　　(b) 正确的标注

图 6-22　基本体相惯的定形、定位尺寸注法

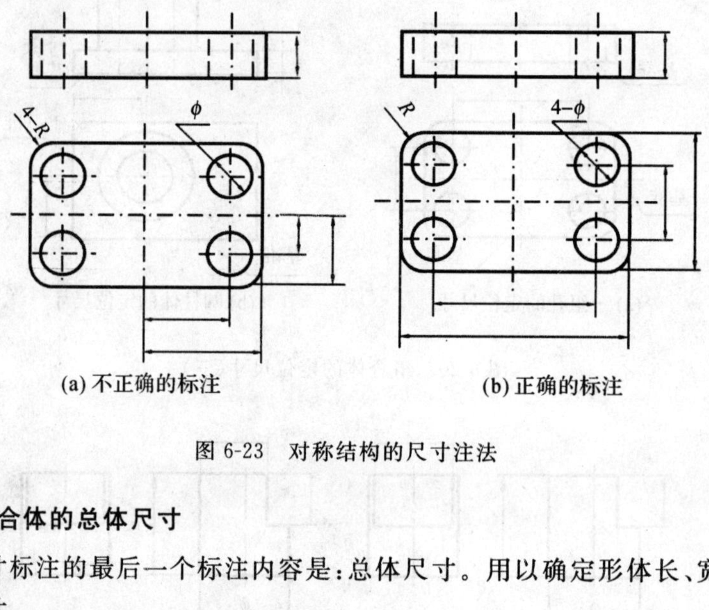

(a) 不正确的标注　　(b) 正确的标注

图 6-23　对称结构的尺寸注法

3.1.3　组合体的总体尺寸

组合体尺寸标注的最后一个标注内容是：总体尺寸。用以确定形体长、宽、高三个方向的最大外形尺寸。

总体尺寸在具体的标注中，有时可能就是某形体的定形或定位尺寸，这时不必再注出。当标注总体尺寸后出现多余尺寸时，需作调整避免出现不封闭尺寸链。

标注组合体的尺寸，组合体的形体如图 6-24(a)所示。

分析：分解形体为上下两个基本体，分别标注其定形、定位、总体尺寸。

作图步骤：

(1)定形尺寸的标注，如图 6-24(b)所示。

(2)定位尺寸的标注，如图 6-24(c)所示，定位基准如图 6-18，其中高度的定位尺寸就是大棱柱高度的定形尺寸(一个尺寸双重意义)。

(3)总体尺寸的标注，其总长、总宽，就是大棱柱长与宽的定形尺寸，不必再标注，只需另标总高尺寸，如图 6-24(d)所示。但是总高尺寸标注之后，使得高度尺寸出现了封闭尺寸链，所以最后应调整成如图 6-24(e)所示。

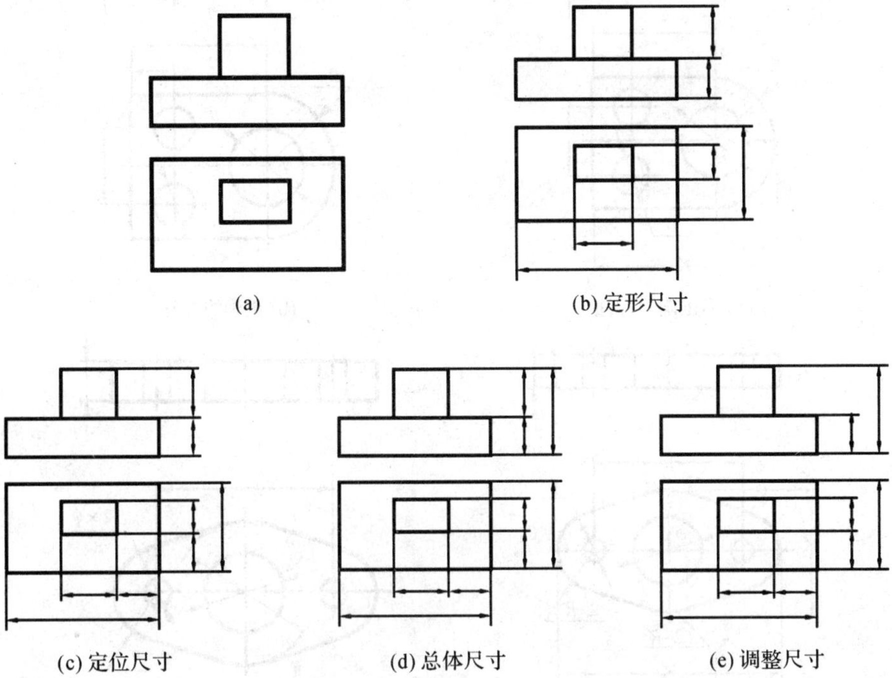

图 6-24　组合体的尺寸标注

3.1.4　标注组合体总体尺寸时应注意的问题

当组合体的某一方向具有回转结构时，由于注出了定形、定位尺寸，该方向的总体尺寸不再注出，如图 6-25 所示。

3.1.5　常见底板、法兰盘的尺寸标注

底板、法兰盘这一类结构件，在机件构造中经常会使用。熟悉这些结构件的尺寸标注，对以后零件图、装配图的尺寸标注课非常有利，如图 6-26 所示。

3.2　尺寸的清晰标注

尺寸不仅要标注完整，而且要求清晰、整洁，便于阅读和理解。因此必须注意尺寸线、尺寸界线和尺寸数字在图上的排列和布置。

(1)尺寸应尽量标注在视图外面，以免尺寸线、尺寸数字与视图的轮廓线相交，如图 6-27 所示。

(2)同心圆柱的直径尺寸，最好注在非圆的视图上，如图 6-28 所示。

(3)相互平行的尺寸，应按大小顺序排列，小尺寸在内，大尺寸在外，如图 6-29 所示。

(4)虚线上尽量不要标注尺寸，应标注在可见轮廓线上，如ϕ20、2－ϕ6 应标注在实线上。

另外，尺寸尽可能标在表示形体特征最明显的视图上，如图圆柱体上凹槽的宽度尺寸 10，深度尺寸 5，标注应如图 6-30 中“好”所示。另外，要注意半径尺寸的标注，缩写符 R 前

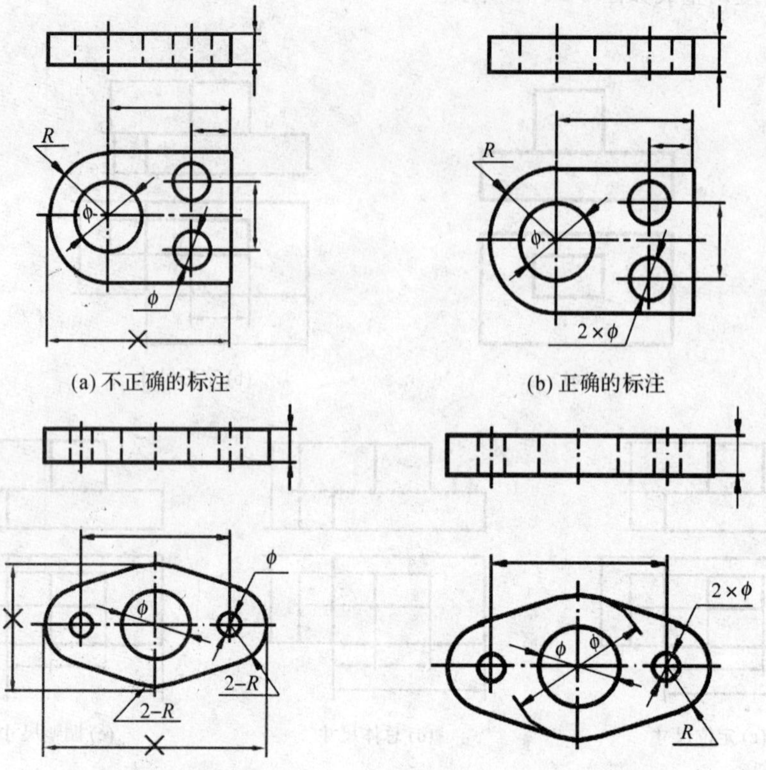

(a) 不正确的标注　(b) 正确的标注

(c) 不正确的标注　(d) 正确的标注

图 6-25　标注组合体总体尺寸时应注意的问题

不能添加“2－”。

◎ 任务解答

要求 1 解答

步骤如下：

(1)形体分析。将组合体分解成底板、套筒、支撑板、肋板四部分。

(2)确定尺寸基准。由于该形体左右对称，则长度基准必须选择其对称中心线，高度基准为形体底面，宽度基准为底板后端面，如图 6-31(b)所示。

(3)依次标注各形体的定形、定位尺寸。

① 底板 9 个尺寸，其中 2 个注写★号的为定位尺寸，如图 6-31(b)所示。

② 套筒 5 个尺寸，2 个注写★号的定位尺寸，如图 6-31(c)所示。

③ 支撑板 2 个定形尺寸，由于与套筒相切，高度及两切点间距都不再需要标注。定位尺寸不需要标注，是因为其长度居中，宽度与后端面基准平齐，如图 6-31(d)所示。

④ 肋板 4 个定形尺寸，如图 6-31(e)所示。

(4)分析总体尺寸。在前三类尺寸标注中。总体尺寸已生成，不需再标注。

(5)检查整理各项尺寸，做到不重复不遗漏，如图 6-31(f)所示。

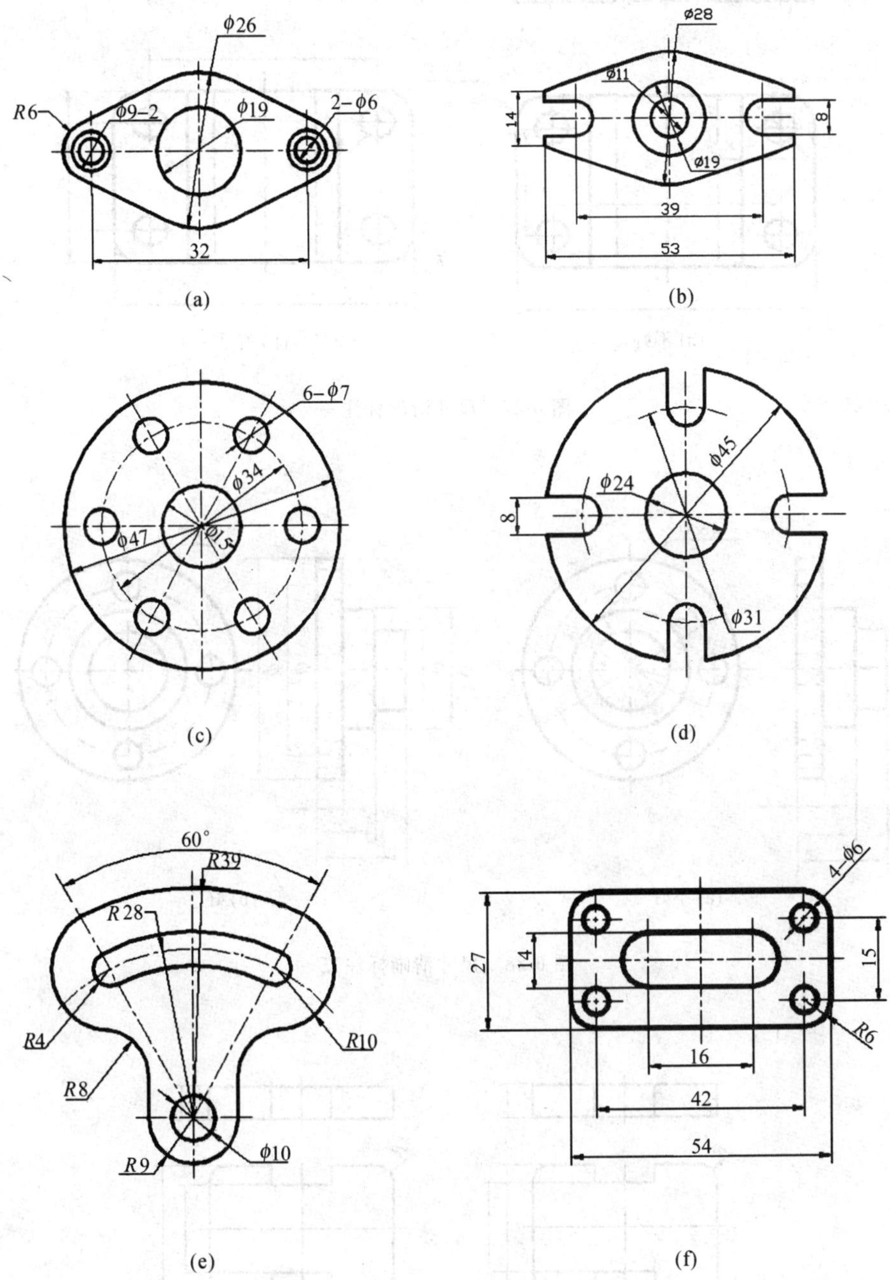

图 6-26　常见底板、法兰盘的尺寸标注

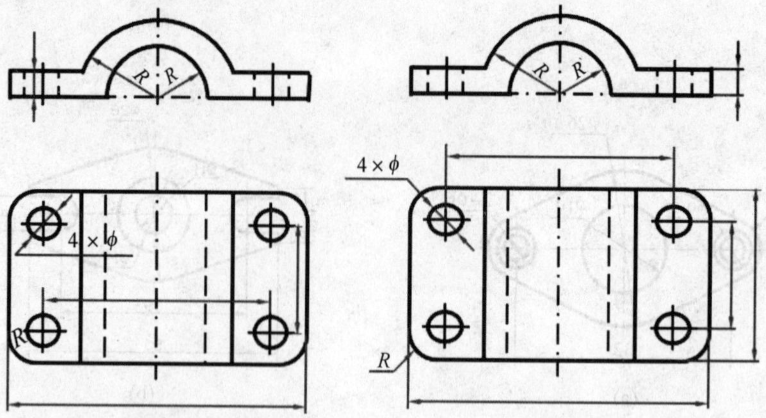

(a) 不好　　(b) 好

图 6-27　尺寸清晰标注一

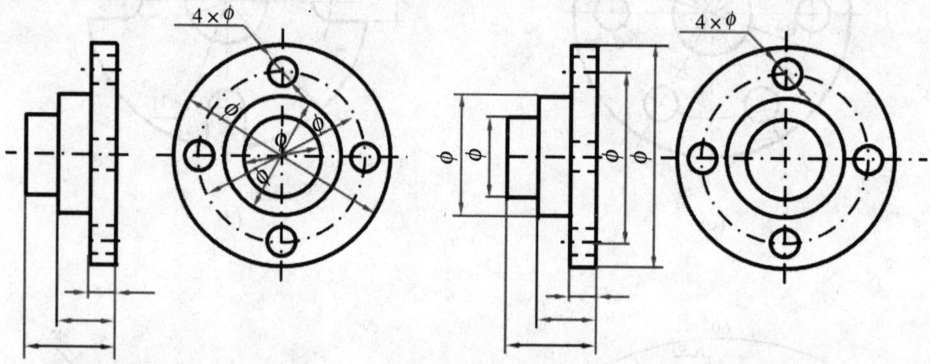

(a) 不好　　(b) 好

图 6-28　尺寸清晰标注二

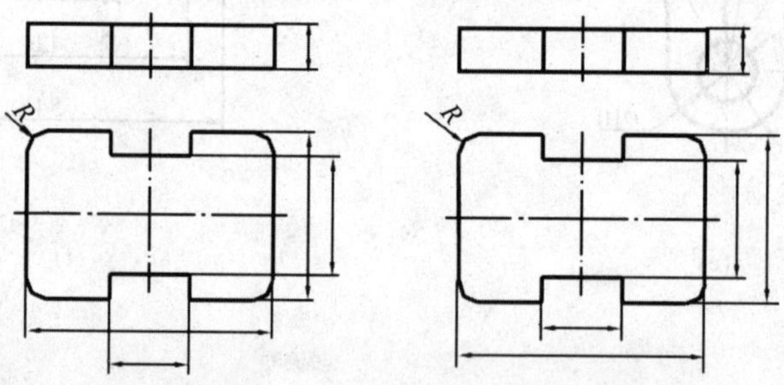

(a) 不好　　(b) 好

图 6-29　尺寸清晰标注三

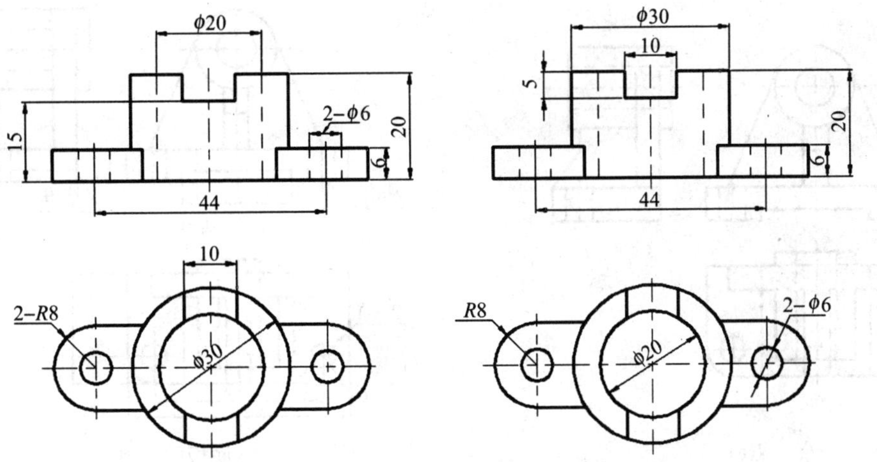

(a) 不好　　　　(b) 好

图 6-30　尺寸清晰标注四

要求 2 解答

作图步骤：

(1)分解形体为两部分，底板和支板。

(2)确定尺寸基准：长度基准为左右对称中心轴线；高度基准为机件底面；宽度主要基准为机件的后端面。

(3)标注定形、定位尺寸。

① 底板 11 个尺寸，其中定位尺寸 3 个。

② 标注支板尺寸 6 个，其中定位尺寸 1 个。

(4)总体尺寸分析。总长、总宽即为底板长、宽的定形尺寸(已标注，不再重复)，总高尺寸由于标注了定位尺寸 35，定形尺寸 $R14$，也不需再标注。最后整理、检查、标注，做到不重复不遗漏，如图 6-32(b)所示。

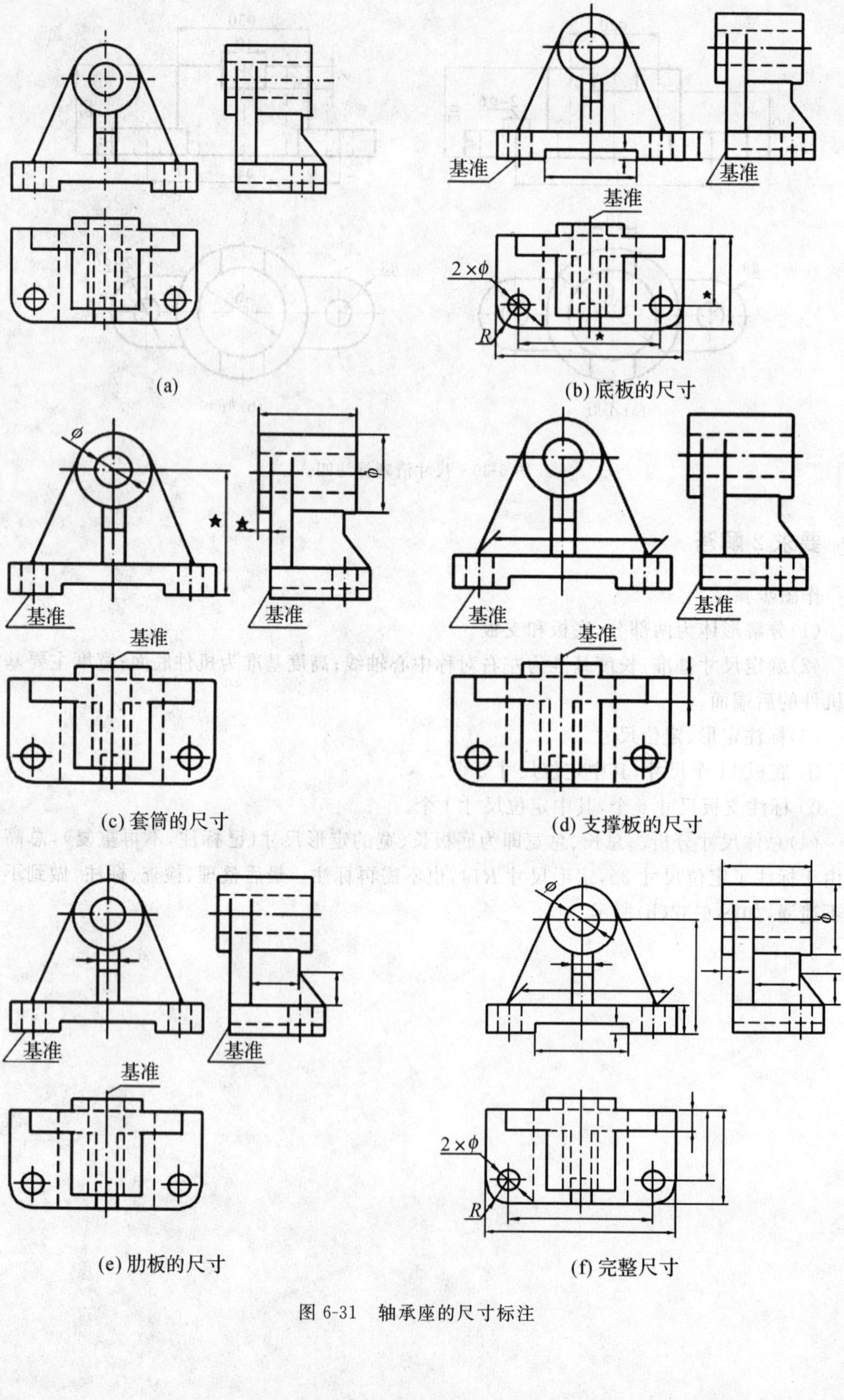

图 6-31　轴承座的尺寸标注

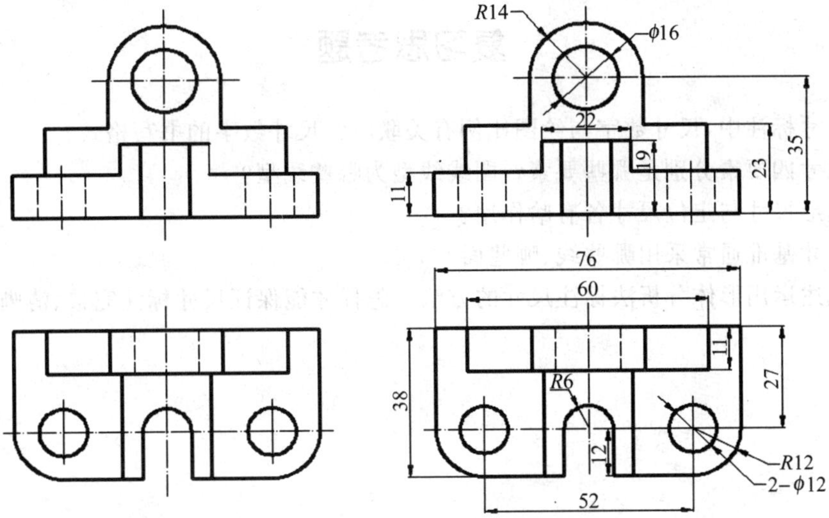

(a)　　　　(b)

图 6-32　机件的尺寸标注

◎ 任务评价

课题名称		组合体视图的尺寸标注	任课教师			
要求	序号	要求中的评价项目	结果			
			A	B	C	D
1、2	1	尺寸标注的基本规则是什么？				
	2	试回答尺寸的要素？				
	3	能否熟练掌握基本体的尺寸标注？				
	4	如何完整地标注组合体的尺寸？				
	5	什么是尺寸标注的合理性？				
	6	如何保证尺寸标注的清晰度？				
2	4	国家标准的作用体现在哪些方面？				
综合成绩						
自我总结						

学生签字： 年　　月　　日	指导教师签字： 年　　月　　日

复习思考题

1. 尺寸标注中，尺寸数字与绘图比例有关联吗？尺寸数字的书写格式？
2. 尺寸四要素分别是哪些要素？图线线型为哪些线型？
3. 定形尺寸与定位尺寸各有啥作用？
4. 尺寸基准通常采用哪些线、哪些面？
5. 试述运用形体分析法标注尺寸的方法？怎样才能保证尺寸标注完整、清晰、正确？

第 7 单元　机件的常用表达方法

学习指南

机件可以理解为机械零件，如何用视图来表达机件？视图的表达除了已经讨论的正投影视图，还有哪些其他方式方法？

为了使图样能完整、清晰地表达机件各部分的结构形状，便于看图和画图，国家标准《技术制图》、《机械制图》图样画法（GB/T17451，17452，17453—1998，GB4458.1—1984）规定了设计绘图包括绘制机械图样的基本方法和机件形状的表达方法。

教学目标：

1. 理解并掌握基本视图、向视图、局部视图、斜视图的概念、画法和标注规定，了解各种表示法的具体应用。
2. 进一步培养学生的空间想象能力和表达能力。

教学重点：

1. 基本视图、向视图和局部视图的概念及画法和它们的具体应用。
2. 剖视图和断面图的概念及画法。
3. 进一步培养学生的空间想象能力和表达能力。

教学难点：

1. 基本视图配置要求，向视图、局部视图、斜视图的标注规定。
2. 断面图和剖视图的作图。

教学学时：

50 学时。

课题 9　机件外部形状的表达及应用

◎ 任务书

项目	机件外部形状的表达及应用	用时	12 学时
目的	1. 理解并掌握基本视图、向视图和局部视图的概念、画法和标注规定，了解各种表示法的具体应用。 2. 进一步培养学生的空间想象能力和表达能力。		

续表

项目	机件外部形状的表达及应用	用时	5 学时

要求

1. 根据图 7-1 所示的三视图，补画其余三个基本视图。

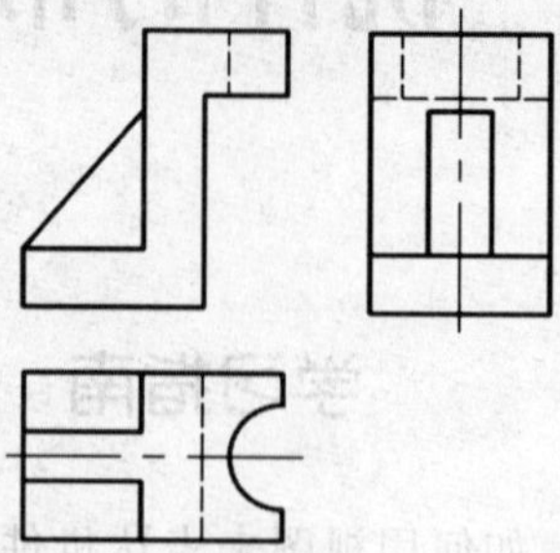

图 7-1

2. 补画如图 7-2 所示的三视图中 A、B 向视图。

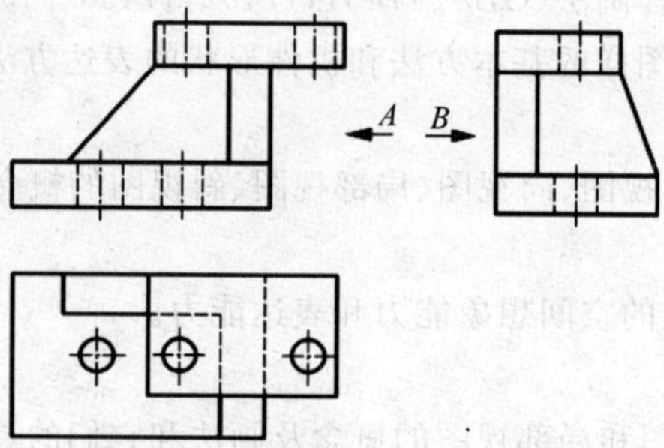

图 7-2

3. 将如图 7-3 的左视图改成两个局部视图。

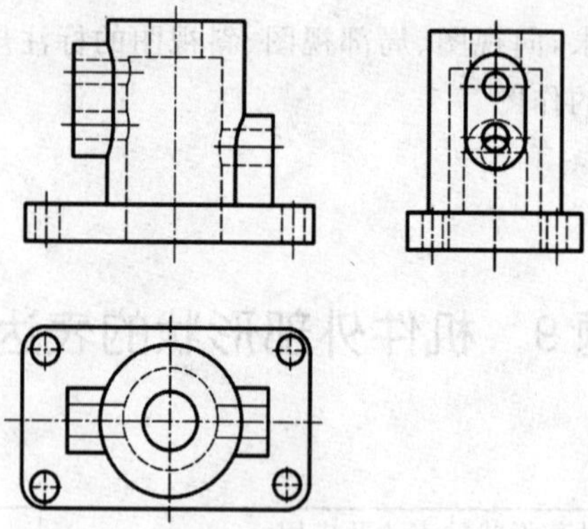

图 7-3

◎ 知识链接

1　基本视图和向视图

机件向投影面投射所得到的图形称为视图，视图主要用来表达机件的外部形状。在视图中，应用粗实线画出机件的可见轮廓，必要时还应用虚线画出机件内部不可见的轮廓。

图样画法中规定的视图有：基本视图、向视图、局部视图和斜视图。

1.1　基本视图

根据国家标准规定，在原有的三个投影面的基础上再增设三个投影面，组成一个正六面体，这六个投影面称为基本投影面，机件向基本投影面投射所生成的六个视图称为基本视图。它们是：主视图、俯视图、左视图，以及新增设的右视图、仰视图、后视图。其中右视图的投射方向由右向左，仰视图的投射方向由下向上，后视图的投射方向由后向前，如图 7-4 所示。

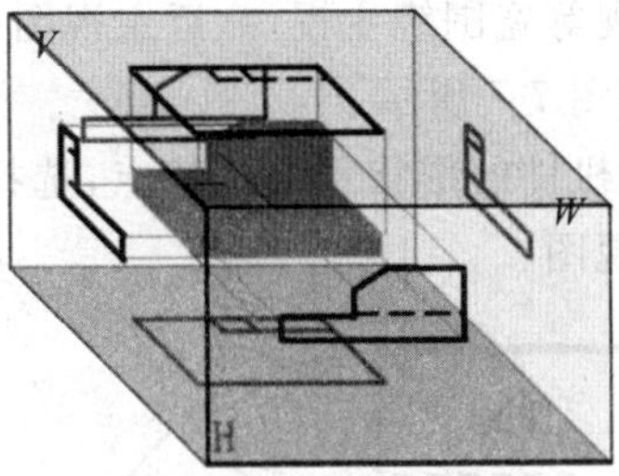

图 7-4　六个基本投影面

六个基本视图展开的方式如图 7-5 所示，展开后的投影位置配置如图 7-6 所示，除了熟悉的主视、俯视、左视视图配置，右视图位于主视图的左侧，仰视图位于主视图的上方，后视图位于左视图的左侧。

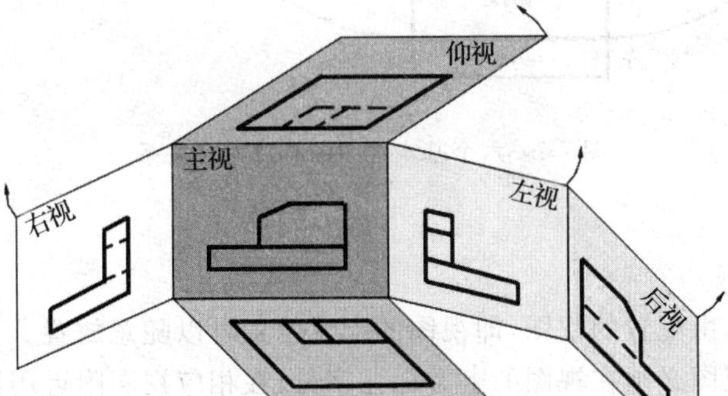

图 7-5　基本投影面的展开方式

六个基本视图的投影对应关系、度量对应关系仍遵守："长对正、高平齐、宽相等"的三等

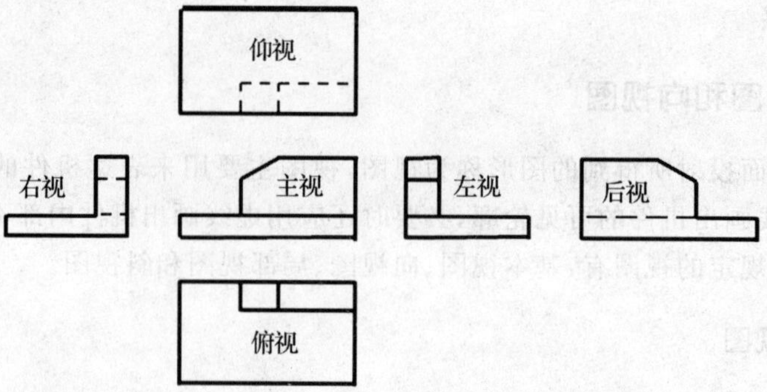

图 7-6 六个基本视图的配置

投影规律。

长度:俯视、仰视正对主视,后视等长,左右反向。

高度:右视、左视平齐主视。后视等高,上下一致。

宽度:仰视、俯视、右视、左视等宽围绕主视,靠近主视图一侧的是物体的后方位,远离主视图一侧的是物体的前方位,如图 7-7 所示。

绘制机件的视图时,应根据机件的形状和结构特点,选择必要的几个基本视图,并不是所有机件都必须绘制完整的六视图。

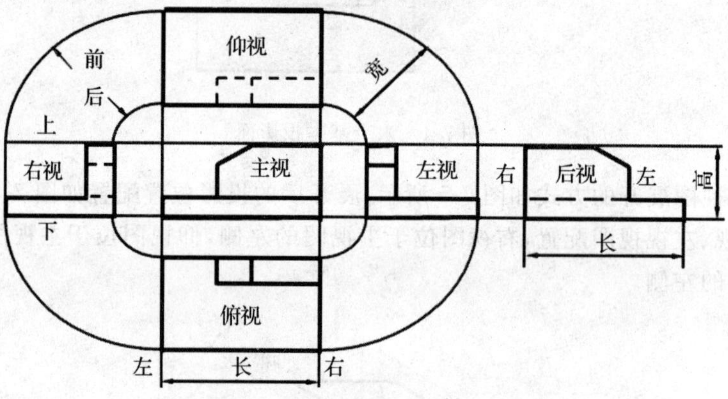

图 7-7 六个基本视图的方位对应关系

1.2 向视图

向视图是可以自由配置的视图,即视图的配置位置可以随意放置。

随意放置的向视图必须在视图的上方标注字母,在相应视图附近用箭头指明投射方向,并标注相同的字母。表示投射方向的箭头应尽可能配置在主视图上,只有表示后视投射方向的箭头才可以配置在其他视图上,如图 7-8 所示。注意:标识字母必须使用大写。

向视图的自由配置,使得其在视图中可以随意插画,使用灵活且方便。

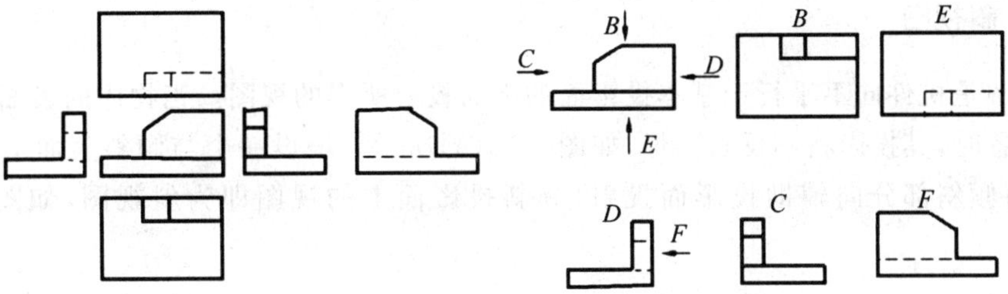

(a)按基本位置配置的视图 (b)自由配置的向视图

图 7-8 基本视图与向视图的配置

2 局部视图和斜视图

2.1 局部视图

将机件的某一部分向基本投影面投射，所获得的视图称为局部视图。如图 7-9 所示，视图上方标有“A”、“B”字符的即为局部视图。局部视图的优势在于简化了视图、突出了重点、避免了细节重复，用局部视图表达局部结构。

局部视图可按基本视图的形式配置，也可按向视图的形式自由配置，如图中所示为自由配置的局部向视图。视图中采用带有大写字母的箭头，指明要表达的局限部位和投射方向，并用相同的字母注明对应的视图名称。

局部视图的“局部”范围用波浪线限定，如图 7-9 的 A 视图。当表示的局部结构是完整的且外轮廓封闭时，波浪线可省略，如图 7-9 的 B 视图。

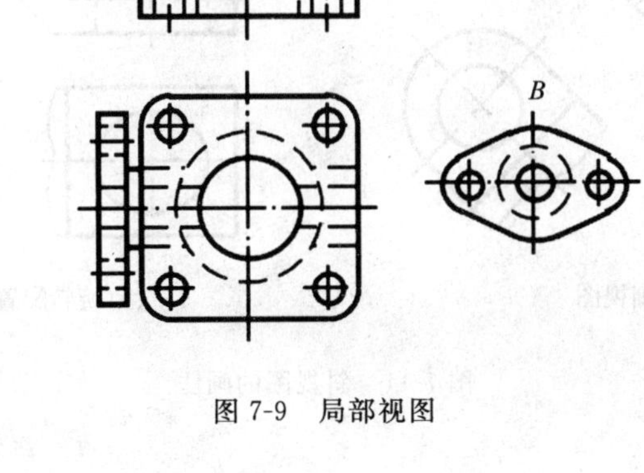

图 7-9 局部视图

2.2　斜视图

斜视图是机件向不平行于基本投影面的平面投射所得的视图。当物体的表面与投影面成倾斜位置时，其投影将不反映实形，如图 7-10(a)所示。增设一个与倾斜表面平行的辅助投影面，将倾斜部分向辅助投影面投射，倾斜投影面上的视图即为斜视图，如图 7-10(b)所示。

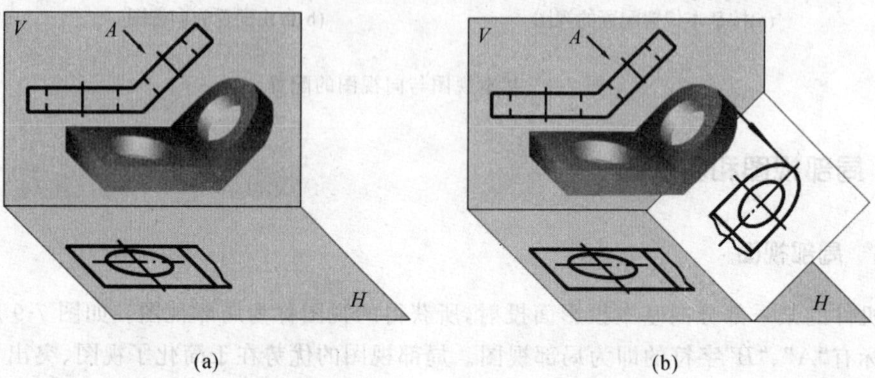

图 7-10　斜视图的形成

斜视图的展开方式：倾斜面沿着倾斜面与 V 面的交线向后旋转，H 面沿着 X 轴线向下旋转，三面共面时的投影图，如图 7-11(a)所示，其中标注 A 的视图即为斜视图。斜视图通常按向视图的形式配置并标注，带有大写字母的箭头指明倾斜的投射方向，斜视图上以相同的字母标识其对应图形。必要时允许将斜视图旋转配置，如图 7-11(b)所示。为了避免引起误解，旋转配置时一定要标注旋转符号。旋转符号为半径为字高的半圆弧，一端的箭头应与旋转方向一致并且指向斜视图的标示字母。

由于斜视图的特殊性，绘制斜视图按断裂效果处理，断裂边界用波浪线表示。

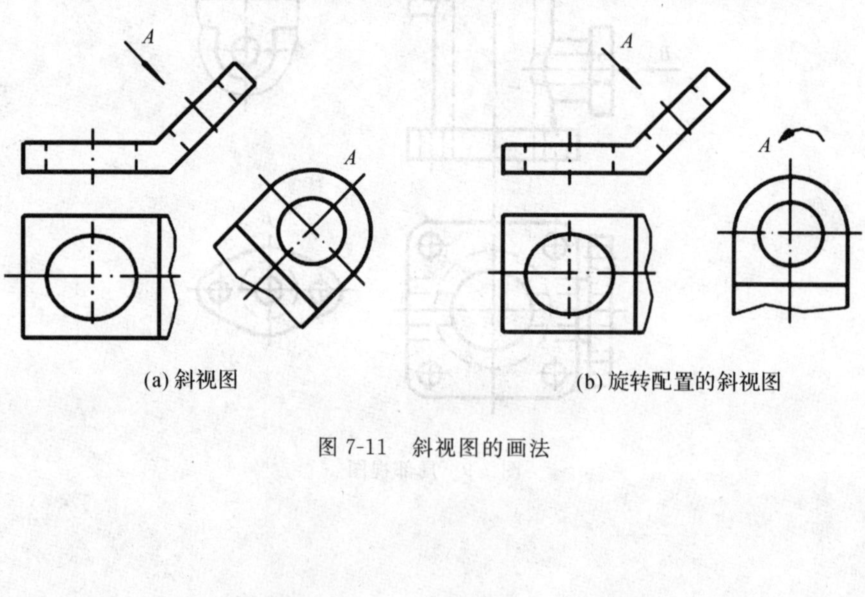

图 7-11　斜视图的画法

◎ 任务解答

要求 1 解答

本题所给出的是主、俯、左三个视图，要求补画后、仰、右三个视图。在补画其他三个视图前，应首先读懂该组合体形状。该组合体由两部分组成，主体部分是一个反“Z”字形的板，板的左侧有一块三棱柱的肋板，在反“Z”字形的顶端挖去了一个半圆柱孔。

绘图步骤略，结果如图 7-12 所示。

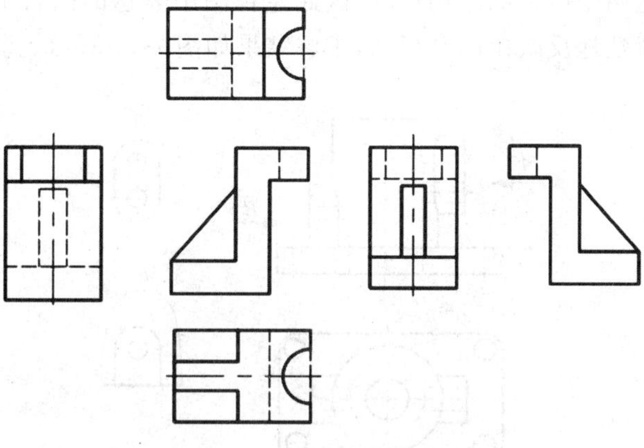

图 7-12　补全剩余基本视图

要求 2 解答

本题中立体由三部分组成，分别是最下面的四棱柱底板、中间的折板，以及最上面的四棱柱顶板。其中底板和顶板上各挖有两个圆柱孔，并且在向俯视图投影时，两块板上内侧的两个圆柱孔重合在一起。中间的折板由两部分组成，分别为两个带斜面的四棱柱。

本例题要求补画 A、B 向视图，根据 A、B 的箭头方向判断，A 箭头的指向是由立体的右侧指向左侧，需要补画的视图应为基本视图的右视图；B 箭头由左视图的左侧指向右侧，所对应的立体上的方位应为从立体的后侧指向立体的前侧，需补画的视图为基本视图中的后视图。即本题要求补画的分别是右视图和后视图，求解结果如图 7-13 所示。

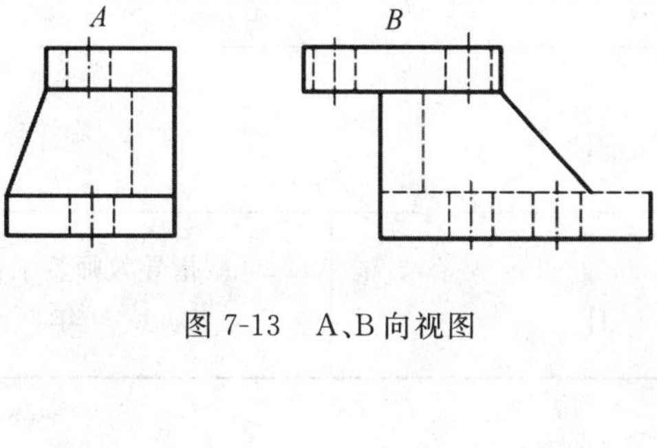

图 7-13　A、B 向视图

要求3解答

本题中给出了立体的主、俯、左三个视图，通过对三个视图的分析，可知立体由四个部分组成，分别是底板、圆柱筒、拱形凸台和长方形凸台。其中底板为四棱柱板，四个角进行了圆角，并挖了四个圆柱孔；圆柱筒叠加在底板上方，内部为挖有两端圆柱孔；拱形台在圆柱筒的右侧，并叠加在底板的上方，从凸台的表面挖有圆柱孔与圆柱筒内壁连通；长圆形凸台在圆柱筒左侧，并挖有两个小孔与圆柱筒内壁相连通。

本题中圆柱筒部分与底板部分的形状通过主视图与俯视图两个视图已经能表达清楚，左视图的作用是表达两个凸台的结构形状，因此左视图中表达的凸台形状可通过改画为两个局部视图来更加清楚地反映出凸台形状，求解结果如图7-14所示。

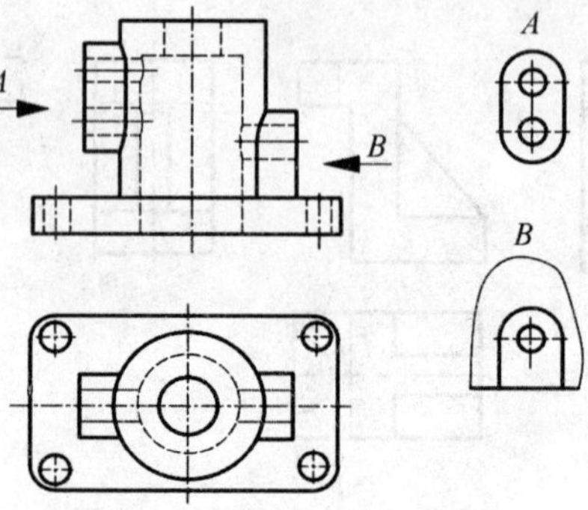

图7-14　将左视图改成两个局部视图

◎ 任务评价

<table>
<tr><td colspan="2">课题名称</td><td>机件外部形状的表达及应用</td><td>任课教师</td><td colspan="4"></td></tr>
<tr><td rowspan="2">要求</td><td rowspan="2">序号</td><td rowspan="2" colspan="2">要求中的评价项目</td><td colspan="4">结果</td></tr>
<tr><td>A</td><td>B</td><td>C</td><td>D</td></tr>
<tr><td rowspan="2">1</td><td>1</td><td colspan="2">什么是基本视图？</td><td></td><td></td><td></td><td></td></tr>
<tr><td>2</td><td colspan="2">如何补画基本视图？</td><td></td><td></td><td></td><td></td></tr>
<tr><td rowspan="2">1</td><td>3</td><td colspan="2">什么是向视图？</td><td></td><td></td><td></td><td></td></tr>
<tr><td>4</td><td colspan="2">如何补画向视图？</td><td></td><td></td><td></td><td></td></tr>
<tr><td rowspan="2">1</td><td>5</td><td colspan="2">什么是局部视图？</td><td></td><td></td><td></td><td></td></tr>
<tr><td>6</td><td colspan="2">局部视图有什么作用？</td><td></td><td></td><td></td><td></td></tr>
<tr><td colspan="2">综合成绩</td><td colspan="6"></td></tr>
<tr><td colspan="2">自我总结</td><td colspan="6"></td></tr>
<tr><td colspan="3">学生签字：
年　　月　　日</td><td colspan="5">指导教师签字：
年　　月　　日</td></tr>
</table>

课题10 机件内部形状的表达及应用

◎ 任务书

<table>
<tr><td>项目</td><td>剖视图的画法及标注</td><td>用时</td><td>12学时</td></tr>
<tr><td>目的</td><td colspan="3">1. 了解剖视图的应用，理解并掌握剖视图的形成和单一平面剖切的规定画法及标注。
2. 通过剖视图的学习进一步培养学生的空间想象能力和表达能力。</td></tr>
<tr><td>要求</td><td colspan="3">1. 将如图7-15所示机件的主视图改画成全剖视图。
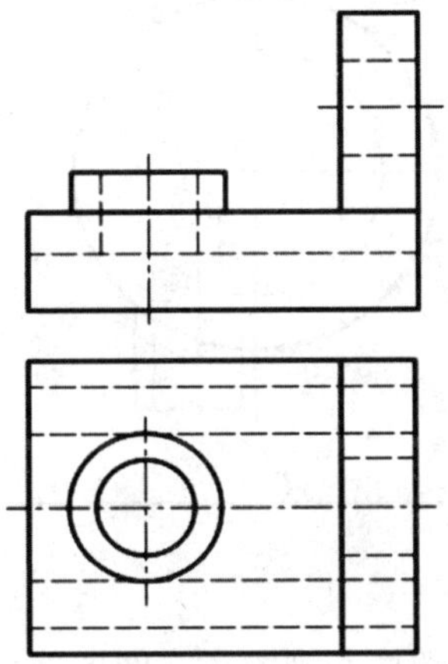
图7-15
2. 将如图7-16所示机件的主视图改画成半剖视图。
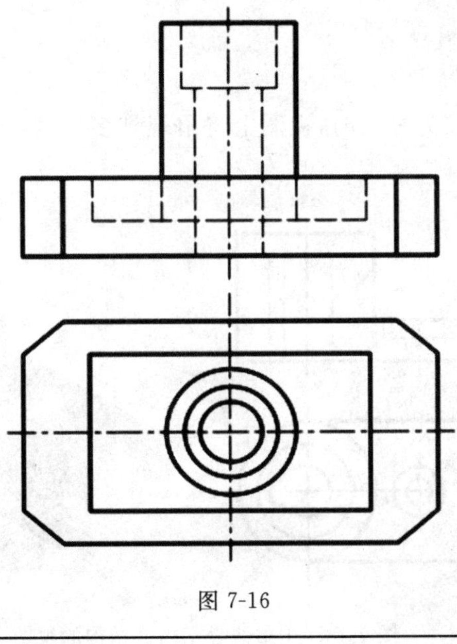
图7-16</td></tr>
</table>

续表

要求	3. 将如图 7-17 所示的机件的主、俯图改画为局部剖视图。 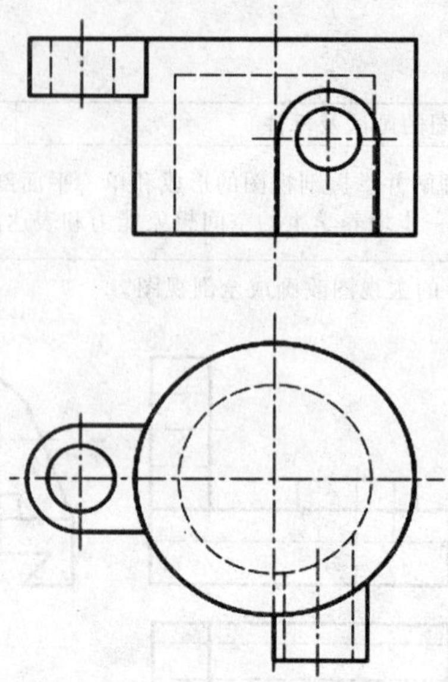 图 7-17

◎ 知识链接

假想用一剖切面将机件剖开，移去剖切面和观察者之间的部分，将其余部分向投影面投射，所得到的视图称为剖视图。采用剖视图的目的是在视图中最大限度地减少虚线。

1　剖视图的形成及其画法

1.1　剖视图的形成

当机件内部的形状较为复杂时，视图上将出现许多虚线，不便于看图和标注尺寸，如图 7-18 所示。

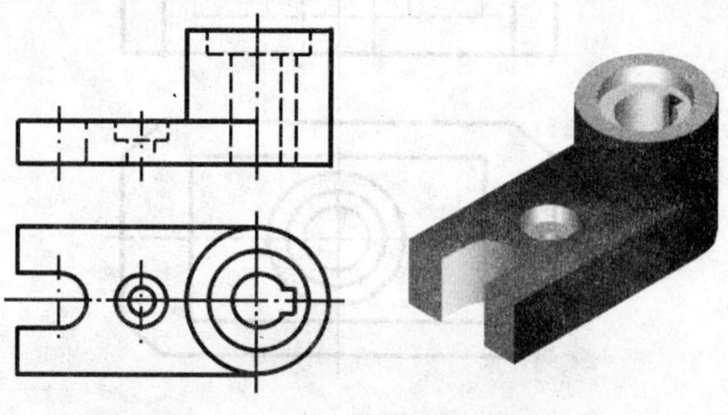

图 7-18　用虚线表示内部结构的视图

如何在视图中减少虚线的表达？如何将不可见的内部结构变为可见？解决方法是假想用一剖切面将机件剖开，移去剖切面和观察者之间的部分，将其余部分向投影面投射，并在剖面区域内画上剖面符号，如图 7-19 所示的主视图即为剖视图，简称剖视。

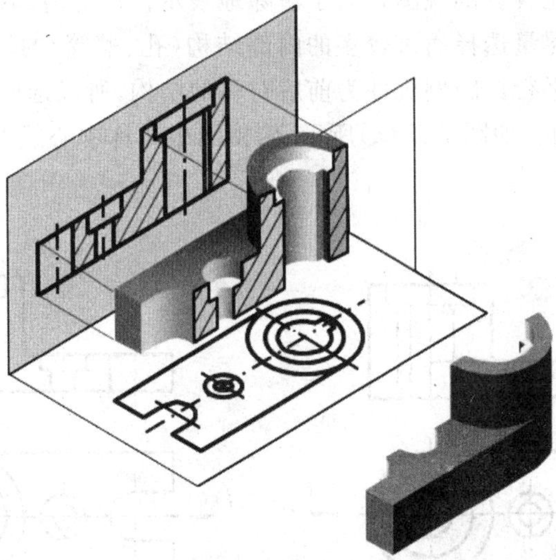

图 7-19　剖视图的形成

与未剖的视图相比，剖视图在表达方法上使机件的内部形状变为可见，原来不可见的虚线画成了可见实线，如图 7-20 所示。

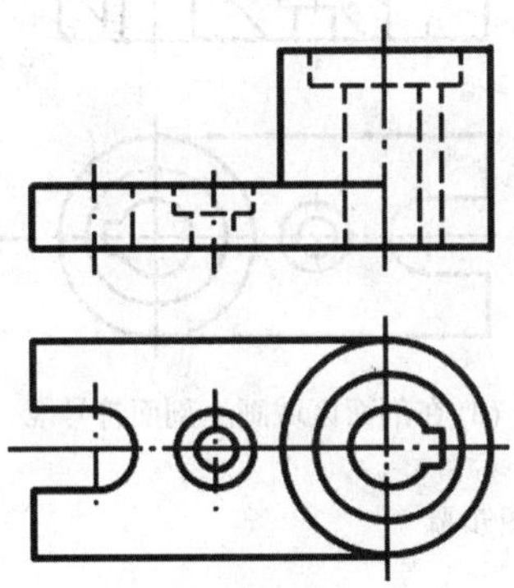

(a) 机件的视图

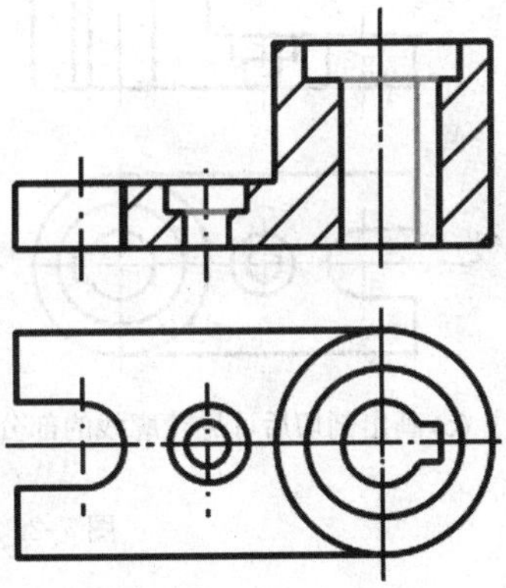

(b) 机件的剖视图

图 7-20　机件的两种表达方法

剖视图中，要严格区分被剖切面剖切的部分以及未被剖切的部分。被剖切到的部分称为剖面区域，剖面区域内必须画上剖面符号。剖面符号的意义表达了被剖切机件的材料。对不同的材料，应采用不同的剖面符号（详见材料的剖面符号）。图 7-20(b)中采用的剖面符号为：45°方向且间距相等的细实线，该区域范围内的图线称为剖面线。查表得知，为金属材料的剖面符号。表示画有该剖面线的机件是由金属材料制造的。规定同一机件的所有视图上的剖面线，其方向、间距必须一致。

1.2 剖视图的画图步骤

以图 7-18 所示机件为例。

(1)确定剖切面的位置。剖视图是为了清除地表示机件的内部结构形状,因此剖切面位置的选择事关重要,应尽量选择通过较多的内部结构(孔、槽等)的轴线或对称中心线、对称面等,且必须与投影面平行。图例机件为前后对称的结构,所以选取的截切面应通过前后对称中心线且平行于 V 面。如图 7-21(a)所示,俯视图中对称中心线两旁的一对剖切符号,表示剖切面的位置。

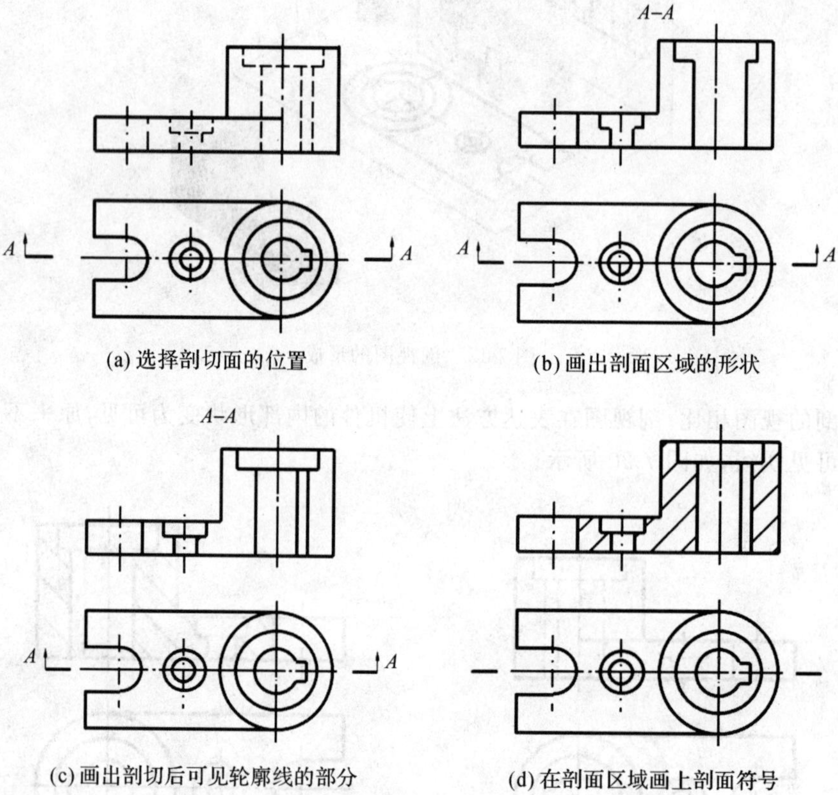

(a) 选择剖切面的位置　(b) 画出剖面区域的形状

(c) 画出剖切后可见轮廓线的部分　(d) 在剖面区域画上剖面符号

图 7-21　剖视图的画图步骤

(2)移去剖切面和观察者之间的部分,将后半部分向 V 面投射。画出剖面区域的形状,如图 7-21(b)所示。

(3)画出剖切面后方,由不可见的虚线变为可见轮廓线的部分,如图 7-21(c)所示。

(4)由于机械工程中的机件材料通常为金属,在剖视图的剖面区域内画上剖面线,如图 7-21(d)所示。

1.3 剖视图的标注

剖视图与视图的区别以是否画有剖面线为区分。有关剖视图的标注,重点是对剖切面位置的标注,标注方法如下:

1.3.1 剖切线

用于指示剖切面的所在位置,细点画线表示。由于剖切面的位置通常选择通过回转体轴线、对称中心线、对称面等,而这些图线往往在原视图中已经绘制,因此剖切线一般情况下可以省略。

1.3.2 剖切符号

用于表示剖切面的起始、终止、转折及投射方向,用一段粗短实线和指明投射方向的箭头表示,注意该粗短实线必须独立不能与其他图线相交,如图 7-21(a)所示。

1.3.3 剖视图的名称

如同向视图的视图标识,用于注明剖视图的名称。两对大写的字母分别标注在剖切符号的两旁和剖视图上方,如图 7-21(b)与图 7-21(c)所示。如果剖切符号所指明的投射方向与原视图基本配置的投影方向一致,可省略投射箭头和标识名称,如图 7-21(d)所示。

如果机件对于剖切面对称,以上三项均可省略,如图 7-22 所示。

1.4 画剖视图的注意事项

(1)由于剖切是一种假想,只是将机件的某个视图用剖视图表示。机件仍然是完整的,机件的其他投影图必须按完整的机件进行投射,画出其完整的视图,如图 7-21 中的俯视图,都按完整机件完整投影。

(2)在剖视图上已经表达清楚的内部结构,在其他视图上此部分结构的投影为虚线时,其虚线省略不画,避免细节的重复。如图 7-22(b)中,对照图 7-22(a),俯视、左视虚线省略,这是由于用虚线表示的内部结构,在剖视的主视图中已表达。但没有表示清楚的结构,允许画少量虚线,如图 7-25 所示。

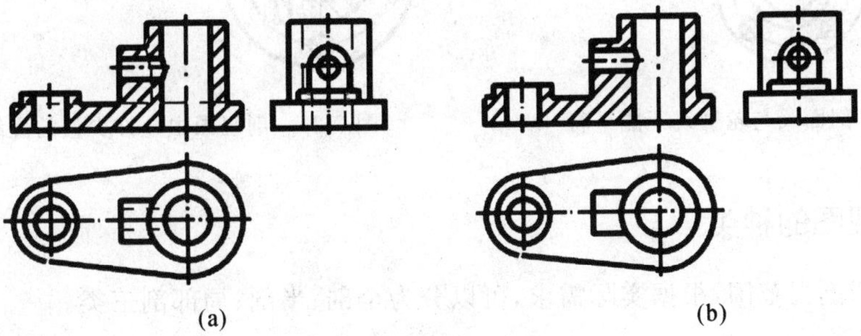

图 7-22 剖视图中虚线的省略

(3)剖视图是体的投影,所以剖切面后方的可见轮廓线要全部画出,如图 7-23 所示。被圆柱体遮挡的虚线可省略不画,因为其整个平面的范围已在俯视图上表达清楚。省略虚线仍然是为了避免细节重复。

(4)某个机件的视图中,可以有多重剖视,如图 7-24 和图 7-25 所示,主视、俯视图均采用剖视图。

(5)再一次强调:同一机件视图上的所有剖面区域内,其剖面线的方向、间距必须一致。如图 7-25 中,主视、俯视均有剖面区域,其剖面线的方向、间距必须一致。

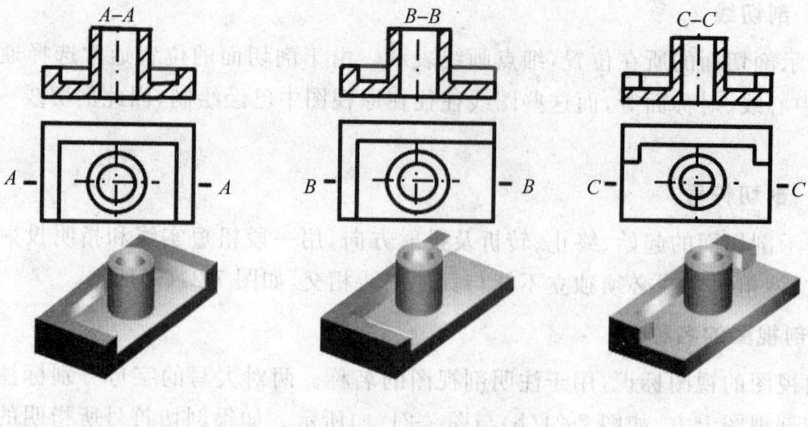

图 7-23　剖视图仍为体的投影

(6)当画出的剖面线与图形的主要轮廓线或剖面区域的轴线平行时，该图形的剖面线应改画成与水平方向成 30°或 60°，以免剖面线与轮廓线混淆。如图 7-24 中，主视图的剖面线成 30°。但其俯视图中剖面线的倾斜方向仍然与其他图形的剖面线一致，为 45°。

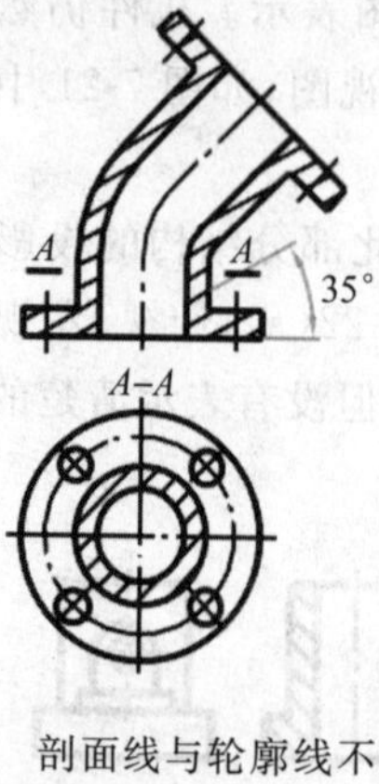

图 7-24　剖面线与轮廓线不能平行

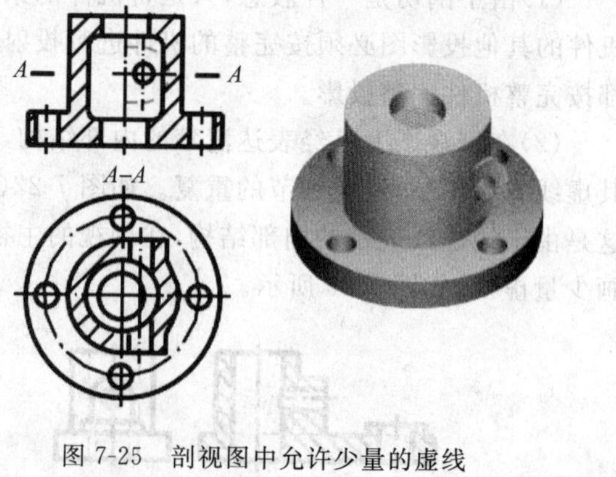

图 7-25　剖视图中允许少量的虚线

2　剖视图的种类

剖视图的剖视范围，根据实际需求，可以分为全剖、半剖、局部剖三类。

2.1　全剖视图

机件被某个剖切面剖切后，画出机件完整的剖视图。

用剖切面将机件完全剖切所得的剖视图称为全剖视。适用范围：外形较简单，内部形状较复杂，而图形相对剖切面两边为对称时，如图 7-26 所示的均为全剖视图。

2.2　半剖视图

当机件的外形复杂，内部结构也不简单时，如何在视图中既保留外部形状又显示内部结构为可见？如图 7-27 所示的两张主视图，左边的视图对机件外形有表达但内部结构只能用虚线表示，右边的剖视图虽然用实线表达出内部结构，但外形特征被丢失。

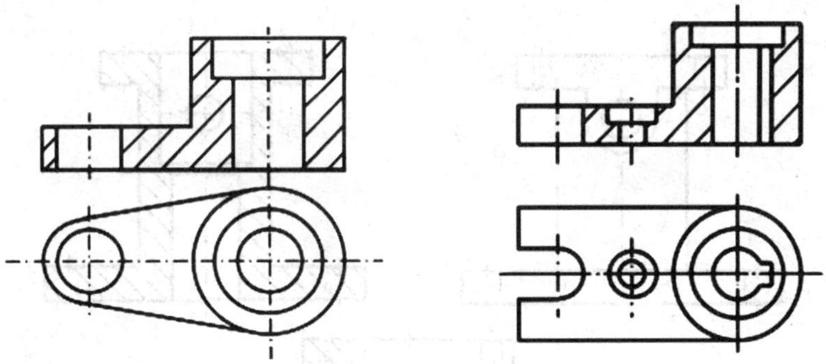

图 7-26　全剖视图

显然这两张主视图的表达方法都不能做到两全其美。

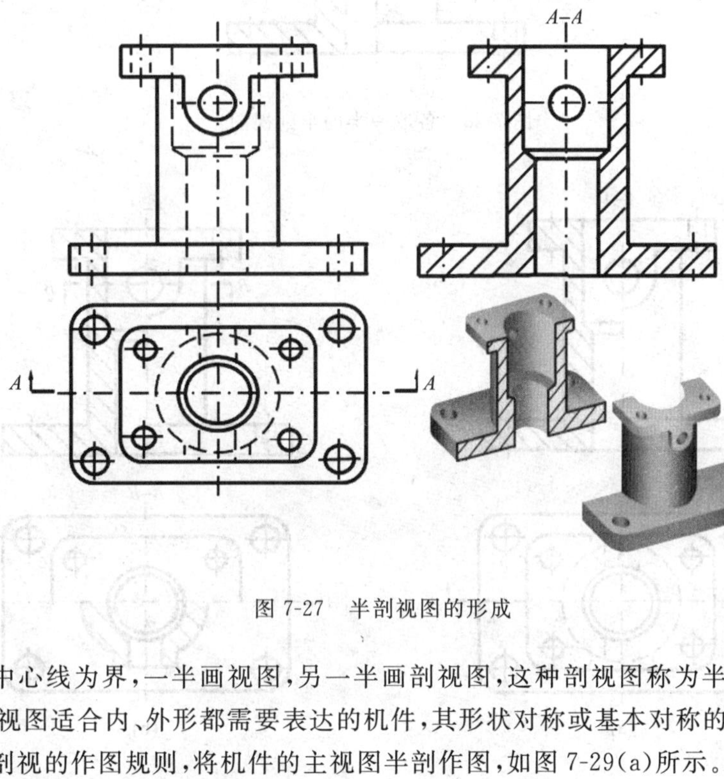

图 7-27　半剖视图的形成

以对称中心线为界，一半画视图，另一半画剖视图，这种剖视图称为半剖视图，如图 7-28 所示。该视图适合内、外形都需要表达的机件，其形状对称或基本对称的机件。

根据半剖视的作图规则，将机件的主视图半剖作图，如图 7-29(a)所示。主视方向的内、外形状和结构都得到了充分的表达。俯视图中仍然可以采用半剖方式作图，用以表达前后两个圆柱通孔等内部结构，如图 7-29(b)所示。

半剖视的画图注意事项：

(1)半剖视图的作图以对称中心线为界，一半画视图另一半画剖视图。切不可想象成半截切图，而画出半截切过程中产生截交线，将半剖视图的分界线画成实线，如图 7-30(a)所示。

(2)半剖视图中，内部结构已在半剖的视图中表达清楚，另一半的视图中表达内部结构的虚线不再画出，避免细节的重复，如图 7-30(b)所示。

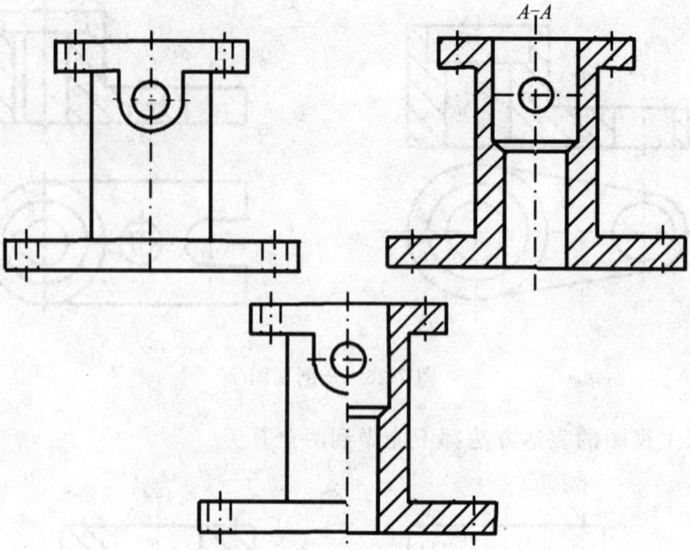

图 7-28　各取一半的半剖视图

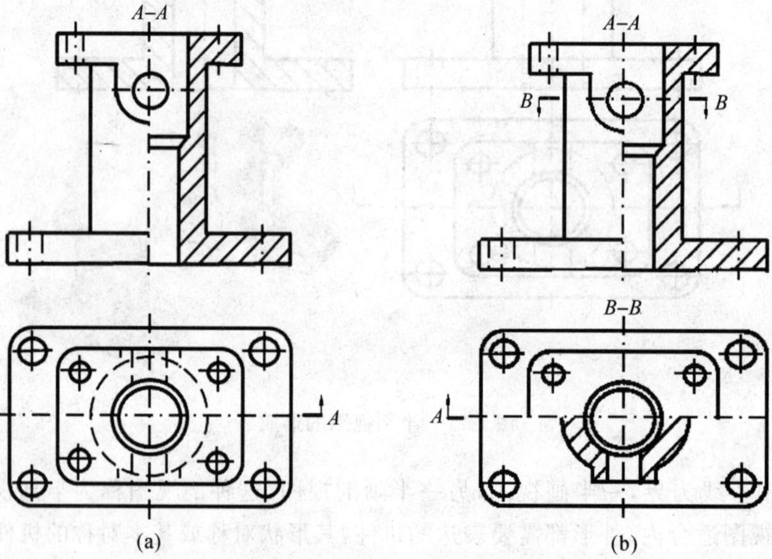

图 7-29　半剖视图

(3)用半剖视表示形状基本对称的机件时，不对称部分一定另有图形将其表达清楚。如图 7-31 所示，机件的顶部有结构左右不对称，俯视图中不可采用全剖视。

2.3　局部剖视图

在剖视图中，仅画出局部的剖视图，称为局部剖视图。如图 7-32 中，为了表示机件的顶板和底板各有四个打通的螺孔，采用了局部剖视的方法。局部剖视图的局部范围用波浪线表示，注意波浪线不能和图样上其他图线重合，波浪线可用双折线代替。局部剖是一种较灵

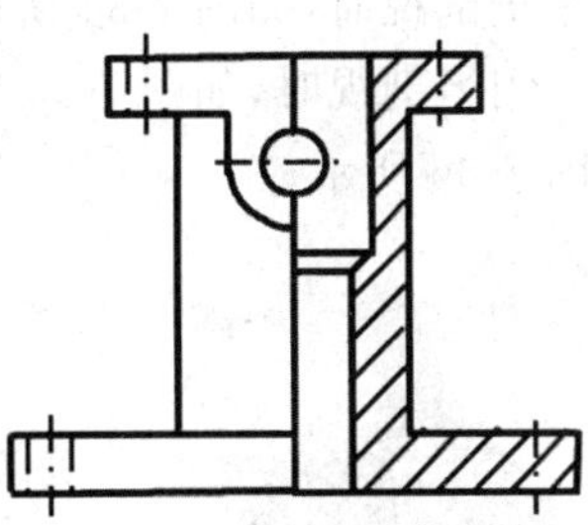

(a) 半剖视图的分界线不能画成实线　　(b) 左半边的视图中虚线不画

图 7-30　半剖视图的错误画法

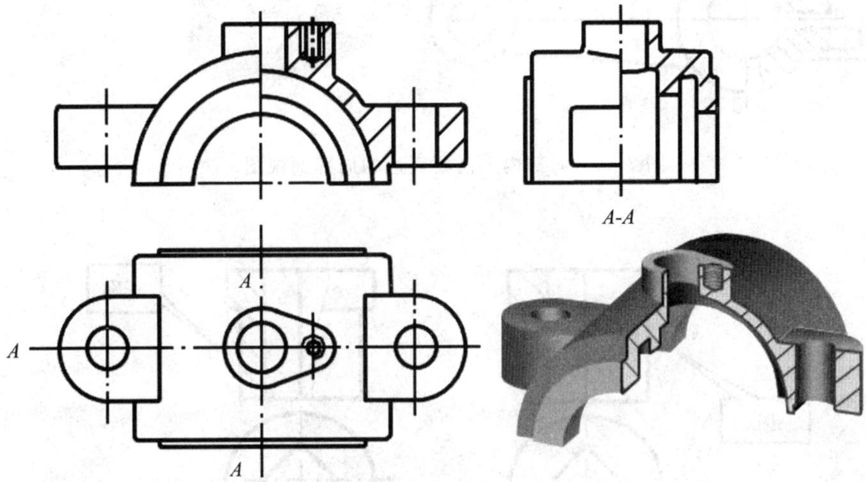

图 7-31　基本对称机件的半剖视图

活的表示方法，其适用范围如下：

(1)当不对称机件的内、外形都需要表达时，如图 7-33 所示。

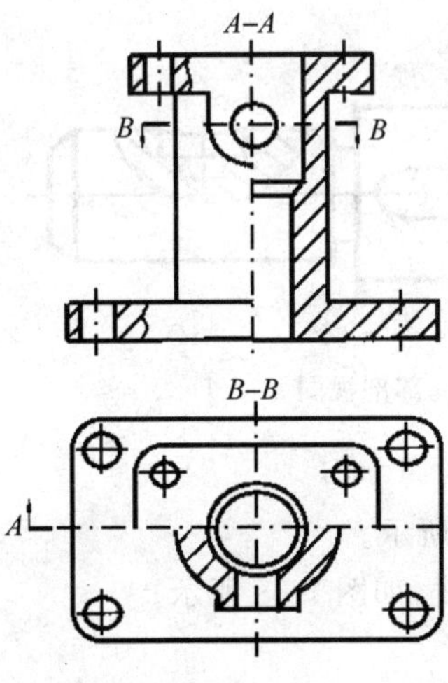

图 7-32　板状部件中螺孔的局部剖视图

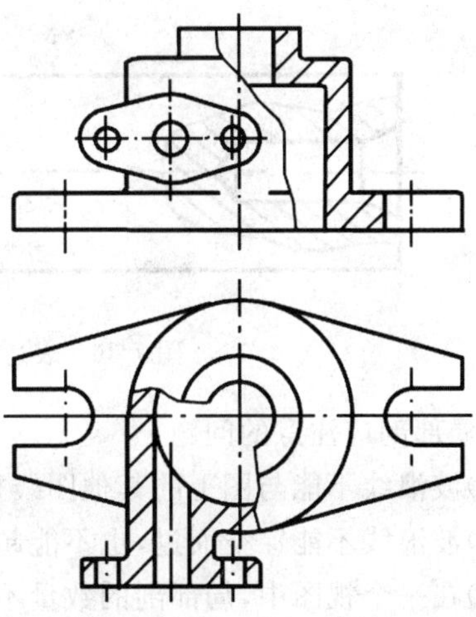

图 7-33　不对称机件的局部剖视图

(2)只有局部内形需要剖切表示,而又不宜采用全剖视时,如图 7-34 所示。

(3)当对称机件的轮廓线与中心线重合,不宜采用半剖视时,如图 7-35 所示。

(4)实心杆上有孔、槽时,应采用局部剖视,如图 7-36 所示。

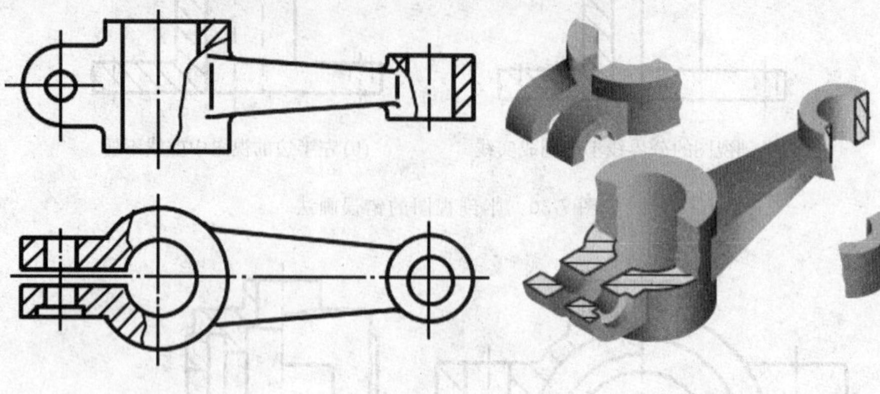

图 7-34　局部内形需要表达的局部剖视图

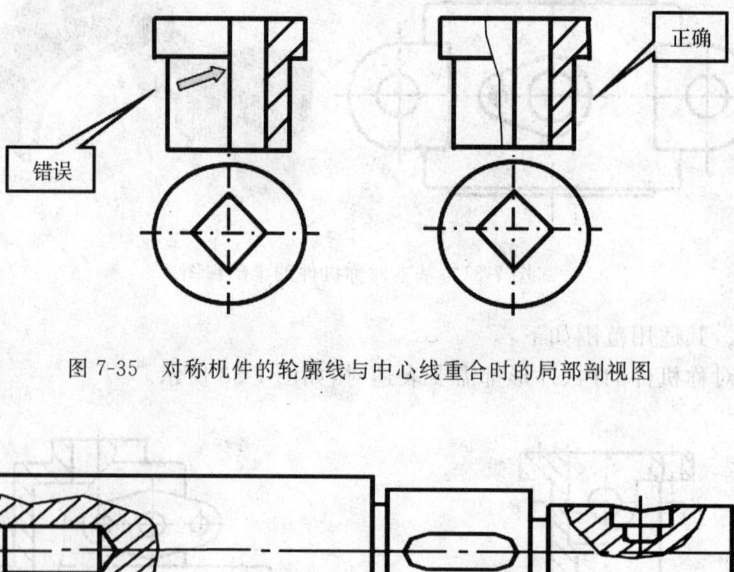

图 7-35　对称机件的轮廓线与中心线重合时的局部剖视图

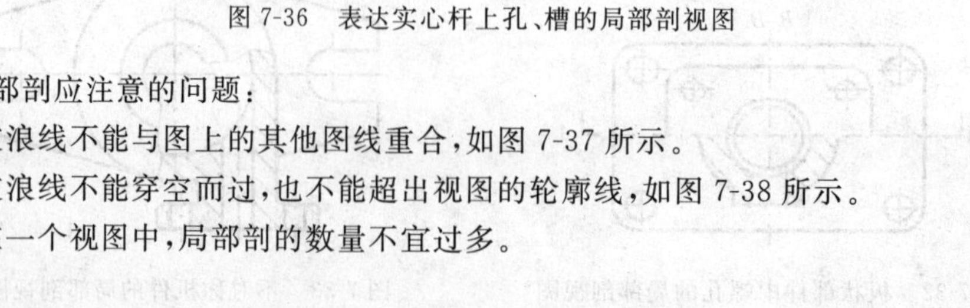

图 7-36　表达实心杆上孔、槽的局部剖视图

画局部剖应注意的问题:

(1)波浪线不能与图上的其他图线重合,如图 7-37 所示。

(2)波浪线不能穿空而过,也不能超出视图的轮廓线,如图 7-38 所示。

(3)在一个视图中,局部剖的数量不宜过多。

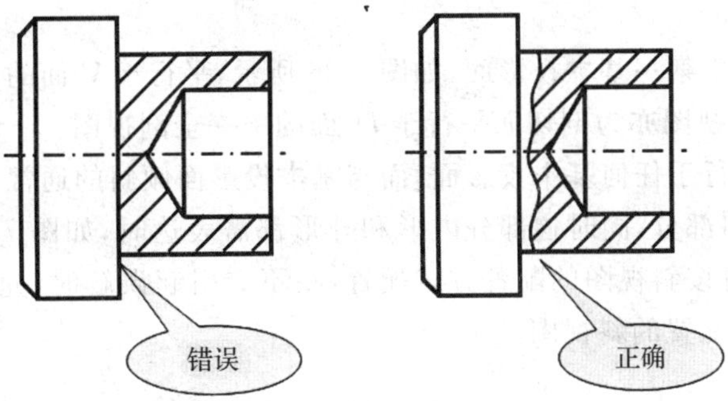

图 7-37　局部剖中波浪线的画法

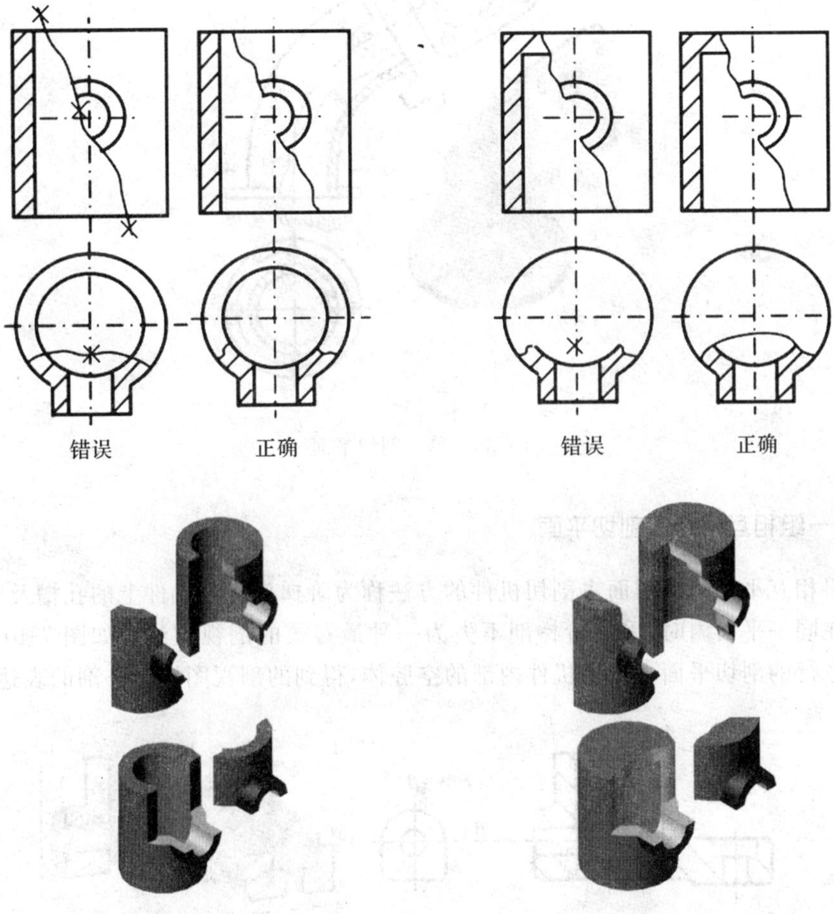

图 7-38　波浪线不能穿空而过

3　剖切平面的种类及其应用

3.1　单一剖切平面

用一个平面剖切机件称为单一剖切平面，根据剖切面与投影面的相对位置不同，单一剖切平面又可分为：

(1)剖切面平行于某一基本投影面，如图 7-26 所示，平行于 V 面的单一全剖视图。又如图 7-33 所示，$B—B$ 视图亦为剖切面平行于 H 面的单一全剖视图。

(2)剖切面不平行于任何基本投影面，而与基本投影面倾斜的通常被称之为斜剖。主要用于当机件具有倾斜部分，同时这部分内形和外形都需表达时，如图 7-39 中的 $A—A$ 单一斜剖视图。此剖视可按斜视图的配置方式配置，在不会引起误解时，允许将斜剖图形旋转，如图 7-11(b)中旋转配置的斜视图。

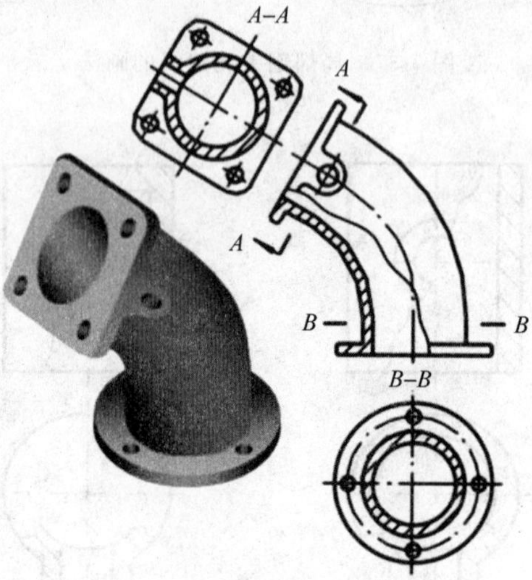

图 7-39　单一剖切平面

3.2　一组相互平行的剖切平面

用一组相互平行的剖切面去剖切机件的方法称为阶梯剖。当机件上的孔槽及空腔等内部结构不在同一平面内时，采用阶梯剖不失为一种最有效的剖视方法。如图 7-40 所示，假想用两个平行的剖切平面去剖切机件内部的空腔体，得到的剖视图按单一剖的表达方式，不

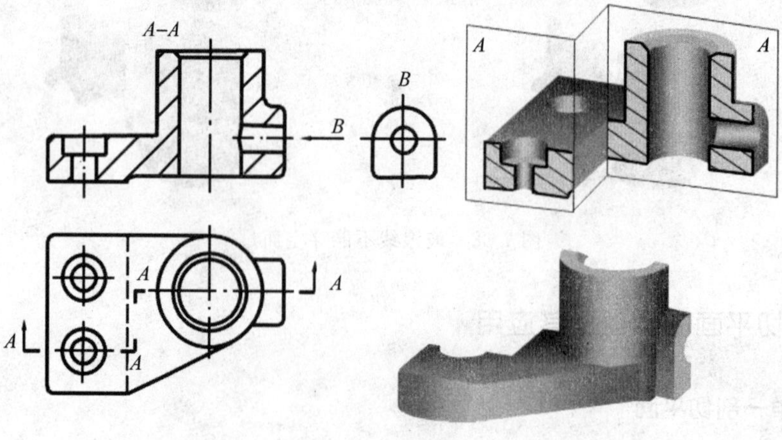

图 7-40　阶梯剖

画两剖切平面转折处分界面的投影。但转折处的位置必须准确标注,并标注标识符号。

画图注意事项:

(1)两剖切平面的转折处不应与图上的轮廓线重合,剖视图上不应在转折处画线,如图 7-41 所示。

(2)当两个要素在图形上有公共对称中心线或轴线时,可以对称中心线或轴线为界各画一半,如图 7-42 所示。

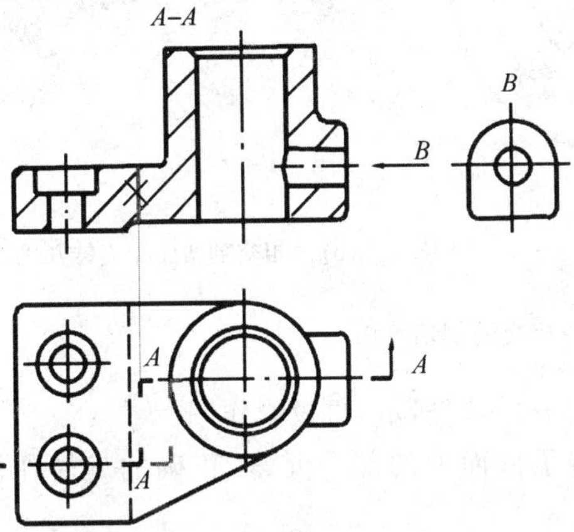

图 7-41　阶梯剖转折处的画法

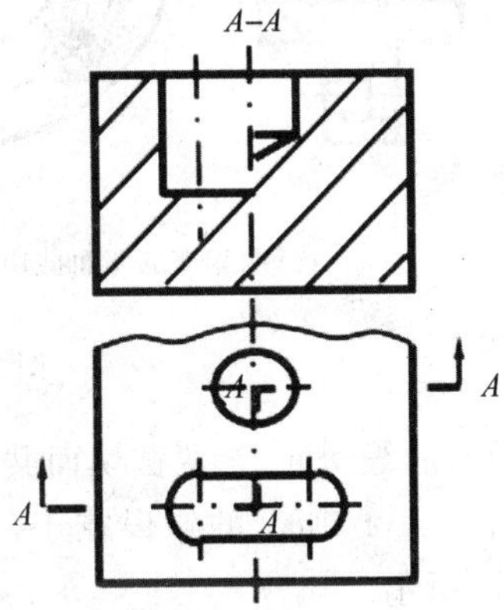

图 7-42　各画一半的阶梯剖视图

(3)在剖视图内不能出现不完整要素,如图 7-43 所示。

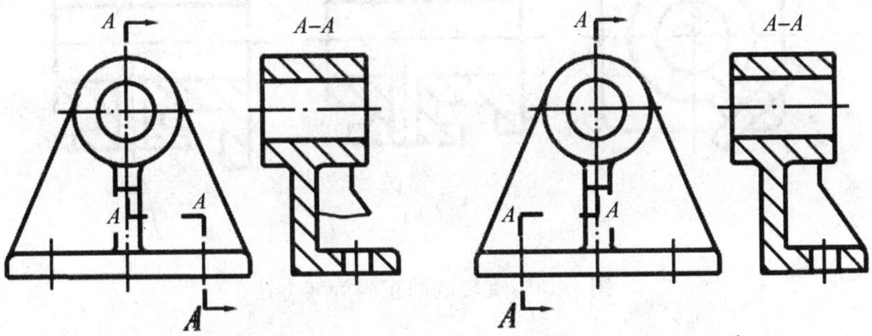

错误　　　　正确

图 7-43　在剖视图内不能出现不完整要素

3.3　两相交的剖切平面

用两相交的剖切平面(交线垂直于某一基本投影面)剖切机件称为旋转剖,如图 7-44(a)所示。适用范围:机件或其内部结构具有回转轴,用单一剖切平面剖切不能表达完全时。

假想用两相交的剖切平面去截切具有回转轴的机件,两截切面的交线一般应与机件的回转轴线重合,移去剖切面和观察者之间的部分,将不平行于某投影面的截切面作旋转,再向投影面投影作图。

旋转的原则:两相交的截切面中,保持与某投影面平行的截切面不动,旋转另一不平行

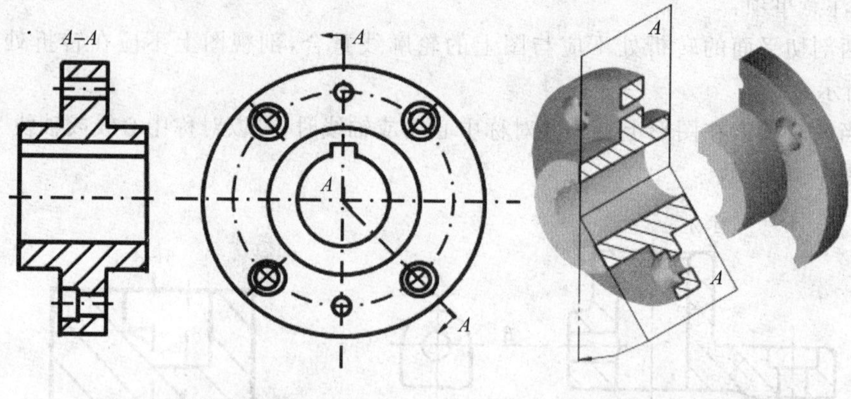

图 7-44　两相交的剖切平面

于某投影面的截切面，至两截切面共面如图 7-45(b)所示，再投影作图。

如图 7-45(b)所示的错误在于，只旋转了截面上的部分元素，正确的旋转作图方法如图 7-45(c)所示。

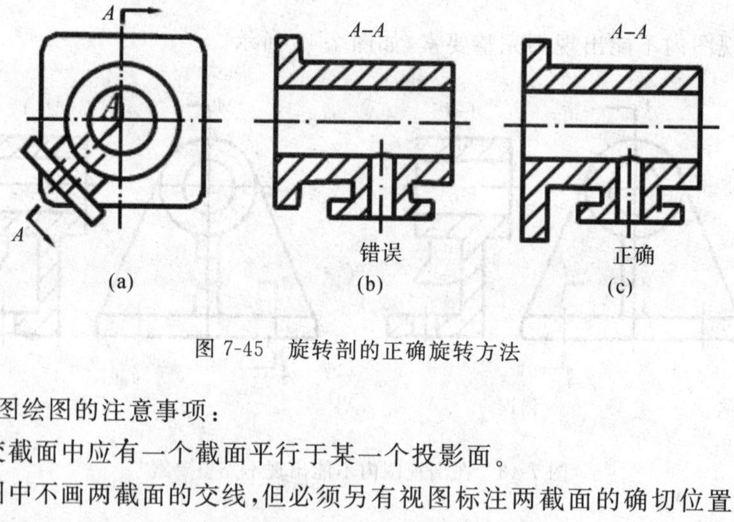

图 7-45　旋转剖的正确旋转方法

旋转剖视图绘图的注意事项：

(1)两相交截面中应有一个截面平行于某一个投影面。

(2)剖视图中不画两截面的交线，但必须另有视图标注两截面的确切位置，两截面的交线处必须标注标识符号，如图 7-45(a)所示。

(3)应按“先剖切、后旋转、再投影”的方法绘制剖视图。

(4)位于剖切平面后方且与所表达的结构关系不甚密切的元素，或一起旋转容易引起误解的元素，一般仍按原来的位置投射，如图 7-46(a)中的油孔不作旋转，按原位置投影。

(5)位于剖切平面后方，与被切结构有直接联系且密切相关的元素，或不一起旋转难以表达的元素，应跟随剖切面同时完成“先旋转后投射”的过程，如图 7-46(b)所示空腔中的螺孔。

(6)当剖切后产生不完整要素时，该部分按不剖绘制，如图 7-47 所示。

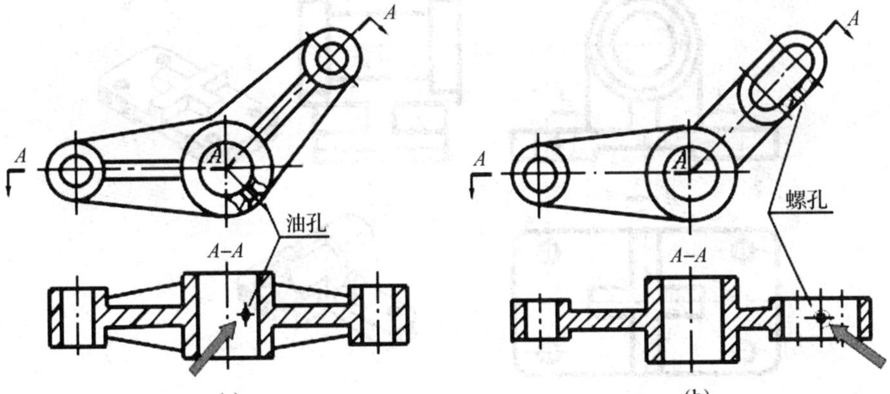

(a) (b)

图 7-46 位于剖切面后方各元素的作图

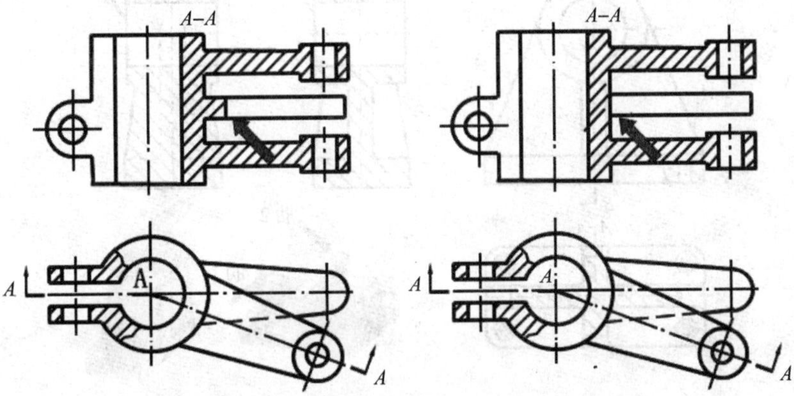

(a) 错误 (b) 正确

图 7-47 剖切后产生不完整要素时的作图

3.4 剖视图上的规定画法

当机件上的肋板、轮辐及薄壁等结构被截切时，剖视图中对此类薄壁有规定画法。

国家标准规定，肋板、轮辐等薄壁结构的剖切，分为纵向剖切和横向剖切。当剖切平面通过肋板或轮辐的对称面，称为纵向剖切。被纵向剖切的肋板或轮辐，在剖面区域内不画剖面线，而用粗实线将它与其相邻部分分开，如图 7-48 中的左视图所示。当剖切平面将肋板或轮辐横向剖切时，要在相应的剖视图的剖面区域内画上剖面符号，如图 7-48 中的 $A-A$ 剖视图所示。

如图 7-49 所示，圆柱套筒由肋板 1 和肋板 2 支撑。左视图中，肋板 2 被纵向剖切，所以肋板 2 不画剖面符号，仅用粗实线将它与肋板 1 分开。而肋板 1 的剖切属于横向剖切，按剖视画图。俯视图中，肋板 1、2 均被横向剖切，所以都按剖视画图。

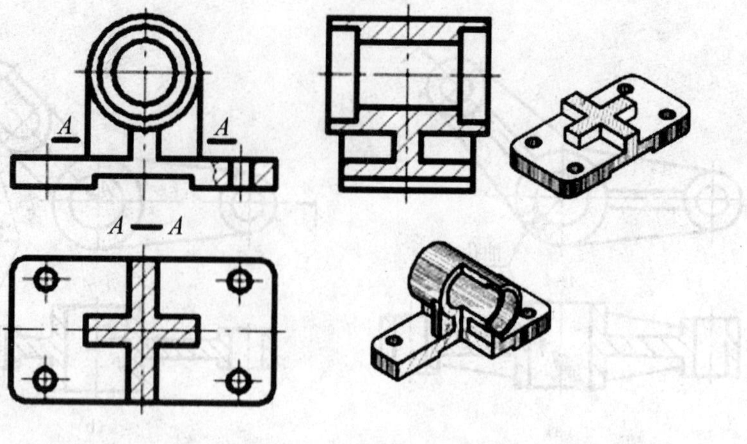

图 7-48 剖视图上肋板的规定画法

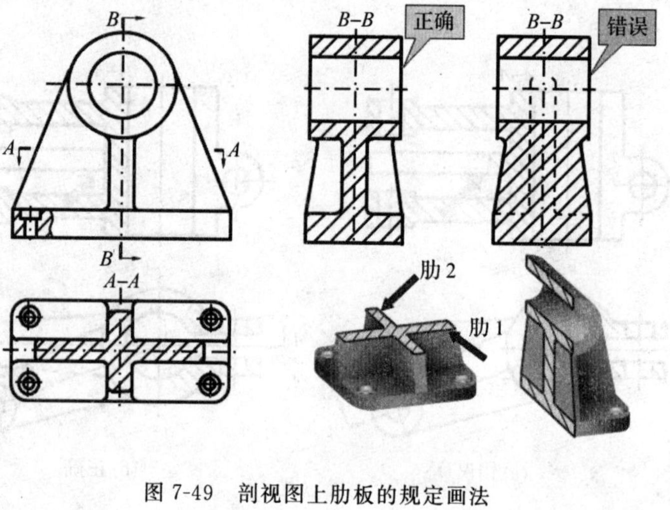

图 7-49 剖视图上肋板的规定画法

◎ 任务解答

要求 1 解答

本题中机件由三部分组成,分别是带有挖槽的四棱柱底板、底板上叠加的圆柱,以及右侧竖直放置的拱形板,其中底板上叠加的圆柱上加工有与圆柱同轴的孔,孔与底板上的四棱柱挖槽相通,拱形板上也挖有圆柱孔。

本题中给出了机件的三个视图,要求将主视图改画成全剖视图,可在读懂机件形状的基础上,选择合适的剖切位置对主视图进行改画。

主视图采用全剖视图改画时,首先要确定剖切平面的位置,剖切平面应选择机件前后的对称面的位置,剖切后底板上的四棱柱槽、圆柱凸台上的孔以及拱形板上的孔均变为可见,求解结果如图 7-50 所示。

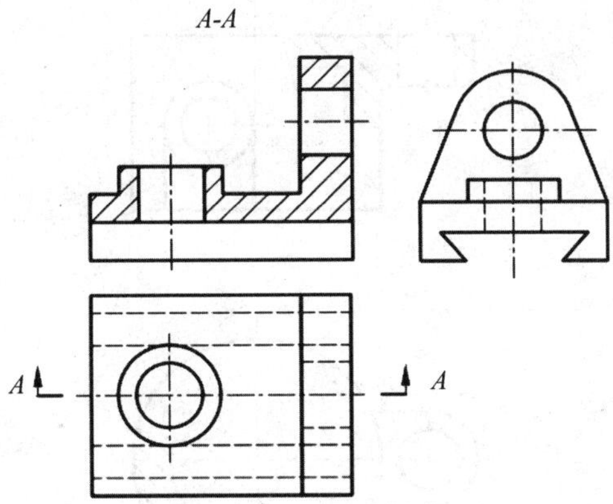

图 7-50　主视图剖切

要求 2 解答

本题中给出了机件的主、俯两个视图，由两个视图可以看出，机件由两部分组成，分别是带挖槽的四棱柱底板和内部有阶梯孔的圆柱，其中圆柱放置在槽的底部，四棱柱底板上有四个倒角。

本例中的机件具有前、后、左、右对称的特征，并且其内、外形状比较复杂，因此其主视图适合改画成半剖视图，剖切面选择在机件前后的对称面，求解结果如图 7-51 所示。

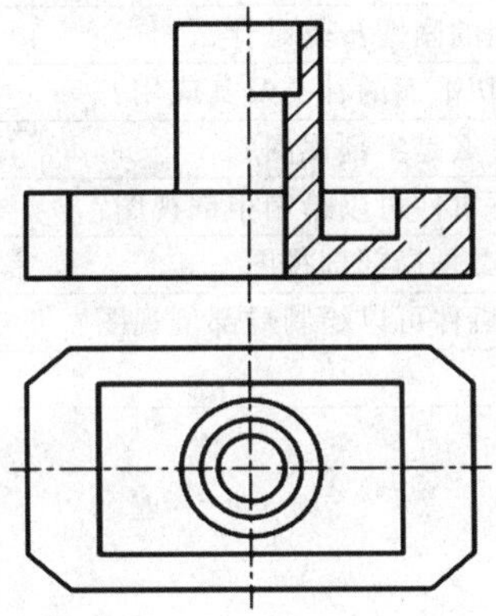

图 7-51　机件半剖视图

要求 3 解答

本题中给了机件的主、俯两个视图，由两个视图可以看出，机件由三个部分组成，分别是圆柱和两个拱形凸台。其中，圆柱上从下往上挖有同轴的盲孔，两个拱形凸台一个竖放在圆柱前侧，一个水平放置在圆柱右侧，并且两个凸台上均有孔。

本例中由于机件前、后、左、右均不对称，所以对于内部形状的表达只有采用局部剖的剖切方法。求解结果如图 7-52 所示。

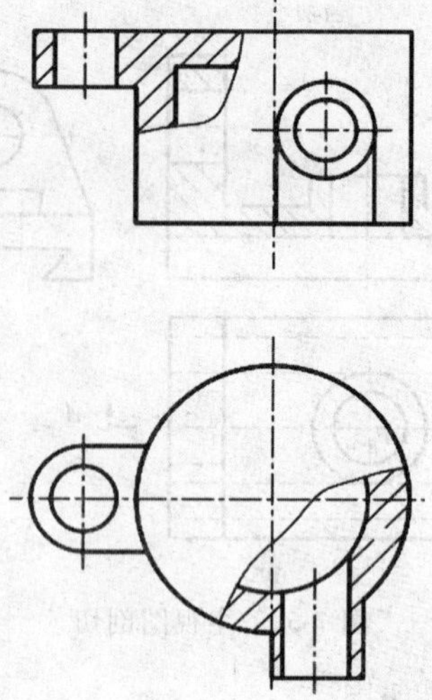

图 7-52 机件的局部剖视图

◎ 任务评价

课题名称		剖视图的画法及标注	任课教师			
要求	序号	要求中的评价项目	结果			
			A	B	C	D
1	1	剖视图分为哪几种?				
	2	剖视图的画图步骤是什么?				
	3	试描述剖切平面的种类及其应用?				
2	4	什么是半剖视图?				
	5	什么情况下机件可以绘制半剖视图?				
3	6	什么是局部剖视图?				
	7	什么情况下机件可以绘制局部剖视图?				
综合成绩						
自我总结						

学生签字: 年 月 日	指导教师签字: 年 月 日

课题11 断面图

◎ 任务书

<table>
<tr><td>项目</td><td>绘制机件的移出断面图</td><td>用时</td><td>8学时</td></tr>
<tr><td>目的</td><td colspan="3">1. 理解并掌握移出断面图的画法、标注和应用。
2. 通过练习，进一步提高学生的空间想象能力和表达能力。</td></tr>
<tr><td>要求</td><td colspan="3">1. 如图7-53所示，在指定位置画出机件的移出断面图。
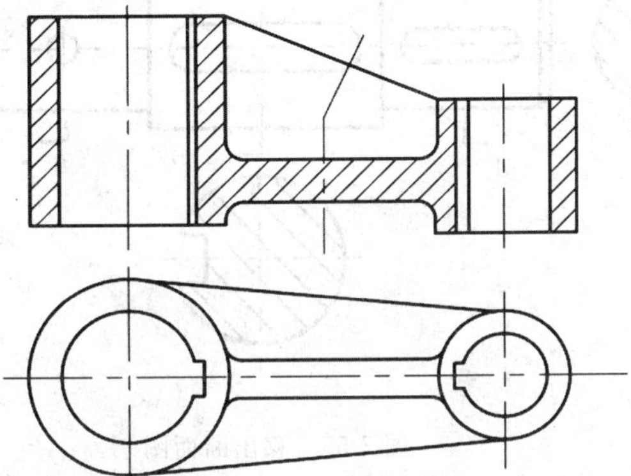
图7-53</td></tr>
</table>

◎ 知识链接

断面图与剖视图的区别在于：剖视图绘制的是“体”的投影，而断面图绘制的是“面”的投影。

假想用剖切面将机件的某处切断，仅画出断面的投影，这种视图称为断面图，简称断面。如图7-54所示，视图表达了机件圆柱面上键槽的形状，断面图表达了其键槽的深度。

断面图与剖视图均采用假想的剖切面剖切机件，但绘制的图形有本质上的区别。

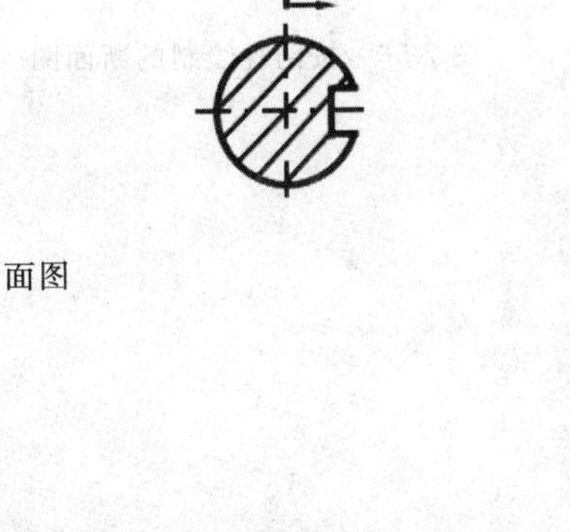

图7-54 断面图

1　断面图的种类

断面图分为移出断面图和重合断面图。

1.1　移出断面图

画在视图之外的断面图，称为移出断面图。移出断面图中的轮廓线必须用粗实线绘制。如图 7-55 所示，图中共有三幅移出断面图。

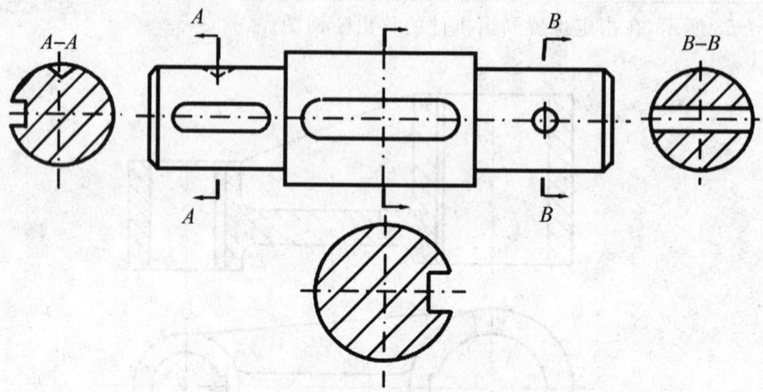

图 7-55　移出断面图

移出断面绘图注意事项：

(1)移出断面应尽量配置在剖切符号或剖切线的延长线上。必要时可以类似向视图配置在其他适当的地方，如图 7-55 中 $A-A$、$B-B$ 断面图所示。

(2)当剖切平面通过回转面形成的孔或凹坑的轴线时，这些结构均按剖视绘图，即同时绘出剖切面后方的元素，如图 7-55 中 $A-A$、$B-B$ 断面图中的小锥坑和小圆孔。当剖切平面通过非圆孔，导致出现完全分离的两个断面时，这些结构也应按剖视绘制，如图 7-56 所示。

(3)用两个或多个相交的剖切平面剖切得出的移出断面，中间一般应断开，如图 7-57 所示，断面图仅表示厚度，其特征形状另有图形表示。

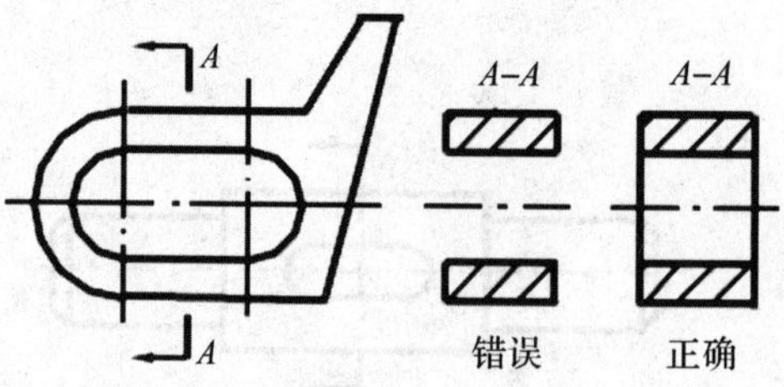

图 7-56　按剖视绘制的断面图

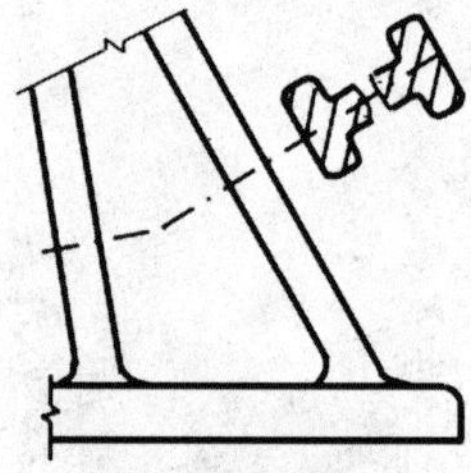

图 7-57　中间断开的断面图

1.2 重合断面图

画在视图之内的断面图，称为重合断面图。由于视图与断面图重叠在一起，重合断面图的轮廓线必须用细实线绘制，以免相互混淆。当视图中的轮廓线（粗实线）与断面图的图线（细实线）重合时，视图中的轮廓线仍应连续画出，不可间断，如图7-58所示。

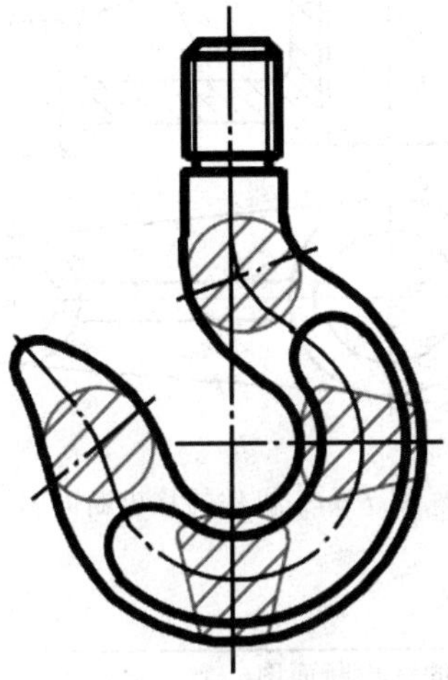

图7-58 重合断面图

画断面图时，应将剖切的断面绕剖切符号旋转90°重合在图面上，并标注旋转的方向，如图7-59(a)所示。如果断面图以剖切面为对称时，旋转方向可省略，如图7-59(b)所示。

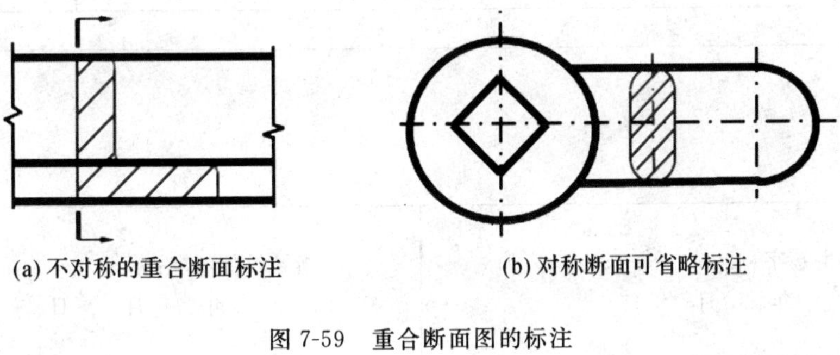

(a) 不对称的重合断面标注　　(b) 对称断面可省略标注

图7-59 重合断面图的标注

◎ 任务解答

要求1解答

本题给出了机件的主、俯两个视图，由视图可以看出，机件的左右各有一个带键槽的圆柱筒，中间部分是起连接作用的连接板和肋板，其中在连接板和肋板上有圆角。

题目要求画的移出断面图，是机件中间的连接板部分和肋板部分，由于这两部分上存在较多的圆角，投影时不易表达，因此可以用断面图表示其形状。为使断面图反映端面的实形，剖切面应垂直于主要轮廓线，如题目中两条点画线，分别垂直于连接板的轮廓线和肋板的轮廓线。本例属于两个相交剖切平面剖切的断面图。

求解结果如图 7-60 所示。

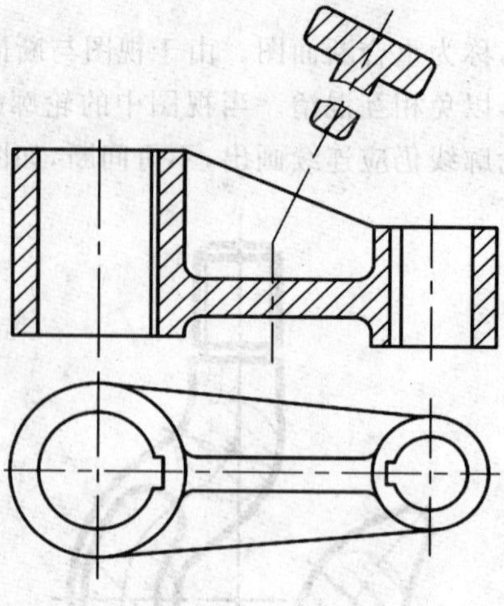

图 7-60 机件的移出断面图

◎ 任务评价

课题名称		绘制机件的移出断面图		任课教师		
要求	序号	要求中的评价项目	结果			
			A	B	C	D
1	1	什么是断面图?				
	2	断面图有哪几种及其区别?				
	3	移出断面图的绘制方法是什么?				
综合成绩						
自我总结						
学生签字: 年 月 日			指导教师签字: 年 月 日			

课题 12 表达方法的综合举例

◎ 任务书

项目	综合应用图样表示法绘制机件视图	用时	6 学时
目的	1. 进一步巩固各种表达方法的画法和标注,理解各种表达方法的特点和适用范围,并能根据具体情况合理选用。 2. 通过练习,进一步提高学生的空间想象能力和空间思维能力。		

续表

<table>
<tr><td>项目</td><td>综合应用图样表示法绘制机件视图</td><td>用时</td><td>18 学时</td></tr>
<tr><td>要求</td><td colspan="3">1. 如图 7-61(a)、(b)所示，用四个视图表达图所示的轴承支架。四个视图中，一个主视图，两个向视图，一个移出断面，分别表示什么？
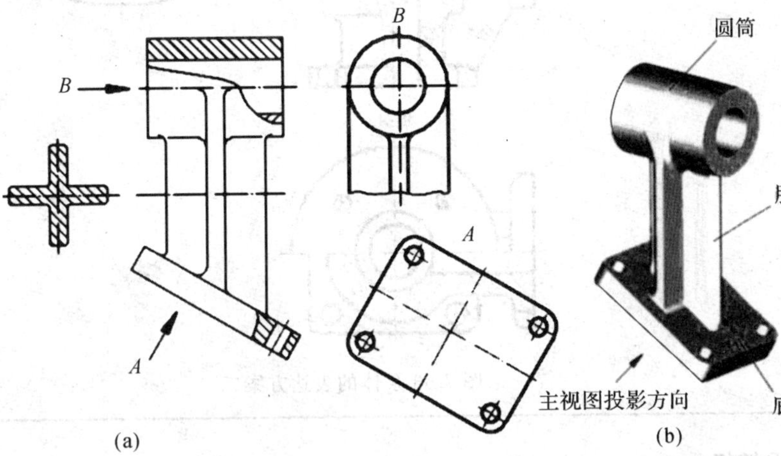

图 7-61

2. 图 7-62 和图 7-63 同为泵体的视图，对比两方案，选出最佳表达方案。
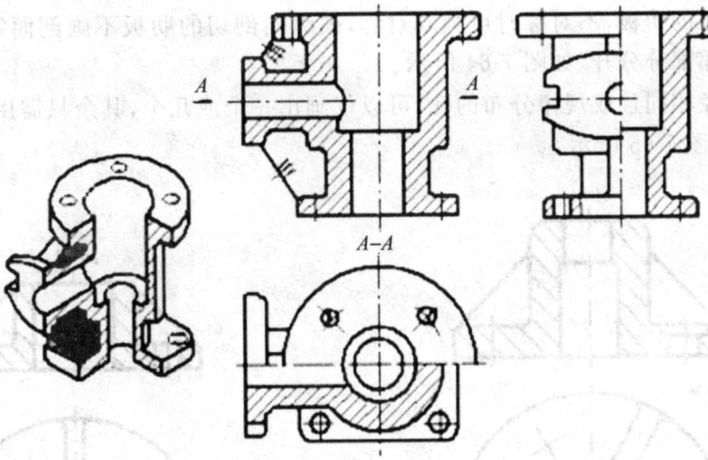

图 7-62　泵体的表达方案一</td></tr>
</table>

续表

要求	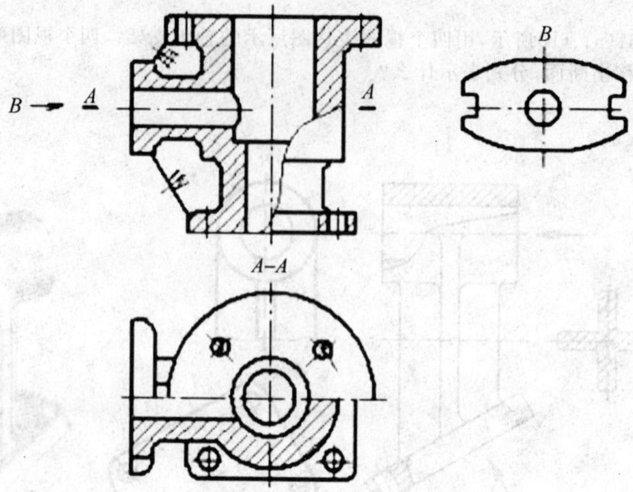 图 7-63 泵体的表达方案二

◎ 知识链接

1 简化画法

1.1 均匀分布的肋板及孔的画法

均匀分布的肋板，不对称时可画成对称，被纵向剖切的肋板不画剖面符号，仅用粗实线将它们与相邻部分分开，如图 7-64 所示。

若干直径相同且成规律分布的孔，可以仅画出一个或几个，其余只需用细点画线表示其中心位置，如图 7-65 所示。

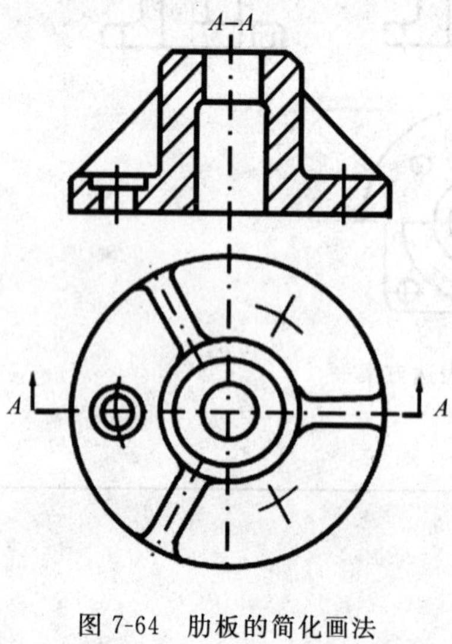

图 7-64 肋板的简化画法

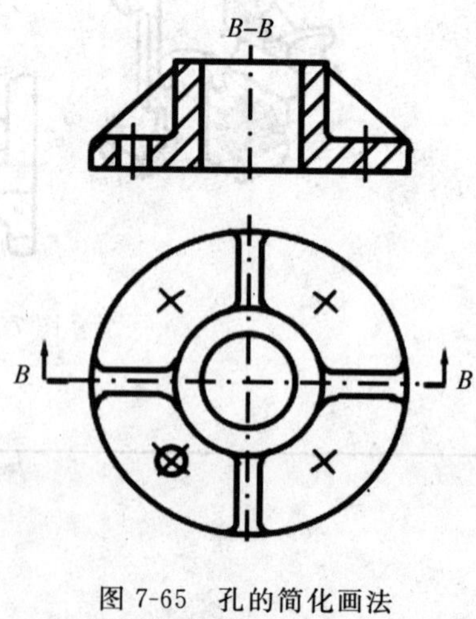

图 7-65 孔的简化画法

1.2 断开画法

轴、杆类较长的机件，当沿长度方向形状相同或按一定规律变化时，允许断开画出。只需在标注尺寸时，标注其真实长度，如图 7-66 所示。

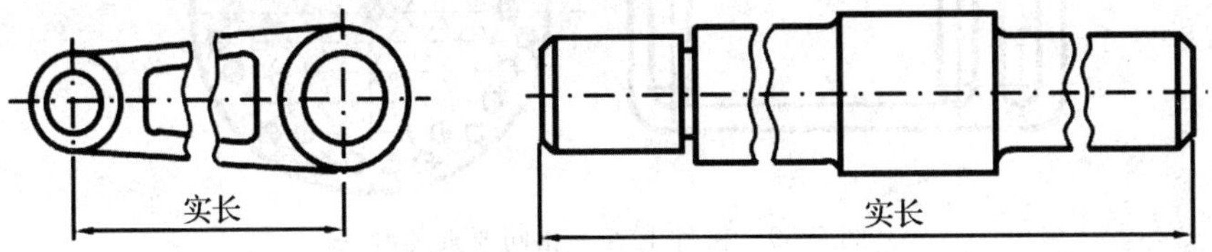

图 7-66 机件的断开画法

1.3 对称图形的画法

在不至于引起误解时，将对称机件仅画一半或四分之一。但必须在其对称中心线的两端，画出两条与中心线垂直的平行细实线，以示说明此类画法为对称图形的简略画法，如图 7-67 所示。

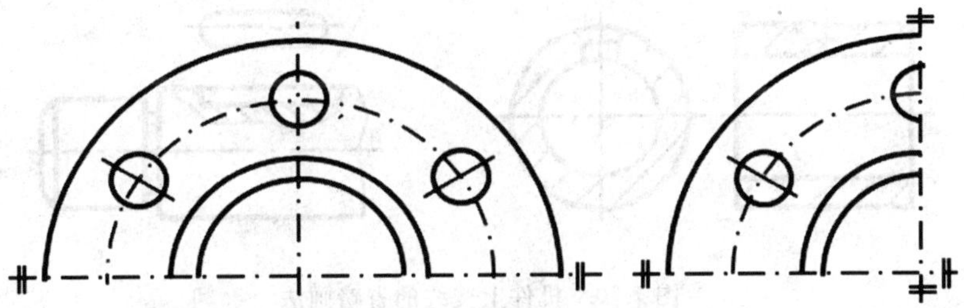

图 7-67 对称图形的画法

1.4 机件上小平面的画法

当回转体机件上的小平面在图形中不能充分表现时，可用相交的两条细实线表达，如图 7-68 所示。

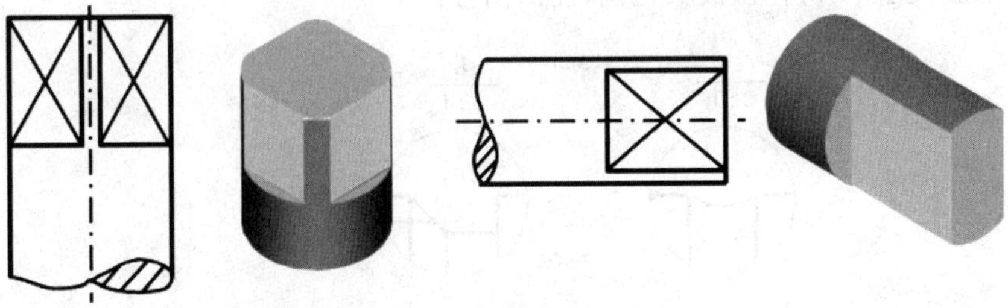

图 7-68 机件上小平面的画法

1.5 机件上若干相同要素的画法

当机件上有若干相同的结构要素，且按一定的规律分布时，只需画出几个完整的结构要素即可，其余的用细实线连接或画出其中心位置，并标注总个数，如图 7-69 所示。

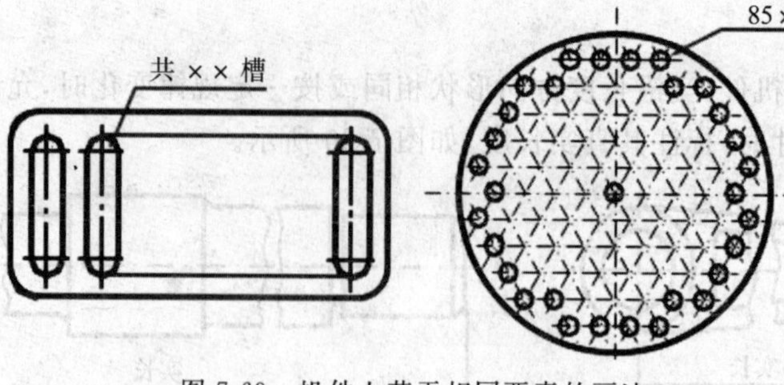

图 7-69　机件上若干相同要素的画法

1.6　机件上交线的省略画法

圆柱体上因钻小孔、铣键槽等出现的交线允许省略画法，但必须有其他视图清楚表示其孔、槽的真实形状，如图 7-70 所示。

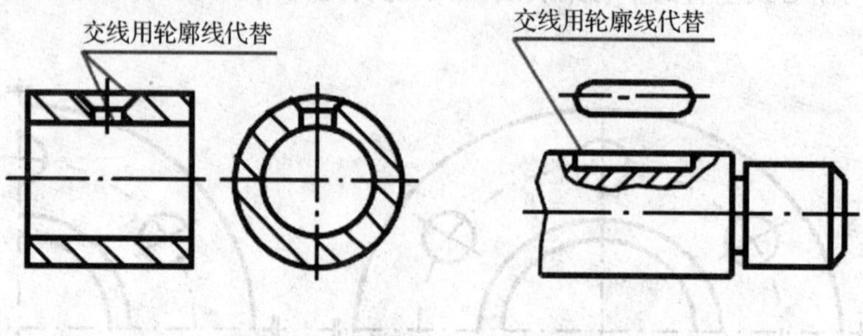

图 7-70　机件上交线的省略画法

1.7　局部放大图的画法

当机件上局部结构的细节图形过小时，可以采用局部放大图的画法画出，如图 7-71 所示。

在局部放大图中，应注出放大比例，注出图号。

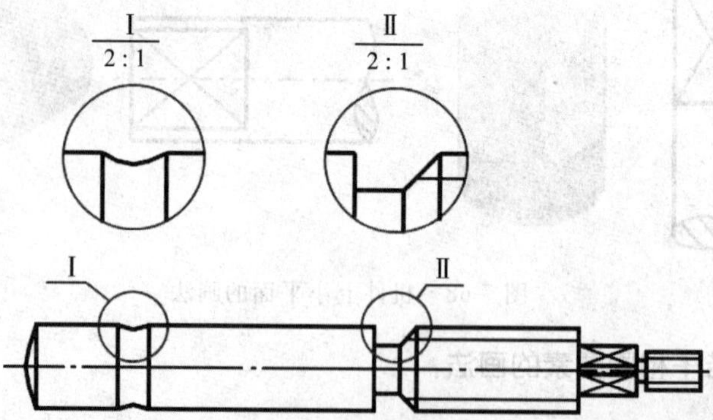

图 7-71　局部放大图的画法

2 综合作图

前面介绍了机件在图样上的各种表达方法，在表达某个机件时，应根据其具体形状与结构，以完整、清晰为目的，以看图方便、绘图简便为原则，正确地选用适当的表达方法。

◎ 任务解答

要求1解答

(1)主视图采用局部剖的形式，对机件的内部、外部结构都有所表示。

(2)两个向视图中，B视图为局部向视图，表达了圆筒的形状特征及圆筒与十字肋板的连接关系和相对位置，A视图为斜视图，表达了地板的实形。

(3)移出断面图表达了十字肋板的断面形状。

要求2解答

分析：

第一种表达方案，主视图采用全剖视，表达了内腔的结构形状；俯视图作了 $A—A$ 半剖视，表达了顶部外形圆盘形状和小孔结构，同时也表达了中间圆柱体与底板的形状和小孔结构；肋板的结构形状采用了重合剖面；左视图也为半剖视，表达了凸缘的形状与阀体的内腔形状。

第二种方案是在第一种方案的基础上改进的，由于第一种表达方案的左视图与主视图所表达的内容有不少重复之处，此方案省略了左视图，而用B向局部视图表达凸缘的形状；主视图采用了局部剖视图，表达了内腔形状和底板上的小孔。

比较两套方案，在完整、清晰地表达机件各部分结构形状的前提下，第二种方案更为简明。

◎ 任务评价

<table>
<tr><td colspan="2">课题名称</td><td>综合应用图样表示法绘制机件视图</td><td colspan="2">任课教师</td><td colspan="2"></td></tr>
<tr><td rowspan="2">要求</td><td rowspan="2">序号</td><td rowspan="2">要求中的评价项目</td><td colspan="4">结果</td></tr>
<tr><td>A</td><td>B</td><td>C</td><td>D</td></tr>
<tr><td rowspan="3">1</td><td>1</td><td>什么样的视图可以表达外部结构?</td><td></td><td></td><td></td><td></td></tr>
<tr><td>2</td><td>什么样的视图可以表达内部结构?</td><td></td><td></td><td></td><td></td></tr>
<tr><td>3</td><td>如何由机件的多个视图分析其结构?</td><td></td><td></td><td></td><td></td></tr>
<tr><td rowspan="2">2</td><td>4</td><td>一个机件是否可以有多种表达方法?</td><td></td><td></td><td></td><td></td></tr>
<tr><td>5</td><td>如何评价机件多个表示方法的优劣?</td><td></td><td></td><td></td><td></td></tr>
<tr><td colspan="2">综合成绩</td><td colspan="5"></td></tr>
<tr><td colspan="2">自我总结</td><td colspan="5"></td></tr>
<tr><td colspan="3">学生签字：
年 月 日</td><td colspan="4">指导教师签字：
年 月 日</td></tr>
</table>

复习思考题

1. 视图有几种？各适合哪些场合？
2. 剖视图有几种？各适合哪些场合？
3. 如何标注剖视图？何种情况下可省略标注？
4. 剖切面有几种？各适用于哪些场合？
5. 断面图有几种？在画法上有何特点？
6. 断面图与剖视图的相同之处及不同之处？
7. 叙述剖视图中肋板的画法。

第 8 单元　轴测图

学习指南

用正投影法绘制的三视图能准确地表达物体的形状，但缺乏立体感，需要受过专业训练者才能看懂，而且读图时必须把几个投影图联系起来，才能想象出形体的全貌。轴测图立体感强、直观性好，但其度量性差、作图也比较繁琐。工程上常用轴测图来说明机器及零部件的外观、内部结构或工作原理等，以弥补多面正投影图直观性差的缺点，故轴测投影图是一种辅助图样。

在制图教学中，轴测图也是发展空间构思能力的手段之一，通过画轴测图可以帮助想象物体的形状，培养空间想象能力。

教学目标：

1. 了解轴测图的形成。
2. 掌握正等轴测图、斜二轴测图的规定画法，并能根据形体的三视图画出其轴测图。
3. 通过轴测图的绘图练习进一步培养学生的空间想象能力和空间思维能力。

教学重点：

1. 轴测图的基本知识。
2. 正等轴测图的画法。
3. 斜二轴测图的画法。

教学难点：

根据不同的形体结构特点选择恰当的轴测图。

教学学时：

8 学时。

课题 13　轴测图的绘制

一、正等轴测图

◎ 任务书

项目	轴测图的基本知识和正等轴测图	用时	5 学时
目的	1. 熟悉轴测图的形成。 2. 明确轴测图的分类，掌握轴测图的基本特性。 3. 掌握正等轴测图的作图方法。		

续表

<table>
<tr><td>项目</td><td>轴测图的基本知识和正等轴测图</td><td>用时</td><td>2 学时</td></tr>
<tr><td>要求</td><td colspan="3">1. 用坐标法绘制如图 8-1 所示三棱锥的正等轴测图。
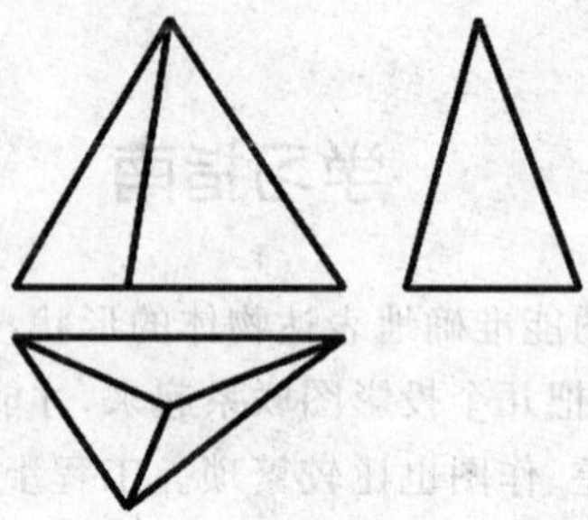
图 8-1
2. 已知三视图,如图 8-2 所示,用切割法作出正等轴测图。
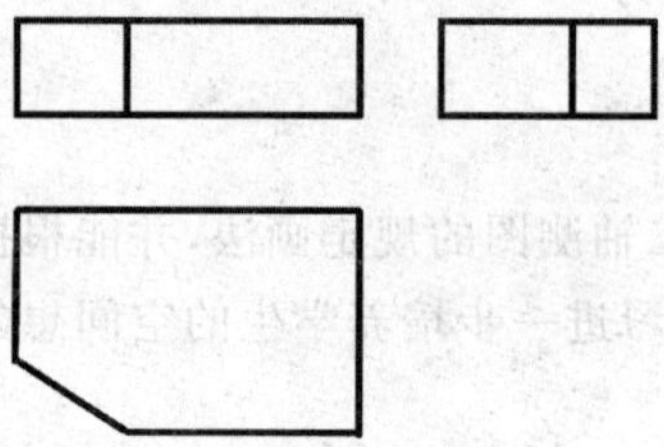
图 8-2
3. 已知三视图,如图 8-3 所示,用叠加法画正等轴测图。
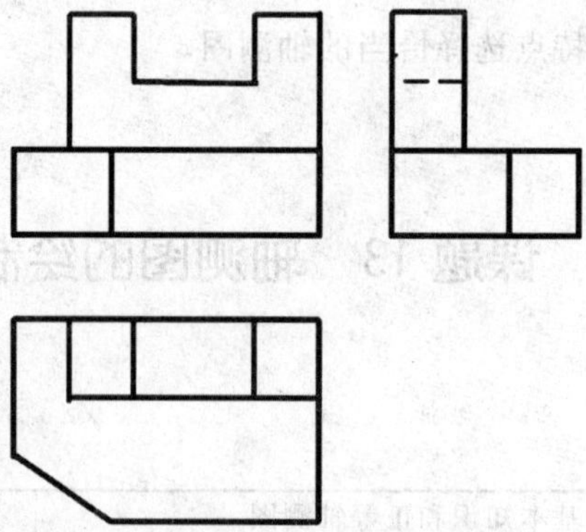
图 8-3</td></tr>
</table>

续表

要求	4. 作出圆台的正等轴测图,圆台形状如图 8-4 所示。 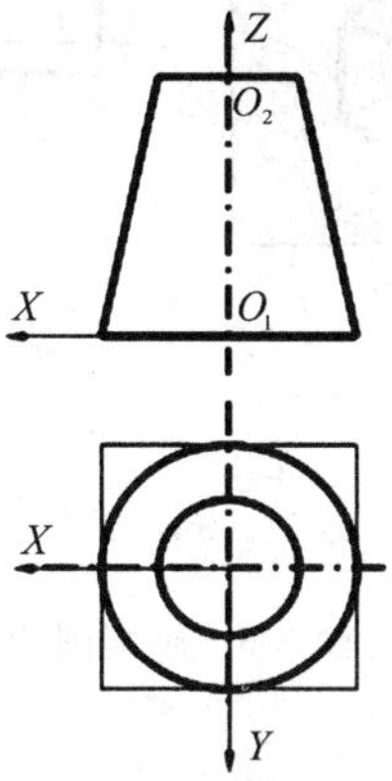 图 8-4 5. 如图 8-5 所示,画出其轴测图。 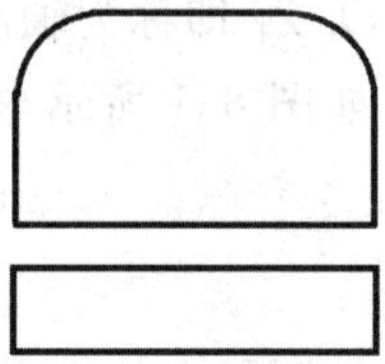 图 8-5

◎ 知识链接

1　轴测图的基本知识

轴测图是一种单面投影图,在一个投影面上能同时反映出物体三个坐标面的形状,并接近于人们的视觉习惯,形象、逼真、富有立体感。但是轴测图一般不能真实反映出物体各表面的实际形状。比如,物体表面上原来长方形的平面,在轴测图上变成了平行四边形,圆又变成了椭圆。因而度量性差,同时作图也比较繁琐。

因此,在工程上常把轴测图作为辅助图样,说明机器的结构、安装、使用等情况,在设计中,用轴测图帮助构思、想象物体的形状,以弥补正投影图的不足。

1.1　轴测图的形成

将物体连同确定其空间位置的直角坐标系,沿不平行于任一坐标面的方向,用平行投影法将其投射在单一投影面上所得的具有立体感的图形叫作轴测图,如图 8-1 所示。得到轴测图的这个单一投影面称为轴测投影面。根据投射线方向与轴测投影面相对位置的不同,轴测图可分为两大类:用正投影法形成的轴测图叫正轴测图,如图 8-6(a)所示。用斜投影法形成的轴测图叫斜轴测图，如图 8-6(b)所示。

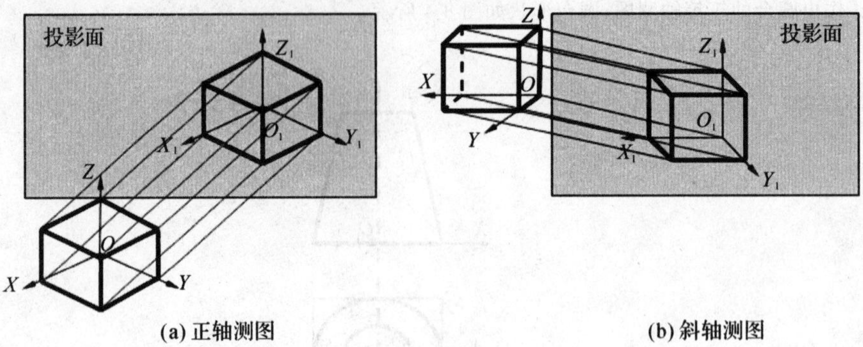

图 8-6　轴测图的形成

1.2　轴测轴、轴间角和轴向伸缩系数

1.2.1　轴测轴和轴间角

建立在物体上的坐标轴(OX,OY,OZ)在投影面上的投影叫作轴测轴。如图 8-1 所示，投影面上的投影轴线 O_1X_1,O_1Y_1,O_1Z_1 即称为轴测轴。

轴测轴间的夹角叫作轴间角。如图 8-1 所示，投影面上$\angle X_1O_1Y_1$，$\angle X_1O_1Z_1$,,$\angle Y_1O_1Z_1$即称为轴间角。

1.2.2　轴向伸缩系数

物体上平行于坐标轴的线段在轴测图上的投影长度与线段的实际长度之比叫作轴向伸缩系数，如图 8-7 中所示线段之比。

$O_1A_1/OA=p$：X 轴轴向伸缩系数。

$O_1B_1/OB=q$：Y 轴轴向伸缩系数。

$O_1C_1/OC=r$：Z 轴轴向伸缩系数。

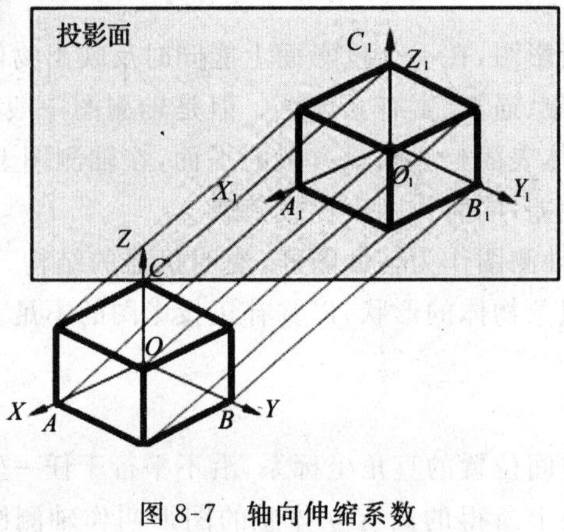

图 8-7　轴向伸缩系数

1.2.3 轴测图的分类

轴测图按轴向伸缩系数(p、q、r)的不同分为两大类。

(1)正轴测图

①正等轴测图 $p=q=r$。

②正二轴测图 $p=r\neq q$。

③正三轴测图 $p\neq q\neq r$。

(2)斜轴测图

①斜等轴测图 $p=q=r$。

②斜二轴测图 $p=r\neq q$。

③斜三轴测图 $p\neq q\neq r$。

在工程图样中经常使用的轴测图为正轴测图。正等轴测图和斜二轴测图,根据两者的轴向伸缩系数,其效果图如图 8-8 所示。

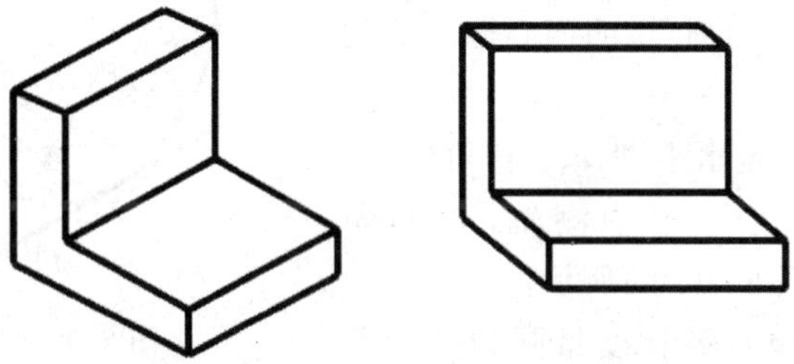

(a) 正等轴测图　　(b) 斜二轴测图

图 8-8　轴测图分类

2.3 轴测图的基本投影特性

由于轴测图的投影仍然采用平行投影法,轴测图上直线、平面的投影仍然具有平行投影的特性:

(1)物体上相互平行的线段,在轴测图上仍然相互平行。

(2)物体上两平行线段或同一条直线上两线段长度之比值,在轴测图上保持不变。

(3)物体上与坐标轴平行的直线,其轴测投影也一定平行于相应的轴测轴,并且可以在轴测图上沿轴向进行度量和作图。

(4)与坐标轴不平行的线段,由于其伸缩系数的不同,不能直接度量与绘制,只能根据端点坐标,作出两端点后连线绘制。

2 正等轴测图

轴测图中各轴向伸缩系数(p、q、r)相等,称为正等轴测图,如图 8-8(a)所示。

2.1 正等轴测图的轴向伸缩系数和轴间角

正等轴测图上各坐标轴的轴向伸缩系数相等约为 0.82,即 $p=q=r=0.82$。

为了画图方便,将其简化为整数 1,即:$p=q=r=1$,作图时沿轴向尺寸实长量取。

正等轴测图的各轴间角均为 120°,即:$\angle X_1O_1Y_1=\angle X_1O_1Z_1=\angle Y_1O_1Z_1=120°$。

2.2 正等轴测图的画法

2.2.1 平面体的正等轴侧图画法

(1)坐标法。

(2)切割法。

(3)叠加法。

2.2.2 回转体的正等轴测图画法

平行于各个坐标面的椭圆的画法，如图 8-9 所示。

(1)平行于 H 面的椭圆长轴 $\perp O_1Z_1$ 轴。

(2)平行于 V 面的椭圆长轴 $\perp O_1Y_1$ 轴。

(3)平行于 W 面的椭圆长轴 $\perp O_1X_1$ 轴。

以平行于 H 面的圆为例，说明四心椭圆法的绘图过程。

(1)如图 8-10(a)确定水平圆 x、y 直角坐标。

(2)画出相应 X_1、Y_1 的轴测轴，轴间角 $\angle X_1O_1Y_1$ 为 120°，如图 8-10(b)所示。

(3)取水平圆直径 ϕd，等长度量圆的外切菱形，如图 8-10(c)所示。

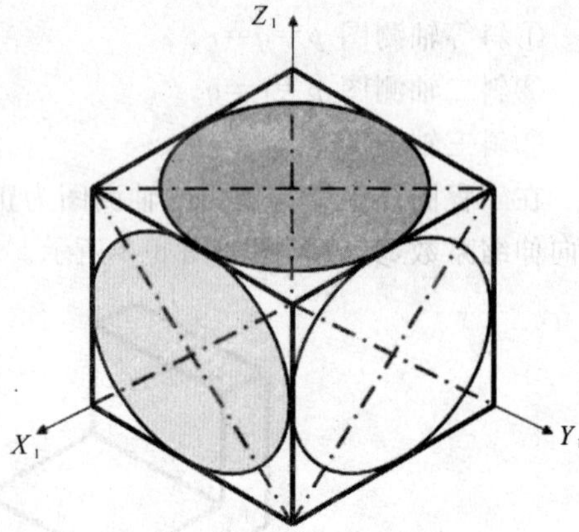

图 8-9 圆的正等轴测图

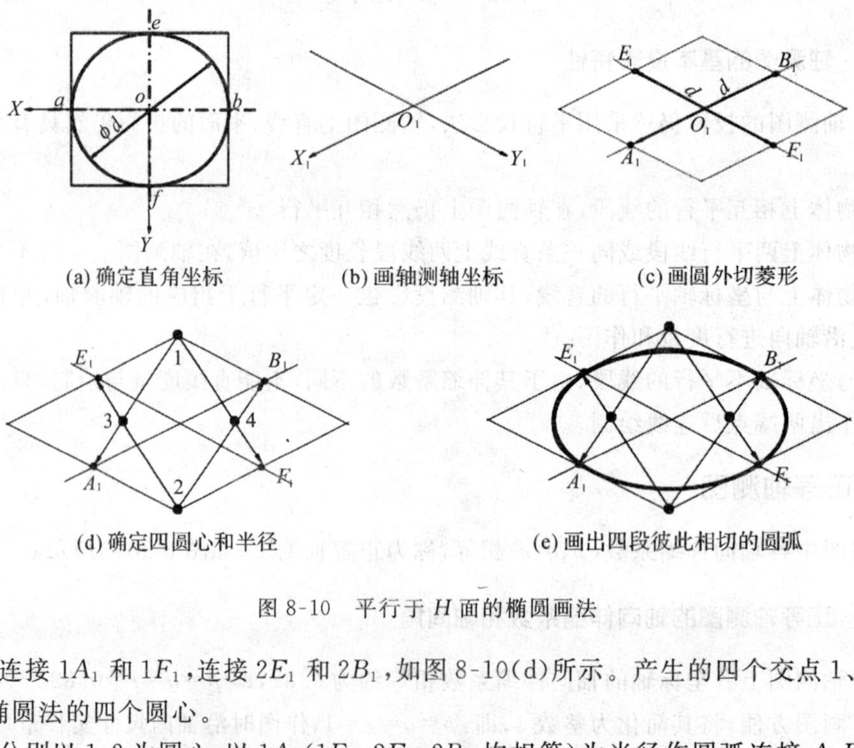

(a) 确定直角坐标　(b) 画轴测轴坐标　(c) 画圆外切菱形

(d) 确定四圆心和半径　(e) 画出四段彼此相切的圆弧

图 8-10 平行于 H 面的椭圆画法

(4)连接 $1A_1$ 和 $1F_1$，连接 $2E_1$ 和 $2B_1$，如图 8-10(d)所示。产生的四个交点 1、2、3、4 即为四心椭圆法的四个圆心。

(5)分别以 1、2 为圆心，以 $1A_1$($1F_1$、$2E_1$、$2B_1$ 均相等)为半径作圆弧连接 A_1F_1、E_1B_1，

分别以 3、4 为圆心，以 $3A_1$（$3E_1$、$4F_1$、$4B_1$ 均相等）为半径作圆弧连接 A_1E_1、F_1B_1，画出的四段圆弧彼此相切，如图 8-10(e)所示。

◎ **任务解答**

要求 1 解答

作图步骤：

(1)画图准备工作：在三视图中选定坐标位置，标注各投影点，如图 8-11(b)所示，画出正等轴测图的轴测轴、轴间角，如图 8-11(c)所示。

(2)度量三视图中各点的投影坐标，按实际量取等长确定其在轴测图中的位置，注意轴测图中相应各点应该采用大写字母，如图 8-11(d)所示。

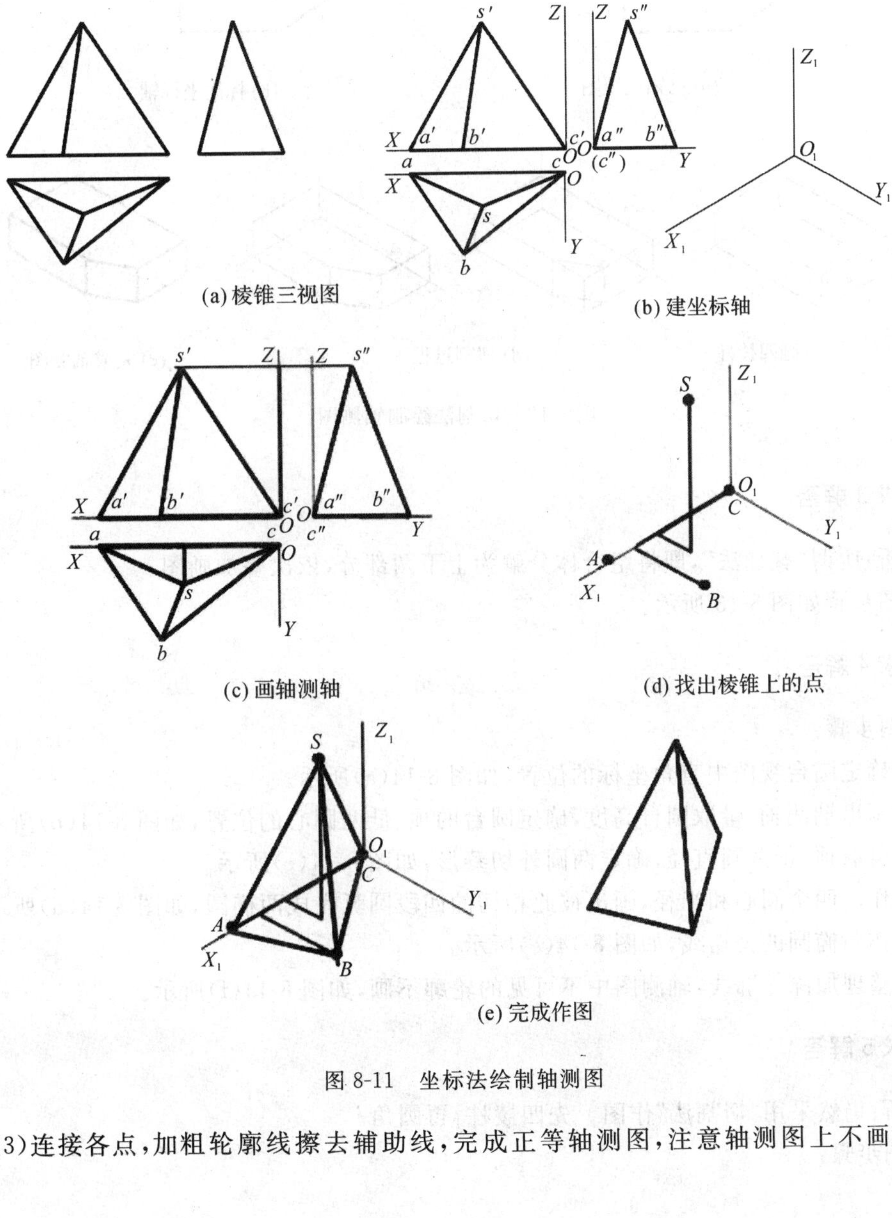

图 8-11　坐标法绘制轴测图

(3)连接各点，加粗轮廓线擦去辅助线，完成正等轴测图，注意轴测图上不画虚线，如

图 8-11(e)所示。

要求 2 解答

分析：所谓“切割法”，即将本题五棱柱还原成四棱柱画图，如图 8-12(c)所示，再切割成五棱柱，如图 8-12(d)所示，最后完成轴测图，如图 8-12(e)所示。

作图步骤如图 8-12 所示。

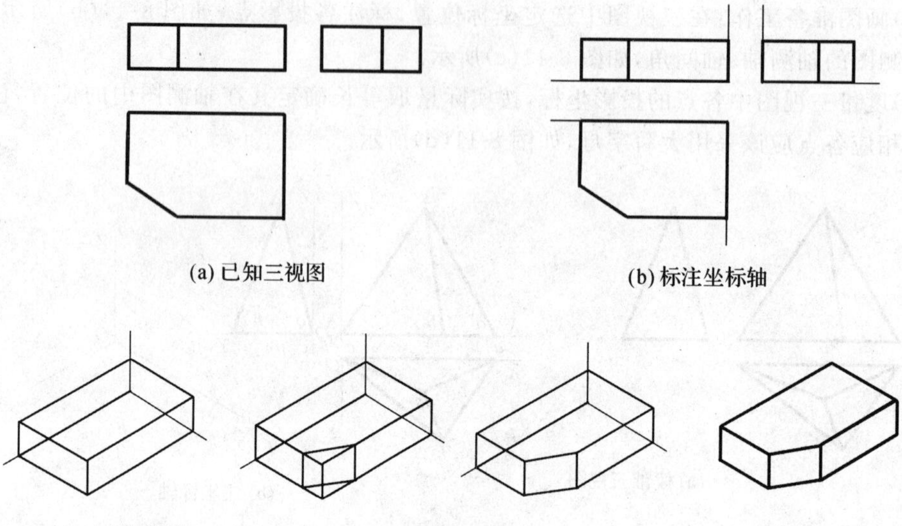

(a) 已知三视图　(b) 标注坐标轴

(c) 画四棱柱　(d) 切割过程　(e) 完成轴测图

图 8-12　切割法绘制轴测图

要求 3 解答

分析：所谓“叠加法”，即将组合体分解为上下两部分，依次叠加画图。

作图步骤如图 8-13 所示。

要求 4 解答

作图步骤：

(1)确定圆台视图中直角坐标的位置，如图 8-14(a)所示。

(2)画出轴测轴，量取圆台高度，确定圆台的顶、低两圆心的位置，如图 8-14(b)所示。

(3)量取顶、低两圆直径，确定两圆外切菱形，如图 8-14(c)所示。

(4)作出四个圆心和半径，画出彼此相切的四段圆弧完成两椭圆，如图 8-14(d)所示。

(5)作两椭圆的公切线，如图 8-14(e)所示。

(6)整理加深轮廓线，轴测图中不可见的轮廓不画，如图 8-14(f)所示。

要求 5 解答

分析：仍然采用“切割法”作图。先四棱柱，再圆角。

作图步骤：

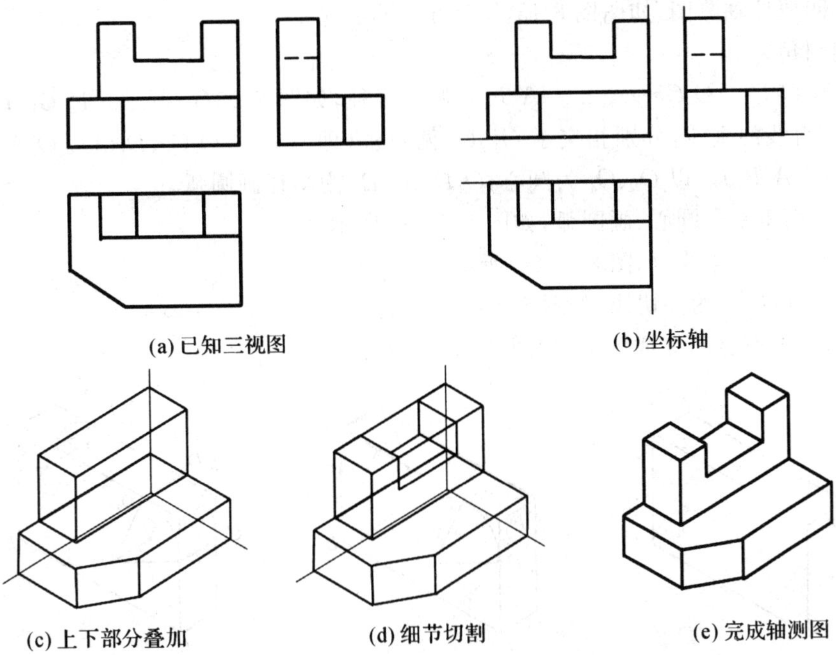

图 8-13　叠加法绘制轴测图

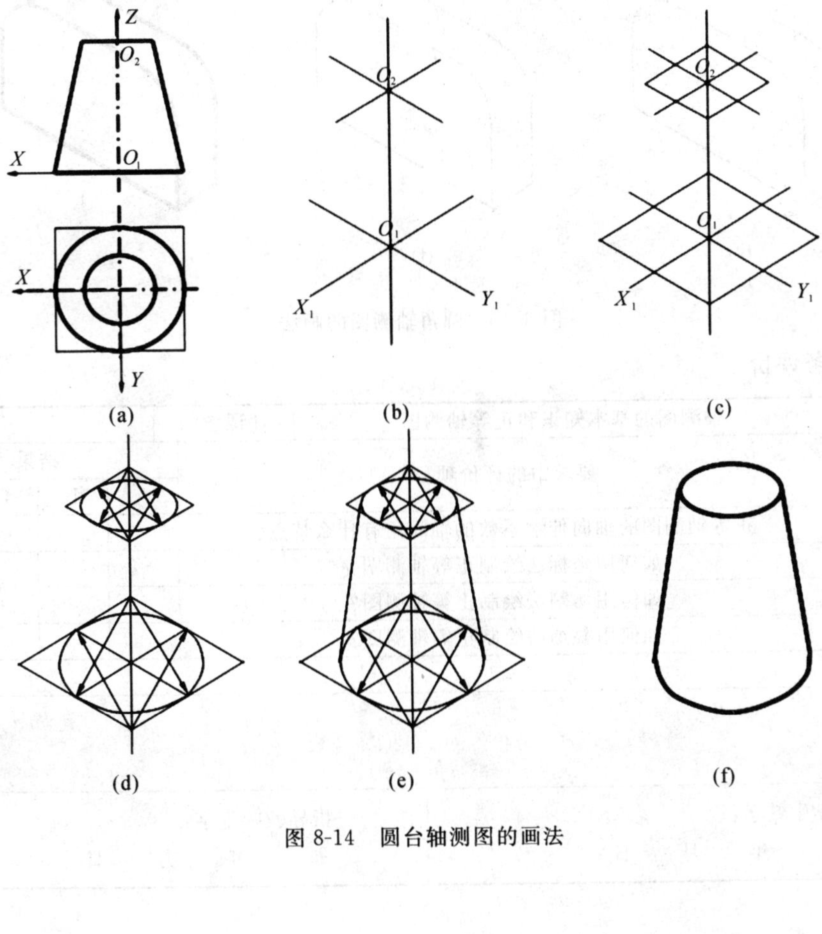

图 8-14　圆台轴测图的画法

(1)作四棱柱轴测图,如图图 8-15(b)所示。

(2)倒圆角。

① 截取 $O_1D_1=O_1G_1=A_1E_1=A_1F_1=$圆角半径,如图 8-15(c)所示。过 G_1、D_1、E_1、F_1 四点作所在直线的垂线,分别相交于 O_2、O_3 两点。(即 $G_1O_2\perp O_1C_1$、$D_1O_2\perp O_1A_1$、$E_1O_3\perp O_1A_1$、$F_1O_3\perp A_1B_1$)。以 O_2、O_3 为圆心,O_2D_1、O_3E_1 为半径画圆弧。

② 后端面重复定圆心、画圆弧,如图 8-15(d)所示。

③ 擦去多余棱角线,如图 8-15(e)所示。

④ 作前、后端面的公切线,如图 8-15(f)所示。

⑤整理、加深图线,完成图形,如图 8-15(g)所示。

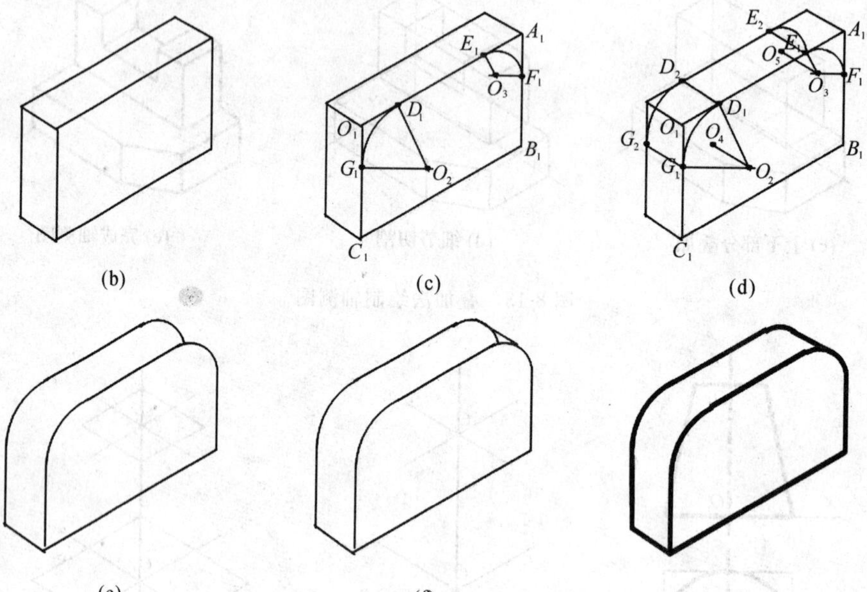

图 8-15　圆角轴测图的画法

◎ 任务评价

课题名称		轴测图的基本知识和正等轴测图	任课教师			
要求	序号	要求中的评价项目	结果			
			A	B	C	D
1、4	1	正等轴测图的轴向伸缩系数的轴间角有什么特点?				
	2	如何用坐标法绘制正等轴测图?				
2、5	3	如何用切割法绘制正等轴测图?				
3	4	如何用叠加法绘制正等轴测图?				
综合成绩						
自我总结						
学生签字: 年　月　日			指导教师签字: 年　月　日			

二、斜二轴测图和剖视图

◎ 任务书

项目	完成斜二轴测图	用时	3 学时
目的	掌握斜二轴测图的作图方法		
要求	已知两视图，如图 8-16 所示，画斜二轴测图。 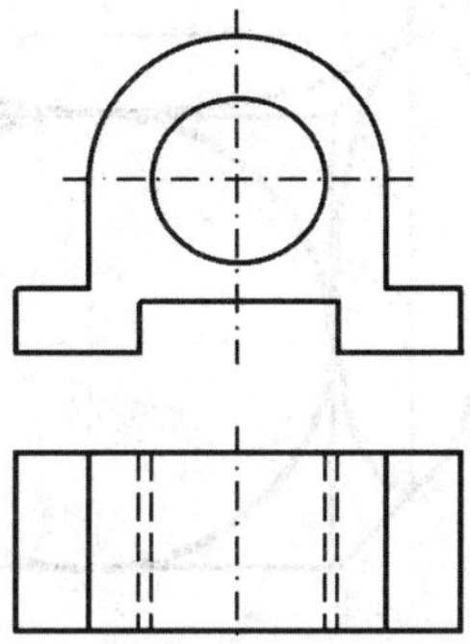 图 8-16		

◎ 知识链接

1 斜二轴测图的轴向伸缩系数和轴间角

斜二轴测图的轴向伸缩系数：$p=r=1, q=0.5$。

斜二轴测图的轴间角：$\angle X_1O_1Z_1=90°$，$\angle X_1O_1Y_1=\angle Y_1O_1Z_1=135°$，如图 8-17 所示。

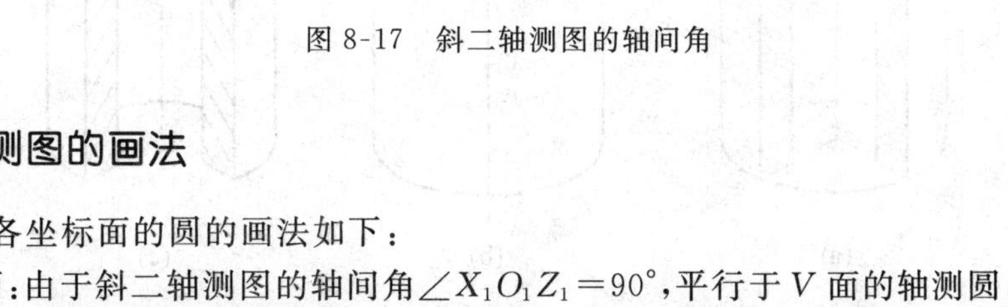

图 8-17 斜二轴测图的轴间角

2 轴测图的画法

平行于各坐标面的圆的画法如下：

(1)V 面：由于斜二轴测图的轴间角$\angle X_1O_1Z_1=90°$，平行于 V 面的轴测圆，反映实形。

(2)H 面：平行于 H 面的圆为椭圆，长轴对 O_1X_1 轴偏转 7°，长轴≈1.06d，短轴≈0.33d。

(3)W 面：平行于 W 面的圆与平行于 H 面的圆的椭圆形状相同，长轴对 O_1Z_1 轴偏转 7°。

如图 8-18 所示，V 面、H 面、W 面三面圆的轴测图画法。

由于两个椭圆的作图相当繁琐，所以当物体在这两个方向上有圆时，一般不用斜二轴测画图，而采用正等轴测画图。

斜二轴测图的优点是，物体上凡是平行于投影面的平面在图上都反映实形，因此当物体只有一个方向的形状比较复杂，特别是只有一个方向有圆时，常采用斜二轴测图。

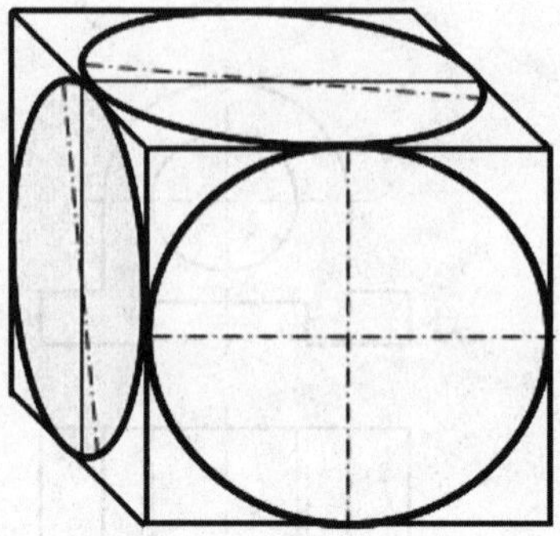

图 8-18　圆的斜二轴测图

3　剖视图

在轴测图中，为了表示零件的内部结构和形状，也常采用剖视的画法。这种剖切后的轴测图称为轴测剖视图。

轴测剖视图的画法，一般用两个剖切平面沿两个坐标面方向切去零件的四分之一，如图 8-19(a)所示，画图步骤为：

(1)先画外形再剖切，如图 8-19(b)所示。

(2)先画断面形状及断面图，再画剖切后显露的轮廓线，如图 8-19(c)所示，轴测剖视图剖面符号的画法如图 8-20 所示。

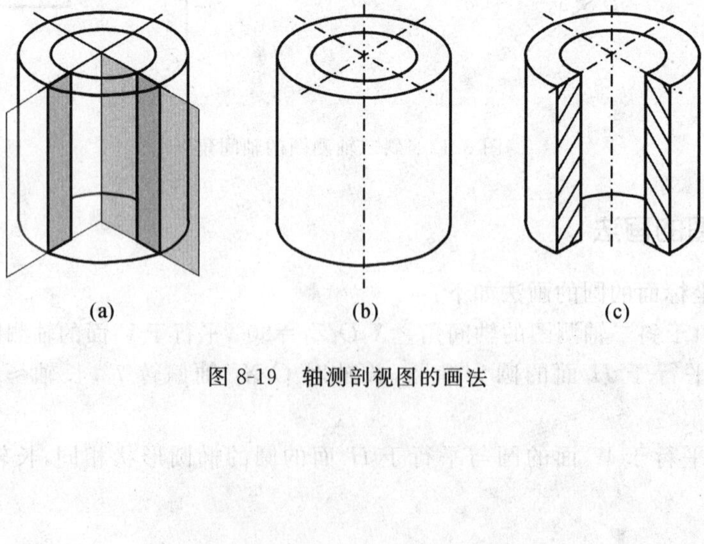

(a)　(b)　(c)

图 8-19　轴测剖视图的画法

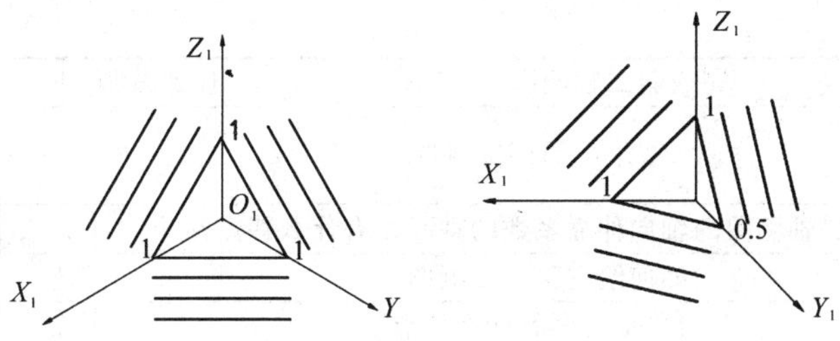

(a) 正等轴测图　　(b) 斜二轴测图

图 8-20　轴测剖视图的剖面符号

◎ 任务解答

要求解答

分析：物体的形状特征仅反映在 V 面上，适合斜二轴测画图。

作图步骤：

(1)拷贝已知视图中的 V 面投影，如图 8-21(a)所示。

(2)由于斜二轴测图 Y 轴的轴向伸缩系数 $q=0.5$，在图 8-13 俯视图中，截取 1/2 宽度，确定后端面圆心位置，如图 8-21(b)所示。

(3)以后端面圆心为基准，再次拷贝已知视图中的 V 面投影，如图 8-21(c)所示。

(4)擦去后端面中被前端面遮挡的线段，如图 8-21(d)所示。

(5)作前、后端面的公切线，如图 8-21(e)所示。

(6)整理、加粗轮廓线，完成作图，如图 8-21(f)所示。

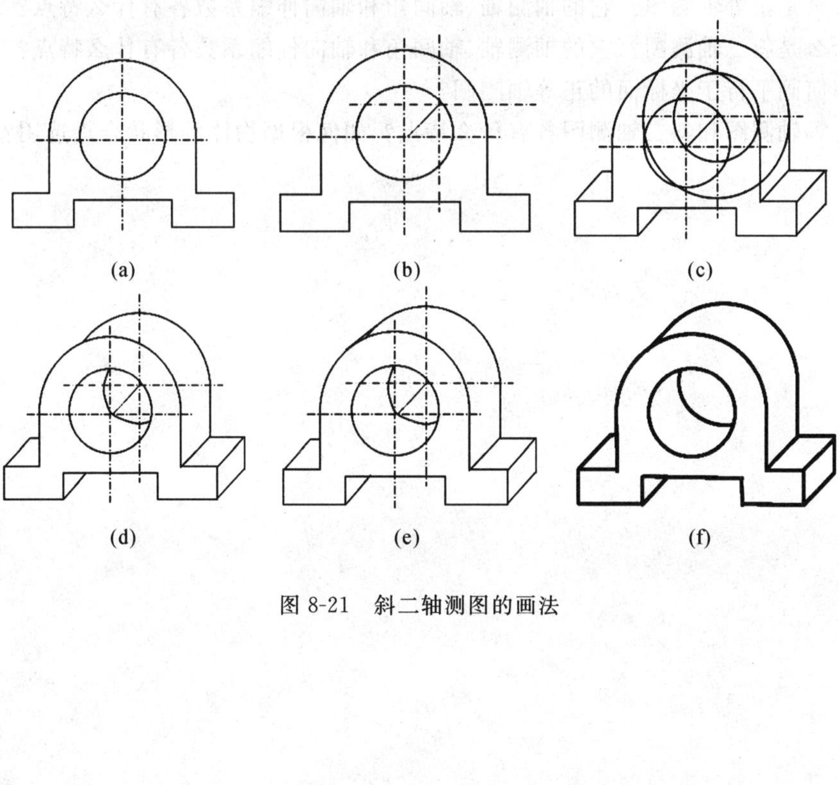

(a)　(b)　(c)

(d)　(e)　(f)

图 8-21　斜二轴测图的画法

◎ 任务评价

<table>
<tr><td>课题名称</td><td colspan="2">完成斜二轴测图</td><td colspan="2">任课教师</td><td colspan="2"></td></tr>
<tr><td rowspan="2">要求</td><td rowspan="2">序号</td><td rowspan="2">要求中的评价项目</td><td colspan="4">结果</td></tr>
<tr><td>A</td><td>B</td><td>C</td><td>D</td></tr>
<tr><td rowspan="4">1</td><td>1</td><td>斜二轴测图的轴向伸缩系数的轴间角有什么特点？</td><td></td><td></td><td></td><td></td></tr>
<tr><td>2</td><td>如何绘制斜二轴测图？</td><td></td><td></td><td></td><td></td></tr>
<tr><td>3</td><td>斜二轴测图有什么优点？</td><td></td><td></td><td></td><td></td></tr>
<tr><td>4</td><td>什么样的物体适合用斜二轴测图表达？</td><td></td><td></td><td></td><td></td></tr>
<tr><td colspan="2">综合成绩</td><td colspan="5"></td></tr>
<tr><td colspan="2">自我总结</td><td colspan="5"></td></tr>
<tr><td colspan="3">学生签字：
年　　月　　日</td><td colspan="4">指导教师签字：
年　　月　　日</td></tr>
</table>

复习思考题

1. 轴测图是怎样形成的？具有哪些投影特性？
2. 什么叫轴测轴、轴间角和轴向伸缩系数？
3. 什么是正等轴测图？它的轴测轴、轴间角和轴向伸缩系数各有什么特点？
4. 什么是斜二轴测图？它的轴测轴、轴间角和轴向伸缩系数各有什么特点？
5. 如何画平行于坐标面的正等轴测圆？
6. 正等轴测图和斜二轴测图各有什么特点？如何根据物体的形状合理选用？

第 9 单元　标准件和常用件

学习指南

机器或部件中，除了一般的零件外，还广泛使用螺栓、螺钉、螺母、垫圈、键、销和滚动轴承等零件，这些零件中有的个头极小，但再小的螺母也是零件。这类零件的结构和尺寸等全部要素都由国家标准作了严格的标准化规范，所以被称为标准件。

还有些零件常使用于机器中，如齿轮、弹簧等，这一类零件的结构和参数，仅一部分被标准化、系列化，所以被称为常用件。

标准件由于被标准化了，这些零件由专业化工厂根据标准化的参数大批量生产，成为标准化、系列化的零件。集中生产的优势在于提高了生产效率和获得了质优价廉的产品。在产品的设计、装配、维修过程中，按规格选用和更换。

标准件和常用件，有其特定的规定画法和简化画法，螺纹的标记与标注借助于尺寸标注，注写螺纹的各项要素。

教学目标：

1. 掌握螺纹结构的规定画法，熟悉螺纹标注规定及螺纹标记的含义。
2. 熟悉圆柱齿轮轮齿结构的规定画法，一般掌握直齿圆柱齿轮几何要素的尺寸计算。
3. 了解常用标准件，熟悉与其相关的标准结构。
4. 了解圆柱螺旋压缩弹簧结构的规定画法。

教学重点：

螺纹结构和圆柱齿轮轮齿结构的规定画法。

教学难点：

螺纹标志的识读和直齿圆柱齿轮几何要素的尺寸计算。

教学学时：

16 学时。

课题 14　零件标准结构的表达及画法训练

一、螺纹及螺纹的画法与标注

◎ 任务书

<table>
<tr><td>项目</td><td>螺纹结构的规定画法与标注</td><td>用时</td><td>5 学时</td></tr>
<tr><td>目的</td><td colspan="3">1. 掌握螺纹结构的规定画法。
2. 熟悉螺纹标注规定及螺纹标记的含义。</td></tr>
<tr><td>要求</td><td colspan="3">1. 找出如图 9-1 所示图样中的错误。
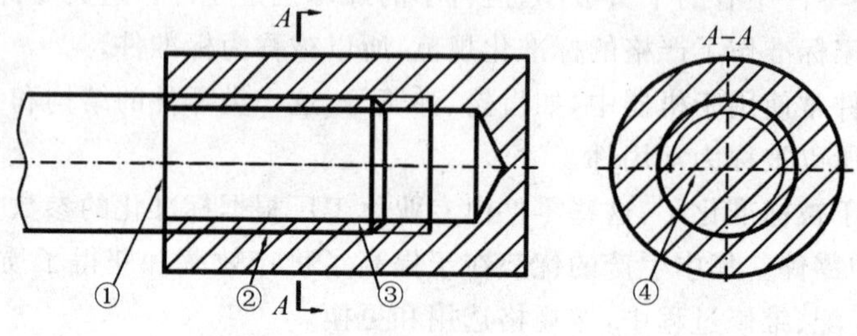

图 9-1
2. 有一螺纹的标记为 M20 2LH-5g6g-S 试分析其含义。
3. 另一螺纹的标记为 Tr40 14(P7)-7H-L 试分析其含义。
4. 螺纹标记为 G1A-LH 试分析其含义。</td></tr>
</table>

◎ 知识链接

标准件中的螺栓、螺母等零件，其结构中都少不了螺纹的元素。螺纹又有其特有的五要素。本单元开场，首先要学习螺纹的画法。

1　螺纹的形成、要素和结构

1.1　螺纹的形成

在圆柱（或圆锥）表面上，沿着螺旋线所形成的、具有相同轴向剖面的连续凸起和沟槽的螺旋体称为螺纹，如图 9-2(a)所示。

螺纹的制造方法有很多，常见的有车制螺纹。根据螺纹形成的方法，将圆柱形工件夹持在车床上，绕轴线做匀速转动，车刀沿工件轴线方向作直线匀速运动，当车刀切入工件达到一定深度，也就是工件表面切出了一定深度的沟槽时螺纹形成了，如图 9-3 所示。

螺纹分为外螺纹、内螺纹，制在零件外表面上的螺纹叫外螺纹，制在零件孔腔内表面上的螺纹叫内螺纹，如图 9-2(b)所示。加工内螺纹时，首先在工件上钻孔，然后在内表面切出沟槽，形成螺纹。

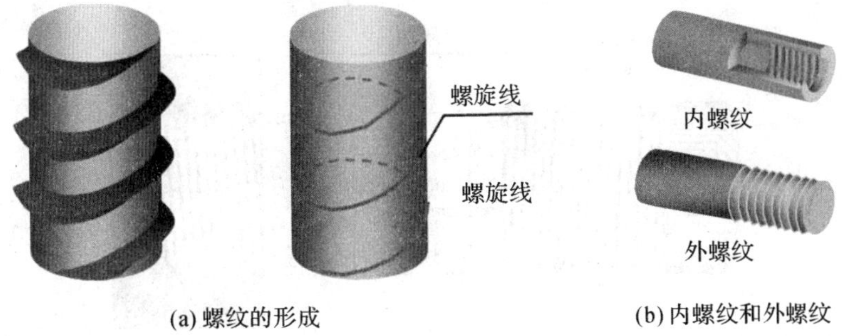

图 9-2 螺纹

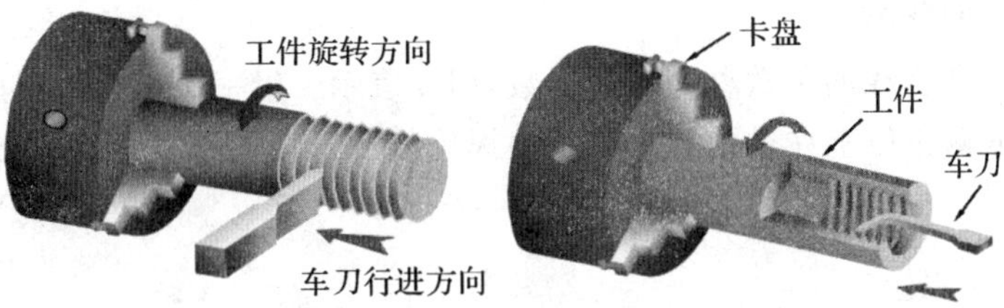

图 9-3 外螺纹和内螺纹的车削过程

1.2 螺纹的五要素

1.2.1 螺纹的牙型

在通过螺纹轴线的剖面上，螺纹的轮廓形状称为螺纹的牙型。常用的有三角形、梯形、锯齿形，如图 9-4 所示。

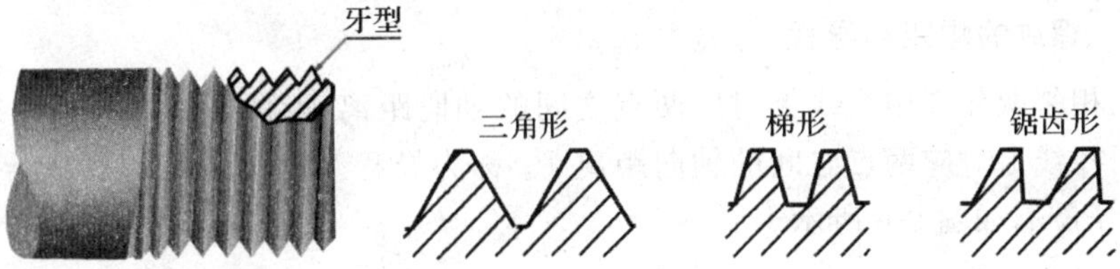

图 9-4 螺纹的牙型

1.2.2 螺纹的公称直径

公称直径是代表螺纹尺寸的直径，指螺纹大经的基本尺寸。螺纹除了大经，还有小径和中经，如图 9-5 所示。大径是指与外螺纹牙顶或内螺纹牙底相切的假想圆柱面的直径，分别用 d、D 表示。小径是指与外螺纹牙底或内螺纹牙顶相切的假想圆柱面的直径，分别用 d_1、D_1 表示。中径是指一个假想圆柱的直径，该圆柱的母线通过牙型上沟槽和凸起宽度相等的地方，内、外螺纹的中径分别用 D_2、d_2 表示。

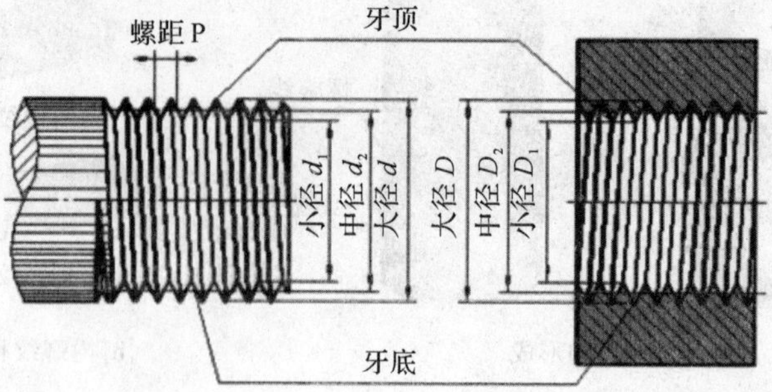

图 9-5　螺纹的公称直径

1.2.3　螺纹的线数

形成螺纹时，螺旋线的条数称为螺纹线数，用 n 表示。沿一条螺旋线形成的螺纹叫作单线螺纹；沿两条或两条以上在轴向等距分布的螺旋线所形成的螺纹叫作多线螺纹，如图 9-6 所示。

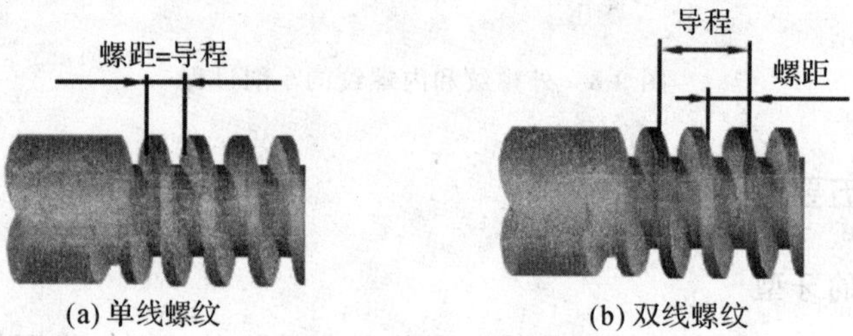

图 9-6　螺纹的线数、螺距、导程

1.2.4　螺纹的螺距和导程

螺纹上相邻两牙在中径线上对应两点之间的轴向距离 P 称为螺距。同一条螺纹上相邻两牙在中径线上对应两点之间的轴向距离 P_h 称为导程。对于单线螺纹 $P=P_h$，对于多线螺纹 $P=P_h/n$，如图 9-6 所示。

1.2.5　螺纹的旋向

螺纹的旋向分左旋和右旋。顺时针旋入的螺纹称为右旋螺纹，右旋螺纹为日常生活中常用螺纹，逆时针旋入的螺纹称为左旋螺纹，也称为反牙螺纹，如图 9-7 所示。

以上螺纹的五要素，只有当各要素完全相同时的内、外螺纹才能旋合在一起。

螺纹的牙型、公称直径、螺距符合国家标准的，称为标准螺纹。

螺纹的公称直径和螺距不符合国家标准的，称为特殊螺纹。

螺纹的牙型不符合国家标准的，称为非标准螺纹。

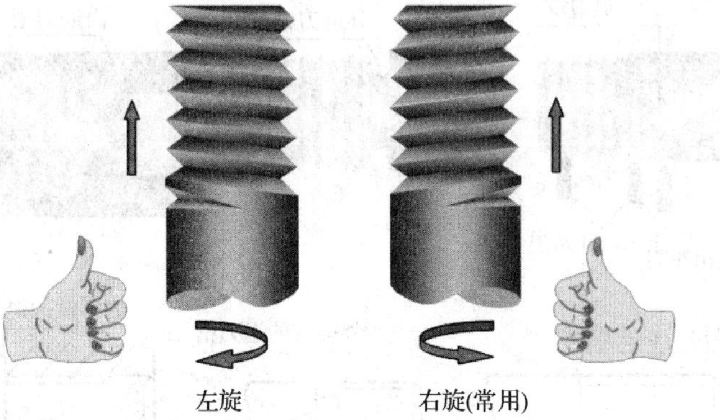

图 9-7　螺纹的旋向

1.3　螺纹的结构

1.3.1　螺纹的末端

为了便于装配和防止螺纹的起始圈损坏，常在螺纹的起始处加工成一定的形式，如倒角、倒圆等，如图 9-8 所示。

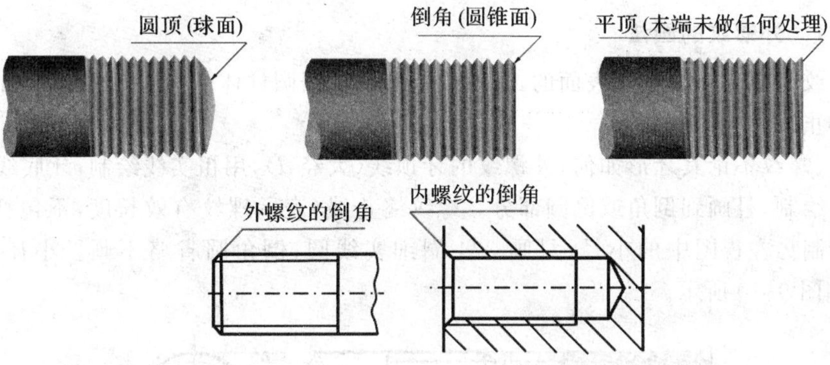

图 9-8　螺纹的末端结构

1.3.2　螺纹的收尾和退刀槽

螺纹在加工切削过程中，刀具接近螺纹末尾时，需要退刀逐渐离开工件，如图 9-9(a)所示。由此，螺纹收尾部分的牙型是不完整的，螺纹的这一段残缺的牙型收尾部分称为螺尾。

带有螺尾的螺纹在使用过程中，会对零件造成损伤。为了避免螺尾的产生，通常先在螺纹末尾处加工出退刀槽，然后再车削螺纹。如图 9-9(b)所示的为外螺纹退刀槽，图 9-9(c)所示的为内螺纹退刀槽。

2　螺纹的规定画法

国家标准《机械制图》GB/T 4459.1—1995 制定了在机械图样中螺纹和螺纹紧固件的规定画法。螺纹的画法中，只画出五要素中的公称直径，其余要素均通过螺纹的标注补充齐

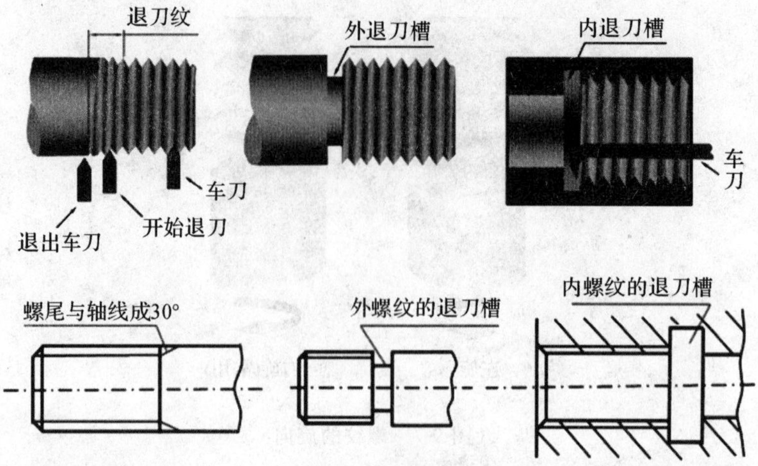

(a) 螺尾的产生　(b) 外螺纹退刀槽　(c) 内螺纹退刀槽

图 9-9　螺尾与退刀槽

全，另外在内、外螺纹在表达方法上有严格区分，不得混淆。

2.1　内、外螺纹的规定画法

2.1.1　外螺纹的画法

外螺纹是制作在圆柱外表面的，外螺纹的画法依据圆柱体的画法，添加螺纹的公称直径和螺纹终止线。

画法：螺纹不论其牙形如何，外螺纹的牙顶线（大经 d），用粗实线绘制，牙底线（小径 d_1）用细实线绘制，且画到倒角或倒圆部分。螺纹终止线（表示螺纹有效长度，不包括螺尾），用粗实线绘制。左视图中的小径，只画 3/4 圈细实线圆，倒角圆省略不画。小径直径 $d_1 \approx 0.85d$，如图 9-10 所示。

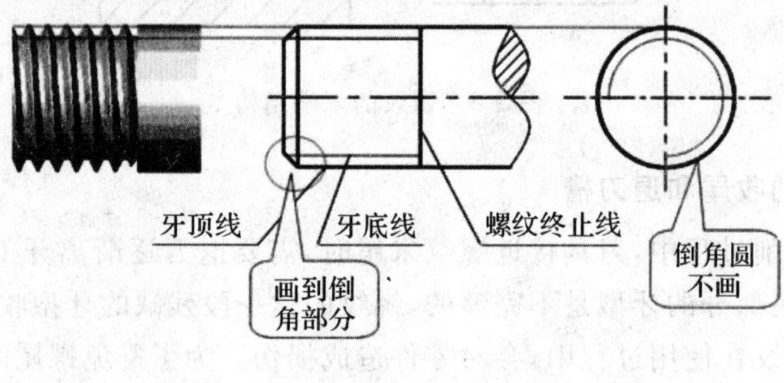

图 9-10　外螺纹画法

外螺纹的剖视画法，如图 9-11 所示。波浪线圈定的范围内，按剖视绘图，大、小径线形不变，螺纹终止线仅画小径至大经之间的一小段。剖面线画到牙顶线（大经线），包括全剖视的左视图，剖面线也必须画至牙顶线。两个视图上剖面线的方向、间距必须一致。

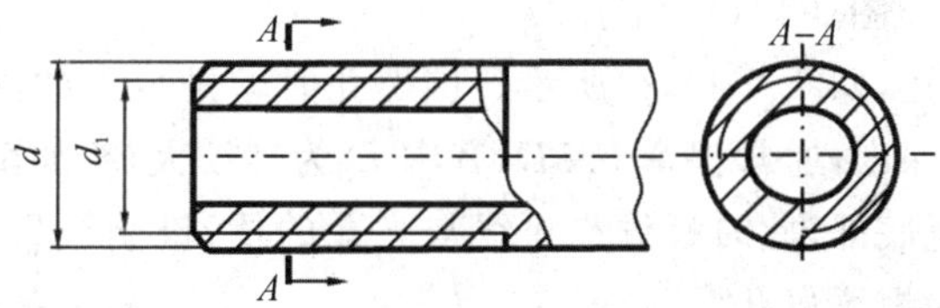

图 9-11　外螺纹剖视画法

2.1.2　内螺纹的画法

内螺纹是制作在圆柱孔腔内表面上的，应选择剖视表达。其画法同样基于圆柱内表面的画法，添加螺纹公称直径和螺纹终止线。

画法：内螺纹的牙顶线（小径 D_1），用粗实线绘制，牙底线（大径（D）用细实线绘制，且画到倒角或倒圆部分。螺纹终止线，用粗实线绘制。左视图中的大径，只画 3/4 圈细实线圆，注意要画在整圆小径的外侧，倒角圆省略不画，大径直径 $D \approx D_1/0.85$。

内螺纹的剖面线画到内螺纹的牙顶线（小径线），如图 9-12 所示。

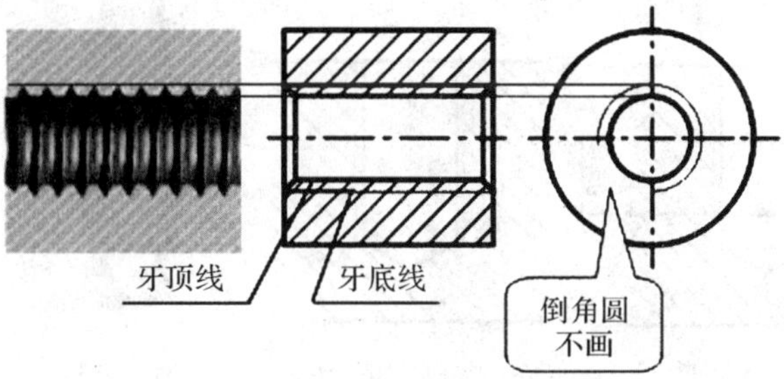

图 9-12　内螺纹画法

内螺纹的剖视画法，如图 9-13 所示。与图 9-13 不同之处为两个视图均采用全剖视，两个视图剖面线的方向、间距必须一致，以示其为一个机件的两个视图。剖面线都画至小经线。

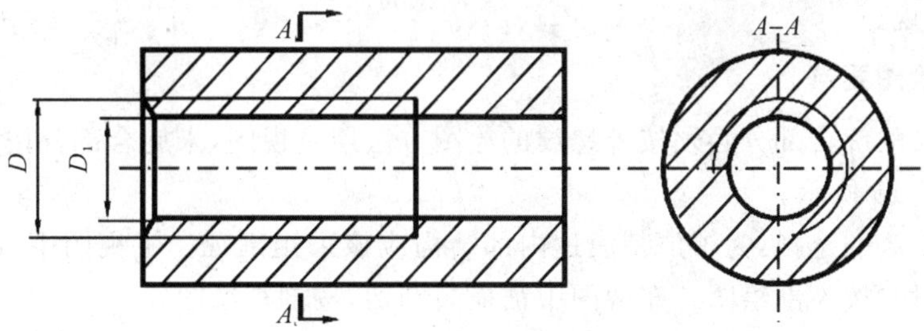

图 9-13　内螺纹剖视画法

2.1.3　不穿通的螺孔的画法

不穿通螺纹孔的加工过程分为两步（钻与攻）：

（1）先用麻花钻头加工光孔，如图 9-14(a)所示。由于钻头尾部结构为圆锥体，光孔尾部会形成 120°的锥顶角，如图 9-14(b)所示。

(2)再用丝锥扩螺孔，如图 9-14(c)所示。扩螺孔时丝锥攻下的深度就是螺纹的有效深度，也是螺纹终止线的深度，通常保留 0.5D，其中 D 为螺纹大径，如图 9-14(d)所示。

有时也将丝锥攻至底部，此时螺纹终止线与光孔的柱、锥交线重影，如图 9-14(e)所示。不穿通的螺孔也被称为螺纹盲孔。

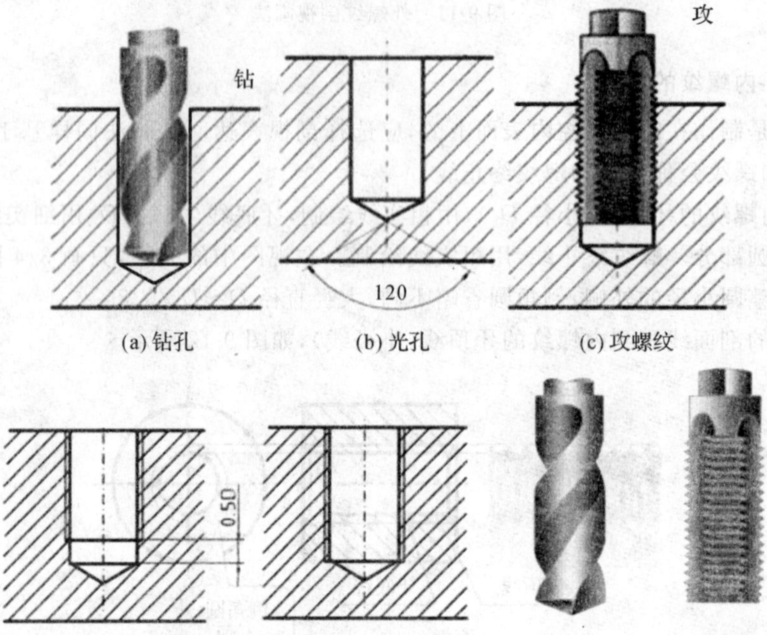

(a) 钻孔　(b) 光孔　(c) 攻螺纹

(d) 螺纹　(e) 攻至底部的螺纹　(f) 麻花钻　(g) 丝锥

图 9-14　不穿通的螺孔的画法

2.2　内、外螺纹连接画法

只有螺纹五要素完全相同的内、外螺纹才能旋合工作，螺纹连接的特性将在螺纹连接的画法中有所体现。

2.2.1　绘图要点

内、外螺纹的旋合部分必须按外螺纹的绘图方法绘制视图，未旋合部分按各自规定的画法绘图，如图 9-15 所示。

(1)表达方法的选择：为了清楚表达内部结构应该采用剖视。主视图中，制有外螺纹的螺杆被纵向剖切，按不剖绘图。左视图中被横向剖切，按剖视绘图。

(2)内、外螺纹的大径线与小径线必须对齐。

(3)旋入螺孔的外螺纹，其螺纹终止线的位置，必须遵循其工作原理，不可画在螺孔内。

(4)剖面线的画法：外螺纹区域画至大经线，内螺纹区域画至小径线(均画至粗实线)。A—A 剖视图中，外螺纹与内螺纹的剖面线必须以两种方式表达(方向相反)，表示此为两个不同的机件。而同一个机件的不同视图上的剖面线必须一致，如内腔加工内螺纹的机件其主视、左视图中的剖面线应一致。

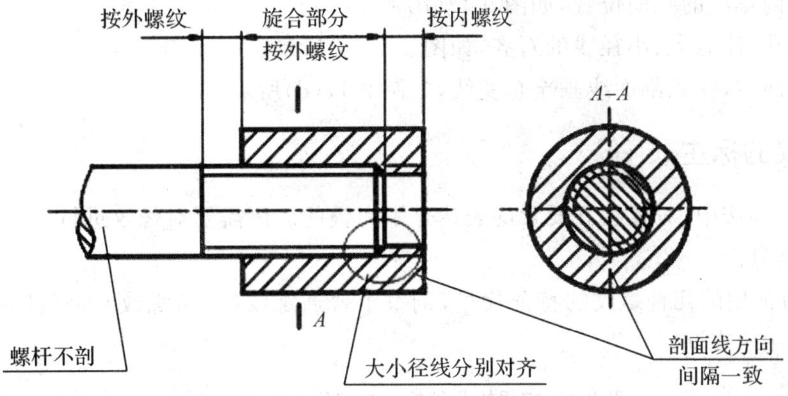

图 9-15 螺纹连接画法(通孔)

2.2.2 绘图步骤

图 9-16 所示为螺纹盲孔连接的画法。

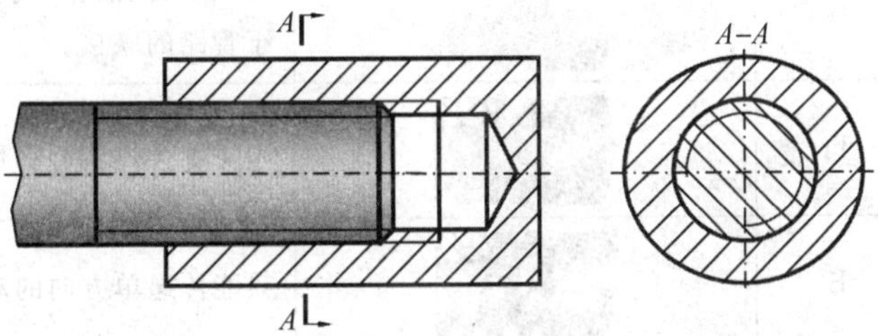

图 9-16 螺纹连接画法(盲孔)

(1)画螺杆,如图 9-17(a)所示。

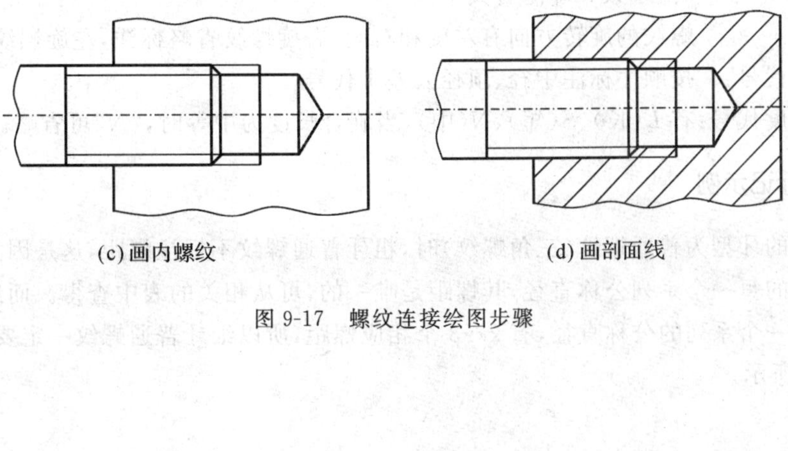

图 9-17 螺纹连接绘图步骤

(2)确定内螺纹的端面位置,如图 9-17(b)所示。

(3)画螺孔,注意大、小径线的对齐,如图 9-17(c)所示。

(4)画剖面线,注意剖面线画至粗实线,如图 9-17(d)所示。

3　螺纹的标注

在螺纹的画法中,对螺纹五要素的表达是不完整的。还需要对螺纹进行标注,完整螺纹要素的全面信息。

表 9-1 为常用的几种螺纹的特征代号,例举了普通螺纹(三角螺纹)等特征代号及其用途,以便在标注中查询。

表 9-1　常用的几种螺纹的特征代号及用途

螺纹种类			特征代号	外形图	用　途
联接螺纹	普通螺纹	粗牙	M		是最常用的联接螺纹
		细牙			用于细小的精密或薄壁零件
	管螺纹		G	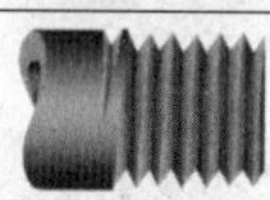	用于水管、油管、气管等薄壁管子上,用于管路的联接。
传动螺纹	梯形螺纹		Tr	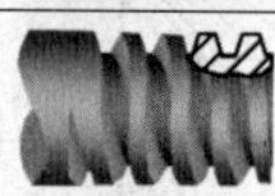	用于各种机床的丝杠,做传动用。
	锯齿形螺纹		B	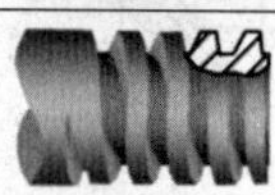	只能传递单方向的动力

3.1　标注的基本格式

[特征代号] [公称直径] × [导程(P 螺距)] [旋向] − [公差带代号] − [旋合长度代号]

特征代号：　表达螺纹牙型的代号,如:M 为三角螺纹,Tr 为梯形螺纹等。

公称直径：　即螺纹的大、小径,通过查表获取其标准值。

导程(P 螺距):单线螺纹的导程(P_h)等于螺距(P),故只需标注螺距。多线螺纹两者均需要标注,由于多线螺纹的线数 $n = P_h / P$,在标注导程和螺距的同时,线数 n 即隐含其中。

旋向：　螺纹的旋转方向有左旋和右旋,右旋螺纹省略标注,左旋螺纹标注 LH。

公差带代号：　按顺序标注中径、顶径公差带代号。

旋合长度代号:有 L(长)、S(短)、N(中),当旋合长度为中等时,"N"可省略。

3.2　标记示例

当螺纹的牙型为普通螺纹(三角螺纹)时,粗牙普通螺纹不标注螺距,这是因为对应于粗牙普通螺纹的每一个系列公称直径,其螺距是唯一的,可从相关的表中查得。而细牙普通螺纹对应于每一个系列的公称直径,有 2～3 个相应螺距,所以细牙普通螺纹一定要标注螺距。如表 9-2 中所示。

表 9-2　粗牙普通螺纹和细牙普通螺纹的标注

螺纹种类	标注的内容和方式	图　例	说　明
粗　牙 普通螺纹	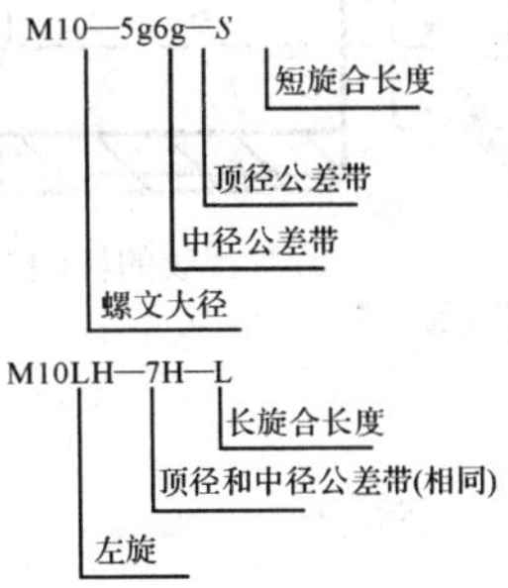	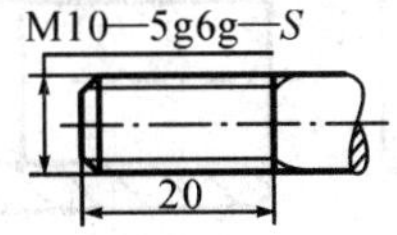 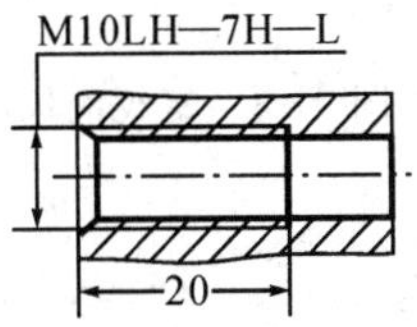	1. 不注螺距。 2. 右旋省略不注，左旋要标注。 3. 中径和顶径公差带相同时，只注一个代号，如 7H。 4. 当旋合长度为中等长度时，不标注。 5. 图中所注螺纹长度，均不包括螺尾在内。
细　牙 普通螺纹	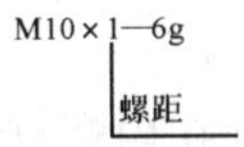	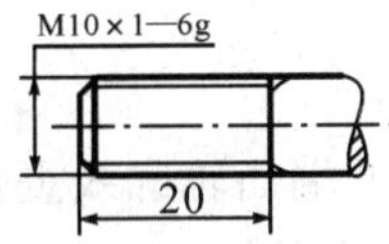	1. 要注螺距。 2. 其他规定同上。

管螺纹(分为非螺纹密封的管螺纹和用螺纹密封的管螺纹)的标注格式另类，只标记尺寸代号和等级代号，根据此尺寸代号查询相关标准化的表格，获得其公称直径、螺距等信息。其中尺寸代号是管螺纹内管道的孔径，尺寸代号的度量单位为英寸，1 英寸＝25.4 毫米。

管螺纹的标注用引出线，如表 9-3 中所示。

表 9-3　管螺纹的特征代号及标注

非螺纹密封管 螺纹特征代号 *C*	螺纹密封管螺纹		
	圆锥外螺纹 特征代号 *R*	圆锥内螺纹 特征代号 R_c	圆柱内螺纹 特征代号 R_p
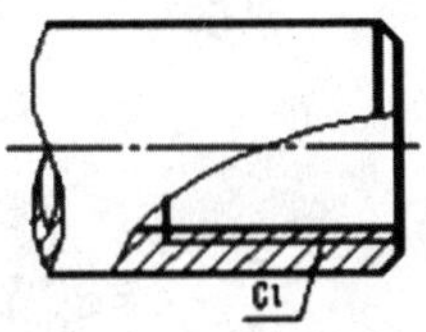	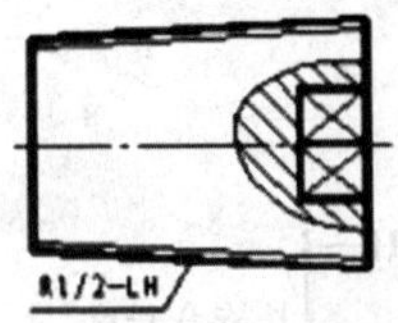	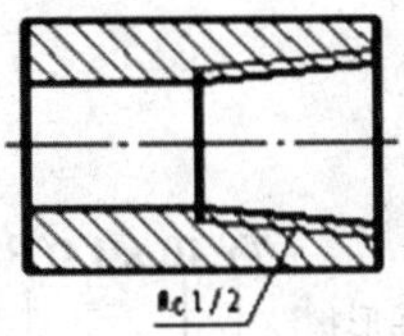	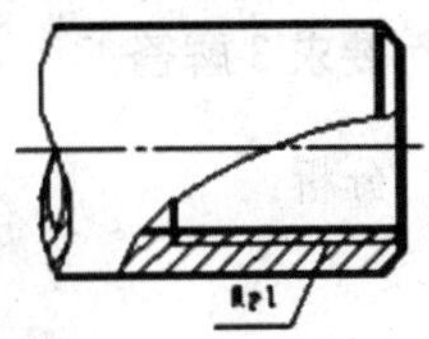

3.3　标注方法

螺纹标注的方法如同尺寸标注，只是作为尺寸数字部分标注在尺寸线上，由于螺纹的标记符号过长，必要时用引出线引出标注。

无论是内螺纹还是外螺纹，螺纹标注的尺寸界线应从大经线引出，如图 9-18(a)和图 9-18(b)所示。

管螺纹的标注一定要用引出线从大经线引出标注，如图 9-18(c)所示。

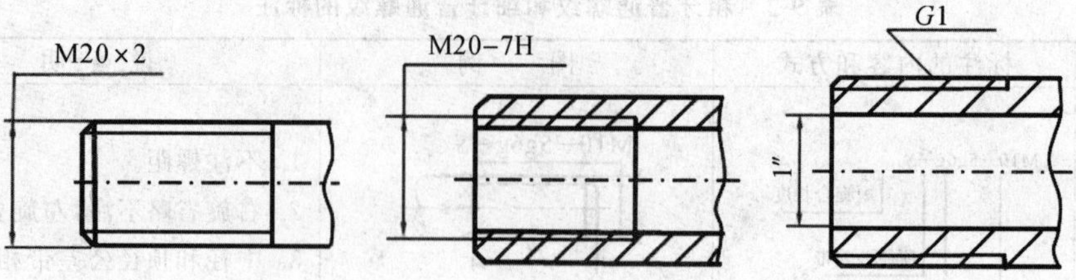

(a) 外螺纹的标注　　(b) 内螺纹的标注　　(c) 管螺纹的标注

图 9-18　螺纹的标注

◎ 任务解答

要求 1 解答

找出图中的错误有四处，分别为：

(1)外螺纹终止线不能与内螺纹的端面轮廓线重合(更不能画在内螺纹的内腔里)，其实这样的场景在现实工作中是不可能存在的。

(2)内、外螺纹的旋合部分按外螺纹绘图，外螺纹的小径线应用细实线绘制。

(3)外螺纹的区域范围，剖面线应画到大经线，不应画到小径线。

(4)剖视图中，两个不同机件的剖面线要不一致。

要求 2 解答

分析：

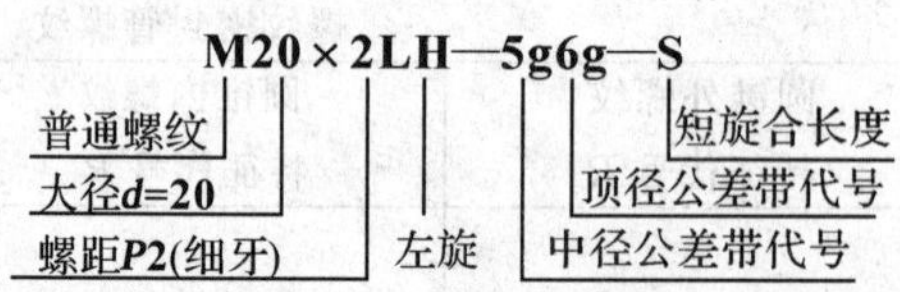

要求 3 解答

分析：

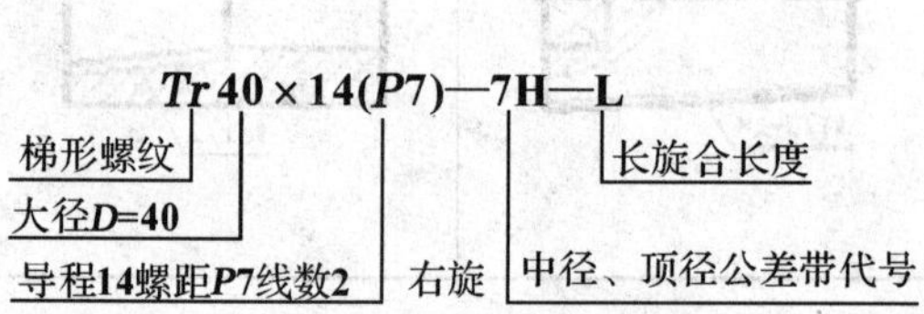

要求 4 解答

分析：

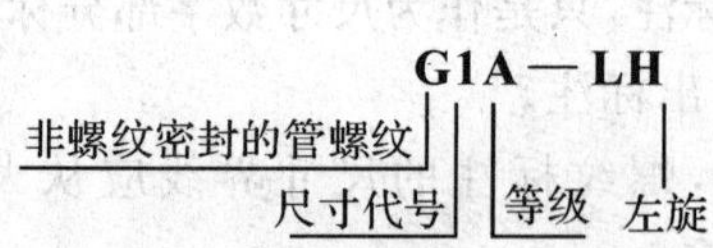

◎ 任务评价

<table>
<tr><td>课题名称</td><td colspan="2">螺纹结构的规定画法与标注</td><td>任课教师</td><td colspan="4"></td></tr>
<tr><td rowspan="2">要求</td><td rowspan="2">序号</td><td rowspan="2" colspan="2">要求中的评价项目</td><td colspan="4">结果</td></tr>
<tr><td>A</td><td>B</td><td>C</td><td>D</td></tr>
<tr><td rowspan="2">1</td><td>1</td><td colspan="2">是否掌握内、外螺纹的规定画法？</td><td></td><td></td><td></td><td></td></tr>
<tr><td>2</td><td colspan="2">是否掌握螺纹连接的规定画法？</td><td></td><td></td><td></td><td></td></tr>
<tr><td>2</td><td>3</td><td colspan="2">是否明确普通螺纹标记的含义？</td><td></td><td></td><td></td><td></td></tr>
<tr><td>3</td><td>4</td><td colspan="2">是否明确梯形螺纹标记的含义？</td><td></td><td></td><td></td><td></td></tr>
<tr><td>4</td><td>5</td><td colspan="2">是否明确管螺纹标记的含义？</td><td></td><td></td><td></td><td></td></tr>
<tr><td colspan="2">综合成绩</td><td colspan="6"></td></tr>
<tr><td colspan="2">自我总结</td><td colspan="6"></td></tr>
<tr><td colspan="3">学生签字：
年 月 日</td><td colspan="5">指导教师签字：
年 月 日</td></tr>
</table>

二、螺纹紧固件

◎ 任务书

<table>
<tr><td>项目</td><td>螺纹紧固件的种类与画法</td><td>用时</td><td>5 学时</td></tr>
<tr><td>目的</td><td colspan="3">1. 明确螺纹紧固件的种类及标记。
2. 熟悉螺纹紧固件装配图的画法。</td></tr>
<tr><td>要求</td><td colspan="3">1. 找出如图 9-19 所示的双头螺柱连接中的常见错误画法。
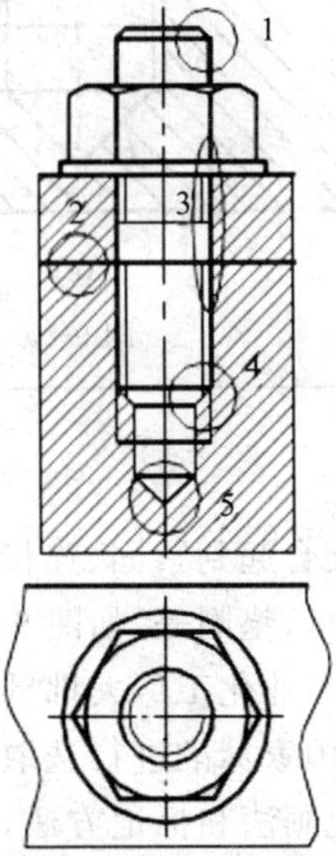

图 9-19 双头螺柱连接</td></tr>
</table>

续表

要求	2. 找出如图 9-20 中(a)—(f)所示六张视图中,螺钉连接图中的错误。 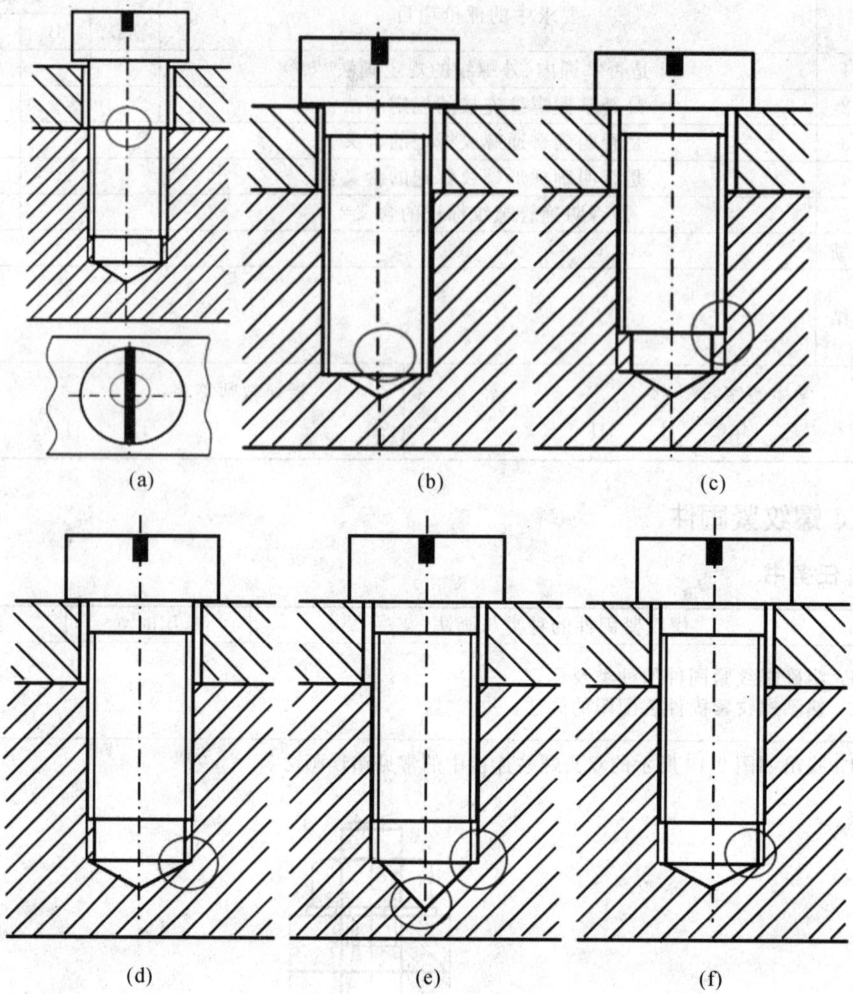 图 9-20

◎ 知识链接

螺纹紧固件指的是通过螺纹旋合起到紧固、连接作用的主要零件和辅助零件。常用的螺纹紧固件有螺钉、螺柱、螺栓、螺母、垫圈等,如图 9-21 所示。它们的结构与尺寸均已标准化,称为标准件。这些标准件已由专业化工厂大批量的生产和供应,不需要单独绘制它们的图样,而是根据设计需要按相应的国家标准进行选取和注明所需标准件的标记。这就要求熟悉它们的结构型式并掌握其简化画法和标记方法,以便在部件的装配图中准确表达它们的作用。

1 螺纹紧固件的标记及简化画法

标准的螺纹紧固件,都有规定的标记,标记的内容有:名称、标准编号、螺纹规格×公称

图 9-21　常用螺纹紧固件

长度。螺纹联接件的标准，详见相关的国家标准手册。

1.1　六角螺母

标记示例：　螺母　GB/T 6170 M12

简化画法如图 9-22(a)所示，尺寸中的 $d=12$(螺纹大径)。标记中的“M12”表示公称直径为 12 的普通粗牙单线三角螺纹，螺距可查表获得。

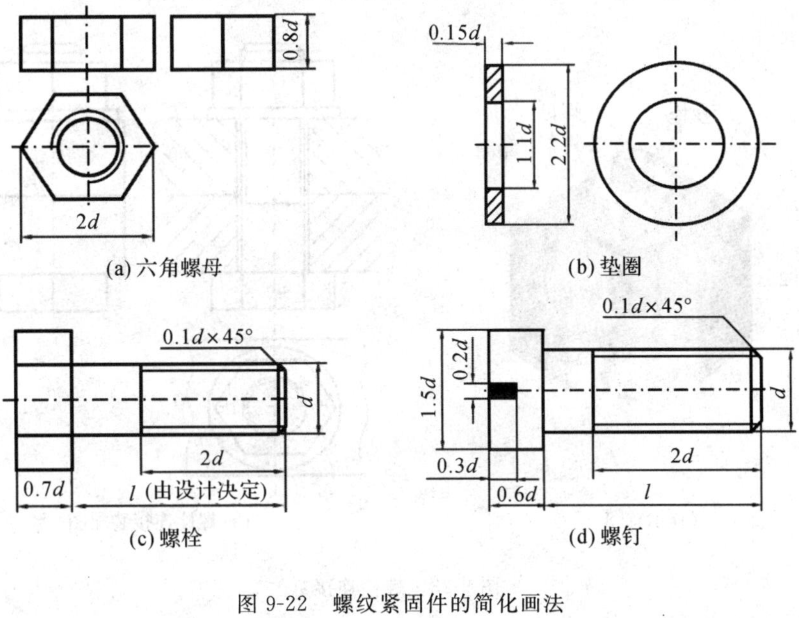

图 9-22　螺纹紧固件的简化画法

1.2　垫圈

标记示例：垫圈　GB/T 97.1 12

简化画法如图 9-22(b)所示，图中 d 即为标记中“规格—性能”的数值 12，表示与公称直径为 12 的螺纹紧固件配套使用的辅助零件。

1.3 六角头螺栓

标记示例：螺栓 GB/T 5780 M12×80

简化画法如图 9-22(c)所示。标记中的“M12×80”中的 80 表示螺栓长度，即 $L=80$。

1.4 螺钉

标记示例：螺钉 GB/T 65 M12×L

简化画法如图 9-22(d)所示。

2 螺纹紧固件装配图的画法

2.1 螺栓装配图的简化画法

螺栓的装配通常由螺栓、垫圈、螺母三种标准件构成。

2.1.1 装配示意

被连接件 1 与被连接件 2 必须预先钻出通孔，通孔的孔径为 1.1d(d 螺栓的大经)，然后将螺栓从孔中穿过，再套上垫圈、拧紧螺母即实现了连接，如图 9-23(a)所示。这种连接主要用于两零件被连接处厚度不大而受力较大，且需要经常拆装的场合。

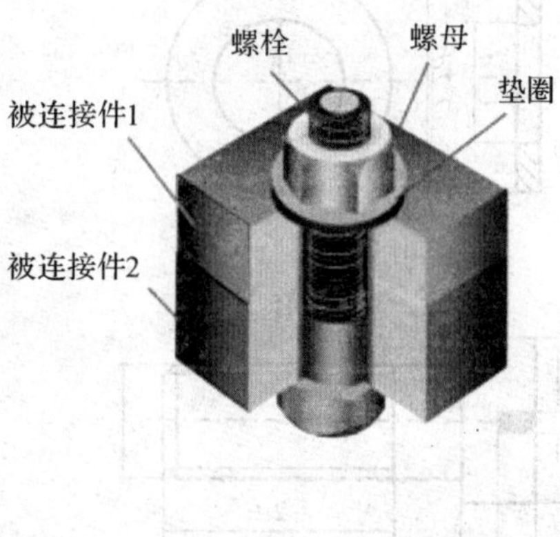

(a) 示意图

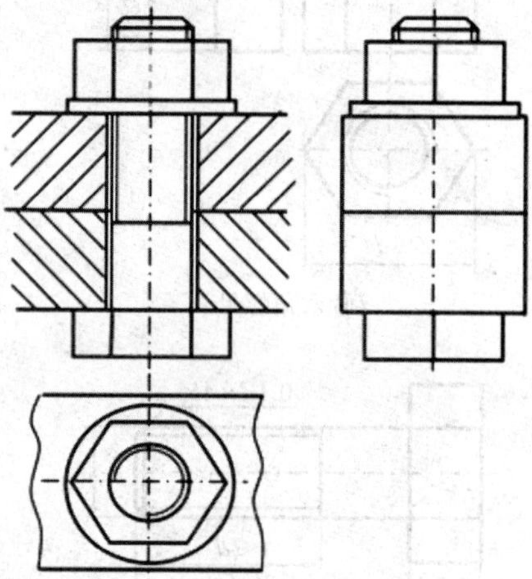

(b) 螺栓连接装配图

图 9-23 螺栓连接

2.1.2 规定画法

(1)主视图采用全剖视，而标准件在被纵向剖切的剖视图中均按不剖画图，如图 9-23(b)所示。

(2)两零件接触表面画一条线，如垫圈与螺母的上下接触。不接触表面画两条线，如两块被连接件的通孔与螺栓大经线，应画两条线(通孔直径 1.1d，螺栓直径 d)，如图 9-23(b)所示。

(3)两块相邻的被连接件的剖面线应不一致,表示其为两个零件。剖面线的不一致性表现在方向相反。也可表现为方向一致,但间距不一致。

2.1.3 绘图步骤

如图 9-24 所示。

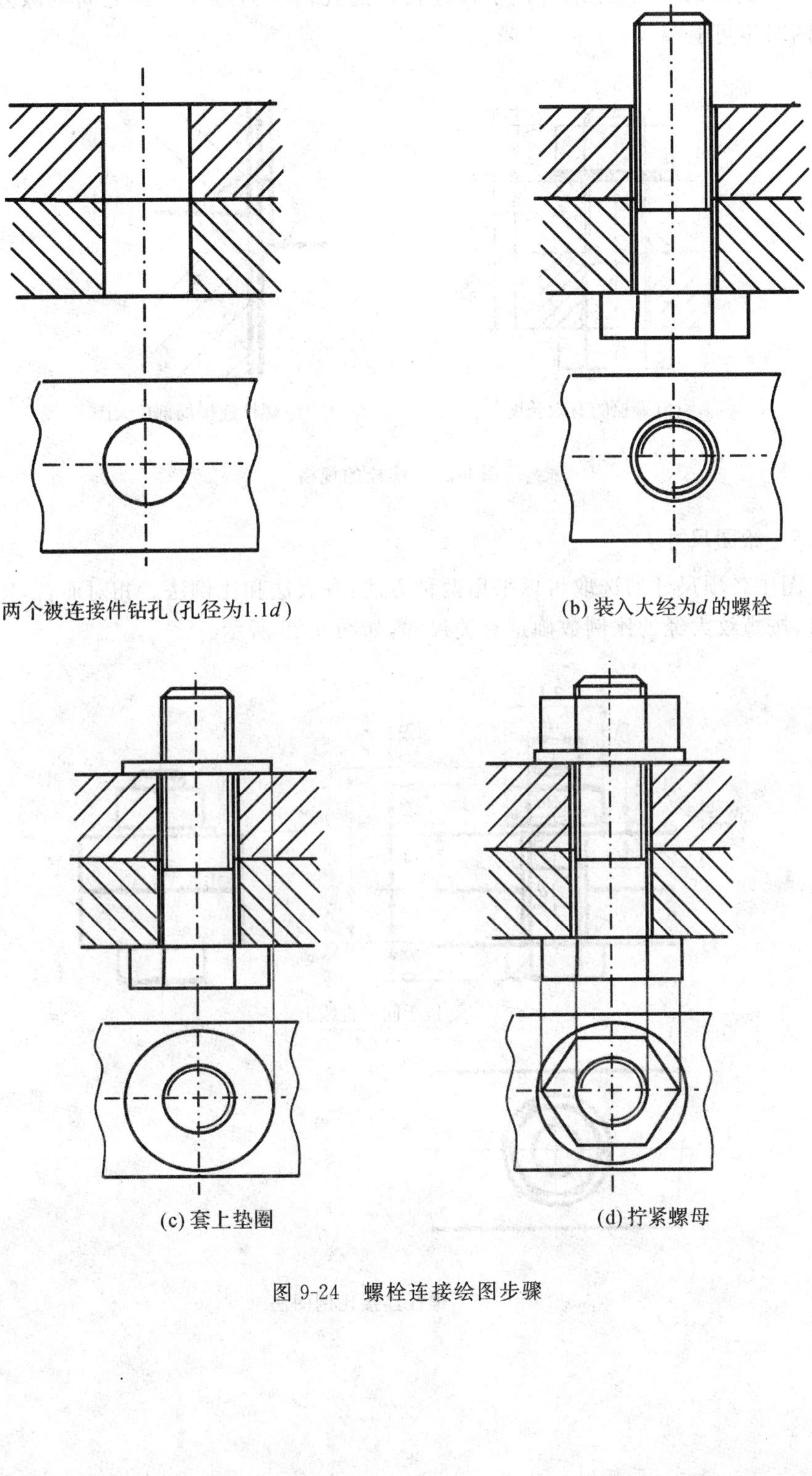

图 9-24　螺栓连接绘图步骤

2.1.4 螺栓有效长度的选用：

如图 9-25(a)所示，螺栓大经 d 的选用由连接强度要求或结构要求确定，螺栓的有效长度 l 则由下式估算：

$L=t_1+t_2+0.15d$(垫圈厚度)$+0.8d$(螺母厚度)$+0.3d$(计算后查表取标准值)。图 9-25(b)为局部放大图，详细表达了被连接件通孔内腔与螺栓大经之间空隙处线段的画法，在绘图时不可遗漏。

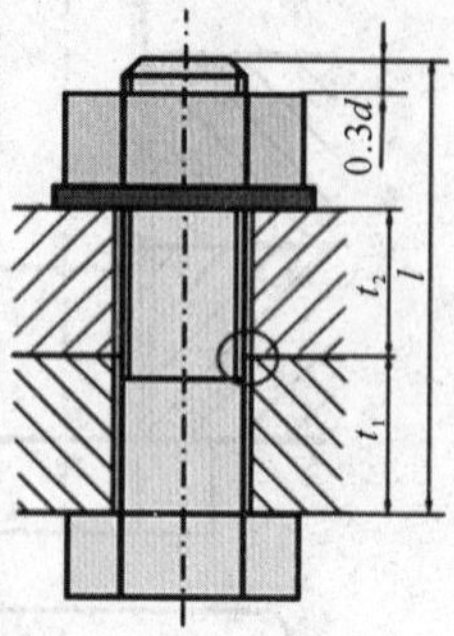

(a) 螺栓的有效长度

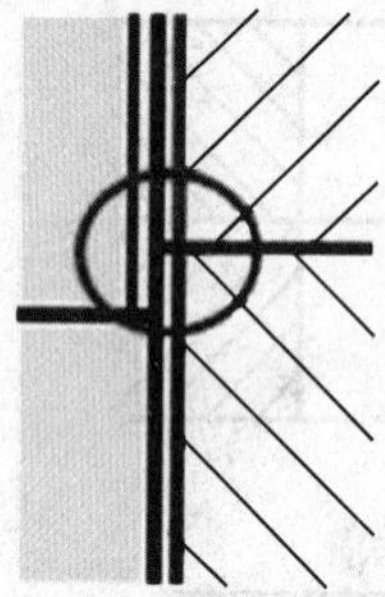

(b) 螺栓连接局部放大图

图 9-25 螺栓的规格

2.1.5 绘图尺寸

在绘图中各项尺寸的选取可以采用两种方法：查表法和比例法。相对而言，比例法既简单又省时，按螺纹大经的比例数确定有关尺寸，如图 9-26 所示。

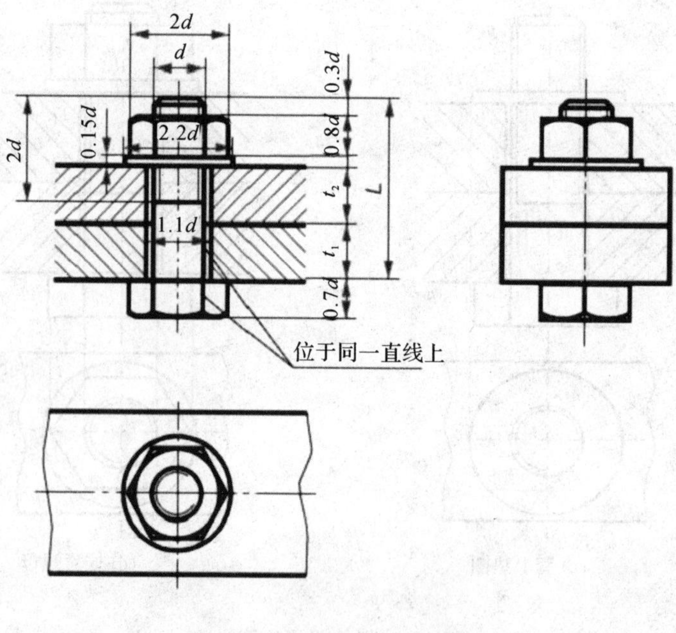

图 9-26 螺栓连接比例图法

2.2 螺柱装配图的简化画法

当两块被连接件,有一块较厚或不宜用螺栓连接时,常采用双头螺栓连接。与螺柱连接配合使用的常有垫圈、螺母,如图 9-27(a)所示。

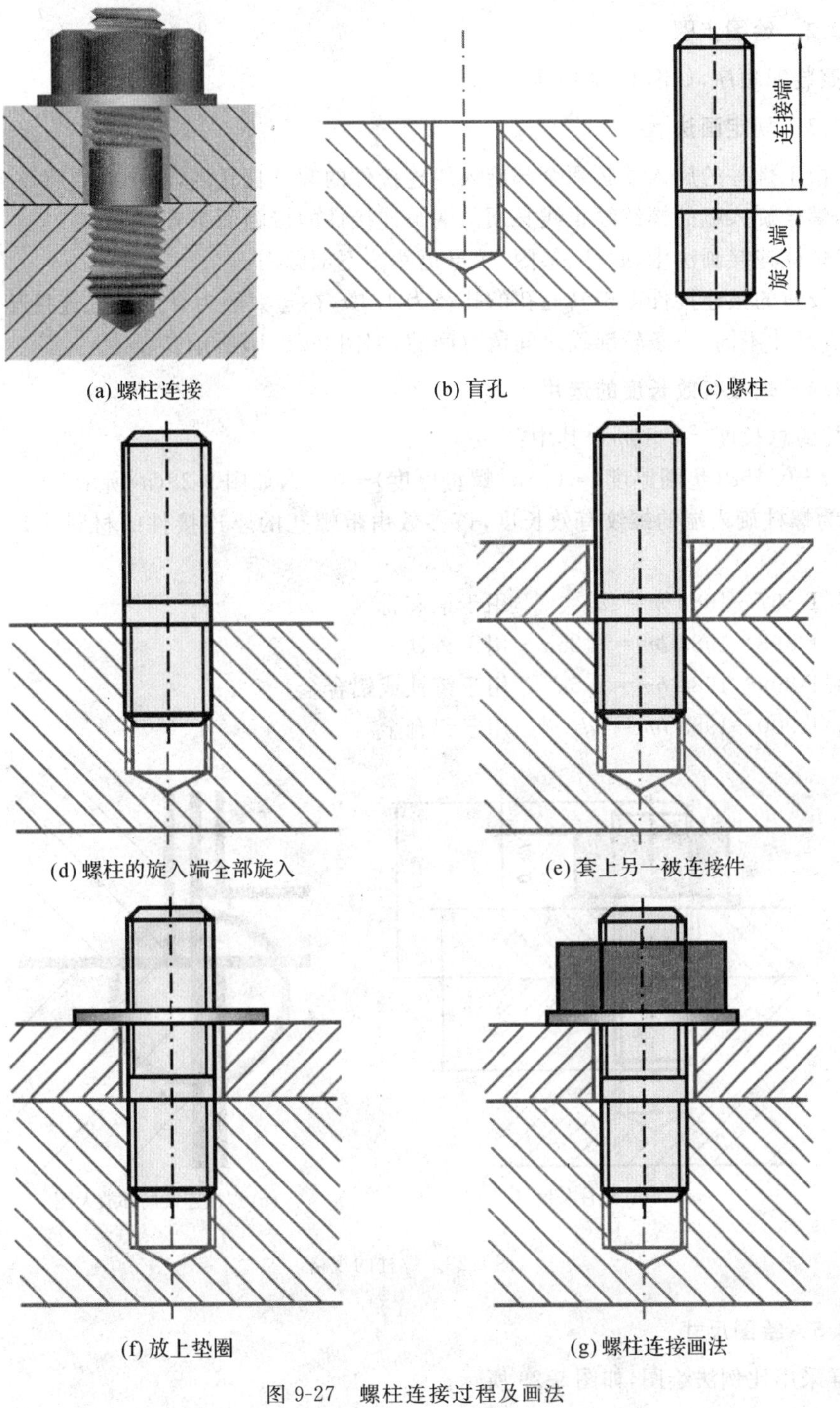

(a) 螺柱连接 (b) 盲孔 (c) 螺柱

(d) 螺柱的旋入端全部旋入 (e) 套上另一被连接件

(f) 放上垫圈 (g) 螺柱连接画法

图 9-27 螺柱连接过程及画法

2.2.1　装配示意

先在较厚的被连接件上加工出不穿通的螺纹孔（盲孔），另一块较薄的连接件上加工出通孔（1.1d）。连接时，将螺柱的旋入端全部旋入较厚的被连接件的螺纹盲孔内，再套上另一块较薄的连接件，最后放上垫圈，拧紧螺母，完成螺柱连接。

2.2.2　绘图步骤

按照装配顺序，如图 9-27 所示。

2.2.3　规定画法

（1）由于螺柱的旋入端必须全部旋入厚连接件的螺纹盲孔内，画图时要将该连接关系表达正确，螺栓旋入端的螺纹终止线必须与两被连接件的接触面平齐。

（2）螺柱连接画法中，螺柱、垫圈、螺母仍然按不剖画图。

（3）较薄的被连接件由于其通孔的孔径为 1.1d，在与大经为 d 的螺柱连接端配合时，为表示两者尺寸不同，两条轮廓线之间留有间隙，如图 9-28(b)所示。

2.2.4　螺柱有效长度的选用

螺柱的总长度＝$L+bm$　其中：

$L=t+0.15d$（垫圈厚度）$+0.8d$（螺母厚度）$+0.3d$，如图 9-28(a)所示。

b_m 为螺柱旋入端的螺纹有效长度，该参数由带螺孔的厚连接件的材料决定，四种规格如下：

GB/T 897—1988 $m=1d$　　用于铜和青铜
GB/T 898—1988 $bm=1.25d$　用于铸铁
GB/T 899—1988 $bm=1.5d$　　用于铸铁或铝合金
GB/T 900—1988 $bm=2d$　　用于铝合金

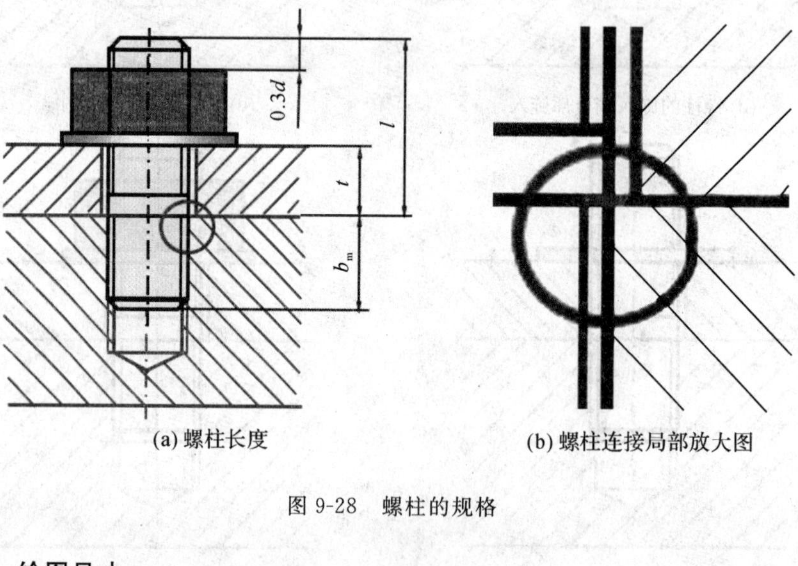

(a) 螺柱长度　　(b) 螺柱连接局部放大图

图 9-28　螺柱的规格

2.2.5　绘图尺寸

同样采用比例法绘图，如图 9-29 所示。

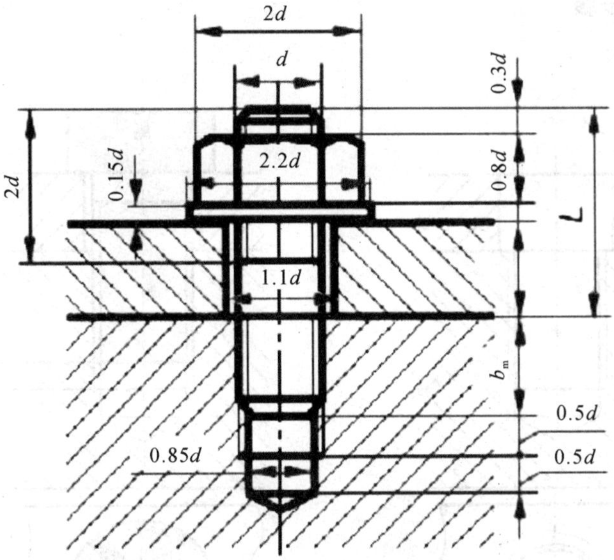

图 9-29　螺柱连接比例图法

2.3　螺钉装配图的简化画法

螺钉主要用于不经常拆卸，受力不大的连接场合。螺钉的头部有柱形、锥形和球形的，通常开有一字槽或十字槽，便于装配时工具的使用，如图 9-30 所示为开槽圆柱头螺钉连接示意图。

图 9-30　螺钉连接

2.3.1　装配示意

两个被连接件一厚一薄，其中薄的连接件加工有通孔，孔径 1.1d，厚的连接件加工有螺孔。连接时将螺钉穿过薄连接件的通孔，旋入厚连接件的螺孔中，并依靠其圆柱形头部压紧被连接件而实现两者的连接。

2.3.2 绘图步骤

如图 9-31 所示。

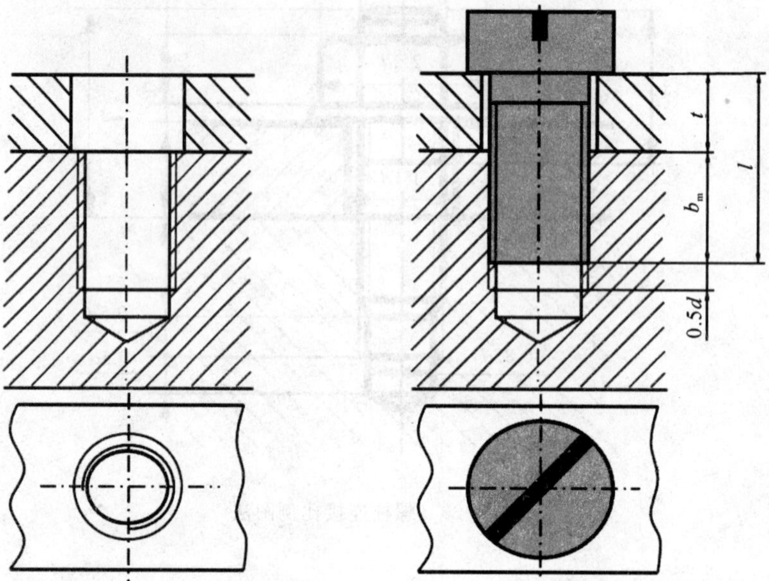

(a) 两被连接件　　(b) 旋入螺钉

图 9-31　螺钉连接装配图

2.3.3 规定画法

(1)螺钉头部的一字槽在通过螺钉轴线剖切的视图上应按垂直于投影面的位置画出，而在垂直于螺钉轴线的投影面上的投影应按 45°画出。

(2)螺钉螺杆上的有效螺纹应大于旋入深度，即螺钉的螺纹终止线在图中应高于两被连接件接触面的投影。

(3)螺钉的末端与螺孔的螺纹终止线之间应保留空隙 0.5d。

2.3.4 螺钉有效长度的选用

螺钉的公称长度 $L=t+bm$。

式中 t 为通孔薄连接件的厚度，bm 为螺钉旋入深度，其长度仍然由带螺孔的厚连接件的材料决定，与螺柱连接时的四种材料规格相同。

计算后从相应的螺钉标准长度系列中选取其标准值。

2.3.5 绘图尺寸

如图 9-32 所示，其中图 9-32(b)为开槽沉头螺钉连接比例画法。

2.4 紧定螺钉装配图的简化画法

紧定螺钉用于固定两个零件的相对位置，使它们相互之间定位及不产生相对运动，以便能量的传递。

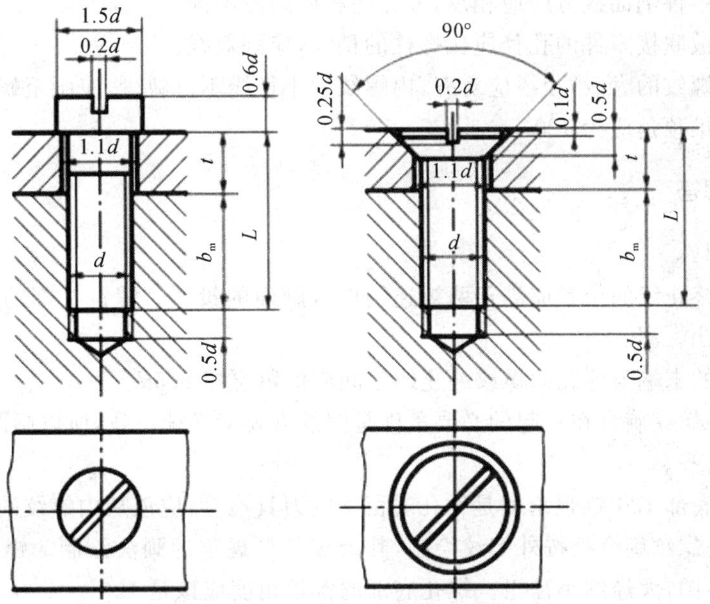

(a) 圆柱头螺钉连接比例画法　(b) 开槽沉头螺钉连接比例画法

图 9-32　螺钉连接比例画法

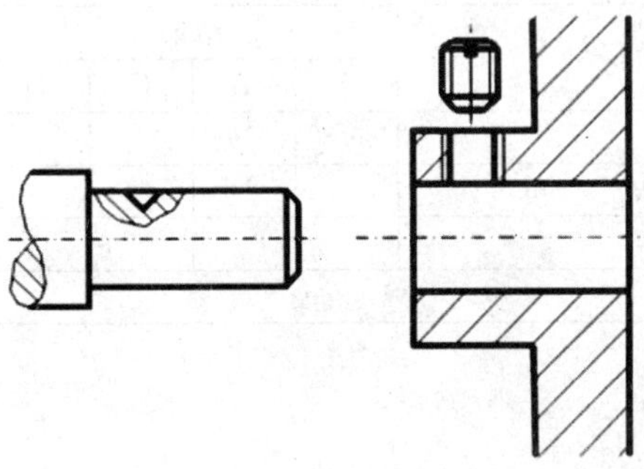

(a) 轴上加工出锥坑　(b) 齿轮轮毂上加工出螺孔

图 9-33　紧定螺钉装配图

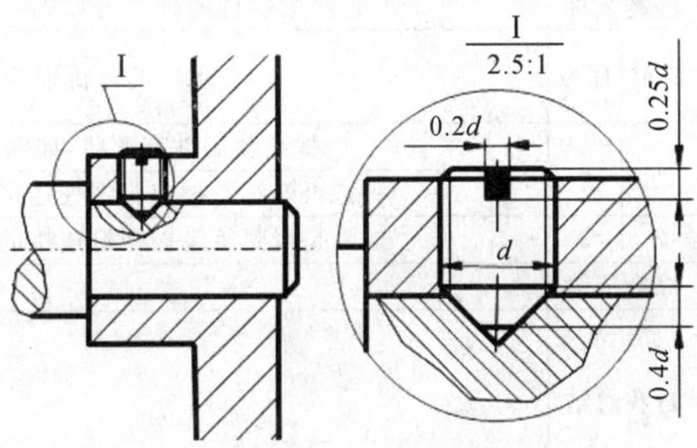

(a) 紧定螺钉装配图　(b) 局部放大图

图 9-34　紧定螺钉装配图

如图 9-33 所示，轴与齿轮轮毂的配合，为保证两者同步旋转，达到能量的传递。轴的表面预先加工出椎坑，轮毂圆柱垂直于中心轴线方向加工螺孔，用一个开槽锥端紧定螺钉旋入轮毂螺孔，使螺钉端部 90°锥顶角与轴上 90°锥坑压紧，从而固定了轴与齿轮的相对位置。

图 9-34 为紧定螺钉的装配图，注意剖视图中零件剖与不剖的处理及不同零件在剖视图中剖面线的画法。

◎ 任务解答

要求 1 解答

(1)螺柱伸出螺母部分螺纹表达不完整。

(2)相邻零件剖面线方向应相反,或方向相同间隔不同。

(3)上部被联接零件的孔径应比螺柱的稍大,应画双线。

(4)内外螺纹的大、小径线应对齐,内螺纹的小径线不可缺少,应画至螺纹终止线。

(5)钻孔锥顶角应为 120°。

要求 2 解答

分析视图:

(1)螺纹终止线的位置应高于两被连接件接触面的投影。螺钉头部的一字槽在俯视图中应按 45°画出。

(2)螺钉的末端与螺孔的螺纹终止线之间应保留空隙 0.5d。

(3)内、外螺纹旋合在一起的必要条件是螺纹五要素必须一致,所以画图时内、外螺纹的大小经必须对齐。

(4)螺孔底部 120°锥顶角度是钻孔时留下的刀具痕迹,应该从内螺纹的小径线引出。

(5)内、外螺纹旋合处按外螺纹绘制,其余按各自规定的画法绘制。螺孔末端未旋合处应按内螺纹绘图,大经细小径粗。螺孔底部的锥顶角度应该是 120°。

(6)螺纹连接剖视图中,剖面线应画到粗实线。

◎ 任务评价

课题名称		螺纹紧固件的种类与画法	任课教师			
要求	序号	要求中的评价项目	结果			
			A	B	C	D
1	1	螺纹紧固件有哪些,如何标记?				
	2	是否熟练掌握双头螺柱连接的画法?				
2	3	是否熟练掌握螺钉连接的画法?				
综合成绩						
自我总结						
学生签字: 年 月 日			指导教师签字: 年 月 日			

三、键连接和销连接的画法

◎ 任务书

项目	键连接和销连接的画法	用时	2学时
目的	1. 掌握键连接的画法。 2. 掌握销连接的画法。		

续表

<table>
<tr><td>项目</td><td>键连接和销连接的画法</td><td>用时</td><td>2 学时</td></tr>
<tr><td>要求</td><td colspan="3">1. 根据图 9-35 所示的零件，完成普通平键连接图。
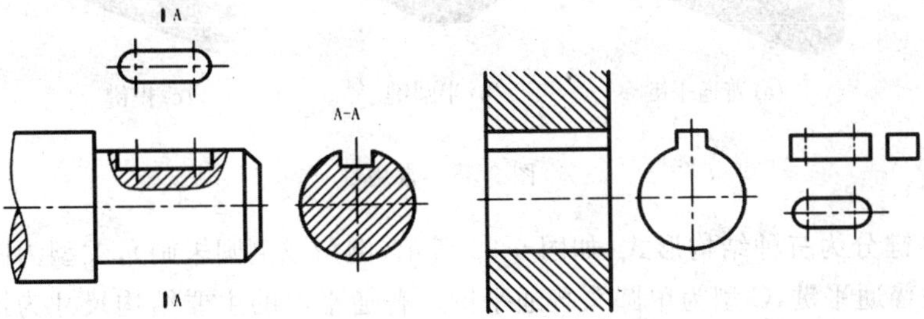
图 9-35
2. 根据图 9-36 所示的零件，完成销连接图。
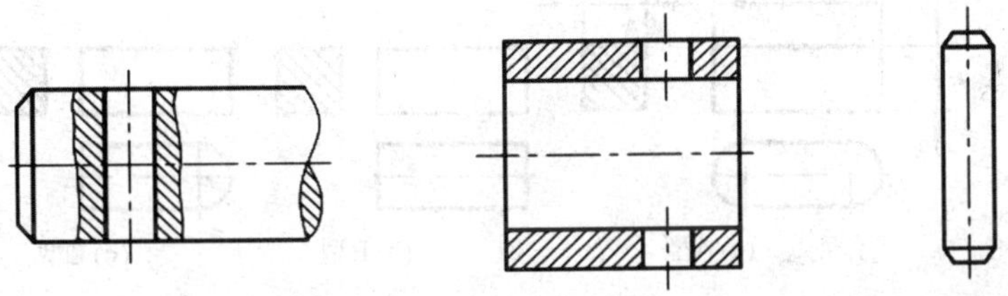
图 9-36</td></tr>
</table>

◎ 知识链接

1 键和键连接的画法

1.1 键的功用、种类及标记

1.1.1 键的功用及种类

键(标准件)通常用来连接轴和装在轴上的转动零件(如齿轮、带轮等)，确保两者之间的同步旋转并起到传递扭矩的作用，如图 9-37 所示。

键的种类有普通平键、半圆键、钩头楔键，如图 9-38 所示。

图 9-37 键的功用

(a) 普通平键　　(b) 半圆键　　(c) 楔键

图 9-38　常用键

普通平键分为三种结构形式，如图 9-39 所示（倒角或倒圆未画），A 型为圆头普通平键，B 型为方头普通平键，C 型为单圆头普通平键。普通平键的主要结构尺寸为键宽 b、键高 h、键长 L。

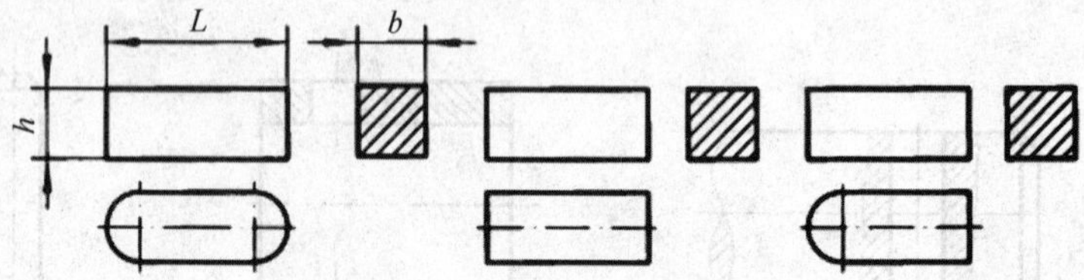

(a) A型　　(b) B型　　(c) C型

图 9-39　普通平键

1.1.2　键的标记

普通平键的标记格式：名称键的形式键 $b\times h\times L$　GB1096—2003

例如：GB/T 1096 键 B18×11±100，表示平头普通平键(B)型，$b=18$，$h=11$，$L=100$。圆头普通平键在标记中可以省略级别符号 A。

键的选择，根据轴的直径查表获取。如轴的直径为 55mm，查表 9-4 得出键的各类尺寸为：$b=16$、$h=10$、$L=45\sim180$，L 尺寸为一个尺寸范围，要依据相应的轮毂长度，如图 9-39(a)所示，再在 L 系列中选择合适的标准尺寸，通常键的长度尺寸要比轮毂长度尺寸短 5～10mm。

1.2　键连接的画法及键槽尺寸注法

"键连接"即用键来连接轴和装在轴上的转动零件，起传递扭矩的作用。为了安装键，必须在轴与轮毂上设计并加工键槽。如图 9-40 所示，轴上的键槽宽度 b，键槽深度 t，键槽长度 L，轮毂上的键槽宽度 b，键槽深度 t_1，都是根据轴的直径 d 查表获取。

例如轴的直径为 55mm，查得键的尺寸为 $b=16$、$h=10$、$L=45\sim180$，同时查取 $t_1=4.3$、$t=6.0$。轴的键槽与轮毂的键槽相加为 $t+t_1=10.3$，而键的高度 $h=10$，其间隙 $\delta=t+t_1-h=0.3$。这个间隙必须在键连接装配图中有所表示，如图 9-41(b)所示用夸大画法强调了此间隙。图 9-41(a)是没有安装键时的示意图，两者对比可以帮助理解键连接装配图的绘图过程。需要注意的是键的安装过程并非图示过程，键必须首先安装在轴上，然后才能再与轮毂连接。

键连接装配图均采用剖视表达方法，键与轴的剖切有横向与纵向之分(类似于肋板的剖切)，横向剖切按剖视画图，纵向剖切按不剖画图。键、轴、轮三者的剖面符号应不一致。

轴上键槽与轮毂上键槽的尺寸标注方法，如图 9-40 所示。由于没有办法单独标注 t、t_1 尺寸，而尺寸 $d-t$、$D+t_1$ 不仅在标注上，更在加工中体现其合理性。

表 9-4

<table>
<tr><th rowspan="4">轴径 d</th><th colspan="3" rowspan="2">键的公称尺寸</th><th colspan="12">键　　槽</th></tr>
<tr><th colspan="6">宽度 b</th><th colspan="4">深　　度</th><th colspan="2" rowspan="3">半径 r</th></tr>
<tr><th rowspan="3">b</th><th rowspan="3">h</th><th rowspan="3">L</th><th rowspan="3">b</th><th colspan="5">偏　　差</th><th colspan="2" rowspan="2">轴</th><th colspan="2" rowspan="2">毂</th></tr>
<tr><th colspan="2">较松键连接</th><th colspan="2">一般键连接</th><th>较紧键连接</th></tr>
<tr><th></th><th>轴 H9</th><th>毂 D10</th><th>轴 N9</th><th>毂 Js9</th><th>轴和毂 P9</th><th>t</th><th>偏差</th><th>t1</th><th>偏差</th><th>最小</th><th>最大</th></tr>
<tr><td>6～8</td><td>2</td><td>2</td><td>6～20</td><td>2</td><td rowspan="2">+0.025
0</td><td rowspan="2">+0.060
0.020</td><td rowspan="2">−0.004
−0.029</td><td rowspan="2">±0.0125</td><td rowspan="2">−0.008
−0.031</td><td>1.2</td><td rowspan="5">+0.1
0</td><td>1</td><td rowspan="5">+0.1
0</td><td rowspan="3">0.08</td><td rowspan="3">0.16</td></tr>
<tr><td>>8～10</td><td>3</td><td>3</td><td>6～36</td><td>3</td><td>1.8</td><td>1.4</td></tr>
<tr><td>>10～12</td><td>4</td><td>4</td><td>8～45</td><td>4</td><td rowspan="3">+0.030
0</td><td rowspan="3">+0.078
+0.030</td><td rowspan="3">0
−0.030</td><td rowspan="3">±0.015</td><td rowspan="3">−0.012
−0.042</td><td>2.5</td><td>1.8</td></tr>
<tr><td>>12～17</td><td>5</td><td>5</td><td>10～56</td><td>5</td><td>3.0</td><td>2.3</td><td rowspan="3">0.16</td><td rowspan="3">0.25</td></tr>
<tr><td>>17～22</td><td>6</td><td>6</td><td>14～70</td><td>6</td><td>3.5</td><td>2.8</td></tr>
<tr><td>>22～30</td><td>8</td><td>7</td><td>18～90</td><td>8</td><td rowspan="2">+0.036
0</td><td rowspan="2">+0.098
0.040</td><td rowspan="2">0
−0.036</td><td rowspan="2">±0.018</td><td rowspan="2">−0.015
−0.051</td><td>4.0</td><td rowspan="5">+0.2
0</td><td>3.3</td><td rowspan="5">+0.2
0</td></tr>
<tr><td>>30～38</td><td>10</td><td>8</td><td>22～110</td><td>10</td><td>5.0</td><td>3.3</td><td rowspan="4">0.25</td><td rowspan="4">0.40</td></tr>
<tr><td>>38～44</td><td>12</td><td>8</td><td>28～140</td><td>12</td><td rowspan="3">+0.043
0</td><td rowspan="3">+0.120
+0.050</td><td rowspan="3">0
−0.043</td><td rowspan="3">±0.0215</td><td rowspan="3">−0.018
−0.061</td><td>5.0</td><td>3.3</td></tr>
<tr><td>>44～50</td><td>14</td><td>9</td><td>36～160</td><td>14</td><td>5.5</td><td>3.8</td></tr>
<tr><td>>50～58</td><td>16</td><td>10</td><td>45～180</td><td>16</td><td>5.5</td><td>4.3</td></tr>
<tr><td>L 系列</td><td colspan="15">6、8、10、12、14、16、18、20、22、25、28、32、36、40、45、50、56、63、70、80、90、100、110、125、140、160、180</td></tr>
</table>

注：$(d-t)$和$(d+t_1)$的偏差按相应的 t 和 t_1 的偏差选取，但$(d-t)$的偏差值应取负号。

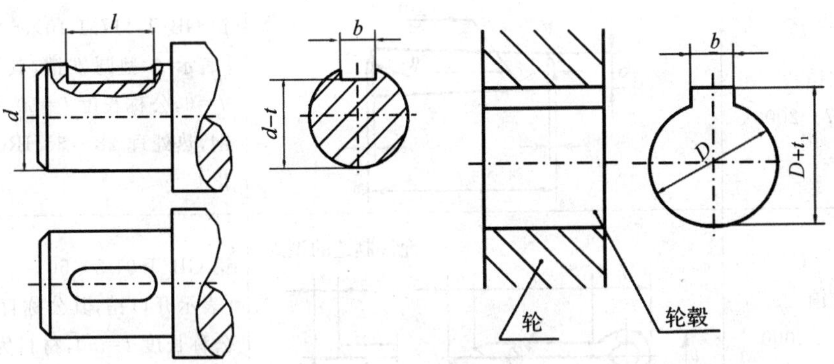

(a) 轴上键槽及其尺寸注法　　(b) 轮毂上键槽及其尺寸注法

图 9-40　轮毂键槽与轴上键槽的尺寸标注

2　销连接画法

销主要用于零件之间的定位，也可用于零件之间的连接，但只能传递不大的扭矩。

常用的销有圆柱销、圆锥销、开口销，如图 9-42 所示，其形状和尺寸均已标准化，表 9-5 列举了这三种销的图例和标记示例。

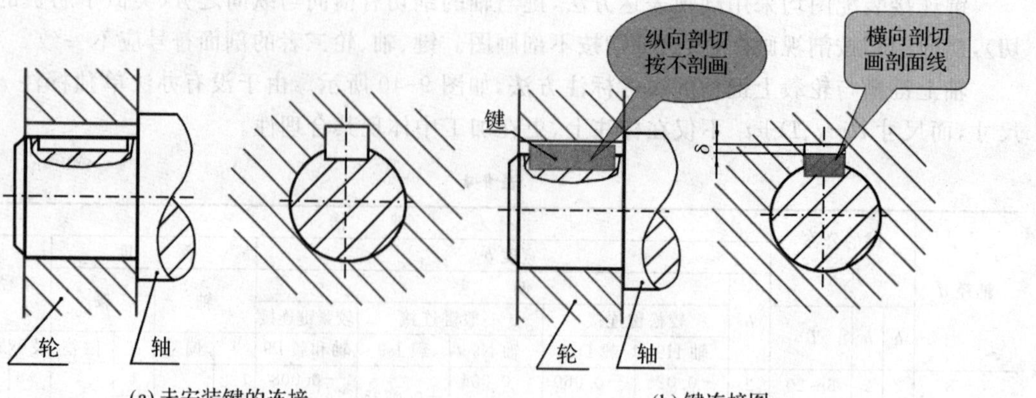

(a) 未安装键的连接　　(b) 键连接图

图 9-41　键连接装配图

表 9-5　常用的销的图例和标记

名称及标准编号	图　例	标记及说明
圆柱销 GB/T 119－2000	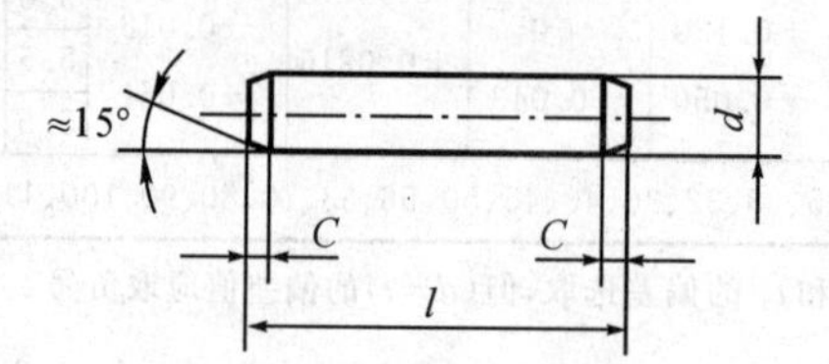	销 GB/T 119.1 6m6×30 [表示圆柱销，公称直径 d＝6，公差 m6，公称长度 l＝30，材料为钢，不淬火，不经表面处理]
圆柱销 GB/T 117－2000	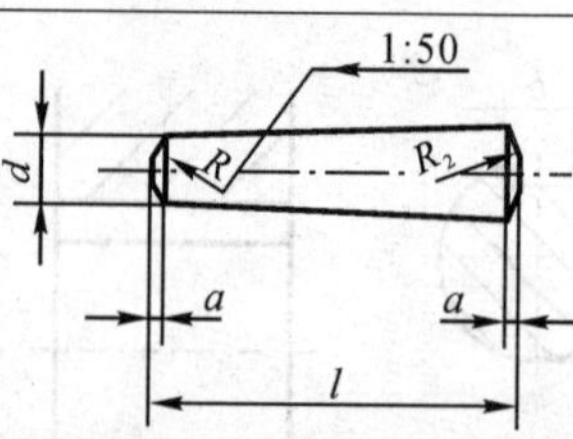	销 GB/T 117.1 10×60 [表示 A 型圆锥销，其公称直径 d＝6，公称长度 l＝60，材料为 35 钢，热处理 28～38HRC、表面氧化]
开口销 GB/T 91－2000	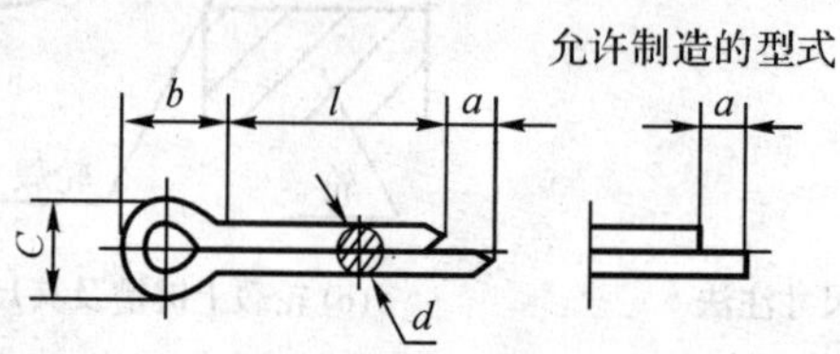	销 GB/T 91 5×50 [表示开口销，其公称直径 d＝6，公称长度 l＝50，材料为低碳钢，不经表面处理]

销连接的画法如图 9-42 所示，当剖切平面通过销的基本轴线时，对于销的剖切位置属于纵向剖切，所以在图中销作不剖处理，按不剖画图。

◎ **任务解答**

要求 1 解答

图 9-35 所示的零件有 3 个：带有键槽的轴类零件、带有键槽孔的轮盘类零件和普通平键。键连接是一种常用的可拆卸连接，用于将轴与轴上的零件（如带轮、齿轮等）连接在一起。将键嵌入轴上的键槽中，再将带有键槽孔的轮盘装在轴上，当轴转动时会带动轮盘同步

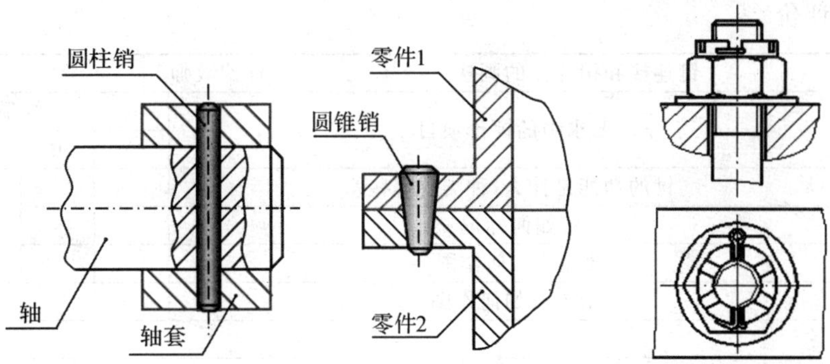

(a) 圆柱销连接　(b) 圆锥销连接　(c) 开口销连接

图 9-42　销连接

转动,实现传递动力的目的。

完成后的键连接如图 9-43 所示。

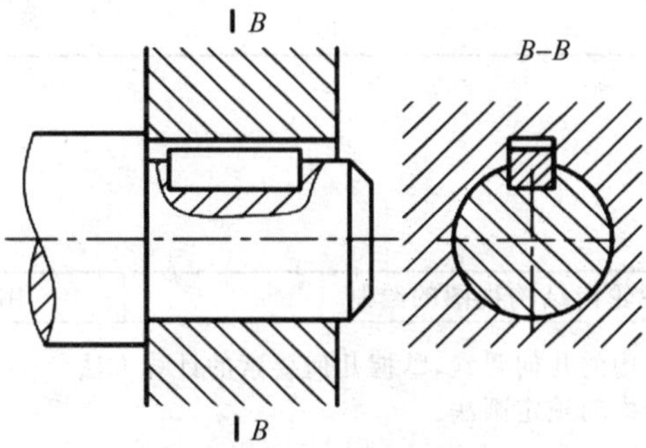

图 9-43　平键连接图

要求 2 解答

图 9-36 所示的零件有 3 个:带有销孔的轴类零件、带有销孔的套筒和圆柱销。销连接可用于传递不大的载荷,也可作为定位或安全保护过载剪断元件。将轴装入套筒中的孔后,轴上销孔和套筒中的销孔轴线对准,再将圆柱销插入其中。

完成后的销连接如图 9-44 所示。

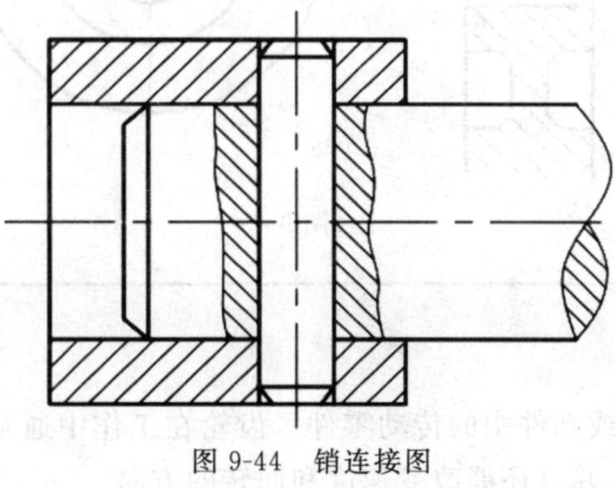

图 9-44　销连接图

◎ 任务评价

课题名称		键连接和销连接的画法	任课教师			
要求	序号	要求中的评价项目	结果			
			A	B	C	D
1	1	键的功能是什么,种类有哪些?				
	2	键如何标记?				
	3	键连接如何作图?				
2	4	销连接如何作图				
综合成绩						
自我总结						
学生签字: 年 月 日			指导教师签字: 年 月 日			

四、齿轮

◎ 任务书

项目	圆柱齿轮轮齿结构视图的绘制	用时	2 学时
目的	1. 了解圆柱齿轮轮齿结构的几何要素,掌握几何要素的计算方法。 2. 掌握圆柱齿轮轮齿结构的规定画法。		
要求	1. 已知标准直齿圆柱齿轮模数 $m=3$,齿数 $Z=28$,将图 9-45 所示的齿轮视图补全。 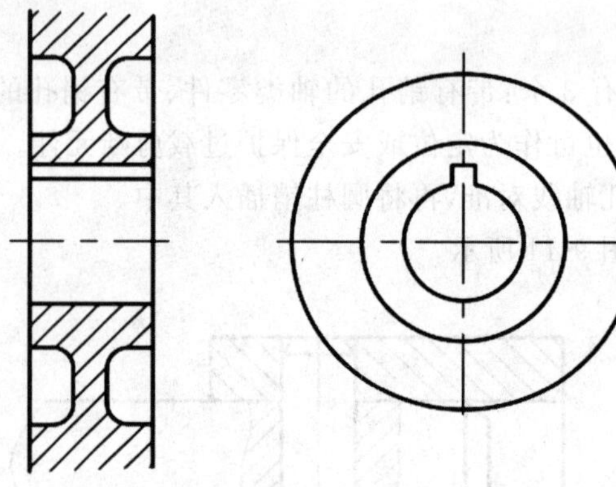 图 9-45		

◎ 知识链接

齿轮是广泛用于机械或部件中的传动零件。齿轮在工作中通常都是成对出现,一组齿轮不仅可以用来传递动力,并且还能改变速度和回转的方向。

图 9-46 表示了三种常见的齿轮传动形式。圆柱齿轮通常用于平行两轴之间的传动；圆锥齿轮用于相交两轴之间的传动；蜗杆与蜗轮则用于交叉两轴之间的传动。

齿轮并非标准件，只是齿轮的轮齿部分被标准化了，部分参数被标准化了的零件称为常用件。本章节就直齿圆柱齿轮，重点讨论齿轮的规定画法。

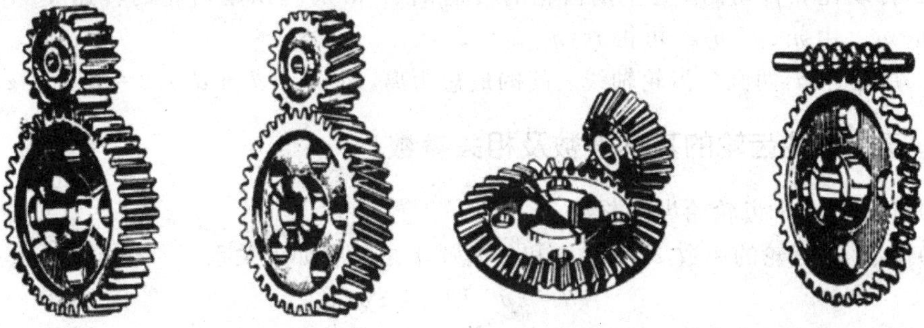

(a) 圆柱齿轮　　(b) 圆锥齿轮　　(c) 蜗轮与蜗杆

图 9-46　常见齿轮传动

1　直齿圆柱齿轮的各部分名称及尺寸代号

图 9-47 为两相互啮合的圆柱齿轮的传动示意图。

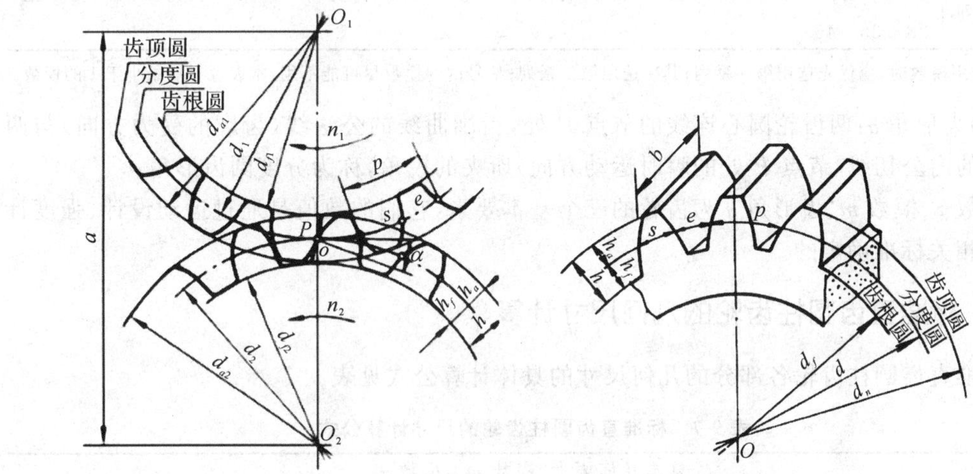

(a) 啮合图　　(b) 齿轮轮齿

图 9-47　圆柱直齿齿轮

(1)齿顶圆 d_a：齿轮齿顶所在的圆柱面与端面的交线圆。

(2)齿根圆 d_f：齿轮齿槽底所在的圆柱面与端面的交线圆。

(3)分度圆直径 d：在齿顶圆与齿根圆之间，使齿厚 s 与齿槽宽 e 的弧长相等的圆。

(4)齿顶高 h_a：齿顶圆与分度圆之间的径向距离。

(5)齿根高 h_f：齿根圆与分度圆之间的径向距离。

(6)全齿高 h：齿顶圆与分度圆之间的径向距离。

(7)齿厚 s：一个齿的两侧齿廓之间的分度圆弧长。

(8)槽宽 e：一个齿槽的两侧齿廓之间的分度圆弧长。

(9)齿距 p：相邻两齿的同侧齿之间的分度圆弧长。

(10)齿宽 b：齿轮轮齿的宽度(沿齿轮轴线方向度量)。

(11)传动比 i：传动比 i 为主动齿轮的转速 n_1(r/min)与从动齿轮的转速 n_2(r/min)之比，即 n_1/n_2。由 $n_1z_1=n_2z_2$ 可得 $i=n_1/n_2=z_2/z_1$。

(12)中心距 a：两圆柱齿轮轴线之间的最短距离，即：$a=(d_1+d_2)/2=m(z_1+z_2)/2$。

2 直齿圆柱齿轮的基本参数及相关参数

(1)齿数 z：一个齿轮轮齿的总数。

(2)模数 m：齿轮的齿数 z、齿距 p 和分度圆 d 之间有如下关系：

$$\pi d=zp \quad 即\ d=zp/\pi$$

由于式中出现了无理数 π，不便于计算和标准化，令 $p/\pi=m$，则 $d=mz$。

显然，模数 m 是反映轮齿大小和强度的一个基本参数。模数越大，齿轮越厚，齿轮的承载能力越大，不同模数的齿轮要用不同的刀具加工制造。为了便于齿轮的设计和制造，齿轮的模数已经标准化，我国规定的齿轮标准模数值见表 9-6。

表 9-6 圆柱齿轮标准模数 m(GB/T 1357—1987)

第一系列	1 1.25 1.5 2 2.5 3 4 5 6 8 10 12 16 20 25 32 40 50
第二系列	1.75 2.25 2.75 (3.25) 3.5 (3.75) 4.5 5.5 (6.5) 7 9 (11) 14 18 22 28 36 45

注：选用模数时，应优先选用第一系列；其次选用第二系列；括号内的模数尽可能不用，本表没有摘录小于 1 的模数。

(3)齿形角 α：两齿轮圆心连线的节点 P 处，齿廓曲线的公法线(齿廓的受力方向)与两分度圆的内公切线(节点 P 处的瞬时运动方向)所夹的锐角，称为分度圆齿形角。

齿数 z、模数 m、齿形角 α 为齿轮的三个基本要素，它们的数值是通过运动设计、强度计算并按相关标准确定的。

3 标准直齿圆柱齿轮的几何尺寸计算

标准直齿圆柱齿轮各部分的几何尺寸的具体计算公式见表 9-7。

表 9-7 标准直齿圆柱齿轮的尺寸计算公式

基本几何要素：模数 m：齿数 z		
名　称	代　号	计算公式
齿顶高	h	$h=m$
齿根高	h	$h=1.25m$
齿　高	h	$h=2.25m$
分度圆直径	d	$d=mz$
齿顶圆直径	d	$d=m(z+2)$
齿根圆直径	d	$d=m(z-2.5)$

分析表格中的计算公式得知：标准直齿圆柱齿轮的各部分几何尺寸，均由其基本几何要素 m、z 按计算公式，计算得出。

各项几何尺寸中，与齿轮画法相关的尺寸有：分度圆、齿顶圆、齿根圆。

4 直齿圆柱齿轮的规定画法

4.1 单个圆柱齿轮的规定画法

(1)表达方法：一般用两个视图来表示齿轮的结构形状，如图 9-48 所示。其中在齿轮轴线平行于投影面的视图中，可用外形视图或剖视图两种方式表达。

(2)简画画法：根据国家标准 GB/T 4459.2—2003 规定，对直齿圆柱齿轮的轮齿部分采用简单画法，仅画出齿顶圆、分度圆、齿根圆。并对线形做了规定，齿顶圆用粗实线绘制，分度圆用点画线绘制，齿根圆在剖视图中用粗实线绘制，而在视图中用细实线绘制或省略不画。

(3)规定画法：在齿轮轴线平行于投影面的剖视图中，齿轮的轮齿部分一律按不剖画图，仅用粗实线画出齿顶圆、齿根圆的轮齿区域，轮齿区域内不画剖面线。

4.2 一对相互啮合的圆柱齿轮的画法

一对齿轮相互啮合的条件为它们的模数和压力角必须相等，啮合两圆柱齿轮的画法如图 9-48 所示。在单个圆柱齿轮画法的基础上，注意以下几点：

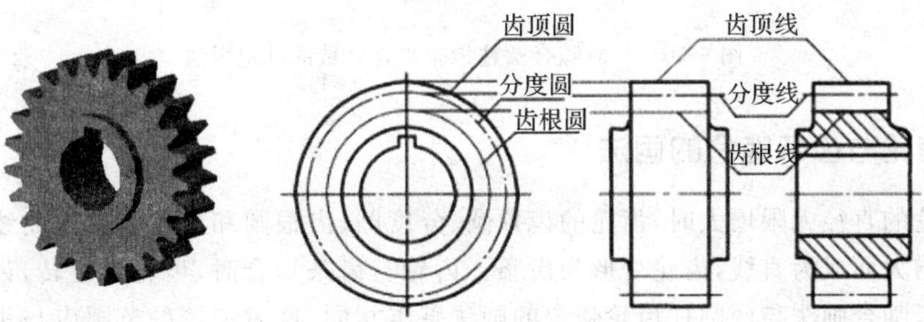

(a) 外形视图　　(b) 剖视

图 9-48　圆柱齿轮的规定画法

(1)在投影为非圆的视图上，一般用剖视图表示。在两齿轮的相互啮合区，同样按不剖画图，仅画五条线，如图 9-49(a)所示。中间的点画线即两相切的分度圆，因为重合仅画一条分度线。点画线两端的一粗实线、一虚线，为两轮齿的齿顶圆，由于两轮齿啮合发生遮挡，一个齿轮(一般为主动轮)的齿顶线画成粗实线，另一个齿轮(一般为从动轮)的齿顶线画成虚线；最外端的两条粗实线，为两轮齿的齿根圆，均可见。

(2)由于齿根高和齿顶高相差 0.25m(m 为齿轮的模数)，所以一齿轮的齿顶线与另一齿轮的齿根线之间有 0.25m 的间隙，即两者不能重合，如图 9-50 所示。

(3)如图 9-49(c)所示的为简化画法，轮齿啮合区两齿顶圆均可省略不画。

(4)如图 9-49(d)所示，外形视图中两轮齿啮合区域的简单画法，仅画相切处的节线(分度圆)用粗实线绘制。

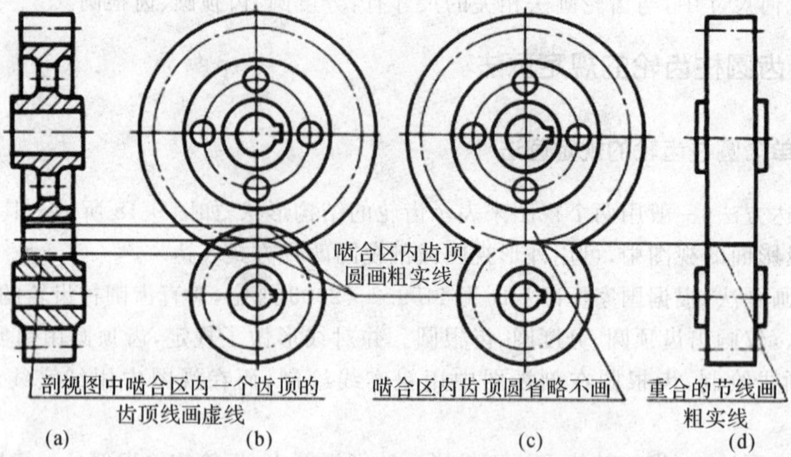

图 9-49　一对啮合圆柱齿轮的规定画法

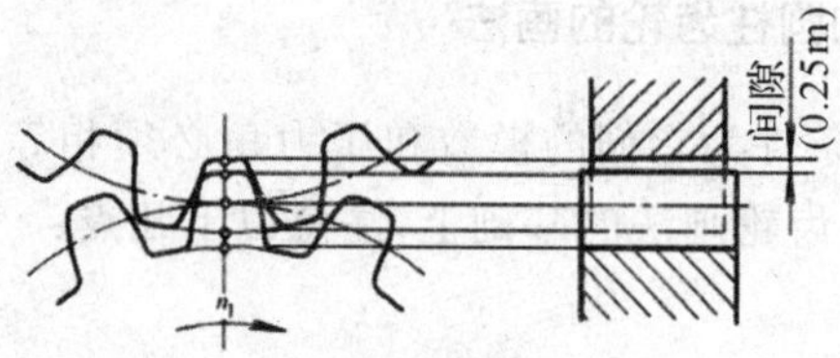

图 9-50　一对啮合圆柱齿轮啮合区域的规定画法

5　齿轮与齿条啮合的画法

当齿轮的直径无限增大时，齿轮的齿顶圆、分度圆、齿根圆和齿轮的齿廓曲线的曲率半径也无限增大而成为直线，齿轮变形为齿条。齿轮与齿条啮合时，齿轮作旋转，齿条做直线运动。两者啮合画法与两圆柱齿轮啮合的画法基本相同，这时齿轮的节圆应与齿条的节线相切，如图 9-51 所示。

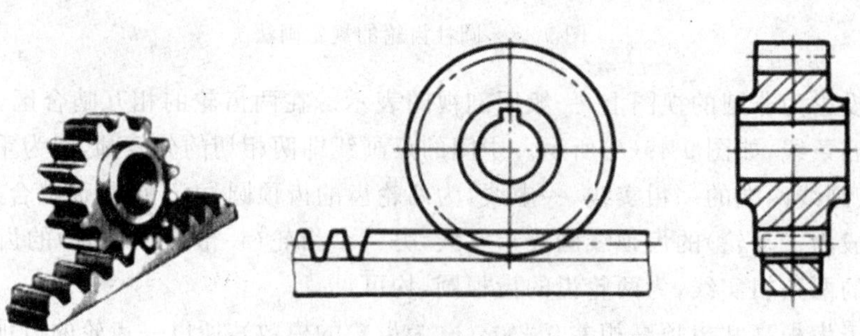

图 9-51　齿轮与齿条啮合画法

6　圆柱齿轮的零件图及尺寸标注

图 9-52 所示的是齿轮的零件图，供绘图时参考，齿轮的尺寸标注要注意其轮齿部分的特殊要求，齿轮轮齿部分的尺寸要求标注三个尺寸：齿顶圆 d_a、分度圆 d 和齿宽 b。

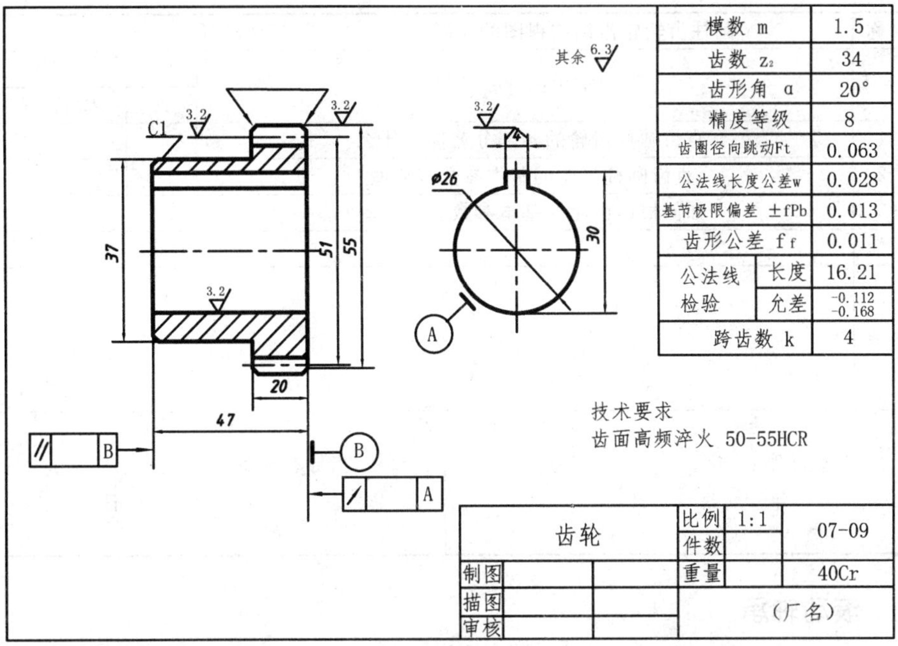

图 9-52　圆柱齿轮零件图示例

◎ 任务解答

要求 1 解答

图 9-45 所示为此齿轮全剖后的立体图，按照标准圆柱直齿轮的参数计算公式可得：分度圆直径 $d=mz=3\times28=84$，齿顶圆直径 $d_a=m(z+2)=3\times(28+2)=90$，齿根圆直径，再按照齿轮的规定画法，结果如图 9-53 所示。

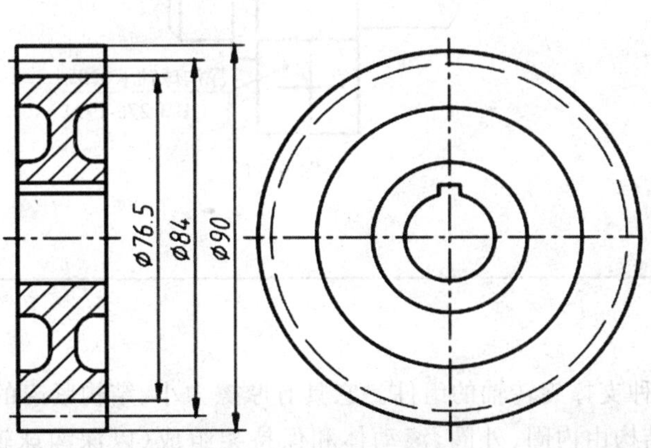

图 9-53　齿轮视图

◎ 任务评价

课题名称		圆柱齿轮轮齿结构视图的绘制	任课教师			
要求	序号	要求中的评价项目	结果			
			A	B	C	D
1	1	直齿圆柱齿轮的各部分名称是什么?				
	2	直齿圆柱齿轮的基本参数有哪些?				
	3	如何根据齿轮的基本参数进行绘图?				
综合成绩						
自我总结						

学生签字: 年　月　日	指导教师签字: 年　月　日

五、滚动轴承

◎ 任务书

项目	补画滚动轴承	用时	1学时
目的	1. 了解滚动轴承的种类和基本代号。 2. 掌握滚动轴承的规定画法。		
要求	用规定画法将图 9-54 中指定的滚动轴承上半部分画完整。 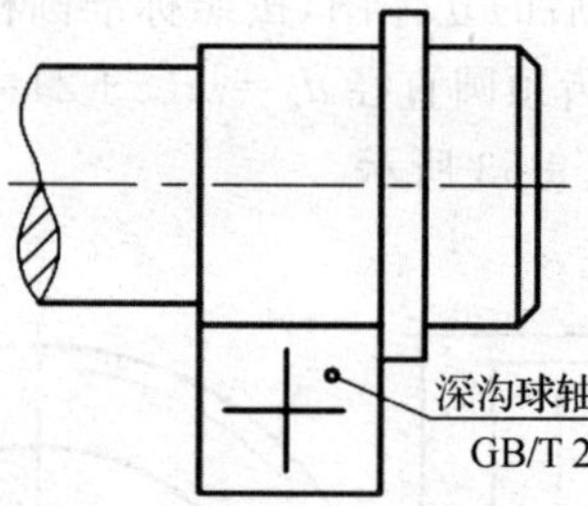 深沟球轴承6205 GB/T 276-1994 图 9-54		

◎ 知识链接

滚动轴承是一种支撑旋转轴的组件。它具有摩擦力小、结构紧凑的优点,已被广泛用于机器或部件中,其结构由内圈、外圈、滚动体和保持架组成(以深沟球轴承为例),如图 9-55 所示。一般情况下,外圈装在机座的孔内固定不动而内圈套在转动的轴上随轴转动。

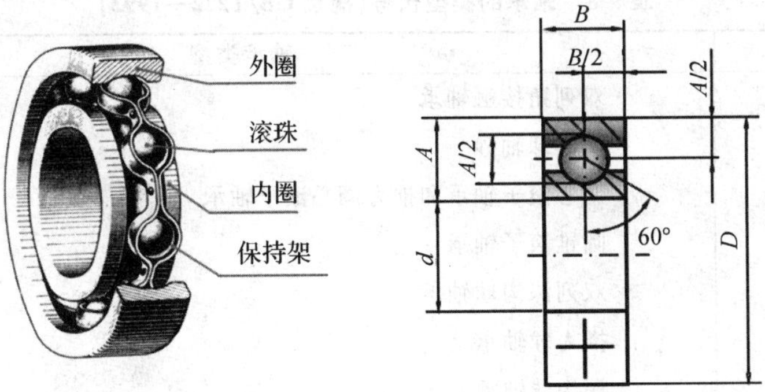

(a) 结构图　　(b) 简化画法

图 9-55　滚动轴承的结构

1　滚动轴承的种类

常用的滚动轴承可分为三类。

(1)向心轴承:—主要承受径向力,如深沟轴承。

(2)推力轴承:—主要承受轴向力,如推力球轴承。

(3)向心推力轴承:—同时承受径向力和轴向力,如圆锥滚子轴承。

2　滚动轴承的代号

滚动轴承代号是用字母和数字来表示滚动轴承的结构、尺寸、公差等级、技术性能等特征的产品符号。国家标准规定,滚动轴承的代号由前置代号、基本代号和后置代号构成。前置、后置代号是轴承在结构形状、尺寸、公差和技术要求等有改变时,在其基本代号前、后添加的补充代号,要了解它们的编制规则和含义可查阅有关标准。

3　滚动轴承的基本代号

滚动轴承的基本代号由类型代号、尺寸系列代号、内径代号组成,通常用 4 位数字表示,从左往右依次为:

(1)左边的一位数字(或字母)为类型代号(见表 9-8)。

(2)第二位是尺寸系列代号,尺寸系列是指同一内径的轴承具有不同的外径和宽度,因而有不同的承载能力,它由宽度和直径代号组成。

(3)最后两位是内径代号,当轴承内径在 20～480mm 范围内,内径代号乘以 5 为轴承的公称内径尺寸。

例如滚动轴承的基本代号 6210

其中:

6—类型代号(深沟球轴承)。

2—尺寸系列代号(02 代号)。

10—内径代号(表示该轴承内径为 10×5=50mm)。

表 9-8　轴承的类型代号(摘录 GB/T272—1993)

代号	轴承类型
0	双列角接触轴承
1	调心球轴砂
2	调心滚子轴承和推力调心滚子轴承
3	圆锥滚子轴承
4	双列深沟球轴承
5	推力球轴承
6	深沟球轴承
7	角接触轴承
8	推力圆柱滚子轴承
N	圆锥滚子轴承
U	外球面球轴承
QJ	四点接触球轴承

滚动轴承的标记由名称、代号和标准编号三个部分组成。

其标记示例:滚动轴承 6210 GB/T276—1994

4　滚动轴承的简化画法和规定画法

滚动轴承是标准件,不必单独为加工绘制零件图,通常在部件的装配图中有其图样。由于详细结构等参数可以查表,所以装配图中采用了简化画法。常用的滚动轴承规定画法、特征画法见表 9-9。

例如深沟球轴承的简化画法,如图 9-55(b)所示。其主要参数 d(内径)、D(外径)、B(宽度)根据轴承代号在画图前查标准确定。

表 9-9　滚动轴承的规定画法、特征画法(摘自 GB/T 4459.7—1998)

轴承类型长代号	名称和标准号	查有得主要数据	规定画法 通用画法	特征画法
 60000 型	深沟球轴承 GB/T1276—1994	D d B	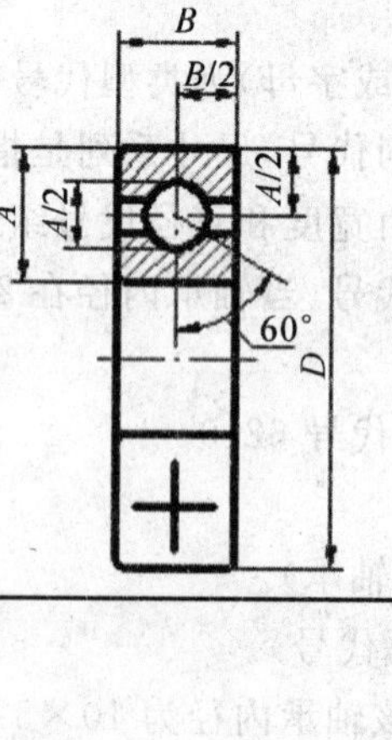	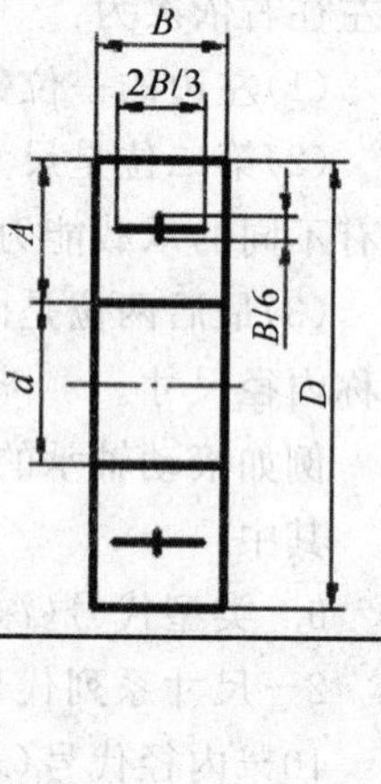

续表

轴承类型长代号	名称和标准号	查有得主要数据	规定画法 通用画法	特征画法
 30000 型	圆锥滚子轴承 GB/T1297 —1994	D d O T C B	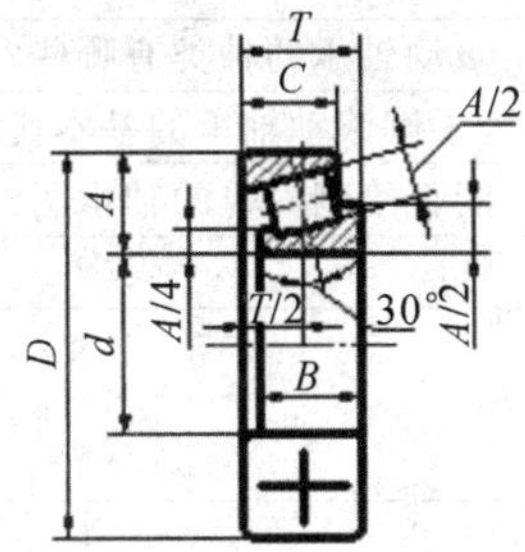	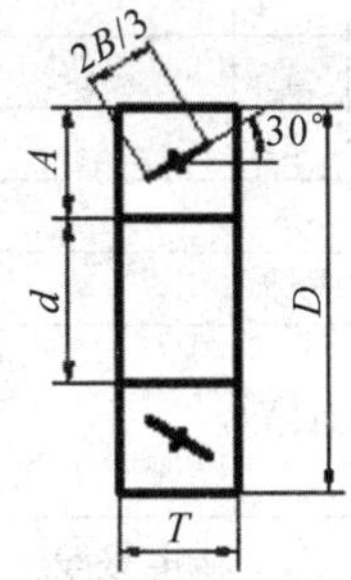
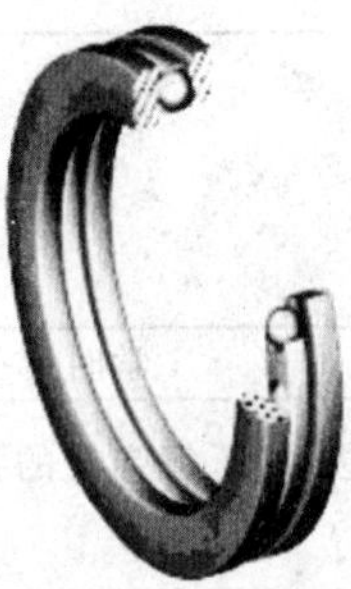 50000 型	单向推力球轴承 GB/T301 —1995	D d T	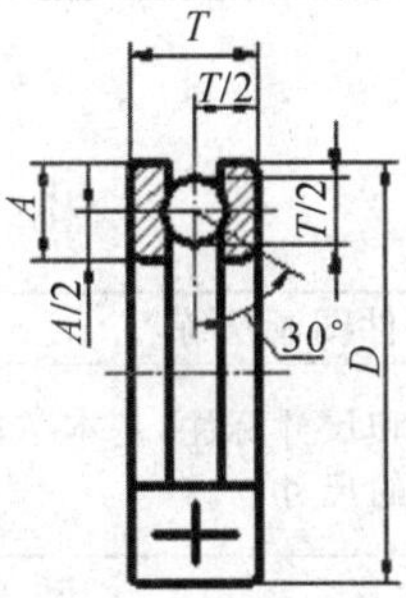	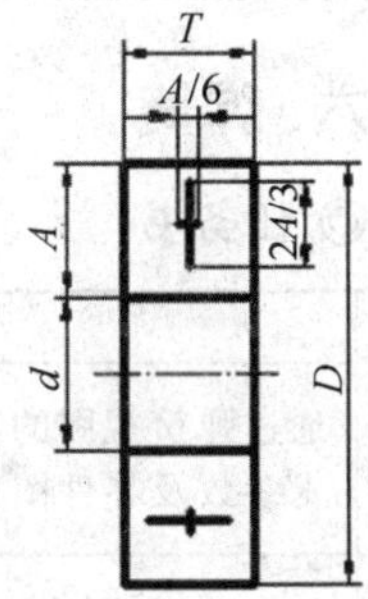

◎ 任务解答

要求 1 解答

图 9-54 所示为一个轴上有一个深沟球轴承，按照轴承的规定画法，按照内、外径和宽度的比例进行作图，结果如图 9-56 所示。常见错误如图 9-57 和图 9-58 所示。

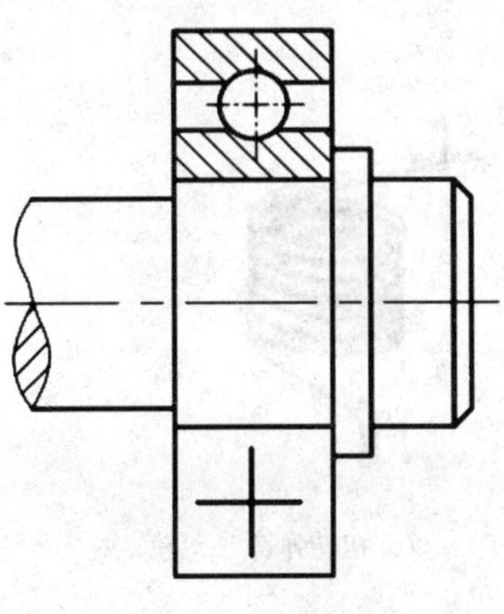
图 9-56　滚动轴承图

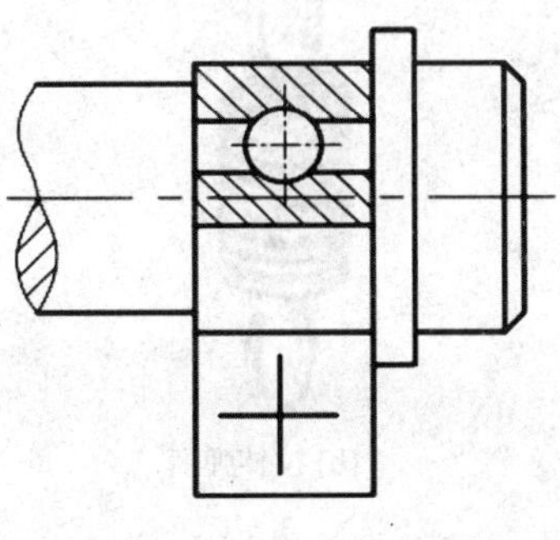
图 9-57　常见错误一

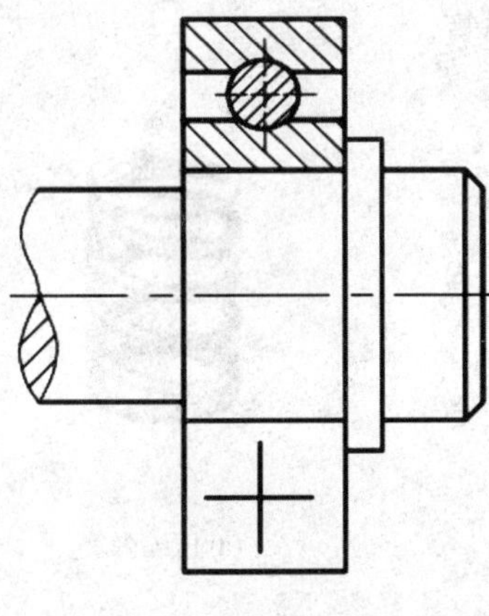
图 9-58　常见错误二

◎ 任务评价

课题名称		补画滚动轴承	任课教师				
要求	序号	要求中的评价项目	结果				
			A	B	C	D	
1	1	滚动轴承的种类有哪些?					
	2	是否了解滚动轴承的基本代号?					
	3	能否绘制简单的轴承图?					
综合成绩							
自我总结							
学生签字: 年 月 日			指导教师签字: 年 月 日				

六、弹簧

◎ 任务书

项目	弹簧零件图画法练习	用时	1学时
目的	通过弹簧视图的图线补画和尺寸标注,基本掌握弹簧零件图中图形的规定画法,并了解弹簧的技术参数及零件图上应标注的尺寸。		
要求	已知一圆柱螺旋压缩弹簧,簧丝直径 $d=6$mm,外径 $D=42$mm,节距 $t=12$mm,有效圈数 $n=5$,支承圈数 $n_2=2.5$,自由高度 $H_0=72$mm,右旋,画出该弹簧的全剖视图。		

◎ 知识链接

1 弹簧的作用与种类

弹簧的用途很广,弹簧在部件中的作用是减震、复位、夹紧、测力和储能等。其特点是去掉外力后能立即恢复原状。如图 9-59 所示,弹簧的种类很多,其中应用最多的是圆柱螺旋弹簧。

(a) 压缩弹簧　(b) 拉伸弹簧　(c) 扭转弹簧

图 9-59　常用圆柱螺旋弹簧

2 圆柱螺旋压缩弹簧

2.1 弹簧各部分名称和尺寸关系

(1)弹簧丝直径 d。

(2)弹簧中径 D。

(3)弹簧内径 D_1。

(4)弹簧外径 $D_2=D+d$。

(5)弹簧节距 t:螺旋弹簧两相邻有效圈截面中心线的轴向距离。

(6)支承圈数 n_2:弹簧端部用于支承或固定的圈数。

(7)有效圈数 n:除支承圈外,保持相等节距的圈数称为有效圈数,它是计算弹簧刚度时的圈数。

(8)总圈数 n_1:沿螺旋轴线两端间的螺纹圈数 $n_1=n+n_2$。

(9)自由高度(长度)H_0:弹簧无负荷时的高度(长度)。$H_0=n_t+(n_2-0.5)d$。

(10)弹簧的展开长度 L:制造弹簧时的材料长度。

各类名称和尺寸关系,如图 9-60 所示。

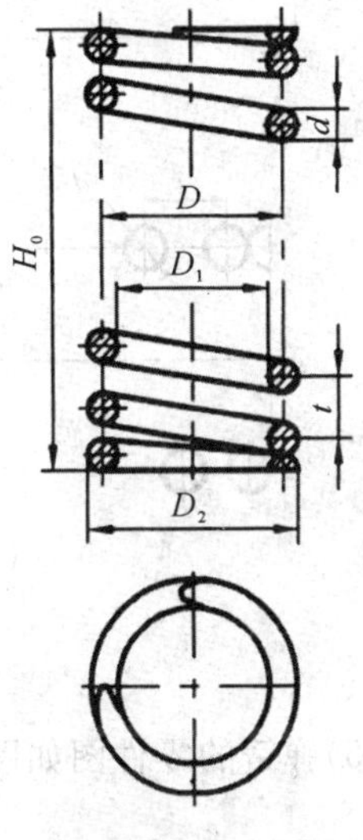

图 9-60

2.2 圆柱螺旋压缩弹簧的规定画法

圆柱螺旋弹簧可画成视图、剖视图或示意图的表达形式,如图 9-61 所示。

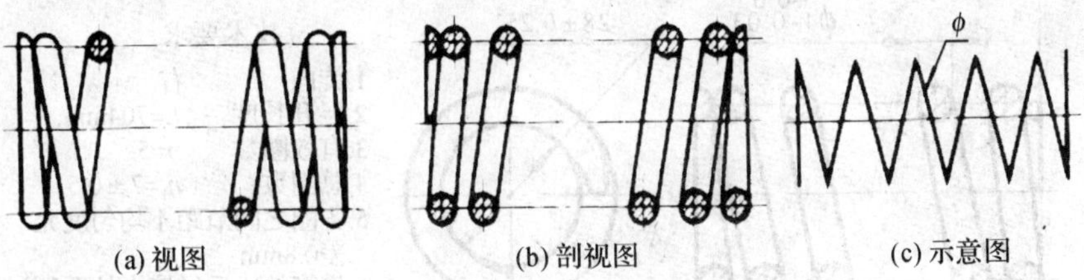

图 9-61 弹簧的简化画法

2.3 圆柱螺旋压缩弹簧的画图步骤

已知圆柱螺旋压缩弹簧的外径 D、簧丝直径 d、节距 t、圈数 n,就可以算出中径 D_2、自由高度 H_0,再画出弹簧的视图。

(1)根据中经 D_2 和自由高度 H_0 作矩形,如图 9-62(a)所示。

(2)根据簧丝直径都画支撑架,如图 9-62(b)所示。

(3)根据节距 t 画出有效圈的 5 个圆,如图 9-62(c)所示。

(4)按照右旋方向作圆的切线画剖面线,如图 9-62(d)所示。

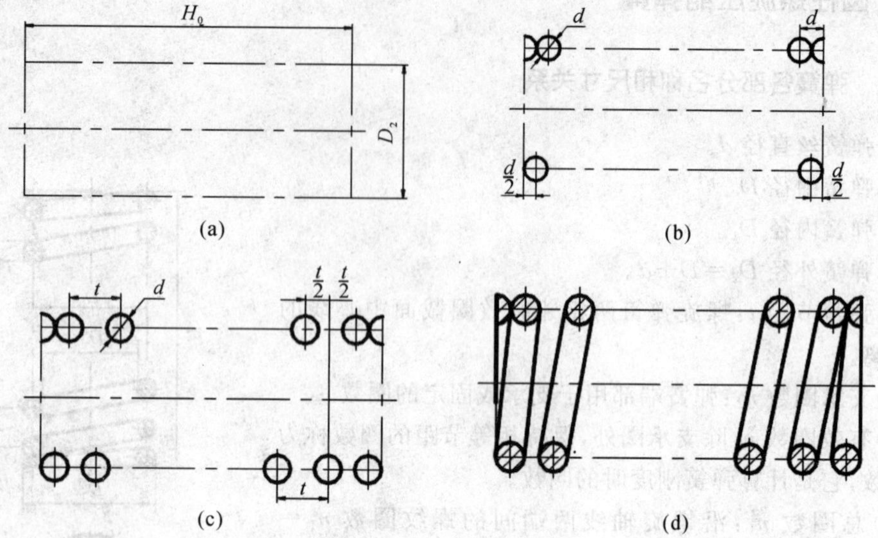

图 9-62 弹簧的画图步骤

(5)弹簧的零件图如图 9-63 所示。

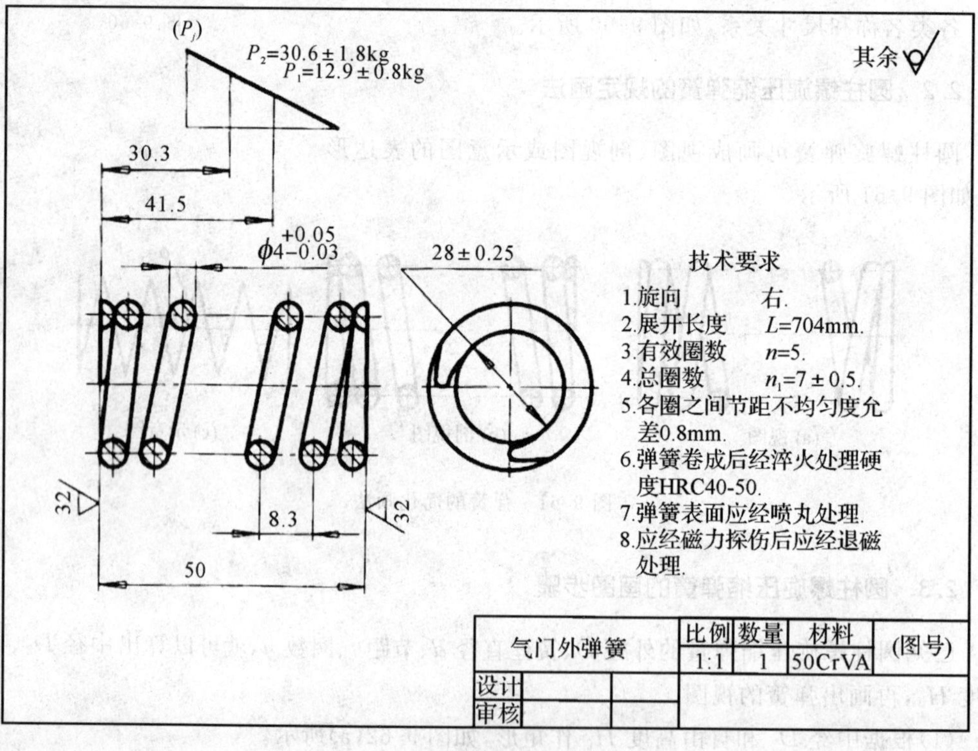

图 9-63 弹簧的零件图

2.4 装配图中螺旋压缩弹簧的简化画法

装配图中，弹簧被看作实心物体，因此被弹簧挡住的结构一般不画出，可见轮廓线只画到弹簧钢丝的断面轮廓或中心线处，如图 9-64(a)所示。当弹簧被剖切时，弹簧丝直径在图形上小于或等于 2mm 时，可用涂黑表示，如图 9-64(b)所示。簧丝直径小于 1mm 时也可采用示意画法，如图 9-64(c)所示。

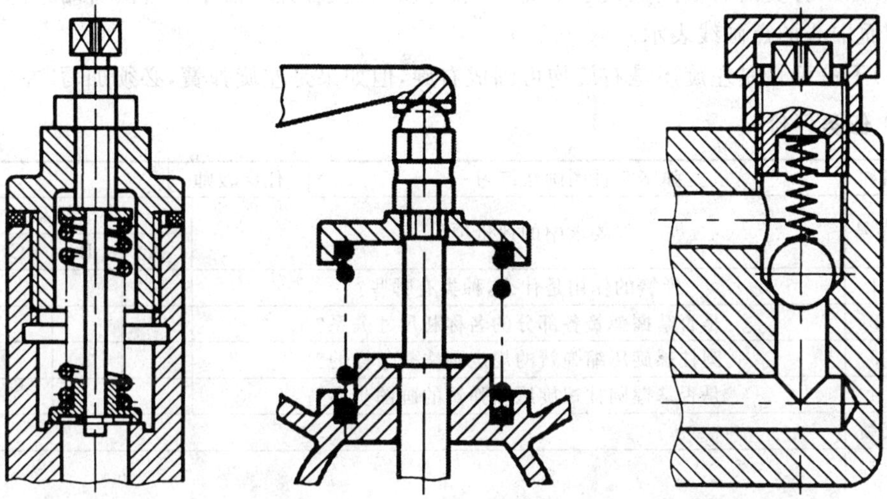

(a) (b) (c)

图 9-64 装配图中弹簧的画法

◎ 任务解答

要求 1 解答

根据题意，弹簧并不是按照其真实投影作图，而是按照国家标准规定的规定画法，作图步骤如图 9-65 所示，具体如下：

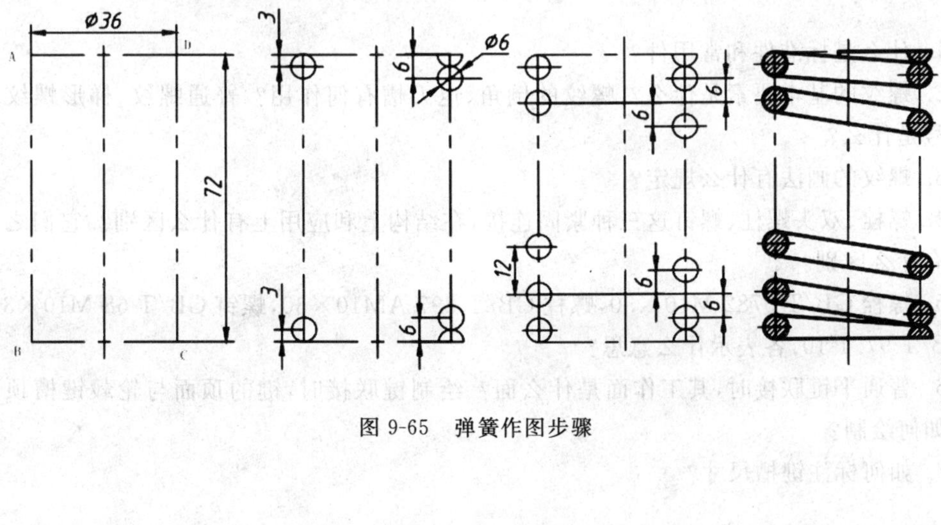

图 9-65 弹簧作图步骤

(1)以自由高度 $H_0=72$ 和弹簧中径 $D_2=36$ 作矩形 $ABCD$。

(2)画出支承圈部分与弹簧直径为 6 相等的圆和半圆。

(3)根据节距 $t=12$ 作簧丝剖面。

(4)按右旋方向作簧丝剖面的切线,加深、画剖面线。

另外,在作图时应注意以下几点:

(1)在平行于轴线的投影面的视图中,其各圈轮廓画成直线。

(2)如果弹簧的有效圈数大于 4 圈,每端可以只画成两圈,而中间各圈省略不画,用通过簧丝剖面中心的点画线表示。

(3)不论弹簧是左旋还是右旋均可画成右旋,但如果是左旋弹簧,必须加写"左"字。

◎ **任务评价**

课题名称		弹簧零件图画法练习	任课教师			
要求	序号	要求中的评价项目	结果			
			A	B	C	D
1	1	弹簧的作用是什么,种类有哪些?				
	2	是否掌握弹簧各部分的名称和尺寸关系?				
	3	圆柱螺旋压缩弹簧的规定画法是怎样的?				
	4	是否掌握圆柱螺旋压缩弹簧的画图步骤?				
综合成绩						
自我总结						
学生签字: 年 月 日			指导教师签字: 年 月 日			

复习思考题

1. 什么是标准件和常用件?

2. 螺纹的基本要素是什么?螺纹的倒角、退刀槽有何作用?普通螺纹、梯形螺纹的特征代号是什么?

3. 螺纹的画法有什么规定?

4. 螺栓、双头螺柱、螺钉这三种紧固连接,在结构上和应用上有什么区别?它们之间的画法有什么区别?

5. 螺栓 GB/T 5782 M10×30,螺柱 GB/T 897 AM10×30,螺钉 GB/T 68 M10×30,垫圈 GB/T 97.1 10,各表示什么意思?

6. 普通平键联接时,其工作面是什么面?绘制键联接时,键的顶面与轮毂键槽顶面之间应如何绘制?

7. 如何标注键槽尺寸?

8. 绘制螺钉头部起子槽时，应注意什么规定画法？

9. 绘制标准直齿圆柱齿轮需要哪几个参数？如何计算？

10. 国家标准中对绘制直齿圆柱齿轮轮齿部分有什么规定？

11. 直齿圆柱齿轮应标注哪些尺寸？

12. 两个直齿圆柱齿轮正确啮合的条件是什么？一个齿轮的模数 $m=3$，另一个齿轮的模数 $m=4$，这两个齿轮能啮合吗？为什么？

13. 两直齿圆柱齿轮啮合时，国家标准对啮合区的画法有什么规定？

14. 滚动轴承的作用是什么？

第10单元　机械零件图

学习指南

零件图是机械制图部分的核心内容，它制定了零件在制造加工过程中应实现的目标。零件图的内容包括表达结构形状的视图，确定零件大小的尺寸、保证零件加工精度的技术要求、说明零件名称和材料等方面的标题栏。

零件图中结构形状的表达方法与组合体的表达方法基本一致，只是在描述结构的基础上又融入了加工过程中的工艺性问题以及与其他零件在使用中的配合问题。

教学目标：

1. 掌握零件图视图选择的方法及步骤。
2. 掌握读、画零件图的方法和步骤及零件图上尺寸及技术要求的标注方法。
3. 表面粗糙度的各种符号的意义及其在图纸上的标注方法。
4. 极限与配合的基本概念及标注。
5. 零件测绘的目的、工具几测绘方法。

教学重点：

1. 掌握零件图视图选择的方法及步骤
2. 掌握读、画零件图的方法和步骤及零件图上尺寸及技术要求的标注方法。
3. 表面粗糙度的各种符号的意义及其在图纸上的标注方法。
4. 极限与配合的基本概念及标注。
5. 零件测绘的目的、工具几测绘方法。

教学难点：

极限与配合的基本概念及标注。

教学学时：

8学时。

课题 15　机械零件图的表达和阅读

一、零件图基础知识和技术要求

◎ 任务书

项目	表面粗糙度、极限与配合	用时	3 学时
目的	1. 理解表面粗糙度的概念，了解表面粗糙度的评定参数和选用。 2. 了解极限与配合的知识，包括基本概念、公差与配合的标准、极限与配合的选择及其在工程图中的标注		
要求	见下文		

要求

1. 评判如图 10-1 所示零件的表面粗糙度注法的正确性。

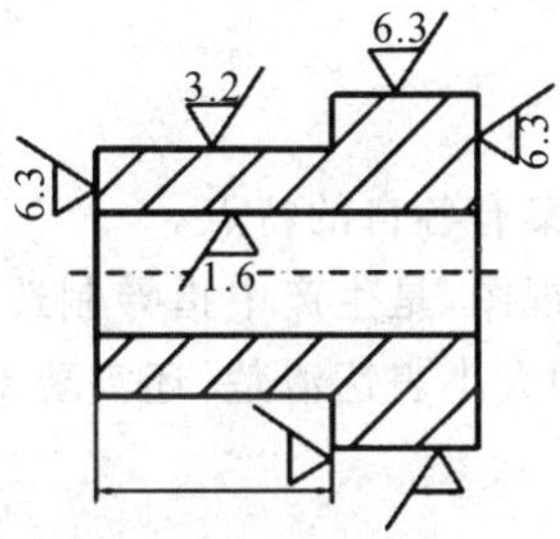

图 10-1

2. 评判图 10-2 所示零件的表面粗糙度注法的正确性。

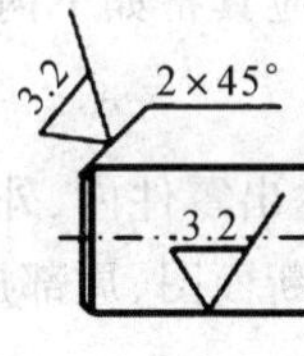

图 10-2

3. 一根轴的直径为ϕ60 0.015，如图 10-3 所示，分析其各项尺寸及。

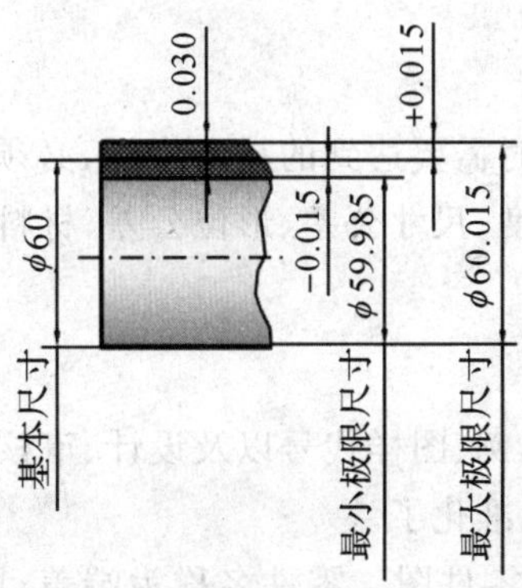

图 10-3

◎ 知识链接

1 零件图的基础知识

什么是零件？零件是组成机器的不可再拆分的基本单元。零件与理论上的组合体的最大区别在于两点：

(1)零件必须在机器或部件中承担特定的功能。

(2)零件是按一定的工艺条件和要求加工生产的。

不管组成机器或部件的零件如何复杂，一般可根据零件的作用及结构形状，大致分为四大类：

(1)轴套类零件。

(2)盘类零件。

(3)叉架类零件。

(4)箱体类零件。

不同类型的零件其表达方案有各自的特点。

零件图是表达单个零件的视图，是生产中指导制造和检验该零件的主要图样。它不仅仅是把零件的内、外结构形状和大小表达清楚，还需要对零件的材料、加工、检验、测量提出必要的技术要求。

1.1 零件图的作用与内容

零件图不仅要表达出机器或部件对零件的结构要求，还需要考虑制造和检验该零件所需的必要信息，因此一张完整的零件图应具备如下内容：

1.1.1 一组视图

用于正确、完整、清晰和简便地表达出零件内、外形状及功能结构的图形信息，其中包括机件的各种表达方法，如视图、剖视图、断面图、局部放大图、简化画法等。

1.1.2 完整的尺寸

用于确定零件各部分的大小和位置，为零件制造提供所需的尺寸信息。在标注过程中要做到正确、完整、清晰、合理。

1.1.3 技术要求

零件在制造、加工、检验时需要达到的技术指标，必须用规定的代号、数字、字母和文字注解加以说明。如表面粗糙度、尺寸公差、形位公差、材料和热处理、检验方法以及其他特殊要求等。

1.1.4 标题栏

零件名称、数量、材料、比例、图样代号以及设计、审核、批准者的必要签署等。标题栏的内容、尺寸和格式也都已经标准化了。

如图 10-1 所示的是一张零件图。零件名称为端盖，用两个视图表达其形状，主视图为全剖，左视图为视图，用十一个尺寸将端盖的大小形状标注清楚了。技术要求表现在公差配合与粗糙度上，ϕ62h8 为基轴制的配合，端盖各部位的粗糙度都由标准的粗糙度符号及代号

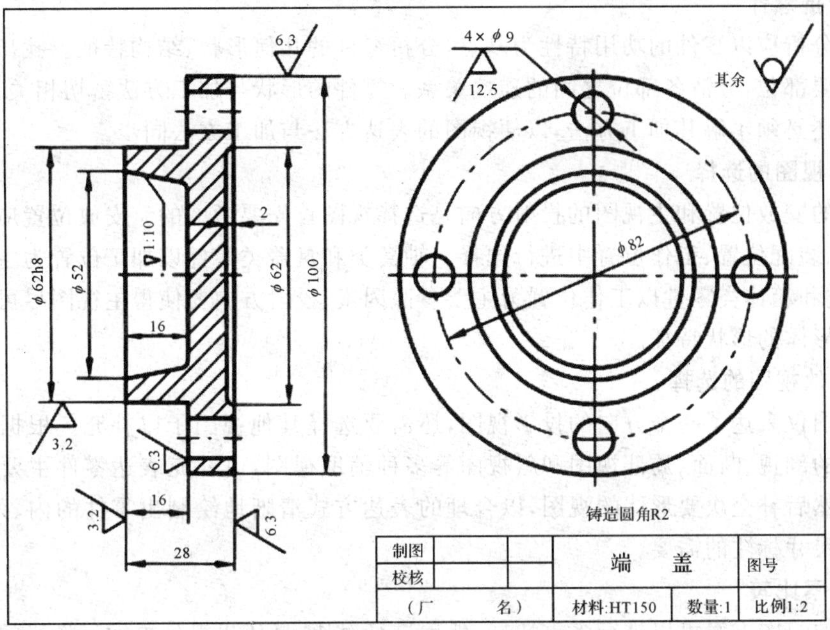

图 10-4 端盖零件图

标注说明，未标注的参照其余的要求。材料、绘图比例及有关的签署等都填写在标题栏中，以便查询。

1.2 零件图的视图表达

零件图的视图表达方法与组合体的视图表达方法原则上是相同的。但是，零件图的表达更着重于满足生产的实际需要，根据零件的功用及结构形状采用更合适的视图及表达方法。例如图 10-5 所示的轴套，仅用一个剖视图足以将该零件的形状、大小表达清楚。

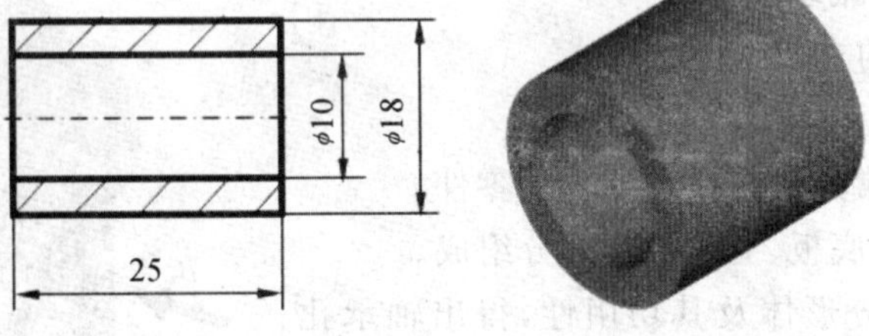

图 10-5 零件轴套及视图

1.2.1 视图选择的要求及方法

视图选择首先要完整到位，视图中对零件各部位的结构、形状及其相对位置的表达要准确、完全且唯一（不可有不确定的元素）。视图之间的投影关系及表达方法要正确，所画图形要清晰易懂，零件图的视图选择可参照如下步骤和方法选择组图及表达方法。

1. 分析零件

零件分析应以零件的功用特性为基点，分析零件的几何形状、结构特征。找出需要重点表达的主要部位，分清各部位之间的连接关系。零件的形状与加工方法密切相关，在分析零件的同时还必须了解其加工方法，以便视图的表达方法与加工方法同步。

2. 主视图的选择

零件的安放位置和主视图的投射方向是选择视图首先要考虑的。安放位置应从零件的加工位置、装配位置、工作位置中进行选择。轴套类和盘盖类零件以加工位置为主要参照因素；叉架类和箱体类零件以工作位置为主要参照因素；投射方向要使得主视图尽可能清楚地表达主要形体的形状特征。

3. 其他视图的选择

主视图仅表达了一个方向的投影视图，还需要选择其他视图予以补充。根据实际情况采用适当的剖视、断面、局部视图和斜视图等多种辅助视图，以补充表达零件主要形体的其他视图。然后补全次要形体的视图，以合理的表达方式清晰地绘制出零件的内、外结构，同时兼顾到尺寸标注的需要。

4. 方案比较

零件的组图方案可以进行多重选择，然后进行对比，择优出最佳方案。择优的原则为：

(1)在零件的结构形状表达清楚的基础上，视图的数量越少越好。

(2)避免不必要的细节重复。

5. 视图选择应注意的问题

(1)零件的视图首先选择基本视图。

(2)当零件的内形复杂时，可以考虑选取全剖；而内、外形均需要兼顾且不影响清楚表达时，全对称零件取半剖，否则可取局部剖。

(3)尽量不用虚线表示零件的轮廓线，但用少量虚线可节省视图数量而又能做到不在虚线上标注尺寸时，可适当使用虚线。

1.2.2 典型零件的视图表达

1. 支架类零件—轴承架

以图 10-6 所示的支架零件为例。

(1)分析零件

功用：支架零件常用于支撑轴及轴上零件。

形体：由轴承孔、底板、支撑板等部分组成。

结构：分析三部分形体及其功用性，得出轴承孔为主要部件，其与支撑板两侧面相交。

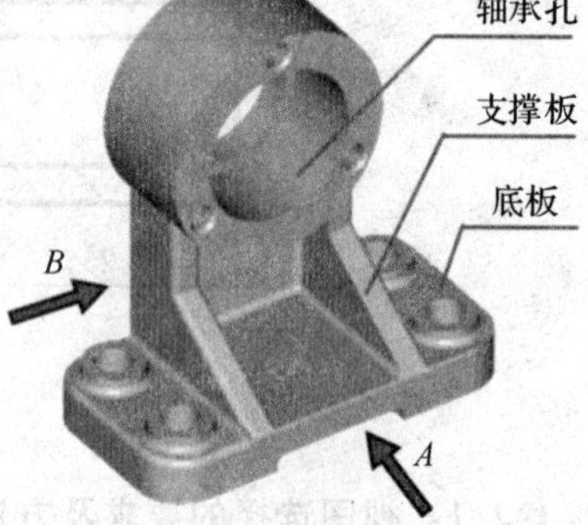

图 10-6　支架零件

(2)主视图的选择

支架在视图中的安放状态应取自支架的工作状态，投射方向比较图 10-6 中的 A 向与 B 向。A 向能够体现支架零件的主要部分(轴承孔)的形状特征，其他各组成部分的相对位置，轴承孔前端面上三个螺孔的分布等都在 A 向的投影中体现，所以主视图采用 A 向投射，如图 10-7(a)所示。

(3)其他视图的选择

在 A 向主视图的基础上，选择全剖的左视图，表达轴承孔的内部结构及两侧支撑板形状；选择 F 向视图表达底板的形状；选择 $C—C$ 移出断面表达支撑板断面的形状。

以上视图选择作为视图方案一，如图 10-7(a)所示。

另作视图方案二如图 10-7(b)所示。用 $C—C$ 全剖视将底板及支撑板断面的形状集中表达在一张俯视图中。

依据择优原则比较两个方案，选第二方案较好。

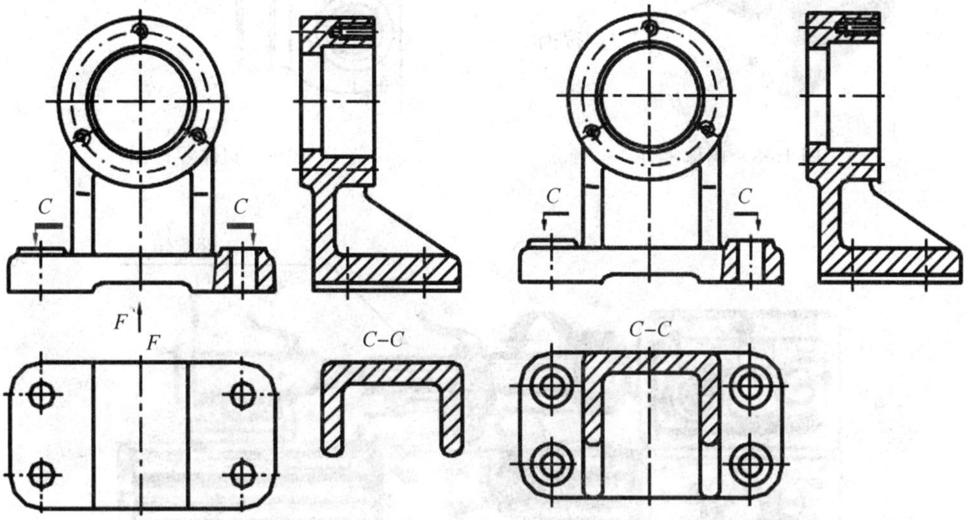

(a) 视图方案一　　(b) 视图方案二

图 10-7　支架零件图方案比较

2. 箱体类零件—阀体

阀体零件属于箱体类零件，主要用于支撑、包容、保护体内的运动零件等。如图 10-8 所示的阀体，是流体开关装置球阀中的主体件，用于盛装阀芯及密封件。

阀体主要形状由球形壳体、圆柱筒、方板、管接头等构成。两部分圆柱结构与球形体的壳体相交，使得内腔相通便于流量的控制。

由于阀体零件圆柱筒内将安装阀门开关等装置，其工作状态应如轴测图位置。投射方向参照箭头所指，考虑到阀体形状(内部复杂、方位对称)的特征等，主视图采用全剖的表达方式，如图 10-9 所示。

半剖的左视图，表达阀体主体部分的外形特征、左侧方形板形状及内孔的结构等，俯视图表达阀体整体形状特征及顶部扇形结构的形状。

3. 轴套类零件—轴

轴类零件一般为同轴的细长回转体。由于安装在轴上的其他零件(齿轮、轴套、滚动轴承等)需要固定及定位，轴的结构形状通常是以轴肩为主要结构的阶梯形，并有若干键槽、退刀槽等结构。又由于轴类零件主要是在车床上加工，如图 10-10 所示，为了便于加工时看图，轴类零件图通常按水平位置放置。

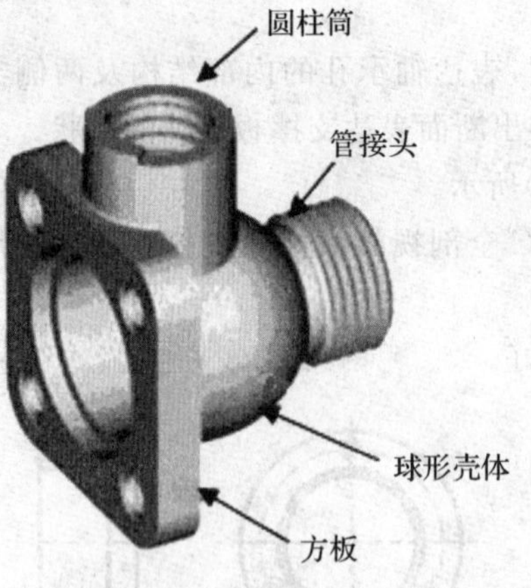

图 10-8　阀体零件

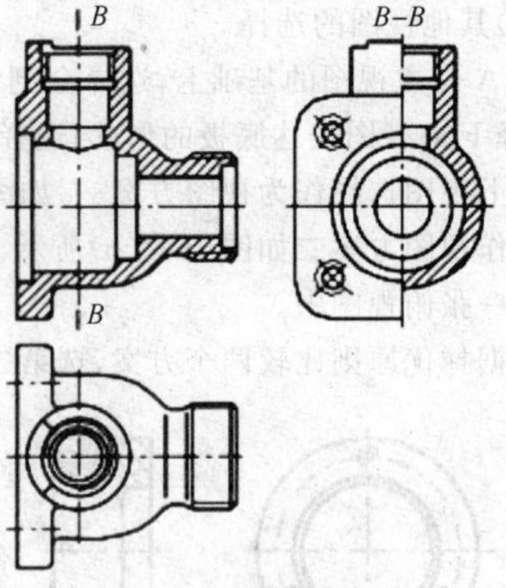

图 10-9　阀体零件图

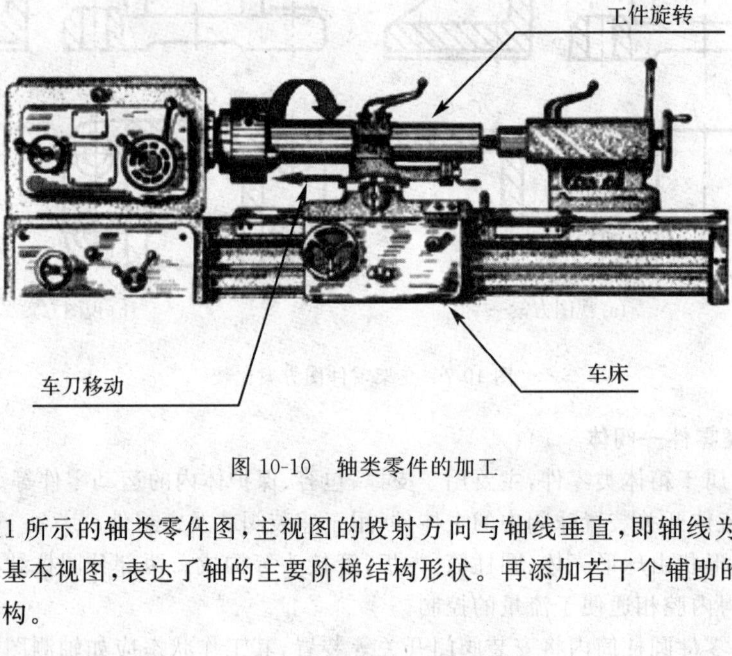

图 10-10　轴类零件的加工

如图 10-11 所示的轴类零件图，主视图的投射方向与轴线垂直，即轴线为侧垂线位置。主视图是一个基本视图，表达了轴的主要阶梯结构形状。再添加若干个辅助的断面图，用以表达键槽的结构。

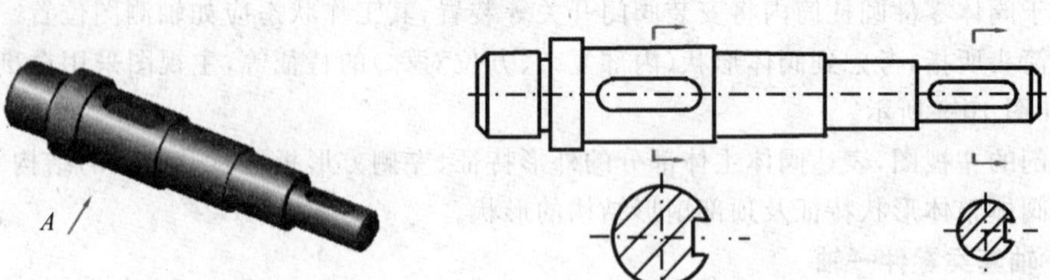

(a) 轴类零件　　(b) 轴类零件图

图 10-11　轴类零件及零件图

4. 盘盖类零件—端盖

盘盖类零件主要由不同直径的同心圆柱面所组成，其厚度相对于直径小得多，成盘状故被称为盘类零件，其周边通常分布一些孔、槽等。在视图选择时，一般选择过对称面或回转轴线的剖视图作主视图，轴线水平放置，同时还需增加适当的其他视图，把零件的外形和均匀分布的孔等结构表达清楚。如图 10-12 所示为一端盖零件和其零件图。

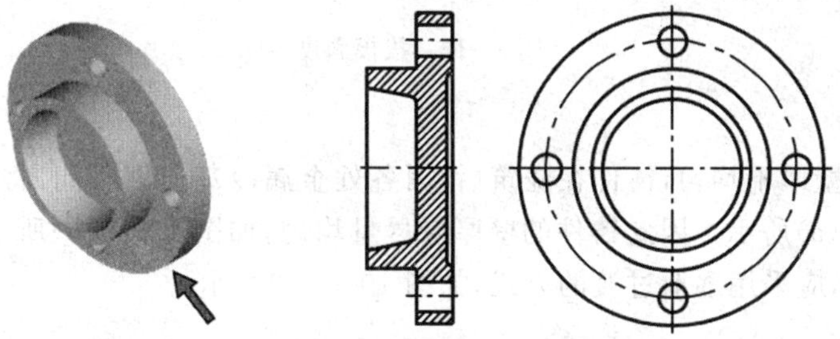

(a) 端盖零件　　(b) 端盖零件图

图 10-12　端盖零件及零件图

1.3　零件的工艺结构

零件的结构形状主要是根据它在机器(或部件)中的功能决定的，同时制造工艺对零件的结构也提出了要求。因此在设计零件时，零件图上应反映加工工艺对零件结构的各种要求。下面介绍零件的一些常见结构。

1.3.1　铸造工艺对零件结构的要求

1. 铸造圆角

当零件的毛坯为铸件时，因铸造工艺的要求，铸件各表面相交的转角处都应做成圆角，以免铸件冷却时产生缩孔或裂纹，同时防止脱模时砂型落砂，如图 10-13 所示。铸造圆角的半径一般取 $R=3\sim5$(mm)，通常在技术要求中统一注明。

由于铸造圆角的存在，使得铸件表面的相贯线变得不明显，为了区分不同表面，以过渡线的形式画出，如图 10-14 所示。

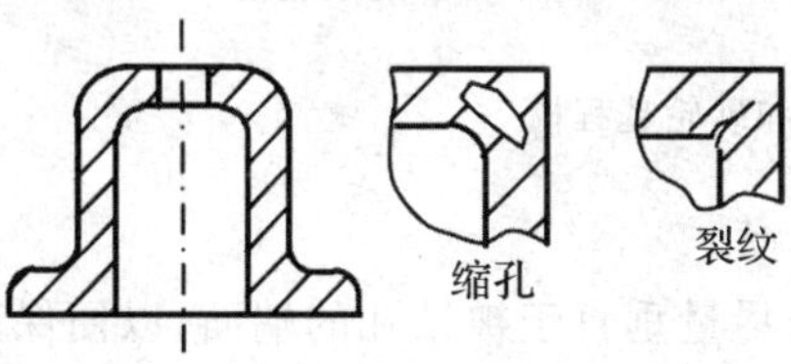

图 10-13　铸造圆角

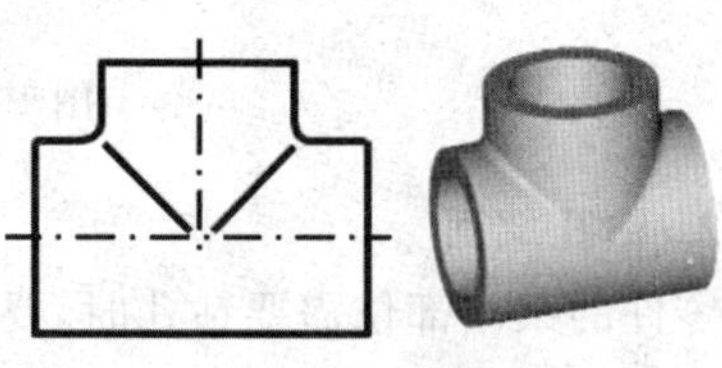

图 10-14　过度线

2. 拔模斜度

用铸造的方法制造零件的毛坯时，为了便于在砂型中取出模样，铸件在内外壁沿起模方向应有斜度，称为拔模斜度，如图 10-15 所示。当斜度较大时，应在图中表示出来，否则不予表示。

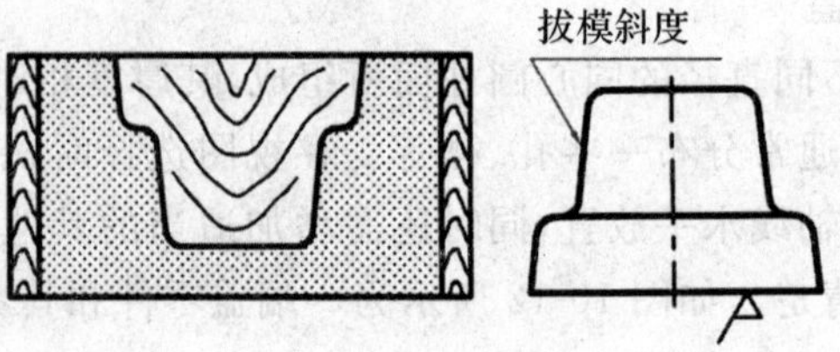

图 10-15　拔模斜度

3. 铸件厚度

如果铸件的壁厚不均匀，铸件在浇筑后，因各处金属冷却速度不同，将产生裂纹和缩孔现象，如图 10-16(a)所示。因此铸件的壁厚应尽量均匀，如图 10-16(b)所示，当必须采用不同的壁厚连接时，应采用逐渐过渡的方式，如图 10-16(c)所示。

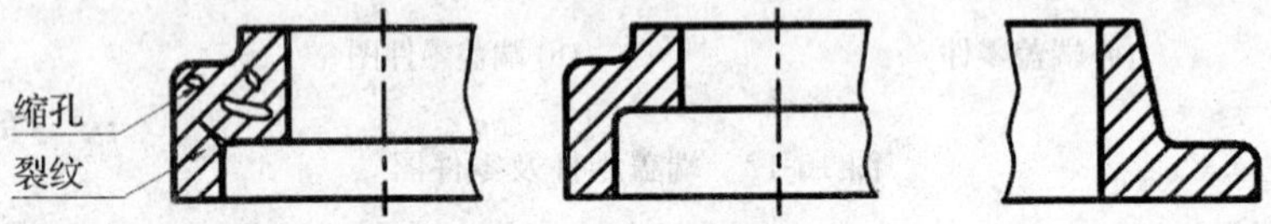

(a) 壁厚不均匀　(b) 壁厚均匀　(c) 壁厚逐渐过渡

图 10-16　铸件厚度

1.3.2　机械加工工艺对零件结构的要求

1. 退刀槽和砂轮越程槽

在零件切削加工时，便于退出刀具。在部件的装配中，起到零件的轴向定位作用，如图 10-17 所示。图中所注尺寸ϕ为退刀槽的直径，b为退刀槽的槽宽。

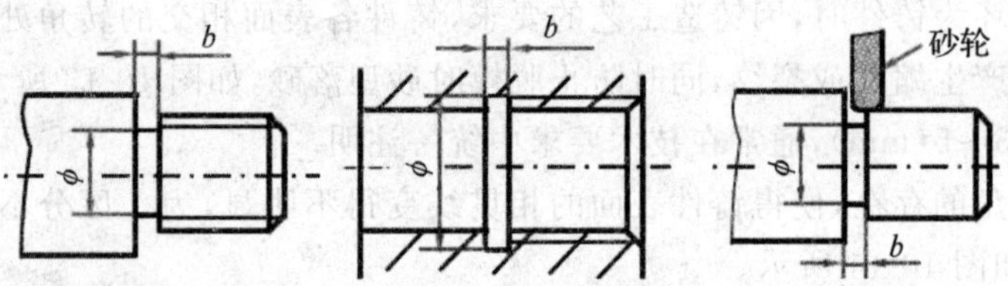

(a) 外圆柱退刀槽　(b) 内圆柱退刀槽　(c) 砂轮越程槽

图 10-17　退刀槽和砂轮越程槽

2. 钻孔端面

零件的某个部位需要钻孔时，要求钻头轴线尽量垂直于被钻孔的端面，以便保证钻孔的定位准确，避免钻孔偏斜和钻头折断，如图 10-18 表示了三种钻孔端面的正确结构。

3. 凸台和凹坑

零件上的工作面(与其他零件接触的接触面)，一般都是加工面(有粗糙度标注的表面即为加工面)。如果加工面的面积范围较广，零件的加工成本就提高。为了能减少机械加工量，又能保证零件表面之间良好的接触性，通常在铸件上设计出凸台和凹坑，仅对这些凸台和凹坑作小面积的加工，以减少加工面积，降低加工成本，如图 10-19 所示。

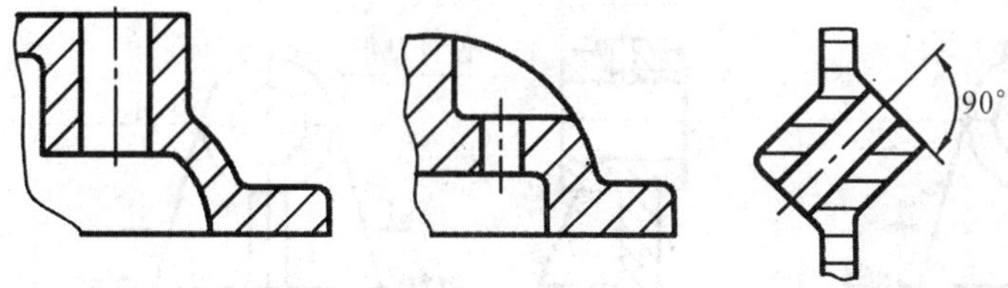

图 10-18　钻孔端面的工艺结构

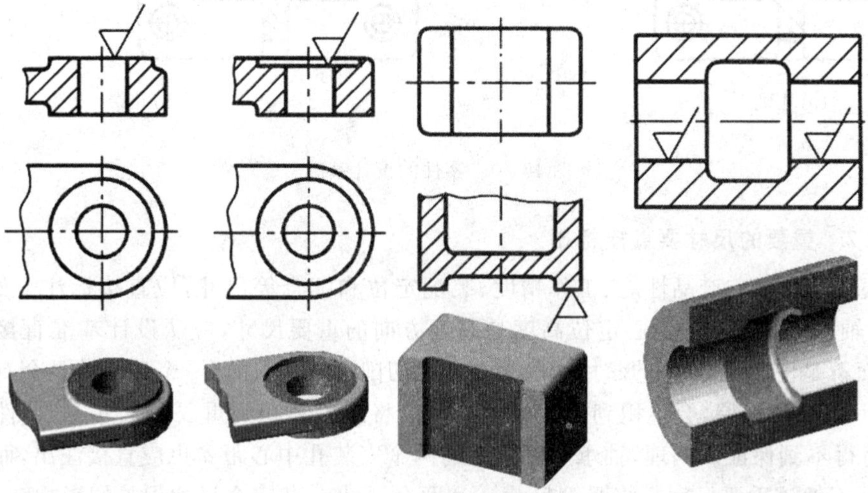

图 10-19　凸台和凹坑

1.4　零件图尺寸标注的合理性

零件图的尺寸是零件加工和检验的依据。因此，图上的尺寸在保证正确、完整、清晰的前提下，还应尽可能做到合理。前三项要求已经在组合体的尺寸标注中详述，本章节着重讨论尺寸标注的合理性。

所谓标注尺寸的合理性，就是标注尺寸既要满足设计要求，又要符合加工测量等工艺要求，并有利于装配。讨论尺寸标注的合理性问题，需要具备相关的专业知识和生产实践经验，这里仅介绍一些合理标注尺寸的初步知识和基本原则。

1.4.1　正确地选择尺寸基准

尺寸基准是指零件在设计、制造和检验时计量尺寸的起点，简称基准。一般把基准分为设计基准和工艺基准两大类。前者用以确定零件在部件中的位置的基准，后者用以确定零件在加工或测量时的基准。如图 10-20(a)所示，轴承座零件图的基准有设计基准和工艺基准，左视图中的尺寸就是以工艺基准标注的，该尺寸用于加工螺孔中螺纹的有效深度。而图 10-20(b)左视图中的尺寸是不合理的，在实际的生产加工、测量中该尺寸是无法度量的。

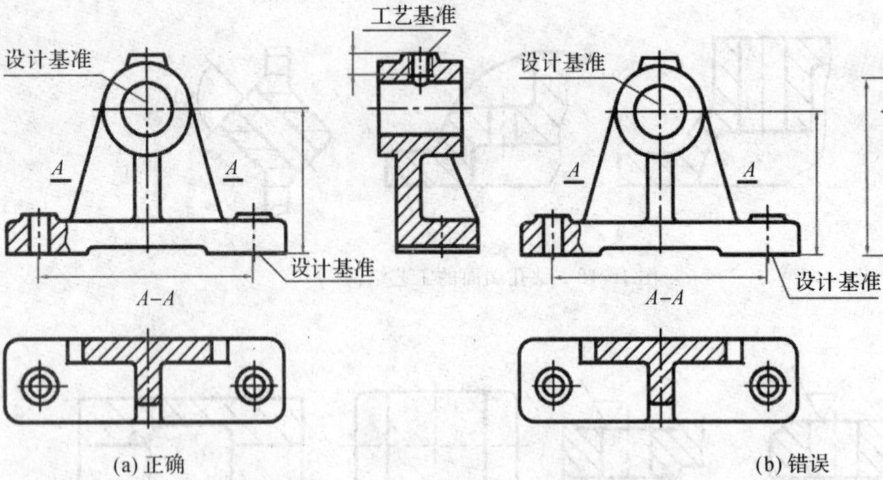

图 10-20　零件的设计基准

1.4.2　重要的尺寸要直接标出

重要尺寸指影响产品性能、工作精度、装配定位和配合等尺寸，应直接标注。如图 10-21 所示，轴承座轴承孔的中心定位高度是高度方向的重要尺寸，应从设计基准直接标出该尺寸 b，而不是注成尺寸 c 和尺寸 d，因为在加工切削过程中，任何一个尺寸总是会有误差产生，比如尺寸 c 的误差，会累积到尺寸 d 上。如果将误差累积到重要的尺寸上，部件的性能与精度将得不到保证。同理，轴承座底板上的两个安装孔中心距 a 也应直接注出，而不能注成尺寸 e，不然该重要尺寸 a 将受到尺寸 g 和两个尺寸 e，共三个尺寸误差的影响。

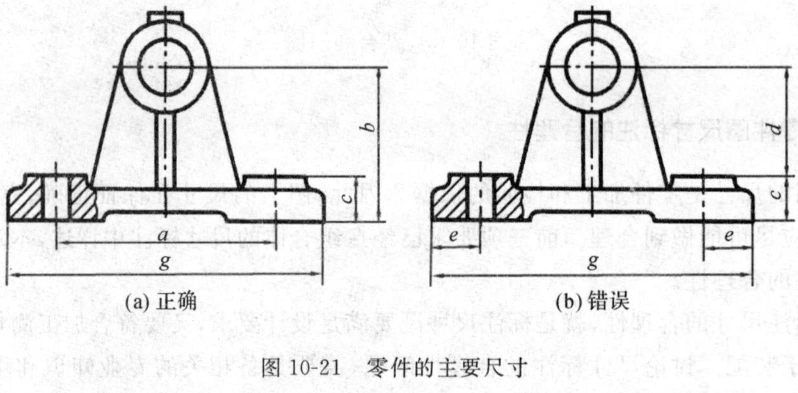

图 10-21　零件的主要尺寸

1.4.3　应尽量符合加工顺序

零件的尺寸标注还应尽量与零件加工的顺序协调同步。如图 10-22 所示为加工轴上退刀槽的顺序：

(1)以右端面为基准，定位 35 处加工一段直径为 $\phi15$ 宽度为 4 的退刀槽。

(2)完成退刀槽右面的外圆部分，车 $\phi20$ 外圆及倒角。因此在退刀槽的尺寸标注上，应兼顾该加工顺序，标注退刀槽宽度尺寸 4，而并非标注外圆长度尺寸 31，如图 10-23 所示。

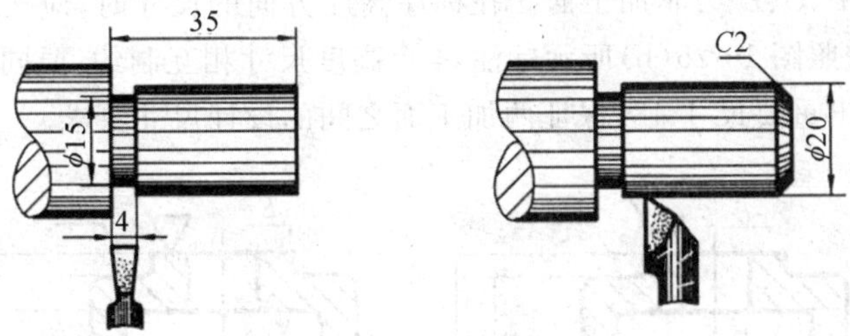

(a) 车4×ϕ15退刀槽　　(b) 车ϕ20外圆及倒角

图 10-22　退刀槽的加工顺序

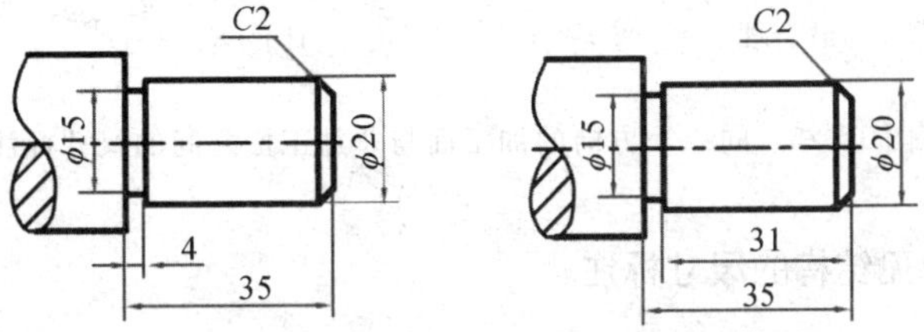

(a) 合理　　(b) 不合理

图 10-23　退刀槽的尺寸标注

1.4.4　应考虑测量方便及避免注成封闭尺寸链

图 10-21 所示零件内孔两端均有内孔退刀槽，该结构尺寸的合理标注应如图 10-24(a)所示。

图 10-24(b)的不合理由于尺寸 A、C 的测量远比尺寸 B 的测量方便容易。

图 10-24(c)的错误是尺寸 D、B、C 产生了尺寸封闭链，这样标注的尺寸在加工时往往难以保证设计要求，三项加工的误差累积对总长尺寸 E 的精度造成偏差，所以尺寸标注时一定要避免封闭尺寸链的产生。在尺寸链中每一个尺寸是尺寸链中的一环，选一个不重要的环节放弃尺寸标注，这个环节通常被称为开口环。开口环的尺寸误差是其他各环尺寸误差之和，这样就不会对重要尺寸产生影响。

所以，零件图中的尺寸不允许标注成封闭的尺寸链。

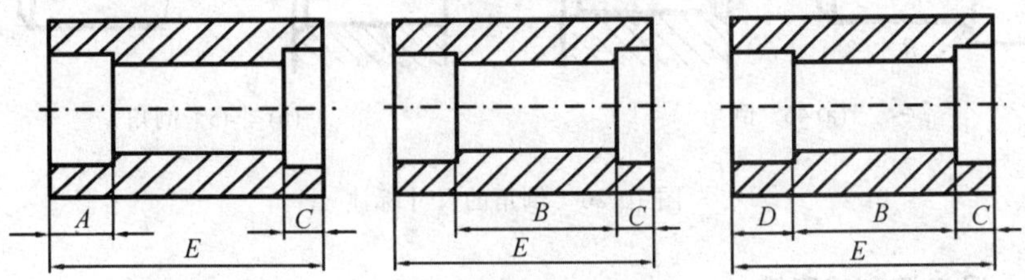

(a) 合理　　(b) 不合理　　(c) 错误

图 10-24　多个内孔环的尺寸标注

1.4.5　同一个方向只能有一个非加工面与加工面联系

如图 10-25 所示某个箱体类零件，除了 E、A 面需要加工为加工面之外，其余面均维持原有的铸造面，即 B、C、D 为非加工面。在标注高度方向的尺寸时，应按照如图 10-25(a)所示完成标注。如按照图 10-25(b)所示标注，4 个高度尺寸相互制约，要同时保证这些尺寸是不可能的，应该突出重要尺寸 48，保证两加工面之间的设计尺寸要求。

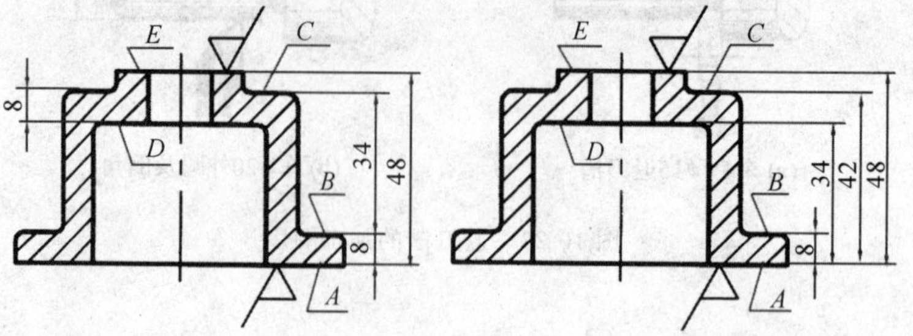

图 10-25　同一个方向的加工面与非加工面之间的尺寸标注

1.5　零件上常见结构的尺寸标注

1.5.1　铸造圆角

铸造圆角是由铸造工艺决定的结构。铸造圆角可以在零件图中相应结构直接标出，通常情况下是在技术要求中说明，如"全部圆角 $R4$"。少数标注在视图上，大部分相同的结构在技术要求中注明，如"其余圆角 $R4$"。

1.5.2　倒角

倒角结构起到便于零件间安装以及安全防护作用。对于常见的 45°倒角可按图 10-26(a)所示进行尺寸标注，也可用符号"C"表示"45°倒角"，如"$C1$"代表"1×45°"，还可以在技术要求中注明，如"全部倒角 $C2$"、"其余倒角 $C2$"。非 45°倒角可以按照图 10-26(b)所示进行标注。

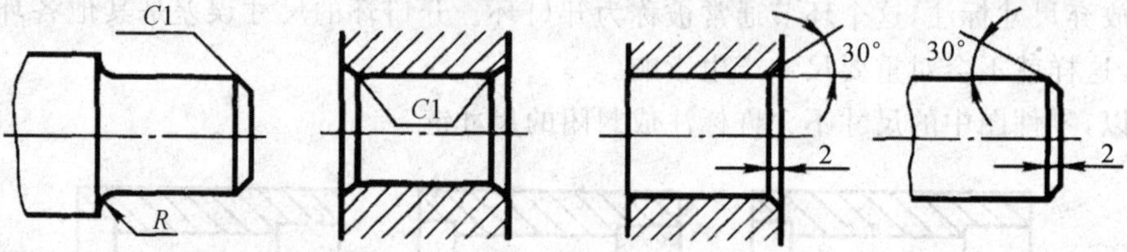

图 10-26　倒角的尺寸标注

1.5.3　退刀槽和越程槽

退刀槽和越程槽通常可以按"$a\times\varphi$"或"$a\times b$"的形式标注，如图 10-27 所示，其具体尺寸需要查阅相应的手册。

1.5.4　键槽

尺寸的标注不仅仅只考虑加工，还需要考虑产品的检测，检测时需要对产品进行尺寸测

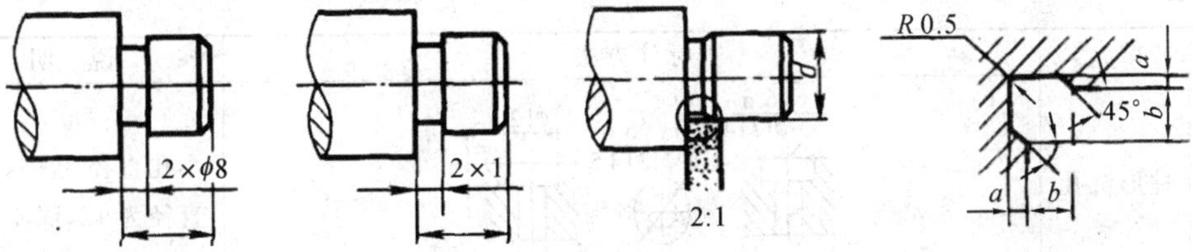

图 10-27　退刀槽和越程槽的尺寸标注

量，而尺寸测量的方便与否，便是尺寸标注中需要考虑的环节。如果所标尺寸是没有办法测量的尺寸，也就没有办法鉴定其准确性，所以，键槽的尺寸标注应该如图 10-28(a)所示进行标注。

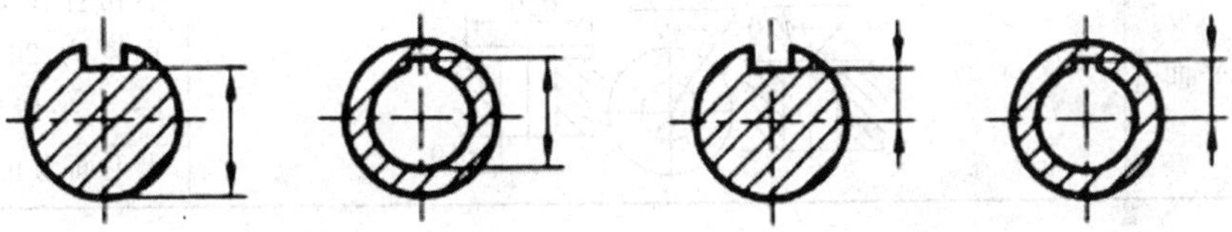

(a) 合理　　(b) 不合理

图 10-28　键槽的尺寸注法

1.5.5　常见孔的尺寸注法

零件上常见结构较多，如一些光孔、盲孔、螺孔、沉孔等，它们的尺寸注法已经基本标准化。表 10-1 为零件上常见孔的尺寸注法。熟悉这些常见结构的尺寸注法，也是掌握零件图尺寸标注的基本要求。

表 10-1　零件上常见孔的尺寸注法

类型		标注方法	说明
光孔	一般孔	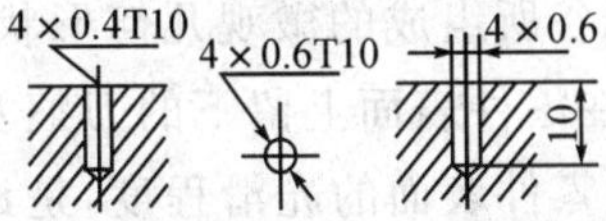 4×0.4T10　4×0.6T10　4×0.6	光孔的深度为 10
	锥销孔	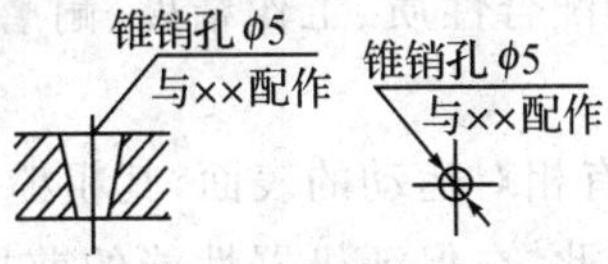 锥销孔 φ5 与××配作	锥销孔通常是在装配时零件装在一起加工
螺孔	通孔	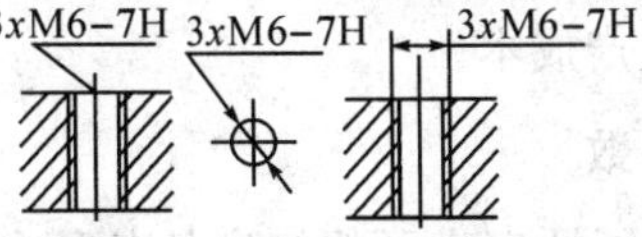 3xM6−7H　3xM6−7H　3xM6−7H	3 个均匀分布的螺孔，螺孔的公称直径为 6
	不通孔	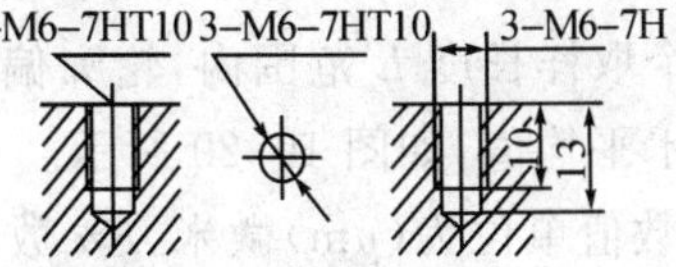 3−M6−7HT10　3−M6−7HT10　3−M6−7H	螺孔的深度为 10，光孔的深度为 13

续表

类型		标注方法	说明
	柱形沉孔	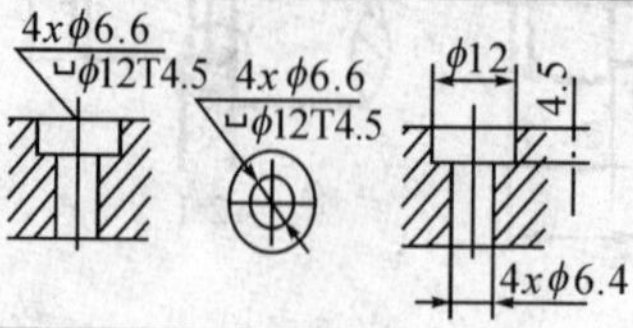	小孔直径为 64,大孔直径为 12,深 45
沉孔	锥形沉孔	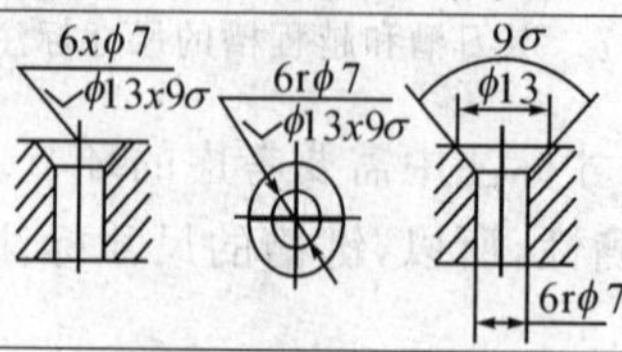	小孔直径为 6,锥孔大端的直径为 13,锥角为 90°
	锪平面	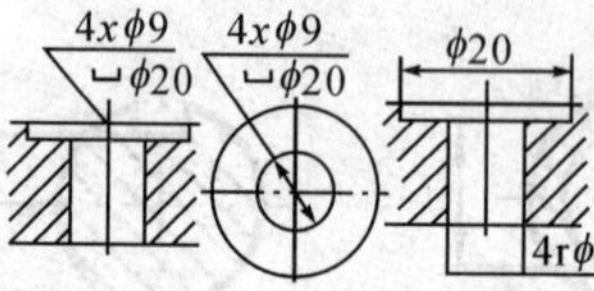	小孔直径为 9,大孔直径为 20,深度为 1～2,一般锪平到不出毛面为止

2　零件图的技术要求

零件图的技术要求,就是对零件的尺寸精度、零件表面状况等产品品质的要求。它直接影响零件的质量,是零件图中重要内容之一。

在零件图上,通过标注技术要求的代号、数字、文字,指导制造和检验时零件在技术上指标上应达到的要求。

2.1　表面粗糙度及其注法

2.1.1　表面粗糙度的概念

零件表面上具有较小间距的峰谷所组成的微观几何形状特性,称为表面粗糙度。表面粗糙度是在加工零件时,由于刀具在零件表面上留下的刀痕及切削分裂时表面金属的塑性变形所形成。表面粗糙度反映的是零件表面的光滑程度,是评定零件表面质量的一项技术指标。零件表面的粗糙度对零件的配合性质、工作精度、耐磨性、耐腐蚀性、密封性、外观等都有影响。

通常,凡零件上有配合要求或有相对运动的表面,其粗糙度的要求精度较高。精度要求高意味着加工成本也相对提高。因此,在保证机器性能的前提下,根据零件的作用,尽量选用较大的粗糙度参数值,以降低生产成本。

2.1.2　评定表面粗糙度的参数

国家标准 GB/T 3505 中规定了评定表面粗糙度的各种参数,最常用的评定参数为轮廓算术平均偏差 Ra。它是指在一个取样长度 L 范围内,轮廓偏距(Y 方向上轮廓线上的点与基准线之间的距离)绝对值的算术平均值,如图 10-29 所示。

轮廓算术平均偏差 Ra 的参数值单位为(μm)微米,Ra 数值越小零件表面越平整光滑,反之零件表面越粗糙。在第一系列中,Ra 数值从 0.012～100 共 14 个级别。一般接触面

Ra 值取 6.3～3.2，配合面 *Ra* 值取 0.8～1.6，钻孔表面 *Ra* 值取 12.5。

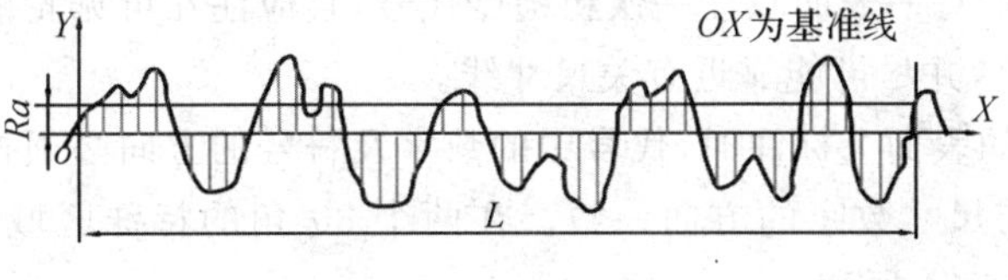

图 10-29　轮廓算术平均偏差 Ra 轮廓评定示意图

2.1.3　表面粗糙度参数的选用

可以采用类比法选用零件表面的粗糙度，一般的原则为：

同一个零件上，工作表面的粗糙度参数值应小于非工作表面的粗糙度参数值；配合表面的粗糙度参数值应小于非配合表面的粗糙度参数值；运动速度高、单位压力大的摩擦表面的粗糙度参数值应小于运动速度低、单位压力小的摩擦表面的粗糙度参数值；要求密封、耐腐蚀或具有装饰性的表面的粗糙度参数值，应小于非要求密封、耐腐蚀或具有装饰性的表面的粗糙度参数值。

常用表面粗糙度 *Ra* 值与加工方法见表 10-2。

表 10-2　常用表面粗糙度值与加工方法

表面特征	表面粗糙度 *Ra* 值			值常用加工方法举例
明显可见刀痕	100	50	25	粗车、粗刨、粗铣、钻孔
微见刀痕	12.5	6.3	3.2	精车、精刨、精铣、粗铰、粗磨
微辩加工方向	1.6	0.8	0.6	精车、精磨、精铰、研磨
暗光泽面	0.2	0.7	0.05	研磨、珩磨、超精磨

2.1.4　表面粗糙度代(符)号及其注法

(1)表面粗糙度代号

表面粗糙度代号由表面粗糙度符号、表面粗糙度参数和其他有关数值组成。粗糙度符号是由基本符号添加图线所构成。基本符号如图 10-30 所示，图中 $H_1 \approx 1.4h$，$H_2 = 2H_1$，h—字高。表面粗糙度各符号的含义见表 10-3。

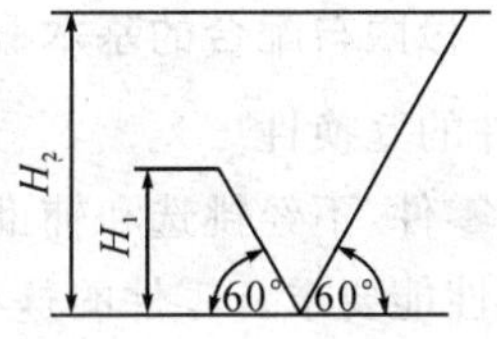

图 10-30　基本符号

表 10-3　表面粗糙度符号的意义

符　　号	意义及说明
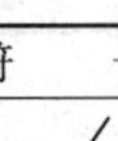	基本符号，表示用任何方法获得的表面(单独使用无意义)
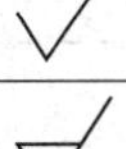	用去除材料的方法获得的表面
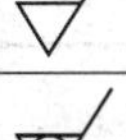	用不去除材料的方法获得的表面
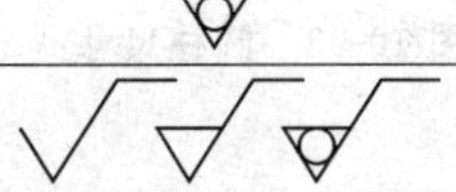	横线上用于标注有关参数和说明
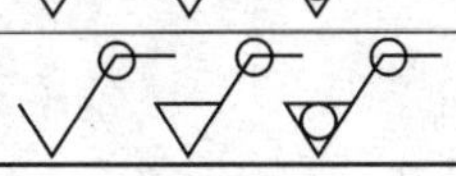	表示所有表面具有相同的表面粗糙度要求

(2)表面粗糙度代(符号)在图样上的注法

① 在同一图样上每一表面只注一次粗糙度代号,且应注在可见轮廓线、尺寸界线、引出线或它们的延长线上,并尽可能靠近有关尺寸线。

② 在不同方向的表面上标注时,代号中的数字及符号的方向必须按下图规定标注。代号中的数字方向应与尺寸数字的方向一致。在两个 30°角的特殊区域,用引出线水平标注粗糙度代号。如图 10-31 所示。

③ 当零件大部分表面具有相同的粗糙度要求时,对其中使用最多的一种代(符)号,可统一标注在图样的右上角,并加注"其余"两字。所注代号和文字大小是图样上其他表面所注代号和文字的 1.4 倍,如图 10-32 所示。

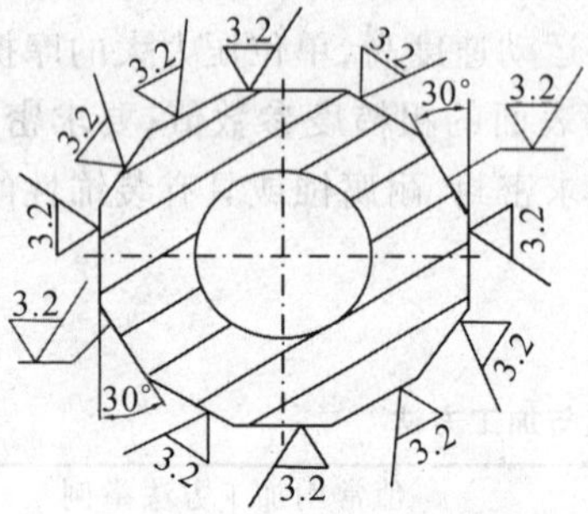

图 10-31　表面粗糙度代号中数字的方向

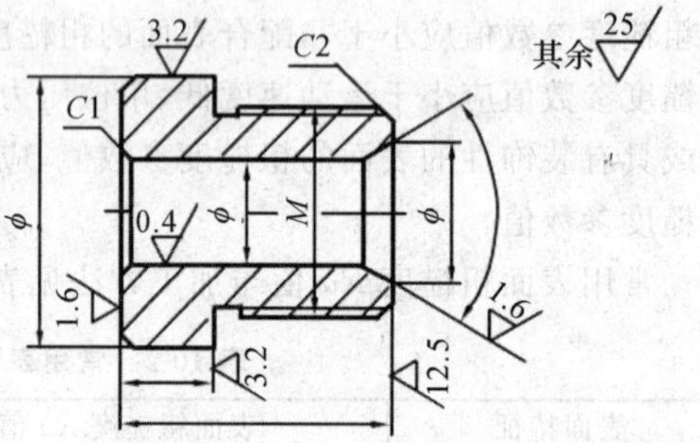

图 10-32　表面粗糙度注法

2.2　极限与配合及其注法

2.2.1　极限与配合的基本概念

(1)零件的互换性

同一批零件,不经挑选和辅助修配,任取一个就可顺利地装到机器上,并能满足机器的设计和使用性能要求。零件的这种在尺寸上与功能上可以相互代替的性质称为互换性。零件所具有的互换性,不仅能组织大规模的专业化生产,而且可以提高产品质量、降低成本和便于维修。标准化是互换性的保证,极限与配合是保证零件具有互换性的重要标准。

有关极限与配合中的术语和定义,相关的名词和代号等作简要说明如下。

(2)尺寸与尺寸极限(以图 10-33 所示圆柱尺寸为例)

基本尺寸—设计时确定的尺寸($\phi50$)。

实际尺寸—零件制成后实际测得的尺寸。

极限尺寸—允许零件实际尺寸变化的两个界限值。

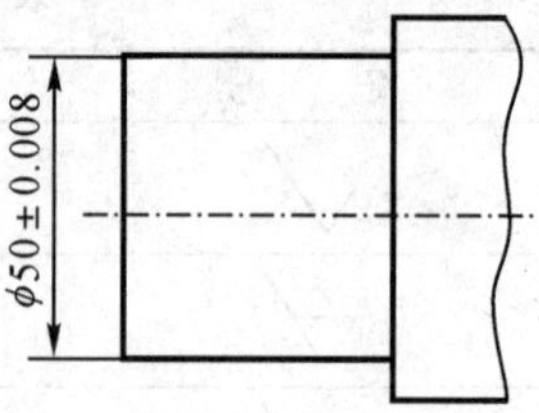

图 10-33　圆柱尺寸

最大极限尺寸—允许实际尺寸的最大值($\phi50.008$)。

最小极限尺寸—允许实际尺寸的最小值($\phi49.998$)。

零件合格的条件:最大极限尺寸≥实际尺寸≥最小极限尺寸。

(3)尺寸偏差和尺寸公差

上偏差:上偏差=最大极限尺寸-基本尺寸。

其代号:孔和轴的上偏差分别记为 ES 和 es。

下偏差:下偏差=最小极限尺寸-基本尺寸。

其代号:孔和轴的下偏差分别记为 EI 和 ei。

上偏差和下偏差统称极限偏差,孔用大写字母 ES 和 EI 表示,轴用小字母 es 和 ei 表示。

尺寸公差(简称公差):允许实际尺寸的变动量。

公差=最大极限尺寸-最小极限尺寸=上偏差-下偏差。

由以上偏差、公差计算公式得出:

偏差的数值可正可负,公差的数值一定恒为正。

(4)公差带及公差带图

公差带是公差的范围区域,用以表示公差的大小范围。公差带图则包含两项内容,不仅有公差带的范围区域,还示意出公差范围区域的方位。即公差带图直观地表示出公差的大小及公差带相对于零线的位置。如图 10-34 所示,表示了三个尺寸的公差带图:

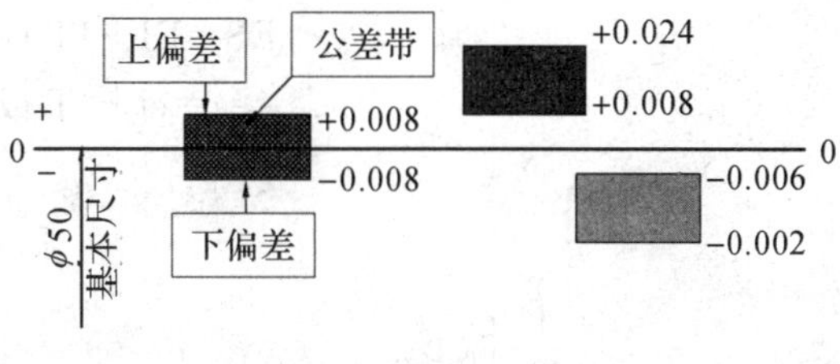

图 10-34 公差带表示法

$$\phi 50 \pm 0.008 \quad \phi 50^{+0.024}_{+0.008} \quad \phi 50^{-0.006}_{-0.022}$$

第一个尺寸的极限偏差有正有负,其公差带上下对称地落在零线上;第二个尺寸的极限偏差均为正值,其公差带位于零线上方;第三个尺寸的极限偏差均为负值,故其公差带位于零线下方。

2.2.2 标准公差和基本偏差

为便于生产,实现零件的互换性及满足不同的使用要求,国家标准《极限与配合》规定了公差带由标准公差和基本偏差两个要素组成。标准公差确定公差带的区域大小,而基本偏差确定公差带相对于 0 线的位置。

(1)标准公差(IT)

标准公差的数值由基本尺寸和公差等级来决定。其中公差等级确定尺寸精确程度。标准公差分为 20 个级别,即 IT01、IT0、IT1~IT18。其中 IT01 的尺寸精确度最高,IT18 的尺寸精度最低。标准公差的具体数值见附表。

(2)基本偏差

基本偏差是指在标准的极限与配合中,确定公差带相对零线位置的那个极限偏差。它可以是上偏差或下偏差,一般指靠近零线的那个偏差。当公差带位于零线的上方时,基本偏差为下偏差;当公差带位于零线的下方时,基本偏差为上偏差;总之是靠近零线的那个偏差如图 10-35 所示。

基本偏差系列图,确定了孔和轴的公差带位置。如图 10-36 所示,孔的基本偏差 A~H 为下偏差,J~ZC 为上偏差;轴的基本偏差 a~h 为上偏差,j~zc 为下偏差;其中 H 和 h 都挨着零线,前者被称为基准孔它的下偏差为零,后者被称为基准轴它的上偏差为零。JS 与 js

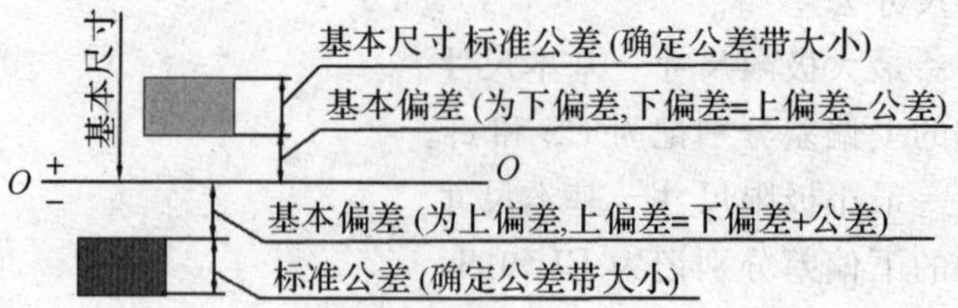

图 10-35 公差带大小及位置

的公差带对称分布于零线两边,孔和轴的上、下偏差均为+IT/2、-IT/2。基本偏差系列图仅表示公差带的位置,并没有确切的公差数值大小的信息。因此,图中所有的公差带有一端为开口,表示公差等级不定。若要得出确切数值,必须首先确定标准公差的等级(根据零件的功能),再依据等级查表确定具体的公差数值。根据尺寸公差的定义,基本偏差和标准公差的计算式为:

$$ES=EI+IT \text{ 或 } EI=ES-IT;$$

$$es=ei+IT \text{ 或 } ei=es-IT。$$

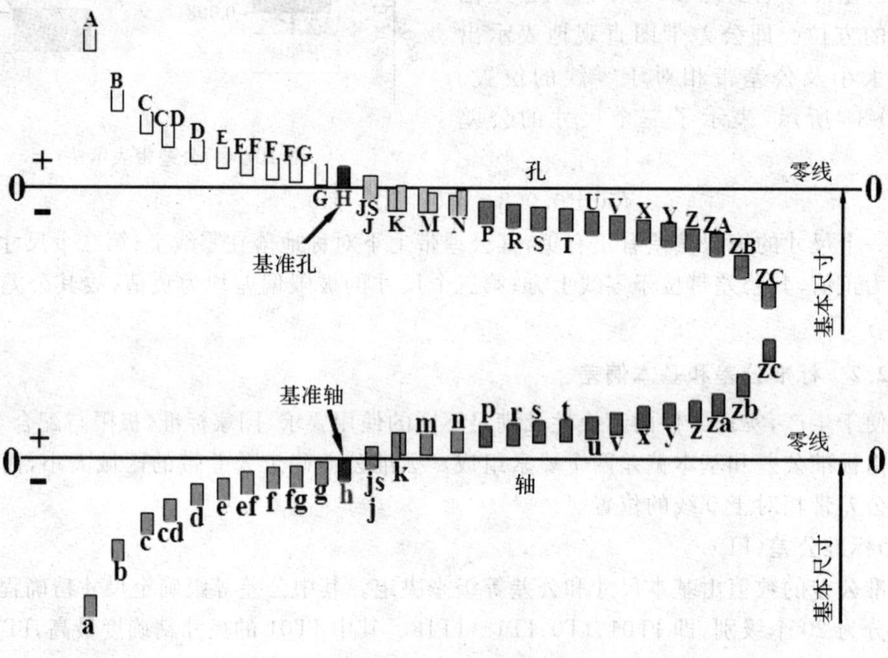

图 10-36 基本偏差系列

(3)公差带代号

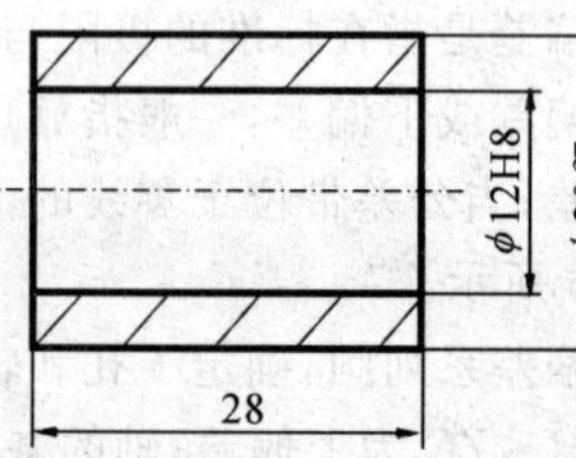

图 10-37 基本尺寸与公差带代号

孔和轴的公差带代号由基本偏差代号和标准公差等级代号组成。基本偏差代号决定公差带的位置,标准公差等级代号决定公差带的大小。如图 10-37 所示,ϕ12H8 中的"H8"表示孔的公差带代号,其中"H"表示孔的基本偏差代号，“8”表示孔的标准公差等级代号。而$\phi20f7$中的“f7”表示轴的公差带代号，其中“f”表示轴的基本偏差代号，“7”表示轴的标准公差等级代号。

(1)$\phi12H8$：基本尺寸为$\phi12$，标准公差等级为 8，IT8＝0.027；基本偏差代号 H 的下偏差为 0，由计算公式 ES＝EI＋IT，上偏差 ES＝0＋0.027＝0.027。

$$\phi12H8=\phi12^{0.027}_{+0.000}$$

(2)$\phi20f7$；基本尺寸为$\phi20$，标准公差等级为 7，公差 IT7＝0.021；基本偏差代号 f 的上偏差 es＝－0.002，由计算公式 ei＝es－IT，下偏差 ei＝－0.002－0.021＝－0.023。

$$\varphi20f7=\varphi20^{-0.002}_{-0.023}$$

2.2.3 配合

基本尺寸相同的、相互结合的孔和轴的公差带之间的关系，称为配合。如图 10-38 所示，基本尺寸均为$\phi20$的轴与轴套内孔相配合。根据使用的要求不同，孔与轴的配合有松有紧。按标准规定，配合分为三类：间隙配合、过盈配合、过度配合。

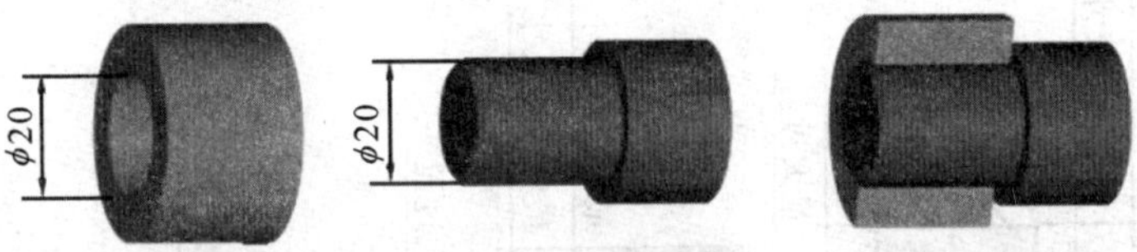

(a) 轴套　(b) 轴　(c) 轴与轴套的配合

图 10-38　轴与孔的配合

1. 配合种类

设：δ＝轴套内孔的实际尺寸－轴的实际尺寸

(1)间隙配合

当$\delta\geqslant0$，孔与轴的装配有间隙时称为间隙配合(包括最小间隙等于零)。如图 10-39 所示，孔的公差带在轴的公差带之上。

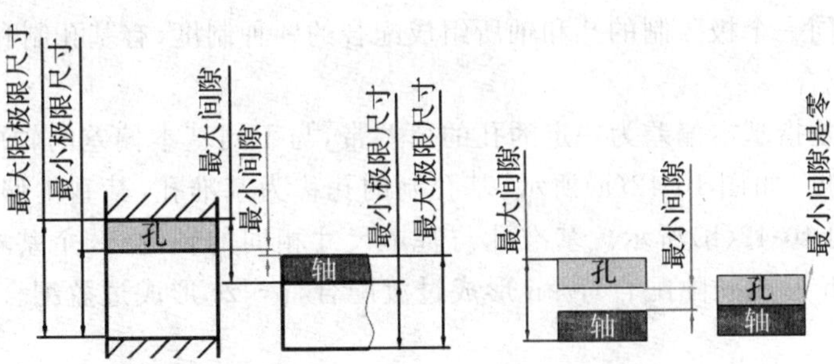

图 10-39　间隙配合示意图

(2)过盈配合

当$\delta\leqslant0$，孔与轴的装配有过盈时称为过盈配合(包括最小过盈等于零)。如图 10-40 所示，孔的公差带在轴的公差带之下。

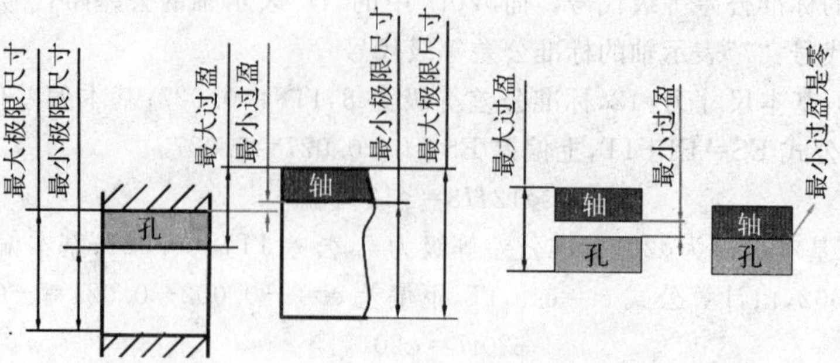

图 10-40　过盈配合示意图

(3)过度配合

孔与轴的装配可能有间隙也可能有过盈时，称为过度配合。如图 10-41 所示，孔的公差带与轴的公差带相互交叠。

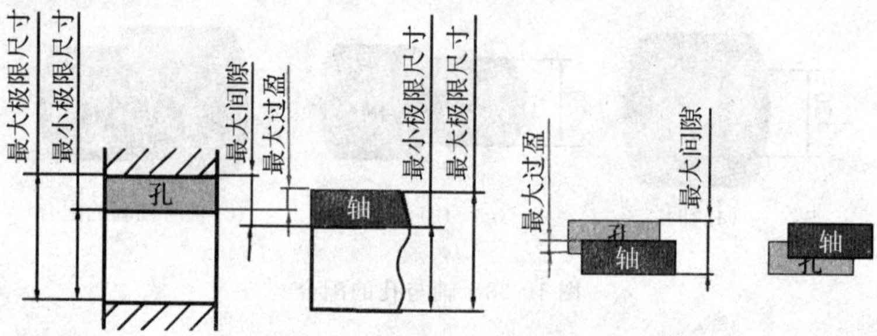

图 10-41　过度配合示意图

2. 配合制

国家标准规定了 28 种基本偏差和 20 个等级的标准公差，这对某个基本尺寸的孔或轴的配合，形成了大量的公差带。任取一对孔、轴的公差带都能形成一定性质的配合，如果任意选配，情况变化极多。这样，不便于零件的设计与制造。为此，国家标准又规定了配合制。所谓配合制是指同一个极限制的孔和轴所组成配合的一种制度，有基孔制和基轴制两种。

(1)基孔制配合

基孔制配合是指基本偏差为一定的孔的公差带，与不同基本偏差的轴的公差带形成各种配合的一种制度，如图 10-42(a)所示。基孔制的孔称为基准孔，其基本偏差代号为 H，其下偏差为零，如图 10-42(b)所示。基准孔与基本尺寸相同的轴的 28 个基本偏差形成不同的配合种类；a～h 形成间隙配合，j～n 形成过渡配合，p～zc 形成过盈配合，如图 10-42(c)所示。

(2)基轴制配合

基轴制配合是指基本偏差为一定的轴的公差带与不同基本偏差的孔的公差带形成各种配合的一种制度，如图 10-43(a)所示。基轴制的轴称为基准轴，其基本偏差代号为 h，其上偏差为零，如图 10-43(b)所示。基准轴与基本尺寸相同的孔的 28 个基本偏差形成不同的配合种类：A～H 形成隙配合，J～N 形成过渡配合，P～ZC 形成过盈配合，如图 10-43(c)所示。

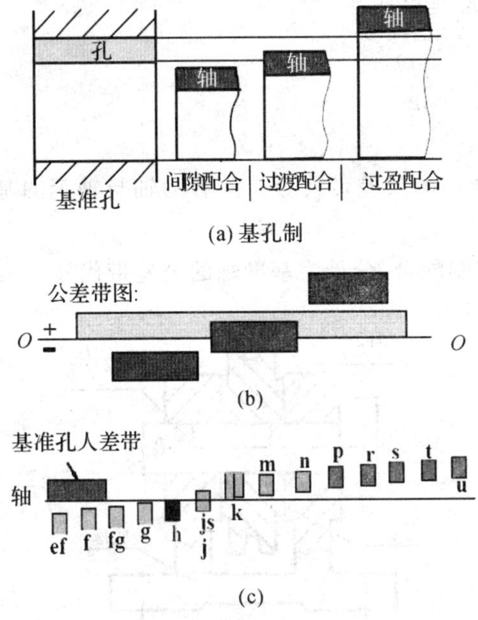

图 10-42　基孔制示意图及公差带图

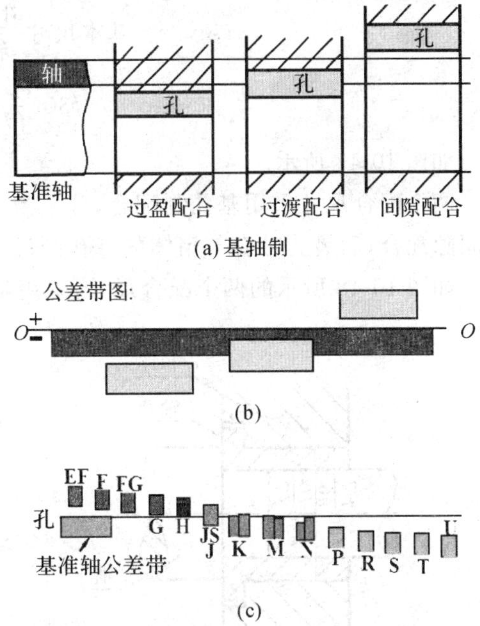

图 10-43　基轴制示意图及公差带图

2.2.4　与配合在图样上的注法

(1)在零件图中极限的标注

① 在基本尺寸后注出公差带代号(基本偏差字母代号和标准公差等级数字代号),如图10-44所示。直接标注公差带代号的优势在于配合精度明确,标注简单。但数值不直观。适用于量规检测的尺寸。

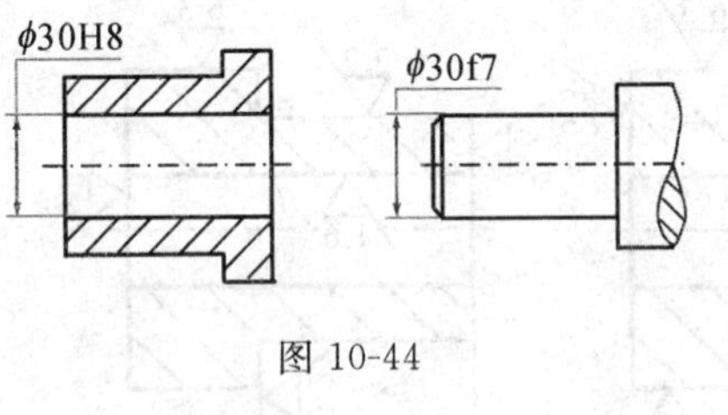

图 10-44

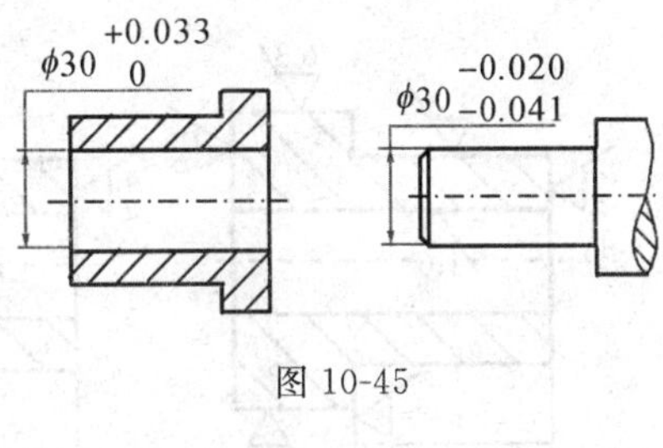

图 10-45

② 直接注出基本尺寸及上、下偏差值(常用方法),如图10-45所示。该标注方式数值直观,便于用万能量具检测便于读书。试制单件及小批生产用此法较多。

③ 在基本尺寸后,即注出公差带代号同时又注出上、下偏差值,偏差值的标注要加上括号,如图10-46所示此方式既有明确的配合精度又有直观的公差数值。适用于生产规模不确定的情况。

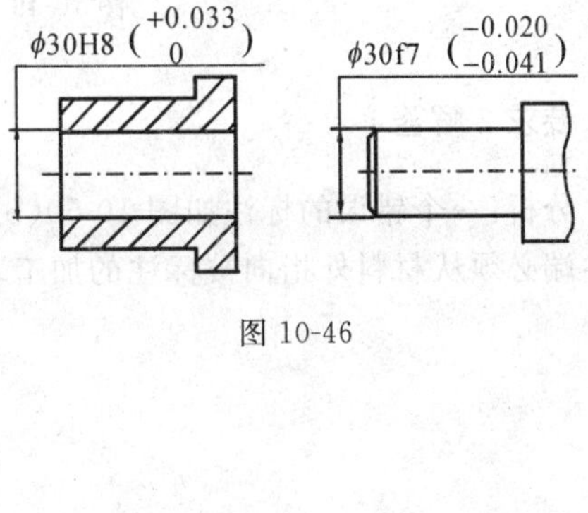

图 10-46

(2)在装配图中配合的标注

标注形式为:

$$\text{基本尺寸}\frac{\text{孔的公差带代号}}{\text{轴的公差代号}}$$

$$\phi 30\,\frac{H8}{f7}\quad \phi 40\,\frac{H7}{n6}$$

如图 10-47 所示。

两个配合尺寸采用基孔制配合，分子为基准孔的公差带代号。前者为轴与轴套的基孔制间隙配合，后者为轴套与箱体的基孔制过度配合。

如图 10-48 所示的两个配合尺寸，采用基轴制配合，分母为基准轴的公差带代号。

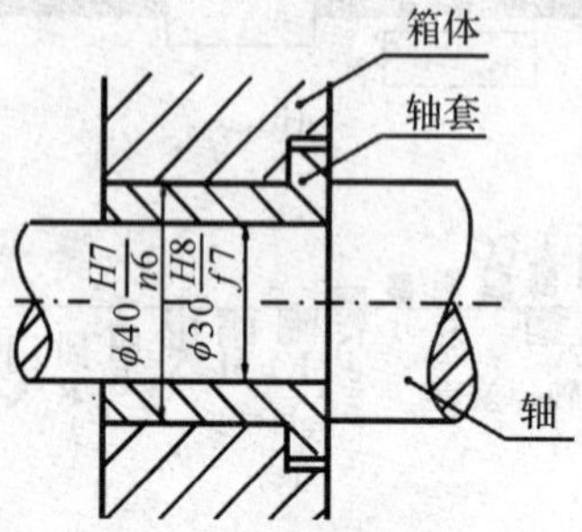

图 10-47　基孔制的配合标注

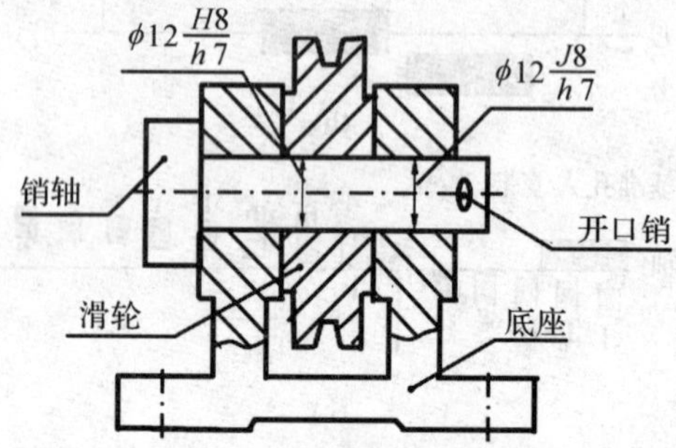

图 10-48　基轴制的配合标注

◎ 任务解答

要求 1 解答

分析：图 10-1 中共有两个标注为错误：一个重复标注，另一个符号错误。如图 10-49(b)所示，打“×”符号的为错误标注，去掉一个重复的，纠正另一个错误的，正确的粗糙度标注如图 10-49(c)所示。

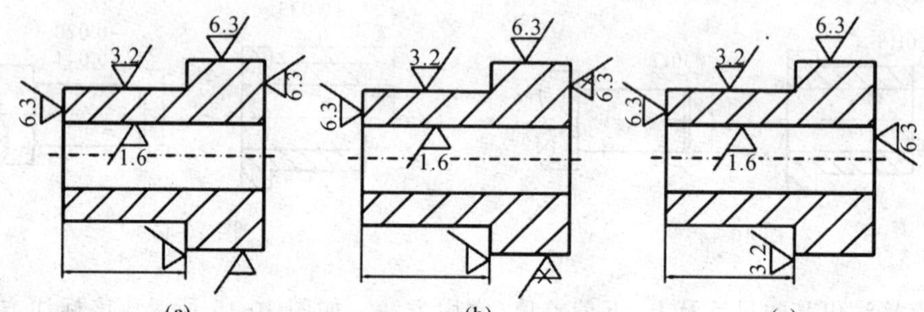

图 10-49　表面粗糙度注法(1)

要求 2 解答

分析：一个错误的标注如图 10-50(b)中“×”符号所示，正确的标注方法是：粗糙度符号的尖端必须从材料外指向被标注的加工表面，纠正后正确的粗糙度标注如图 10-50(c)所示。

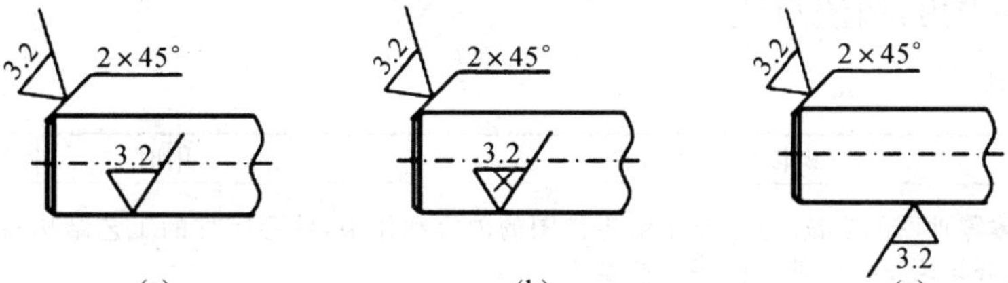

(a)　(b)　(c)

图 10-50　表面粗糙度注法(2)

要求 3 解答

依据极限与配合的概念,得出各项尺寸为:

基本尺寸:ϕ60mm。

最大极限尺寸:ϕ60.015mm。

最小极限尺寸:ϕ59.985mm。

零件合格的条件:

ϕ60.015mm≥实际尺寸≥ϕ59.985mm

上偏差=60.015−60=+0.015

下偏差=59.985−60=−0.015

公差=0.015−(−0.015)=0.030

◎ 任务评价

<table>
<tr><td colspan="2">课题名称</td><td>表面粗糙度、极限与配合</td><td colspan="2">任课教师</td><td colspan="2"></td></tr>
<tr><td rowspan="2">要求</td><td rowspan="2">序号</td><td rowspan="2">要求中的评价项目</td><td colspan="4">结果</td></tr>
<tr><td>A</td><td>B</td><td>C</td><td>D</td></tr>
<tr><td rowspan="4">1</td><td>1</td><td>常见的绘图仪器有哪些以及如何使用?</td><td></td><td></td><td></td><td></td></tr>
<tr><td>2</td><td>能否使用绘图仪器绘制常见的线型?</td><td></td><td></td><td></td><td></td></tr>
<tr><td>3</td><td>常见的几何作图有哪些以及如何绘制?</td><td></td><td></td><td></td><td></td></tr>
<tr><td>4</td><td>是否明确几何图形的一般绘制步骤?</td><td></td><td></td><td></td><td></td></tr>
<tr><td colspan="2">综合成绩</td><td colspan="5"></td></tr>
<tr><td colspan="2">自我总结</td><td colspan="5"></td></tr>
<tr><td colspan="3">学生签字:
年　月　日</td><td colspan="4">指导教师签字:
年　月　日</td></tr>
</table>

二、零件图的阅读方法

◎ 任务书

<table>
<tr><td>项目</td><td>识读泵体零件图</td><td>用时</td><td>3 学时</td></tr>
<tr><td>目的</td><td colspan="3">通过泵体零件图的识读，进一步了解零件图的内容和作用，熟悉零件的工艺结构特点和视图表达特点，掌握识读零件图的一般步骤和基本方法。</td></tr>
<tr><td>要求</td><td colspan="3">分析并读如图 10-51 懂泵体零件图，包括视图、尺寸和技术要求。
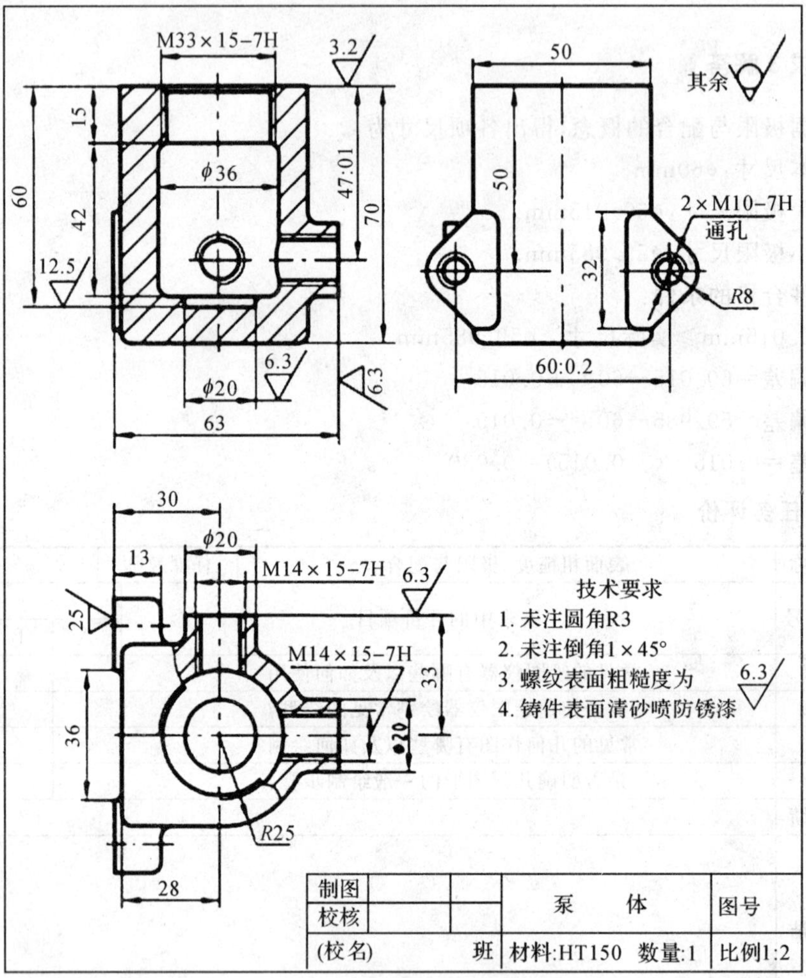

图 10-51 泵体零件图</td></tr>
</table>

◎ 知识链接

在设计、制造机械的实际工作中，读图是一项非常重要的、复杂的技术工作。例如设计零件，要研究零件的结构特点，参考同类型零件图，使所设计的零件更先进合理。生产制造零件，也要研究零件的结构特点，为其制定合适的加工方法的检测手段。其他如机器安装、使用、维修、技术革新及交流等工作中都需要阅读图样、研究图样。

1 看零件图的基本要求

(1)零件的名称、用途和材料。

(2)分析组成零件各部分结构的形状、特点、功用以及它们之间的相对位置和作用。

(3)分析零件的各类尺寸和尺寸基准。

(4)熟悉零件的各项技术要求。

综合以上信息,形成对零件的整体认识。

2 看零件图的方法和步骤

结合图10-49所示泵体零件图,讨论看零件的方法即步骤。

2.1 先看标题栏,做概括了解

首先了解图中零件的名称、材料、绘图比例等内容,初步浏览视图,概括了解零件的用途和形貌特征。

2.2 分析视图

查看零件图样的表达方法,看懂零件的结构和形状。一般先采用形体分析等方法结合零件常用结构的功能'先从主视图入手,借助视图间的投影对应关系,逐个弄清零件各组成部分的结构形状和相互位置关系,想象出零件的主要结构。对于一些不容易看懂的复杂形状和结构,可运用线面分析法进行投影分析,最后想象出整个零件的结构形状。

2.3 分析尺寸和技术要求

有了对零件形体结构的认识,接下来还需要对其大小尺寸做整体分析。找出零件长、宽、高三个方向的主要尺寸基准及辅助基准,然后从基准开始,确定零件的主要尺寸,结合形体分析法确定各部分的定形尺寸和定位尺寸。

◎ 任务解答

要求解答

1. 首先看标题栏:零件名称为泵体,属箱体类零件;材料是铸铁;绘图比例1∶2。

2. 分析视图,泵体由三部分组成:

(1)半圆柱形的壳体、圆柱形的内腔(特征视图为俯视图),用于容纳其他零件。

(2)两块有螺孔的三角形安装板,以便螺纹紧固件的安装连接。

(3)两个圆柱形的进出油口,分别位于泵体的右边和后边。

3. 长、宽、高三个方向的主要基准:

长度方向为安装板的左端面。

宽度方向为泵体前后对称面。

高度方向为泵体的上端面。

然后找出主要尺寸有:进出油口的定位尺寸47±0.1、两块三角形安装板上螺孔的定位尺寸60±0.2,加工时必须保证其精度要求。进出油口的定型尺寸$M14\times1.5-7H$及圆柱

形内腔的顶面尺寸 $M33\times1.5-7H$ 都是细牙普通螺纹。它们的端面粗糙度 Ra 值分别为 3.2、6.3，精度要求较高，以便对外连接紧密，防止工作时有渗漏发生。其他的技术要求如下：

(1)未注圆角 $R3$。

(2)未注倒角 $1\times45°$。

(3)螺纹表面粗糙度 $\overset{6.3}{\sqrt{}}$。

(4)铸件表面清砂喷防锈漆。

综合前面的分析了解，将视图、尺寸和技术要求等信息系统地归纳起来，参阅相关资料，综合想象出零件的整体结构、尺寸大小、技术要求及零件的功用等完整的全貌。

必须指出的是，读零件图是一个十分复杂的思考过程。在具体的读图过程中，需要灵活运用上述方法和步骤。对于一些较复杂的零件图，往往还要参考有关技术资料，如参阅相关的转配图，相关的说明书等等，帮助阅读难点，攻克难关。同时，读图还需要平时多方面的知识积累。

图 10-51 所示零件图综合分析想象出泵体的形状如图 10-52 所示。

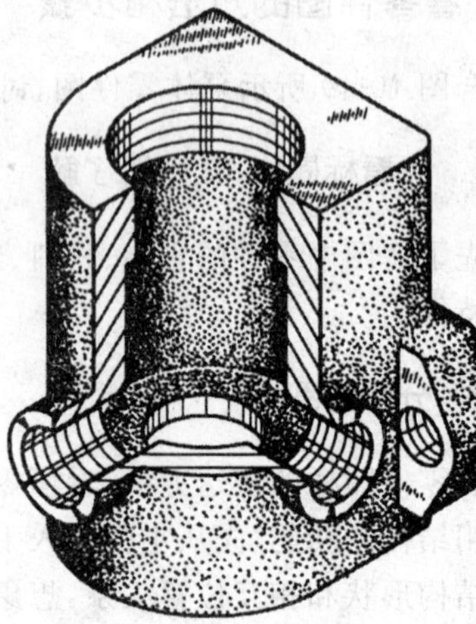

图 10-52　泵体轴测图

◎ 任务评价

<table>
<tr><td colspan="2">课题名称</td><td>识读泵体零件图</td><td colspan="2">任课教师</td><td colspan="2"></td></tr>
<tr><td rowspan="2">要求</td><td rowspan="2">序号</td><td rowspan="2">要求中的评价项目</td><td colspan="4">结果</td></tr>
<tr><td>A</td><td>B</td><td>C</td><td>D</td></tr>
<tr><td rowspan="4">1</td><td>1</td><td>常见的绘图仪器有哪些以及如何使用？</td><td></td><td></td><td></td><td></td></tr>
<tr><td>2</td><td>能否使用绘图仪器绘制常见的线型？</td><td></td><td></td><td></td><td></td></tr>
<tr><td>3</td><td>常见的几何作图有哪些以及如何绘制？</td><td></td><td></td><td></td><td></td></tr>
<tr><td>4</td><td>是否明确几何图形的一般绘制步骤？</td><td></td><td></td><td></td><td></td></tr>
<tr><td colspan="2">综合成绩</td><td colspan="5"></td></tr>
<tr><td colspan="2">自我总结</td><td colspan="5"></td></tr>
</table>

学生签字： 年　　月　　日	指导教师签字： 年　　月　　日

三、零件测绘

◎ 任务书

<table>
<tr><td>项目</td><td>测绘泵体零件图</td><td>用时</td><td>2 学时</td></tr>
<tr><td>目的</td><td colspan="3">1. 正确使用测量仪器测量零件的尺寸。
2. 掌握正确绘制零件草图的方法与步骤。
3. 熟练掌握零件图的尺寸标注。
4. 能够初步掌握如何制订并注写零件图的技术要求。</td></tr>
<tr><td>要求</td><td colspan="3">根据图 10-53 所示齿轮泵体剖分图，了解泵体的用途，利用所给测量仪器测量出泵体尺寸，绘制泵体的草图，正确标注泵体尺寸，制订泵体的技术要求。
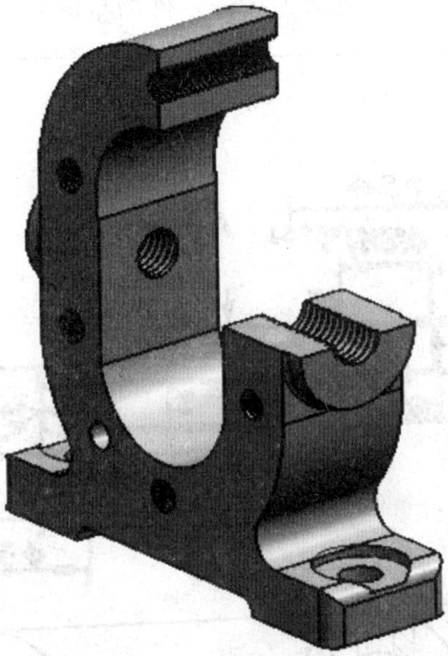
图 10-53　齿轮泵体</td></tr>
</table>

◎ 知识链接

1　什么是零件测绘

是对零件实物进行测量、绘图、确定技术要求的过程。

2　测绘的目的

仿造、修配、技术改造等。

3　测绘过程与步骤

通过徒手目测，快速画出零件的草图，然后借助测量工具测出完整的尺寸，并在草图上注全尺寸及技术要求，最后参考有关资料整理绘制出供生产使用的零件工作图。

这一过程称为零件测绘。零件测绘是实际生产中的重要工作之一，也是工程技术人员必须掌握的制图技能。

4 画零件的测绘草图

零件草图虽然名为草图，但绝不是说就可以潦草从事，零件草图应包括零件图上所要求的全部内容。画草图的要求是：视图和尺寸完全、线型分明、字体清楚、图面整齐、技术要求齐备，必须有图框、标题栏等全部内容，不同之处仅是零件草图无须严格比例及不用仪器绘制，要求在最短的时间内完成作图。之所以这样要求，是因为再根据草图画零件图时，往往不在现场，或已不看不到零件，零件草图已成为一项重要的原始资料，草图若画得不好，就给后续画零件图带来很大困难，甚至无法进行工作。

草图的绘制方法和步骤参阅零件图的绘制，此处不作详述。本章的重点是如何对实物零件进行形体测绘。如图 10-54 所示为拔杆零件的草图。

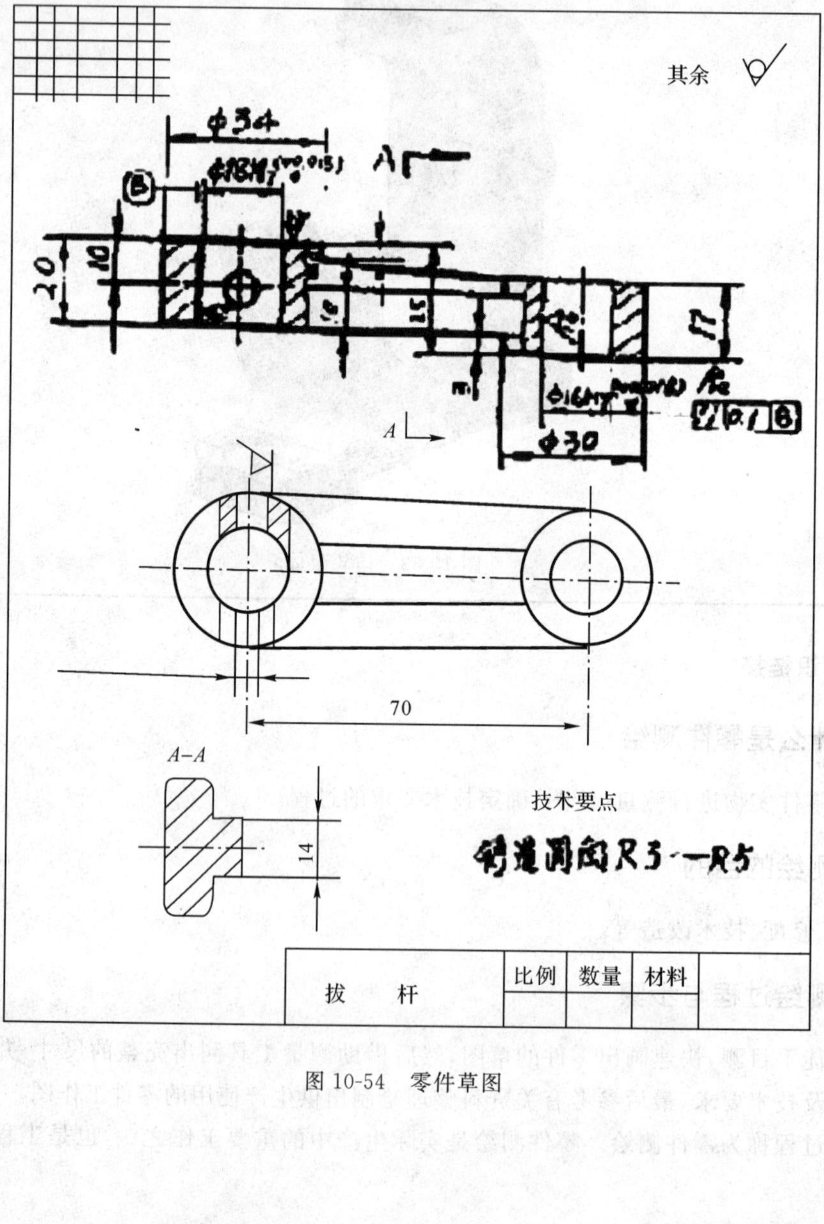

图 10-54 零件草图

5 零件上尺寸的测量方法

5.1 常用测量工具

测量零件尺寸时，由于零件的复杂程度和精度要求不同，需要使用多种不同的测量工具和仪器，才能比较准确地确定零件上各部分的尺寸。这里仅介绍几种常见的测量工具，例如钢皮尺、内卡、外卡、游标卡尺等，如图 10-55 所示，供学习测绘草图时参考。

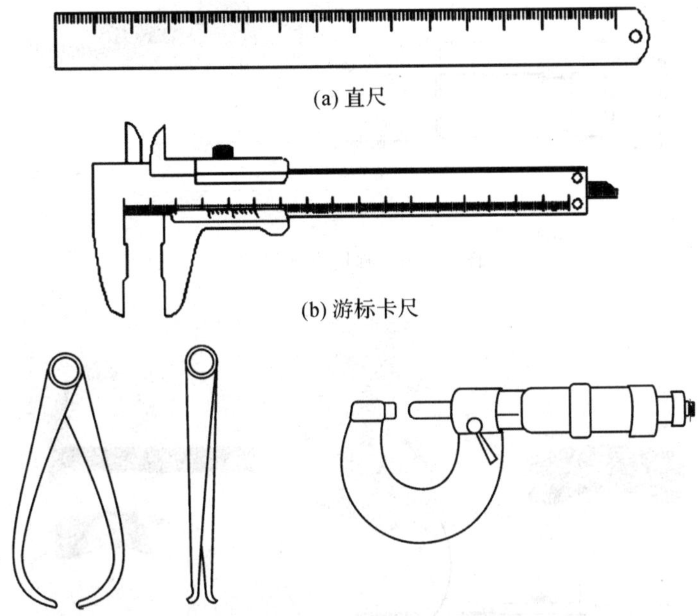

(a) 直尺　(b) 游标卡尺　(c) 外卡钳　(d) 内卡钳　(e) 千分尺

图 10-55　常用测量工具

5.2 测量尺寸的方法

在测绘零件时，正确测量零件上各部分的尺寸，对确定零件的形状大小是非常重要的，在实际工作中，使用的测量工具、仪器及测量方法很多，这里仅介绍几种常用的方法。

(1)测量直线尺寸

对于直线尺寸，通常用钢皮尺或游标卡尺直接量取，如图 10-56 所示。

(2)测量回转体的内、外直径

若用外卡钳测量外径，外卡钳应与被测量零件的轴线垂直，若用内卡钳测量内径，内卡钳应沿轴线方向放入，然后轻松转动，量出最大尺寸即为内孔直径的尺寸。用卡钳工具测量，还需再用钢皮尺量出其数值。若用游标卡尺测量内、外径，则可直接读出尺寸数值，如图 10-57 所示。

(3)测量壁厚

当被测零件的壁厚能直接量取时，可采用钢皮尺或游标尺测量；若不宜直接量取时，可

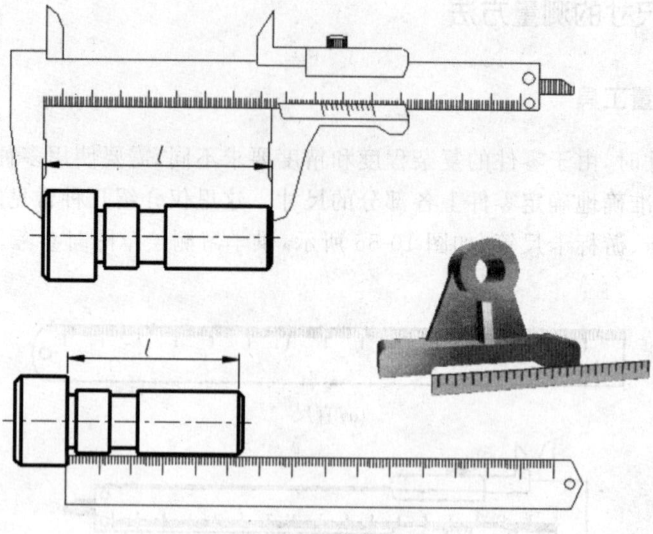

图 10-56　测量直线尺寸

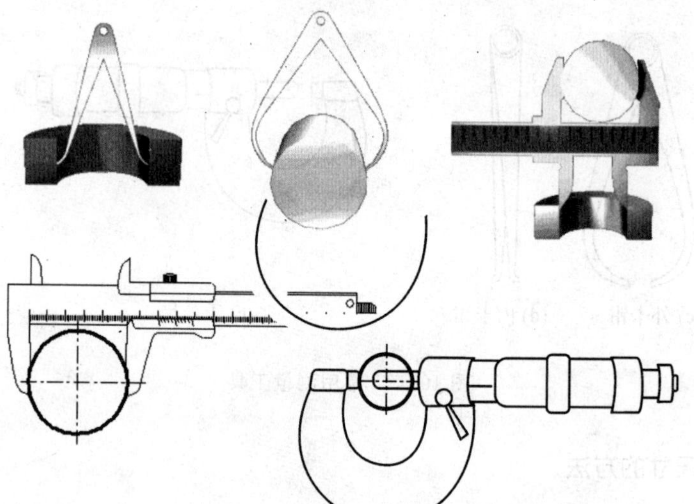

图 10-57　测量回转面的直径尺寸

采用间接法测量，即使用钢皮尺和内、外卡钳配合测量，用二次测量方法再经过计算获得尺寸，如图 10-58 所示。

(4)测量阶梯孔的直径

如图 10-59 所示。

(5)测量孔间距

如图 10-60 所示。

(6)测量中心高

如图 10-61 所示。

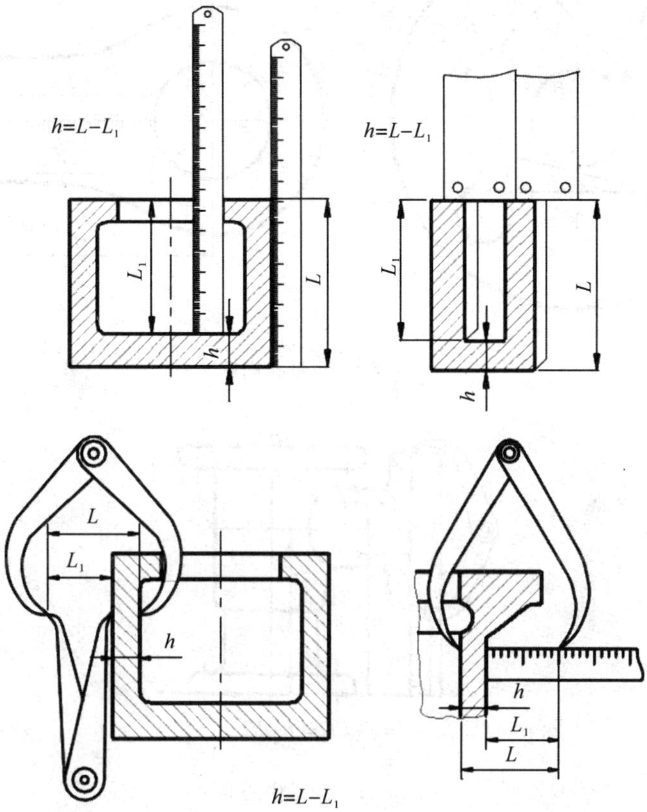

图 10-58　测量壁厚

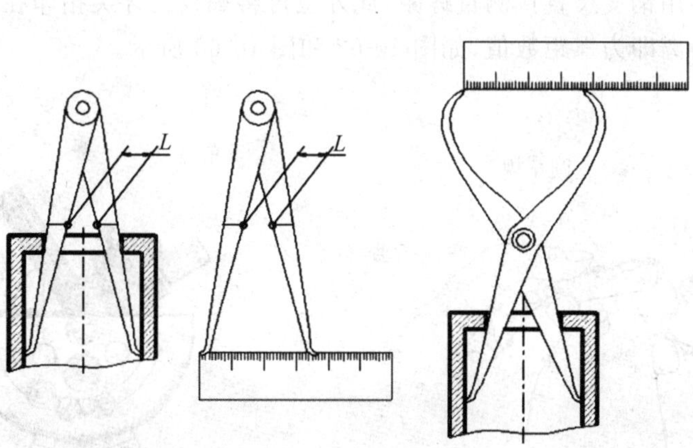

图 10-59　测量阶梯孔的直径

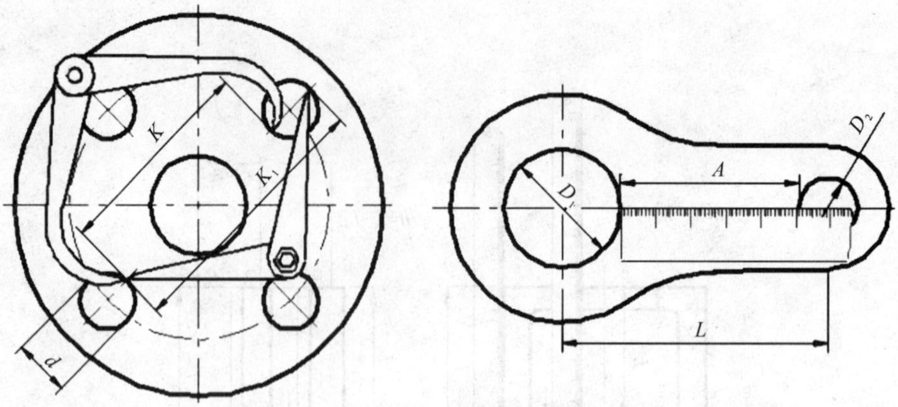

图 10-60　测量孔间距

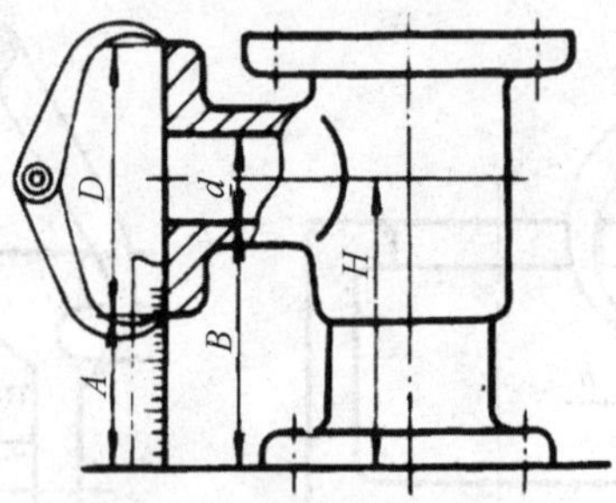

$H=A+D/2=B+d/2$

图 10-61　测量中心高

(7)测量圆角

测量圆角可应用圆角规。测量时找出与被测零件相吻合的样板，从而读出圆角半径的大小。测量螺纹的螺距时，若用螺纹规测量，应找出与被测螺纹牙型吻合的样板，从而读出螺距。对外螺纹可用钢皮尺直接测量螺距，此外也可将螺纹的牙尖拓印在纸上，然后用钢皮尺测量印痕间的距离即为螺距数值，如图 10-62 和图 10-63 所示。

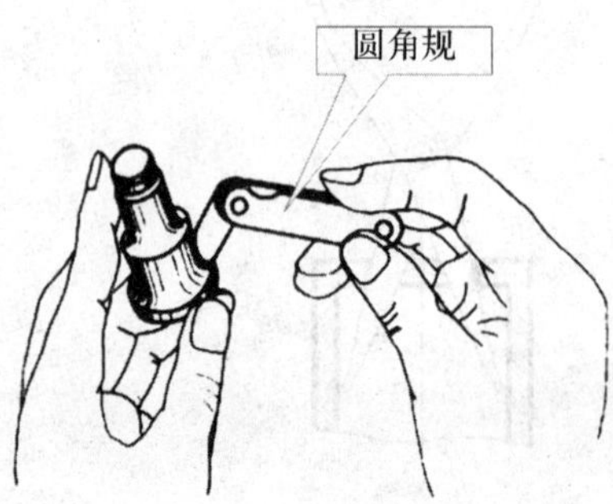

图 10-62　测量圆角

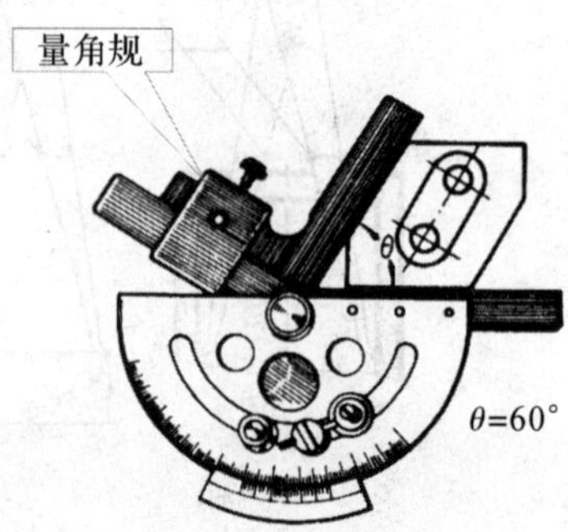

图 10-63　测量角度

(8)测量曲线轮廓或曲面半径

① 铅丝法

将铅丝弯成与被测的曲线或曲面部分的实形相吻合的形状，然后将铅丝放在纸上画出曲线，最后适当分段用中垂线法求得各段圆弧的中心，再量得半径，如图 10-64 所示。

② 拓印法

在零件的被测部位，覆盖一张纸，用手轻压纸面，或用铅心或用复写纸，在纸面上轻磨，即可印出曲面轮廓，得到真实的平面曲线，再求出各段圆弧半径，如图 10-65 所示。

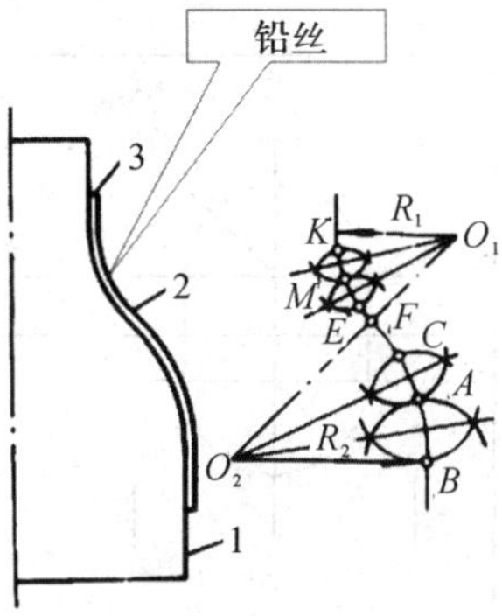

图 10-64　铅丝法

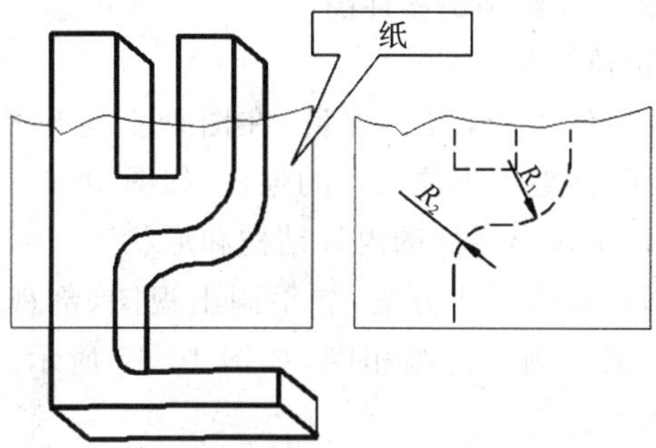

图 10-65　拓印法

5.3　零件测绘时的注意事项

(1)零件制造的缺陷和长期使用所造成的磨损都不应画出。

(2)零件因制造装配的需要而形成的工艺结构都必须画出。

(3)有配合关系的尺寸，一般只要测出它的基本尺寸，而配合性质和相应的公差值应经过分析考虑后，再查阅有关手册，按照手册推荐的优化值来最后确定。

(4)没有配合关系的尺寸或不重要的尺寸，允许将测量所得的尺寸做适当的圆整。

(5)对螺纹、键槽、齿轮的轮齿等标准结构的尺寸，应该把测量的结果与标准值核对后，采用标准结构尺寸以利制造。

◎ 任务解答

要求解答

零件的测绘就是根据实际零件画出它的图形，测量出它的尺寸并制订出技术要求。测绘时，首先以徒手画出零件草图，然后根据该草图画出零件工作图。

1. 了解和分析测绘对象

泵体是油泵上的一个主体件，属于箱体类零件，材料为铸铁 HT200。它的主要作用是容纳一对啮合齿轮及进油、出油通道，在泵体上设置了两个销孔和六个螺孔，是为了使左泵盖和右泵盖与其定位和连接。泵体下部带有凹坑的底板和其上的二个沉孔是为了安装油泵。泵体进、出油口孔端的螺孔是为了连接进、出油管等等。至此，泵体的结构已基本分析清楚。

2. 确定表达方案

由于泵座的内外结构都比较复杂，应选用主、左、仰三个基本视图。泵体的主视图应按其工作位置及形状结构特征选定，为表达进、出油口的结构与泵腔的关系，应对其中一个孔道进行局部剖视。为表达安装孔的形状也应对其中一个安装孔进行局部剖视。

为表达泵体与底板、出油口的相对位置，左视图应选用 A－A 旋转剖视图，将泵腔及孔的结构表示清楚。

然后再选用一俯视图表示底板的形状及安装孔的数量、位置，俯视图取向局部视图，最后选定表达方案

3. 徒手目测画出零件图

(1)定位布局

根据零件大小，视图数量，在图纸上定出作图基准线、中心线、注意留出注尺寸的地位，如图 10-66 所示。

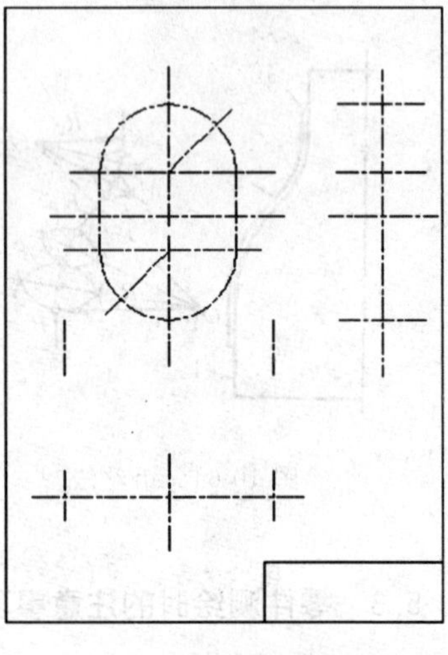

图 10-66　齿轮泵体草绘布局图

(2)详细画出零件的内外结构和形状

根据选定的表达方案，徒手画出视图、剖视等图形，其作图步骤与画零件画相同，如图 10-67 所示。但需注意以下两点：

①零件上的制造缺陷(如砂眼、气孔等)，以及由于长期使用造成的磨损、碰伤等，均不应画出。

②零件上的细小结构(如铸造圆角、倒角、倒圆、退刀槽、砂轮越程槽、凸台和凹坑等)必须画出。

4. 注、量尺寸

根据尺寸标注的要求，将该注尺寸的尺寸界线、尺寸线和箭头全部画出。然后利用测量仪器集中测量出各个尺寸，测量过程中注意测量仪器的正确使用以及正确读数。然后逐个填上相应的尺寸数字，切不可画一个，量一个，注一个，这样非但费时，而且容易将所需尺寸画错或遗漏，如图 10-68 所示。

5. 制定技术要求

(1)未注明铸造圆角 $R3-5$。

(2)泵体表面粗糙度：主轴孔、从动轴孔和齿轮腔等间隙配合重要表面 Ra 为 1.6，销孔、泵体与泵盖结合面 Ra 为 3.2，螺孔 Ra 为 6.3，底面等其他加工面 Ra 为 12.5；

(3)主要尺寸要保证其精度，泵体的两轴线、轴线距底面以及有配合关系的尺寸等，都应给出公差，配合尺寸采用 IT7 级。

(4) 材料：HT200。

(5) 铸造时采用时效处理。

(6) 左右侧面有平行度要求，上下内圆轴线有平行度和侧面有垂直度要求。

6. 最后检查、填写标题栏，完成草图

7. 根据零件草图画零件图

草图完成后，便要根据它在电脑上绘制零件图，其绘图方法和步骤同前，这里不再赘述。完成的零件图如图 10-69 所示。

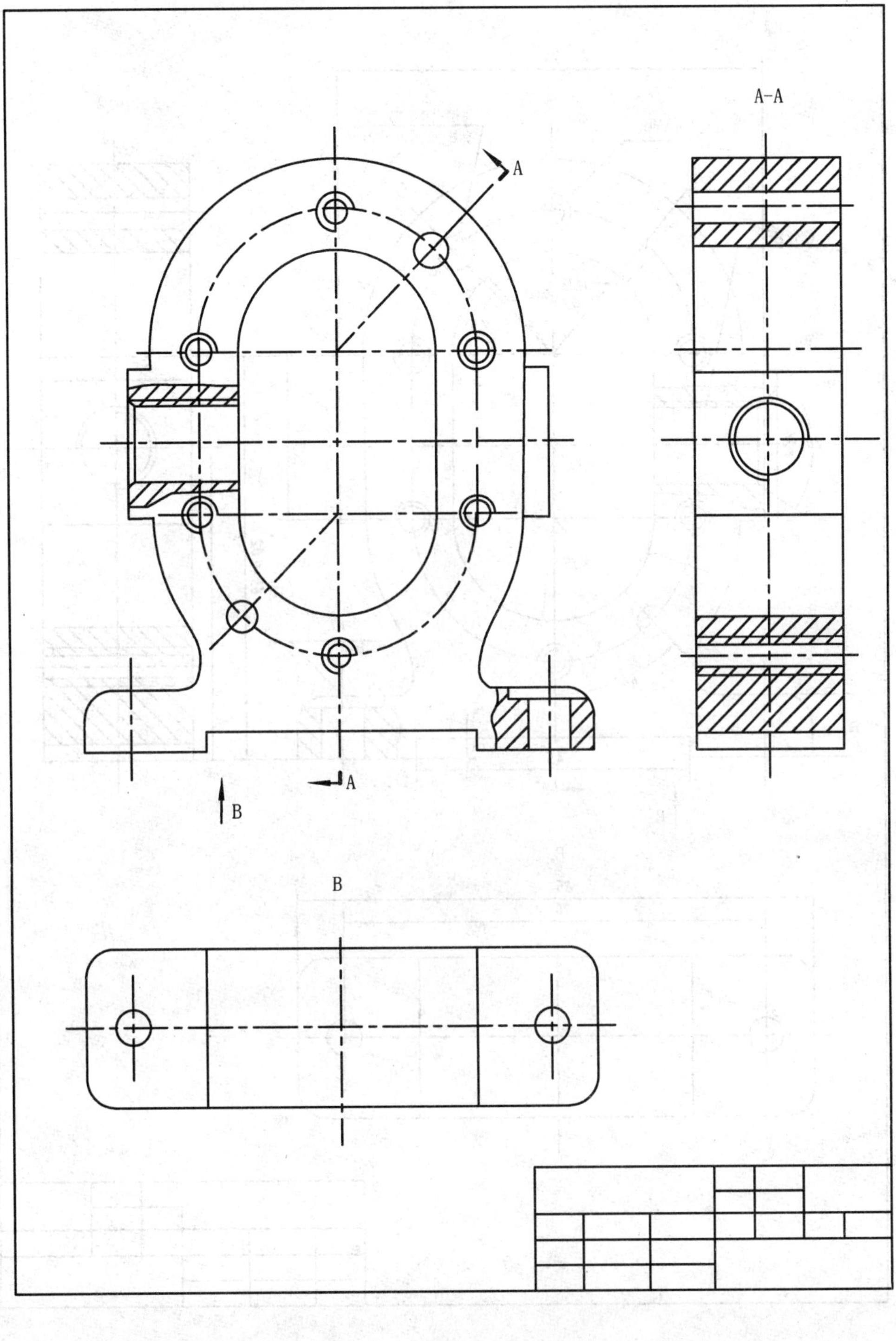

图 10-67　齿轮泵体草绘视图

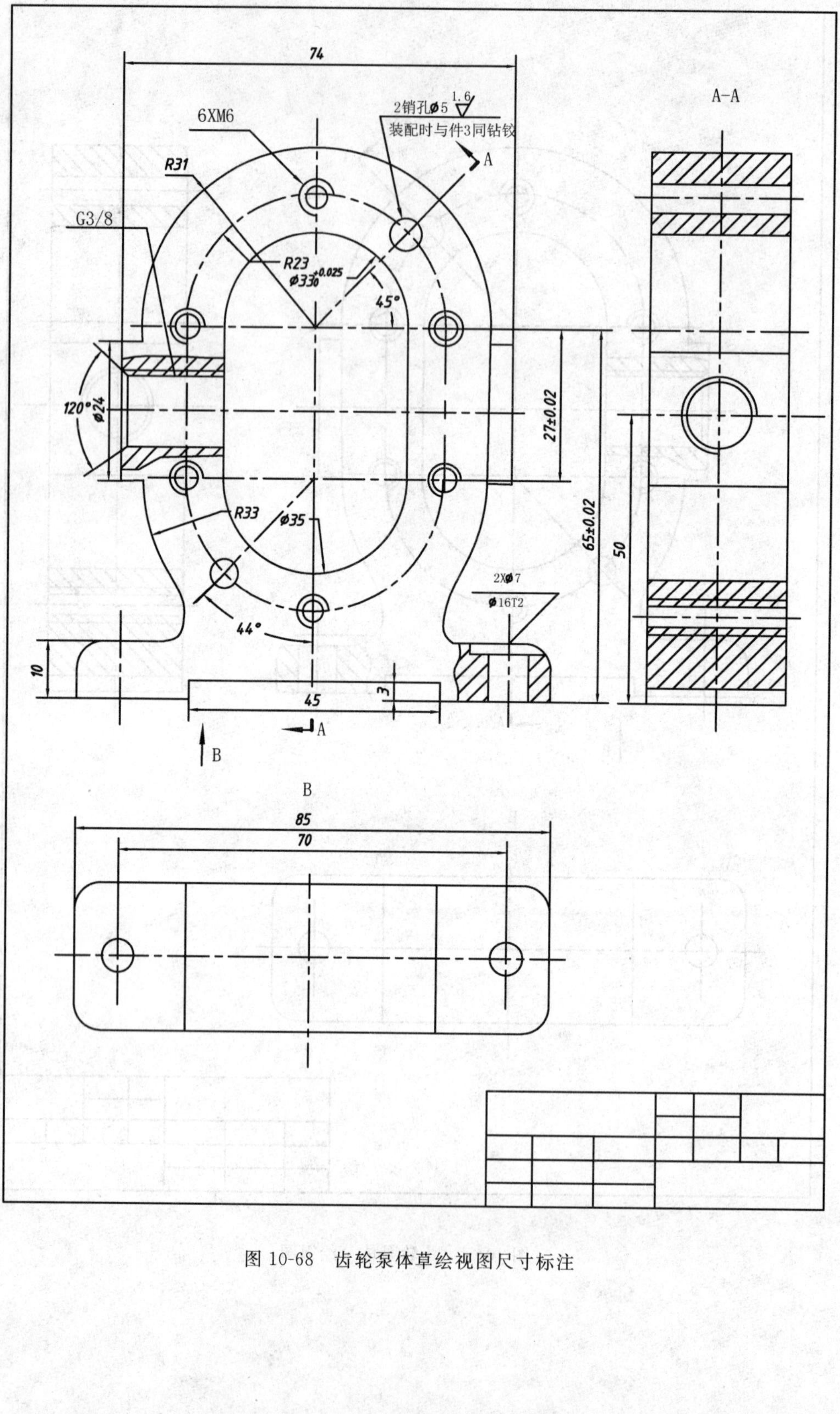

图 10-68　齿轮泵体草绘视图尺寸标注

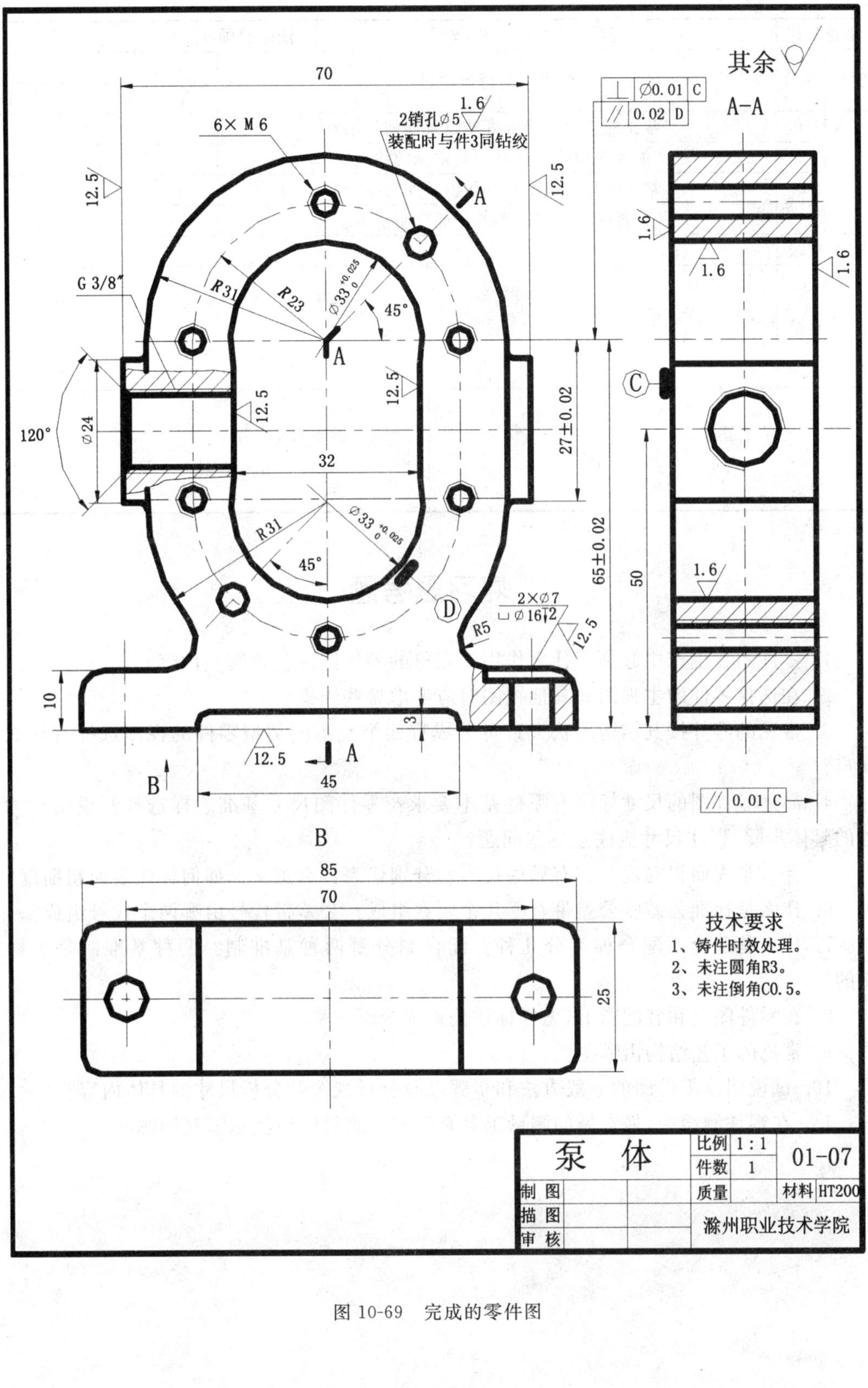

图 10-69 完成的零件图

◎ 任务评价

<table>
<tr><td colspan="2">课题名称</td><td>测绘泵体零件图</td><td>任课教师</td><td colspan="3"></td></tr>
<tr><td rowspan="2">要求</td><td rowspan="2">序号</td><td rowspan="2">要求中的评价项目</td><td colspan="4">结果</td></tr>
<tr><td>A</td><td>B</td><td>C</td><td>D</td></tr>
<tr><td rowspan="4">1</td><td>1</td><td>常见的绘图仪器有哪些以及如何使用？</td><td></td><td></td><td></td><td></td></tr>
<tr><td>2</td><td>能否使用绘图仪器绘制常见的线型？</td><td></td><td></td><td></td><td></td></tr>
<tr><td>3</td><td>常见的几何作图有哪些以及如何绘制？</td><td></td><td></td><td></td><td></td></tr>
<tr><td>4</td><td>是否明确几何图形的一般绘制步骤？</td><td></td><td></td><td></td><td></td></tr>
<tr><td colspan="2">综合成绩</td><td colspan="5"></td></tr>
<tr><td colspan="2">自我总结</td><td colspan="5"></td></tr>
<tr><td colspan="3">学生签字：
年　　月　　日</td><td colspan="4">指导教师签字：
年　　月　　日</td></tr>
</table>

复习思考题

1. 零件图在生产中起到了什么作用？完整的零件图应包含哪些内容？

2. 在选择零件的主视图和其他视图时应考虑哪些因素？

3. 常见的零件按其结构形状大致可分成哪四类？不同类型零件的视图选择有什么异同点？

4. 简述零件图的尺寸标注有哪些基本要求？零件图尺寸基准怎样选择？说明尺寸标注的具体步骤、标注尺寸应注意哪些问题？

5. 什么是表面粗糙度？它有哪些符号？分别代表什么意义？如何标注表面粗糙度？

6. 什么是标准公差？公差带有哪几个要素组成？公差带代号由哪两个代号组成？

7. 什么是配合？配合种类分几种？配合制分哪两种基准制？两种基准制是怎样定义的？

8. 在零件图上和装配图上，怎样标注公差配合？

9. 常见的工艺结构由哪些？

10. 试说明读零件图的一般方法和步骤以及分析视图和分析尺寸的具体内容？

11. 在零件测绘中，最常见的测量工具有哪些？测量时应注意哪些问题？

第 11 单元　机械装配图

学习指南

装配图是表达机器或部件的工作原理、装配关系、结构形状和技术要求的图样。设计时一般现根据设计要求画出装配图，然后再根据装配关系画出零件图。装配机器或部件时，装配图用以指导装配生产活动。因此，装配图是制定装配工艺流程、进行装配、调试、检验、安装、使用和维修的主要依据，是表达设计思想、指导生产和进行技术交流的重要技术文件。

“绘制装配图”和“识读装配图”两者相比，对中等职业学校的学生来讲后者更为重要。学习“绘制装配图”的主要目的就是通过“绘制”来了解、熟悉装配图的基本内容和表达方法，以提高识读装配图的能力，更加容易地理解、读懂装配图。本课题将首先通过学习有关标准结构、标准件、常用件在装配图中的连接装配画法，了解装配图的基本表达形式，而后再完整学习装配图的绘制方法和步骤。

由于装配图是生产过程中使用的实用图样，因此，学习中要十分注意理论知识与实际运用结合，利用一切可能的机会，深入生产现场，多看、多思考，提高自己的绘图、识图能力。

教学目标：

1. 熟悉装配图的基本内容。
2. 了解装配图的基本方法及绘制步骤。
3. 掌握从装配图中拆画简单零件图的方法与步骤。

教学重点：

1. 装配图的表达方法。
2. 装配图读图基本基本方法和步骤的掌握。

教学难点：

1. 简单装配图的绘制。
2. 零件的分离、零件图表达方案的重新确定。

教学学时：

32 学时。

课题 16　装配图的绘制

◎ 任务书

<table>
<tr><td>项目</td><td>装配图的画图方法与步骤</td><td>用时</td><td>16 学时</td></tr>
<tr><td>目的</td><td colspan="3">通过滑动轴承装配图绘图练习，熟悉和掌握装配图的内容及装配图表达方法。</td></tr>
<tr><td>要求</td><td colspan="3">选择并绘制如图 11-1 所示滑动轴承座的视图

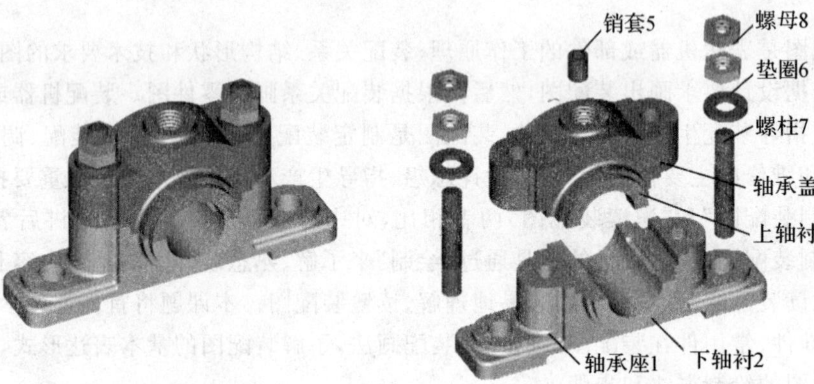

(a) 滑动轴承座　(b) 轴承的组合零件

图 11-1 滑动轴承座</td></tr>
</table>

◎ 知识链接

1　装配图基础知识

一台机器(或部件)是由若干个零件装配而成，其工作原理、零件个数、装配工艺、包装设计、运输销售、产品验收等信息都来自于装配图。因此，正确地绘制和阅读装配图是工程技术人员必须掌握的基本技能。如图 11-2 所示为一个名叫“球阀”的部件及其部件的组合零件。

装配图与零件图在表达方案的选择上有着不同的侧重点。零件图是以单个零件为表达对象，以其加工切削位置为主要内容。装配图是以组成机器的多个零件为表达对象，以多个零件安装配合位置为主要内容。因此，装配图还将采用其规定画法和特殊画法，表达这些已经加工检验合格的若干零件之间的相对位置及组装关系。

如图 11-3 所示，为“球阀”装配图。

1.1　装配图的内容

(1)一组视图

选用一组恰当的视图用以表达机器或部件的工作原理，各零件间的装配、连接关系和零件的主要结构形状等。

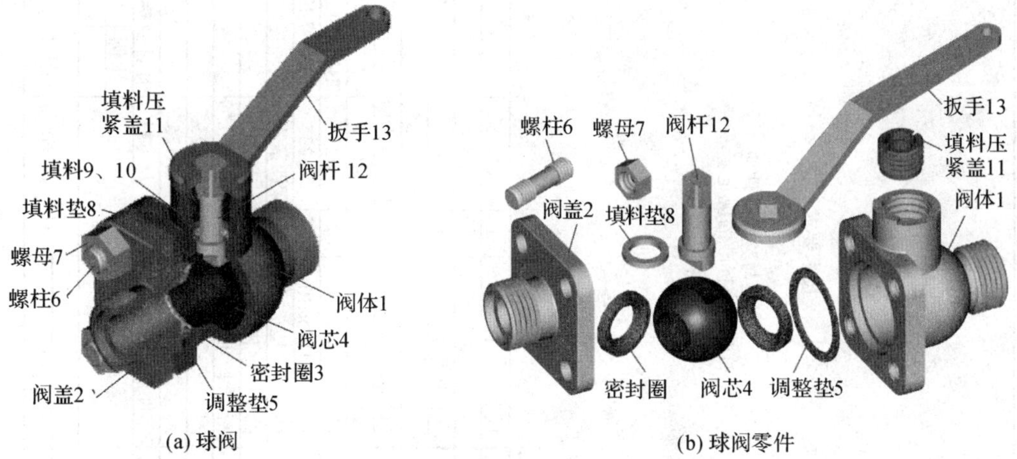

图 11-2　球阀及其零件

(2)必要的尺寸

装配图中的每一个零件,在其零件图中均标注了完整的尺寸。在装配图中另需重点标注的必要尺寸有:性能(规格)尺寸、装配尺寸、安装尺寸、总体尺寸,以及其他重要尺寸。

(3)技术要求

用文字和符号说明对部件质量、装配、检测、调整、安装、使用等方面的要求。

(4)零件序号及明细栏

说明部件或机器的组成情况,如零件序号是将装配图中各零件按一定格式编号,明细栏用于填写组成部件的所有零件的相关信息。

(5)标题栏

标题栏的内容、格式、尺寸等已经标准化,填写机器或部件的名称、代号、比例及参与工作的相关人员签名等。

1.2　装配图的视图表达方法

装配图的表达方法依然可以采用视图、剖视图、断面图局部放大图等,但由于装配图要表达组成机器的若干零件之间的连接关系、结构形状等,与零件图相比较,装配图另有以下一些特殊表达方法:

1.2.1　装配图的规定画法

(1)相邻零件的接触表面和配合表面只画一条线,如图 11-4(a)所示;不接触表面和非配合表面必须画两条线,若间隙很小时可夸大表示,如图 11-4(b)所示。

(2)两个零件邻接时,剖面线的倾斜方向应相反或间隔不同。如图 11-3 所示,阀体(1 号零件)与阀盖(2 号零件)两零件相邻,它们在剖切的主视图中剖面线方向相反。

(3)同一零件在不同视图上的剖面线,其方向和间隔必须一致。如图 11-3 所示,1 号零件(阀体零件)在三个视图中(主视被全剖、俯视被局部剖、左视被半剖),剖面线的方向与间隔都一致。

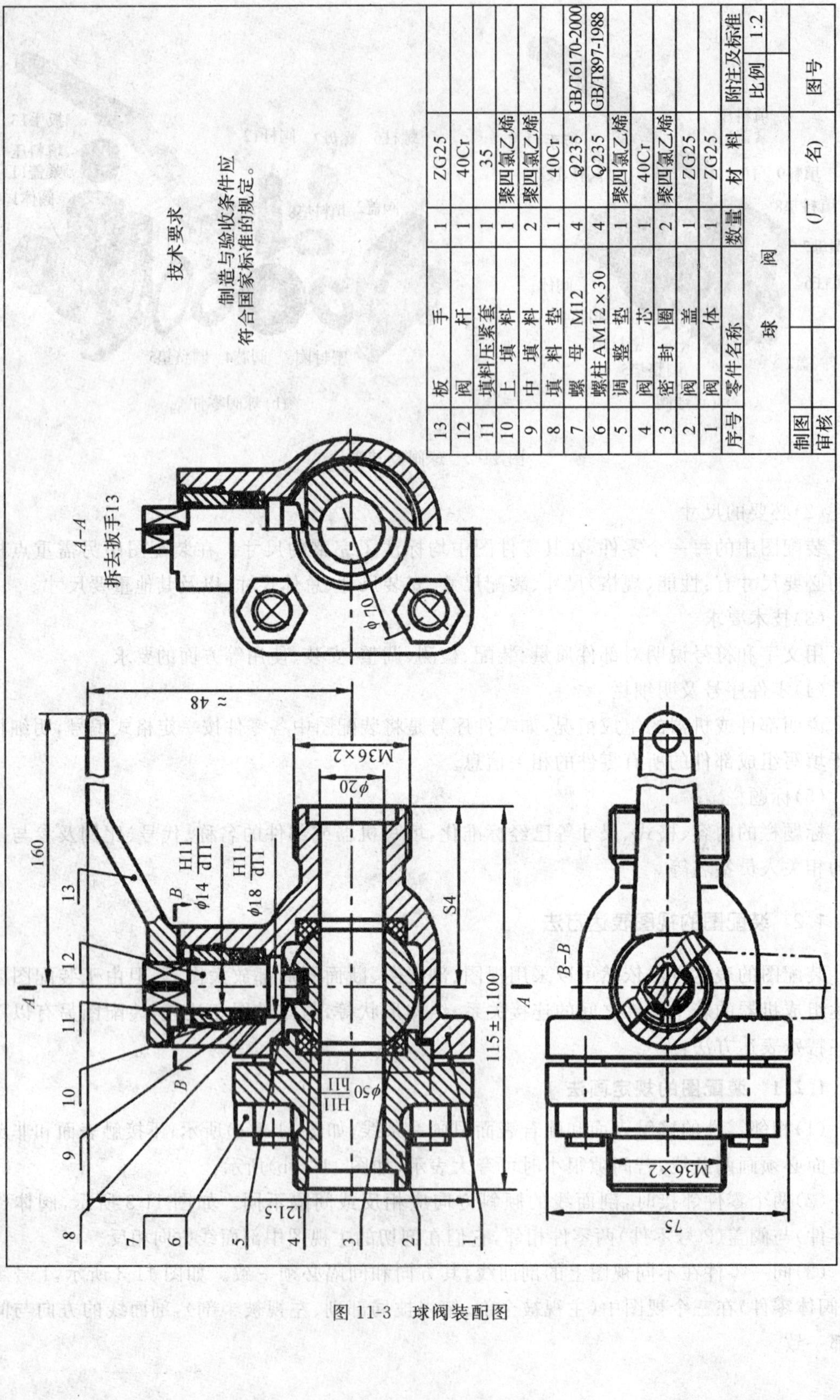
A–A
拆去扳手13
B–B
技术要求
制造与验收条件应符合国家标准的规定。
13 扳手 1 ZG25
12 阀杆 1 40Cr
11 填料压紧套 1 35
10 上填料 1 聚四氯乙烯
9 中填料 2 聚四氯乙烯
8 填料垫 1 40Cr
7 螺母 M12 4 Q235 GB/T6170-2000
6 螺柱 AM12×30 4 Q235 GB/T897-1988
5 调整垫 1 聚四氯乙烯
4 阀芯 1 40Cr
3 密封圈 2 聚四氯乙烯
2 阀盖 1 ZG25
1 阀体 1 ZG25
序号 零件名称 数量 材料 附注及标准
球阀
比例 1:2
图号
制图
审核
(厂名)

图 11-3 球阀装配图

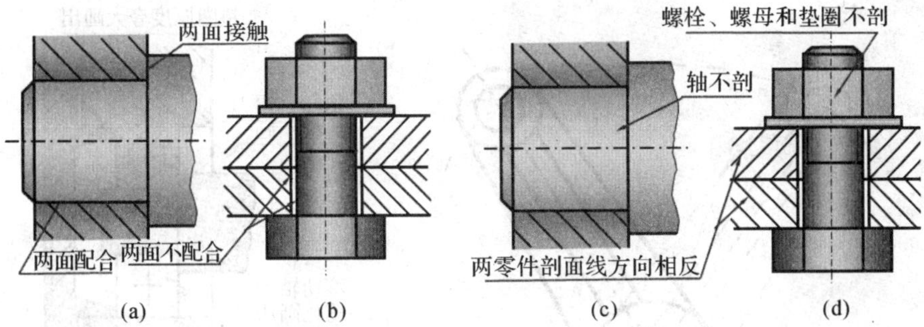

图 11-4　装配图的规定画法一

(4)标准件和实心件在被纵向剖切时(剖切平面通过零件的轴线时),按不剖画图,如图 11-4(c)和图 11-4(d)所示;但是当标准件和实心件被横向剖切时(剖切平面垂直于零件的轴线时),按剖视画图,即画出剖面线。

1.2.2　装配图的特殊表达方法

(1)沿结合面剖切或拆卸

在装配图中可假想沿某些零件的结合面剖切或假想将某些零件拆卸后绘制图形,以表达装配体内部零件间的装配情况,需要说明时可加注"拆去××等"注写。

①拆卸与剖视结合

如图 11-9 所示,俯视图是假想拆去上面的轴承盖,用剖切面沿轴承盖与轴承座之间的空隙及上下轴衬接触面剖切,由于剖切面垂直于螺柱轴线,故在螺柱被截切处画上剖面线。

②部分拆卸

有时为了在某个视图上把装配关系或某个零件的形状表达清楚,或为了简化图形,假想将某些零件在该视图上拆去不画。如图 11-3 所示的左视图中,假想拆去 13 号零件扳手后画出的半剖视图。

(2)假想画法

为表达与本装配体有关但不属于本装配体的相邻辅助零部件,可用双点画线画出这些辅助零件的轮廓线。对于某些运动机件,当需要表明其运动范围或运动的极限位置时,也用双点画线表示。如图 11-5(a)所示,一个手柄的两个极限方向的表示方法。图 11-3 俯视图中同样使用假想画法,画出 13 号零件扳手的两个极限位置。

(3)夸大画法

在装配图中,对于薄垫片零件的厚度、细丝弹簧、小间隙等可适当夸大画出,如图 11-5(b)所示。

(4)移出画法

在装配图中,当某个零件的结构形状未能表示清楚,而此结构又对理解装配关系有直接影响时,可单独画出该零件的一个视图或几个视图,但必须在所画视图上方注出该零件的编号、投射方向和视图名称。

(5)简化画法

①对于装配图中某些零件的部分工艺结构,如倒角、圆角、退刀槽等可省略不画。

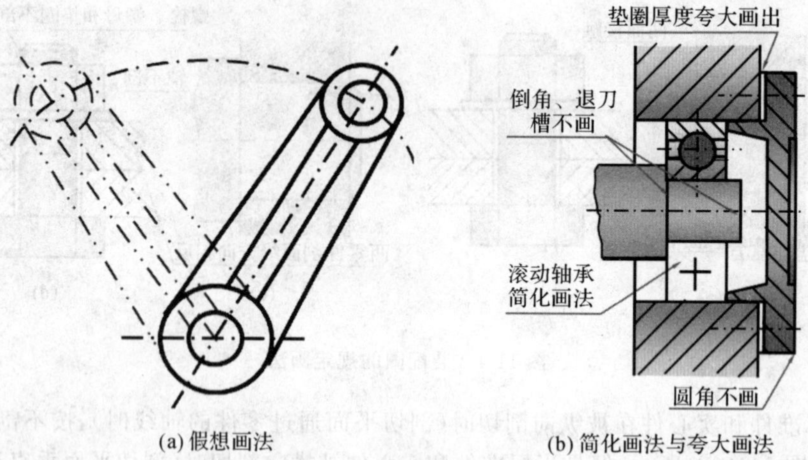

图 11-5 装配图的规定画法二

②装配图中的滚动轴承可以采用如图 11-5(b)中的简化画法。

③对于若干相同规格的零件安装,如螺纹经固件中的螺栓、螺母、垫片等连接,可仅详细的画出一组或几组,其余则以点画线表示其安装位置即可。

④外购成品件或另有装配图表达的组件,虽剖切平面通过其对称中心线,也可以简化为只画其外形轮廓。如油杯、传动系统中的电机等。

⑤被弹簧遮挡的结构,在不会引起误解处的剖面线符号等可以省略不画。

⑥可将带传动用粗实线表示,链传动用细点画线表示。

此外,在表达某些重叠的装配关系时,如多级传动变速箱时,可以假想将空间轴系按其传动顺序展开在一个平面上,画出剖视图,此画法称为展开画法,与机件表达方法中的展开画法一样,也必须加以标注。

1.3 装配图的视图选择

画装配图时,首先要分析部件的工作原理和装配结构特征,然后选择一组视图,把部件的工作原理、装配关系和零件的主要结构形状表达清楚。

视图选择要做到以下几点:

(1)正确:投影关系正确,图样画法、标注方法符合国家标准规定。

(2)完整:部件的功用、工作原理、装配关系及安装关系等内容表达要完全。

(3)清晰:读图时清楚易懂。

1.3.1 主视图的选择应综合考虑以下几个方面

(1)反映机器或部件的工作状态或安装状态;

(2)反映机器或部件的整体形状特征;

(3)反映机器或部件的主装配线及零件之间的装配关系;

(4)反映机器或部件的工作原理与结构。

1.3.2 其他视图的选择

主视图中尚未表达清楚的工作原理、对外安装、配合关系等装配要素；零件之间相对位置关系、连接固定关系等结构要素；用适当相应的方法将其完整表达。不遗漏任何一个零件，同时避免细节的重复，整套表达方案力求做到简练、清晰、正确。

1.4 装配图的尺寸标注

由于装配图的组成部分“零件”的尺寸已在其零件图中完整标注，装配图也不是制造零件的直接依据。因此，装配图中不需要注出零件的全部尺寸，而只需标注出一些必要的尺寸，这些尺寸按其作用的不同，大致可以分为以下几类(以图 11-19 为例)：

(1)性能(规格)尺寸

表示机器或部件性能和规格的尺寸，在设计时就已经确定，也是设计、了解和选用该机器或部件的依据。例如：滑动轴承的轴孔直径ϕ25H8，与配合的轴承直径有关。

(2)装配尺寸

零件之间的配合尺寸及影响其性能的重要相对位置尺寸。例如：滑动轴承的轴承座与轴承盖之间的配合尺寸 52H9/f9；轴承与轴承轴孔的径向配合尺寸ϕ36H7/k6；轴承与轴承轴孔的轴向配合尺寸 42H9/f9；轴承盖与销套的配合尺寸ϕ8H8/js7。

(3)安装尺寸

将部件安装到机座上所需要的尺寸。例如：滑动轴承的安装面大小 32×164；安装孔的定位尺寸 114 及安装孔的尺寸 2×ϕ12。

(4)外形尺寸

部件在长、宽、高三个方向上的最大尺寸。说明该机器或部件工作时所需要的空间大小，也包括机器或部件在包装、运输过程中所需要的空间。例如：滑动轴承的总长、总宽、总高尺寸分别为 164、54、80。

(5)其他重要尺寸

机器或部件上的一些关键尺寸，在设计中已经决定确保的尺寸。例如：滑动轴承轴孔的定位尺寸 34。

上述五类尺寸之间的并不是孤立无关的。实际上有的尺寸往往同时具有多种作用，例如轴衬的尺寸 54，它既是外形尺寸，又与安装有关。此外，一张装配图中有时也并不全部具备上述五类尺寸。因此，对装配图中的尺寸需要具体分析，然后进行标注。

1.5 装配图的零件序号和明细栏

为了便于读图，便于图样管理，以及做好生产准备工作，装配图中所有组成机器或部件的零件，都必须按顺序编写序号，同一装配图中相同的零、部件(即每一种零、部件)只编写一个序号。如图 11-19 所示，滑动轴承装配图的主视图中，八类零件八个编号，依次标出并被填入明细栏内以便管理和使用。每个零件在明细栏内的序号必须与视图中标注的序号相一致，明细栏通常也被称为明细表。

1.5.1 零件序号

零件序号即零件的顺序编号，是由黑圆点、指引线、横线或圆、数字组成。在所编序的零件的可见轮廓线内(剖切时,在剖面区域内)绘制黑圆点作为起始点,用指引线引出并在其末端画横线或圆(均为细实线),最后注上其序号。序号的字高比尺寸数字大一号或两号如图 11-6(a)所示。

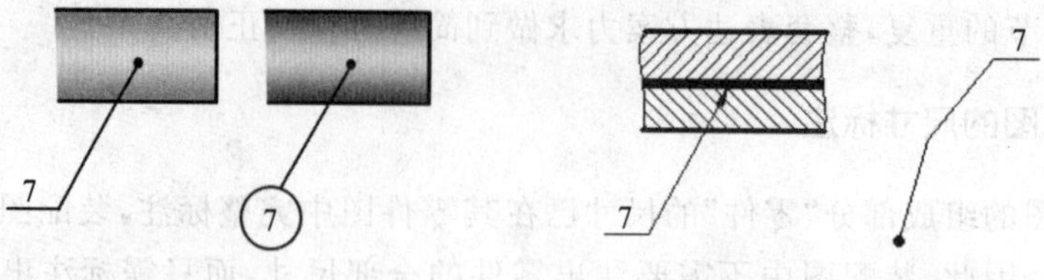

图 11-6 零件序号

(1)绘制指引线的几点注意事项

①当指引线通过有剖面的区域时,不应与剖面线平行,以避免与剖面线混淆。

②当所指零件很薄(如垫圈等)或抹黑的剖面,不便画黑圆点时,可用箭头替代且指向该零件的轮廓线,如图 11-6(b)所示。

③指引线可以画成折现,但只可曲折一次,如图 11-6(c)所示

④指引线应尽量从一个视图中引出,线与线之间应该均匀分布,相互之间不能相交。末端的横线或圆必须水平或垂直方向对齐。

⑤一组螺纹紧固件,可以采用公共指引线。其编号形式如图 11-19 滑动轴承装配图中零件编号 6、7、8 所示,或如图 11-7 中所示。

(2)编写序号数字的几点注意事项

①先检查需要编号零件的指引线和横线,无重复无遗漏时,再统一填写数字序号。

②数字必须填写在指引线末端横线的上方或圆内,字高应比尺寸数字大一号或两号。

③相同的零件只编一个序号,其数量填写在明细栏内。

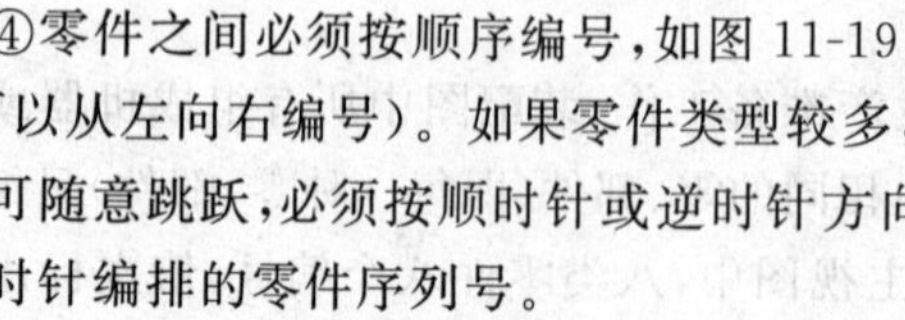

图 11-7 螺纹紧固件的编号形式

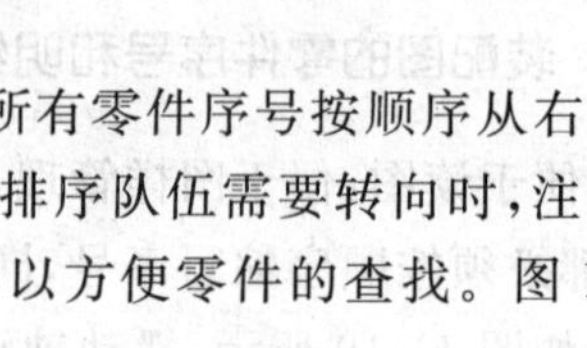

图 11-8 零件序号的排列

④零件之间必须按顺序编号,如图 11-19 主视图中,所有零件序号按顺序从右向左编号(也可以从左向右编号)。如果零件类型较多,序号较长,排序队伍需要转向时,注意序号数字不可随意跳跃,必须按顺时针或逆时针方向整齐排列,以方便零件的查找。图 11-8 所示为逆时针编排的零件序列号。

1.5.2 装配图的明细栏

明细栏是机器或部件全部零件的详细目录,表中填有零件的序号、名称、数量、材料、附注及标准件型号等,格式参照国家标准 GB/T 10609.2。

明细栏应配置在标题栏的上方,当位置不够时,可将明细栏分段移置标题栏左边继续填

写，如图 11-9 所示。

明细栏中的零件序号必须与装配图中的零件编号一致，并且应自下而上填写，便于及时添加零件序号。因此，应首先在视图中编排零件序号再到明细表中按顺序填写明细栏。

<table>
<tr><td></td><td></td><td></td><td></td><td></td><td>2</td><td></td><td></td><td></td><td></td></tr>
<tr><td></td><td></td><td></td><td></td><td></td><td>1</td><td></td><td></td><td></td><td></td></tr>
<tr><td>20</td><td></td><td></td><td></td><td></td><td>序号</td><td>零件名称</td><td>数量</td><td>材料</td><td>附注及标准</td></tr>
<tr><td>19</td><td></td><td></td><td></td><td></td><td colspan="5" rowspan="2">标 题 栏</td></tr>
<tr><td>序号</td><td>零件名称</td><td>数量</td><td>材料</td><td>附注及标准</td></tr>
</table>

图 11-9　装配图的明细栏

2　装配图的绘制

2.1　画装配图的方法

第一种绘图的方法“由内向外”：是以各装配线的核心零件为中心，按装配关系逐层扩展画出各个零件，最后画壳体、箱体等支撑、包容零件。其画图过程与设计的过程相一致，画图过程也就是设计过程。

第二种绘图的方法“由外向内”：是先画出起支撑、包容作用且体积较大、结构较复杂的箱体、壳体或支架等零件，再按装配线和装配关系逐次画出其他零件。此方法多用于，根据已有的零件图“拼画”装配图时。其画图过程与装配的过程相一致，画图过程基本就是装配的过程。该方法形象、简便、利于空间想象，便于初学者掌握。

2.2　画装配图的步骤

如图 11-10 所示，仍以滑动轴承为例，介绍装配图的画图方法。

图 11-10　滑动轴承

图 11-11　假想的拆卸及剖切示意图

(1)部件分析

部件分析的重点是工作状态和装配关系的分析，以便合理地选择表达方法。滑动轴承的工作状态、装配关系、结构形状如图 11-11 所示，具体分析已在前面章节讨论，此处不再重复。

(2)表达方案拟定

表达方案包括如何选择主视图的投射方向,及确定视图的数量和所有视图的表达方法。要求能较好地反映部件的装配关系、工作原理和主要零件的结构形状。

主视图一般按部件的工作位置选择,并使其能够较全面地表达部件的工作原理、零件之间主要装配关系及主要零件的结构、形状特征。其他视图的选择应参照确定的主视图,再补充细节的装配关系、外形及局部结构的视图。

滑动轴承装配图的表达方案:

①主视图

工作位置如图 a 所示,投影方向应表达出轴承轴孔的形状特征。视图表达方法要体现出轴承盖与轴承座的连接关系(用螺纹紧固件连接),由于选定的投射方向使得主视图的左右对称,故表达方法采用半剖视。

②其他视图的选择

选择全剖的左视图,表达轴衬与轴承座、轴承盖之间轴向的定位关系。

分析已选定的两个视图,轴承座底板的安装面还漏缺,需要俯视图给予表达。俯视图的表达方法选用了装配图的特殊画法"沿零件结合面剖切的画法",即沿轴承盖与轴承座的结合面剖切,拆去上面部分,以表达轴衬与轴承座孔的装配情况,以及底板的安装面。

(3)确定图幅

根据部件的大小,视图数量,确定画图的比例,确定图纸幅面大小代号。画出视图数量的图框,注意留出标题栏、明细栏、技术要求等位置。

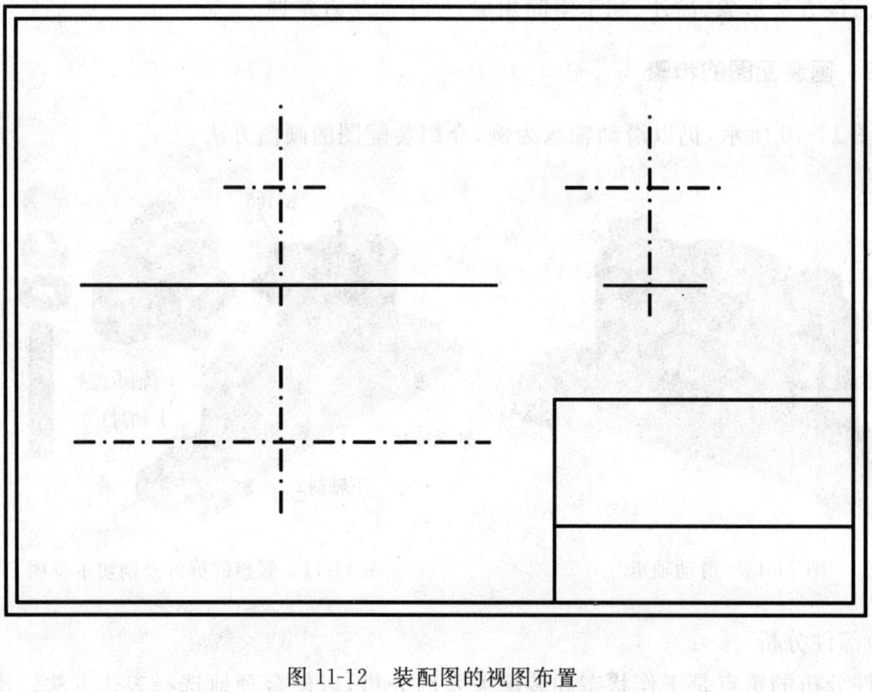

图 11-12 装配图的视图布置

(4)布置视图

固定图纸,画出标题栏、明细栏的边界线,并画出各视图的主要基线。在各视图之间留有适当间隔,以便标注尺寸和进行零件序号的编排,如图 11-13 所示

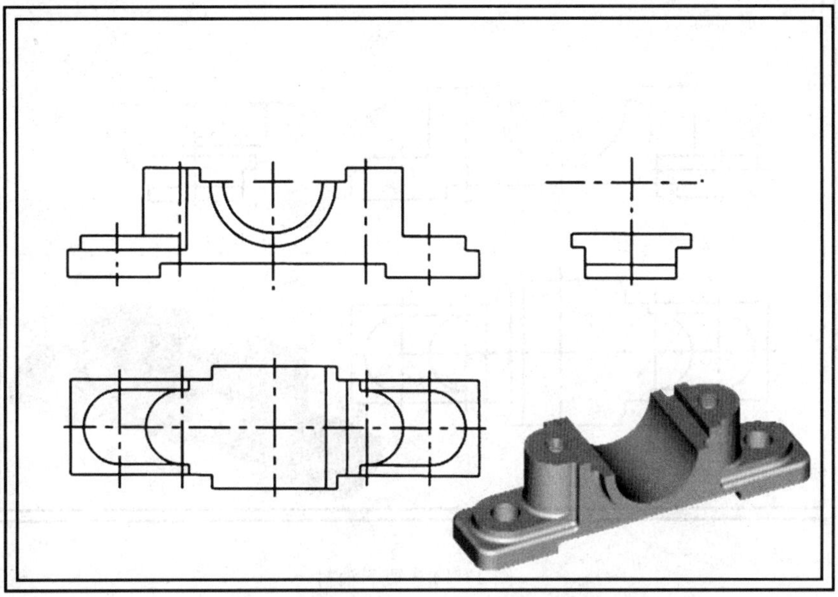

图 11-13 “由外向内”首先画轴承座

(5)画装配线

滑动轴承装配图的画法采用“由外向内”与装配过程相一致的绘图方法。首先按照主要装配关系依次绘出① 轴承座、② 下轴衬、③ 上轴衬、④ 轴承盖,再按其他装配关系逐次画出双头螺柱的连接、销套装配等细节部分。在“由外向内”的绘图的过程中,被内部零件遮挡的线要及时擦去,画图过程如图 11-14 所示。

(6)完成装配图

①仔细检查装配图中的投影关系、装配关系。

②无误后加深轮廓图线,画剖面线。画剖面线时注意同一个零件的各个视图中的剖面线必须一致(间距一致、方向一致),而相邻零件的剖面线要不同。如 4 号零件轴承盖,其在主视图、左视图中的剖面线是一致的。左视图中的轴承盖与上轴衬相邻,他们的剖面线方向不同。

③标注装配图的必要尺寸,做到“不遗漏,不多标”,配合表面应标注配合尺寸。

④按逆时针方向,在主视图上对零件进行编号,其中螺纹紧固件编号 6、7、8 且公用一条指引线。

⑤在标题栏上方画出明细栏,将所编排的零件序号、名称、材料等填入明细栏内。注意序号的填写要从下往上,且明细栏中的零件序号必须与装配主视图中的零件编号一致。

⑥填写标题栏、技术要求等,完成装配图,如图 11-17 所示。

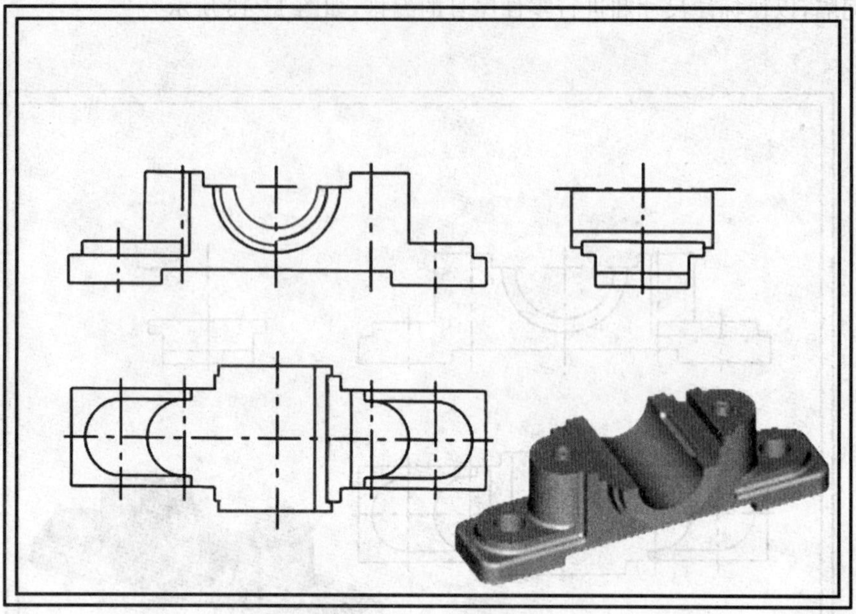

图 11-14　画下轴衬

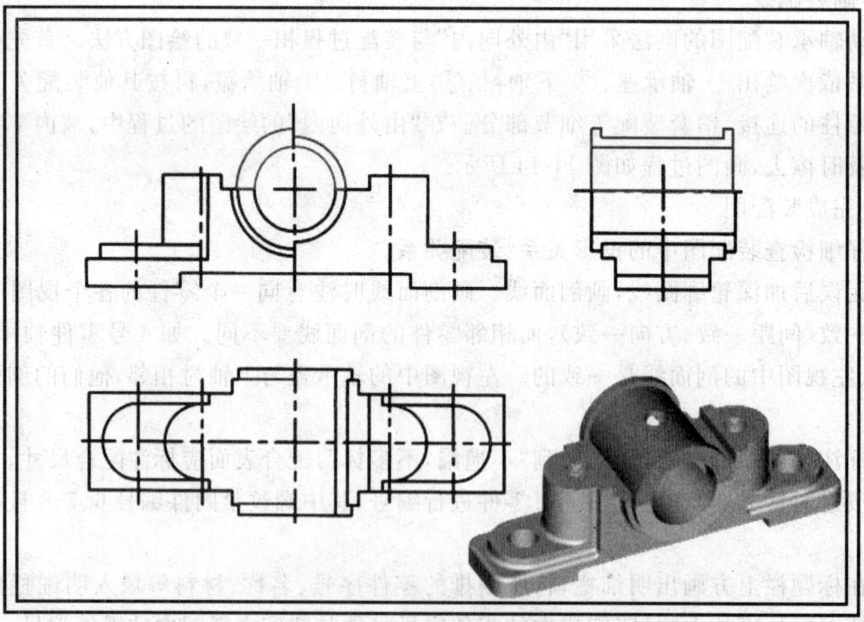

图 11-15　画上轴衬

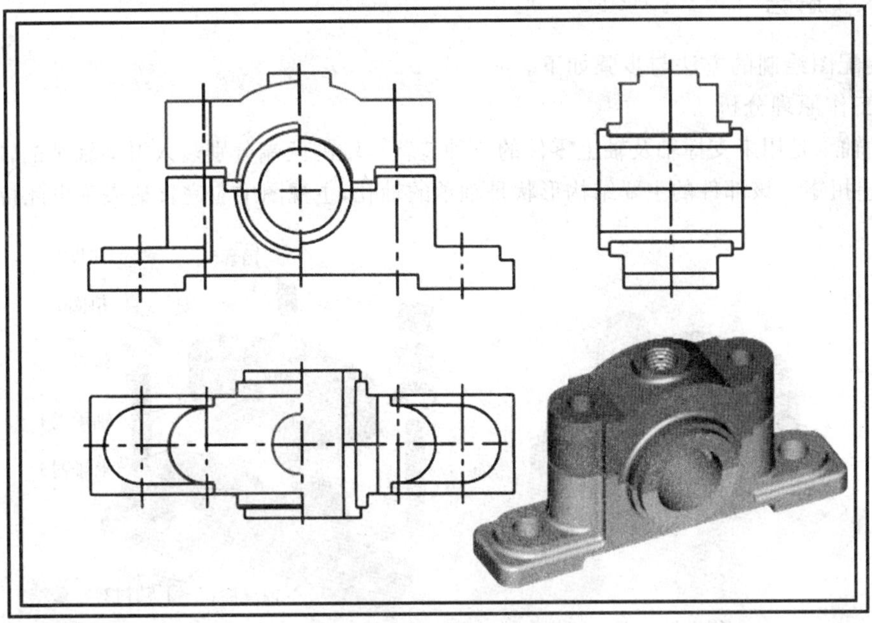

图 11-16 画轴承盖

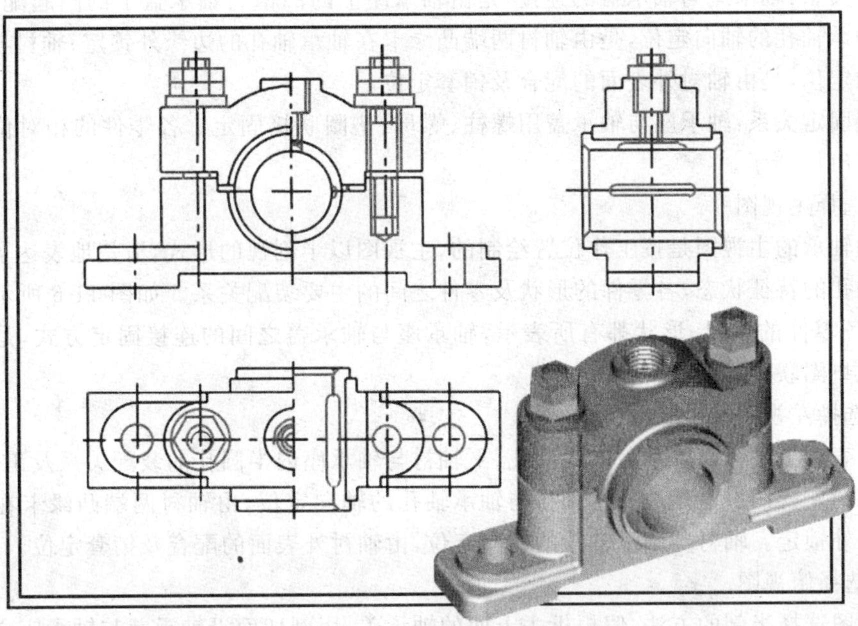

图 11-17 画其他装配线及细部结构

◎ 任务解答

要求 1 解答

此装配图绘制的方法与步骤如下。

(1)工作原理分析

滑动轴承是用来支撑轴及轴上零件的一种装置。轴的两端分别装入滑动轴承的轴孔中转动,以传递扭矩。该部件的主要结构形状是轴承的轴孔,主视图中应完整地表示出此特征。

(a) 滑动轴承座

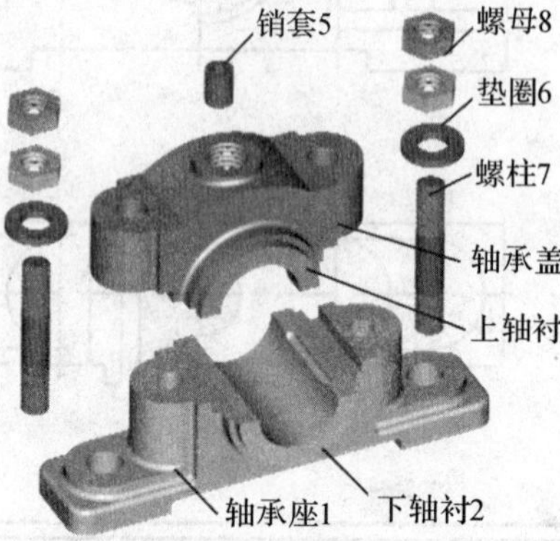

(b) 轴承的组合零件

图 11-18 轴承座及其零件

(2)结构分析

装配关系:轴承座与轴承盖的连接,是由轴承座上的凹槽与轴承盖下的凸起配合定位。轴衬与轴承轴孔的轴向定位,是由轴衬两端凸缘卡在轴承轴孔的边缘外锁定;轴衬与轴承轴孔的径向定位,是由轴衬外表面的配合及销套定位。

联接固定关系:轴承座与轴承盖用螺柱、螺母、垫圈联接固定。各零件的相对位置关系如图 11-18(b)所示。

(3)选择主视图

滑动轴承的主视图是按工作位置绘制的,主视图以半剖视的形式,清楚地表达了其主要结构承轴孔的特征状态,各零件的形状及零件之间的主要装配关系。如图 11-6 所示的主视图,部件各零件的位置、形状都有所表示,轴承座与轴承盖之间的连接固定方式,是采用螺柱、螺母、垫圈联接紧固。

(4)选择左视图

为了表达上轴衬与轴承盖内半圆孔、下轴衬与轴承座内半圆孔的装配关系及工作原理,选择全剖的左视图。清楚地表达轴衬与轴承轴孔的轴向定位,由轴衬两端凸缘卡在轴承轴孔的边缘外锁定。轴衬与轴承轴孔的径向定位,由轴衬外表面的配合及销套定位。

(5)选择俯视图

俯视图选择半剖的方法,假想拆去上面的轴承盖,用剖切面沿轴承盖与轴承座之间的空隙及上下轴衬接触面剖切,表达滑动轴承的外形特征及轴衬与其座孔的装配情况,由于剖切面垂直于螺柱轴线,故在螺柱被截切处画上了剖面线,如图 11-19 所示。

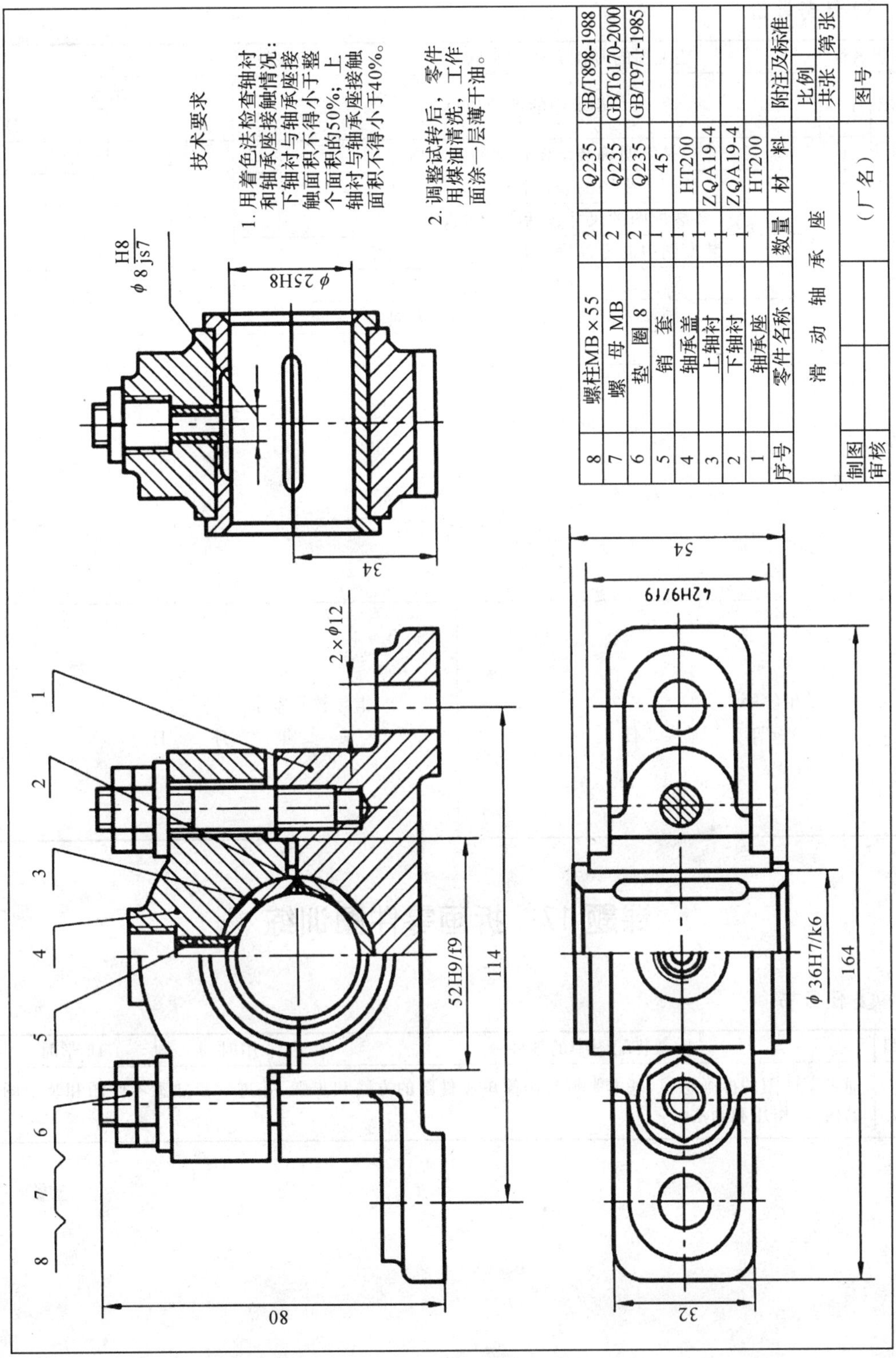

图 11-19　滑动轴承装配图

◎ 任务评价

课题名称		装配图的画图方法与步骤	任课教师			
要求	序号	要求中的评价项目	结果			
			A	B	C	D
1	1	是否明确装配图包含的基本内容？				
	2	装配图视图的表达和选择应注意什么？				
	3	装配图的尺寸包括哪几种及其作用？				
	4	装配图中的零件序号有什么作用及其特点？				
	5	简述装配图绘制的基本步骤？				
2	4	国家标准的作用体现在哪些方面？				
综合成绩						
自我总结						
学生签字： 年 月 日			指导教师签字： 年 月 日			

课题 17　拆画零件图训练

◎ 任务书

项目	拆画装配图中的零件	用时	16 学时
目的	通过零件图的拆画练习，基本掌握拆画简单零件图的方法和步骤，并进一步熟悉零件图和装配图的内容、作用和画法。		

续表

要求

1. 根据齿轮油泵装配图，如图 11-20 所示，拆画泵体（6 号零件）的零件图。

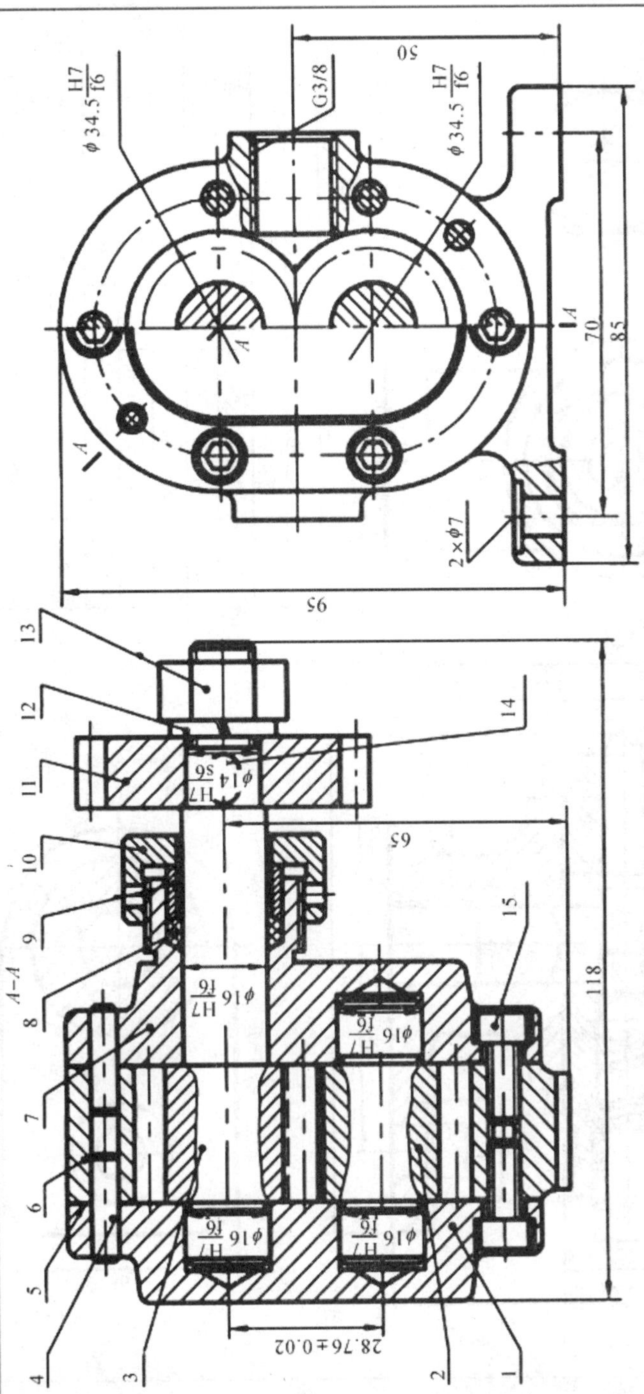

15	螺钉M6×16	12	35	GB/T70.1-2000
14	键 4×10	1	45	GB/T1096-1975
13	螺母M12 1.5	1	35	GB/T6170-2000
12	垫 圈 12	1	65Mn	GB/T93-1987
11	传动齿轮	1	45	m=2.5, z=20
10	压盖螺母	1	35	
9	压 盖	1	QSn6-6-3	
8	密 封 圈	1	毛 毡	
7	右 端 盖	1	HT200	
6	泵 体	1	HT200	
5	垫 片	2	纸	t=1
4	销 5.6×18	4	45	GB/T119.1-2000
3	传动齿轮轴	1	45	m=3, z=9
2	齿 轮 轴	1	45	m=3, z=9
1	左 端 盖	1	HT200	
序号	零件名称	数量	材 料	附注及标准

齿 轮 油 泵		比例		图号
		共 张	第 张	
制图		（厂 名）		
审核				

技术要求

1. 齿轮安装后，应转动灵活。
2. 两齿轮轮齿的啮合面应占齿长的3/4以上。

图 11-20 齿轮油泵

续表

要求

2. 读懂如图 11-21 所示球阀装配图，根据序号标注，拆画零件 3 阀体。

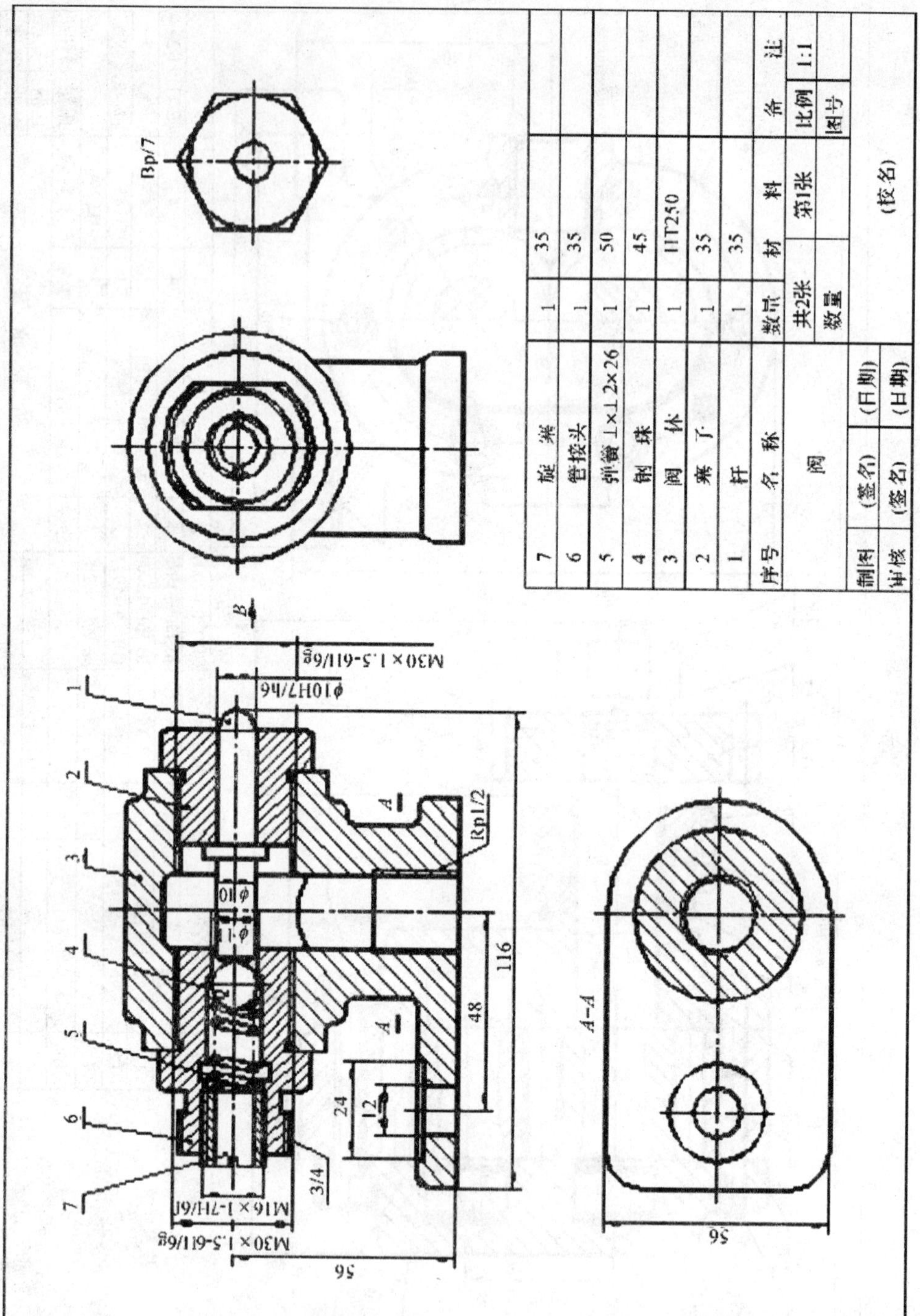

图 11-21 球阀装配图

◎ 知识链接

1 常见装配结构及部件测绘

1.1 常见装配结构

在设计和绘制装配图的过程中，应考虑到装配结构的合理性，以保证机器和部件的性能，并给零件的加工和装拆带来方便。确定合理的装配结构，必须具有丰富的实际经验。

对初学者而言，深入细致的分析比较，将有助于理解装配结构合理性的问题，举例说明几例常见的装配结构，以供学习参考。

1.1.1 两零件表面配合

两零件表面之间，在同一方向上的接触面或配合面的数量，一般不得多于一个。因为要使同一方向上的两对表面同时保持接触非常困难，这不仅要严格保证各表面的加工精度，而且会给装配工作带来不便，如图 11-22 所示。

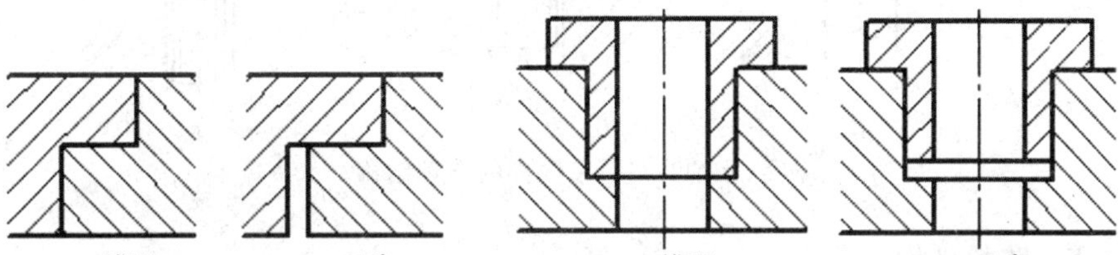

(a) 错误　(b) 正确　(c) 错误　(d) 正确

图 11-22　配合面的合理性

1.1.2 轴和孔的配合

轴与孔的配合，必须在孔端面加工出倒角，如图 11-23(a)所示，或在轴肩处加工出退刀槽，如图 11-23(b)所示，否则在安装时会出现轴肩与孔端面不贴合的错误，如图 11-23(c)所示。

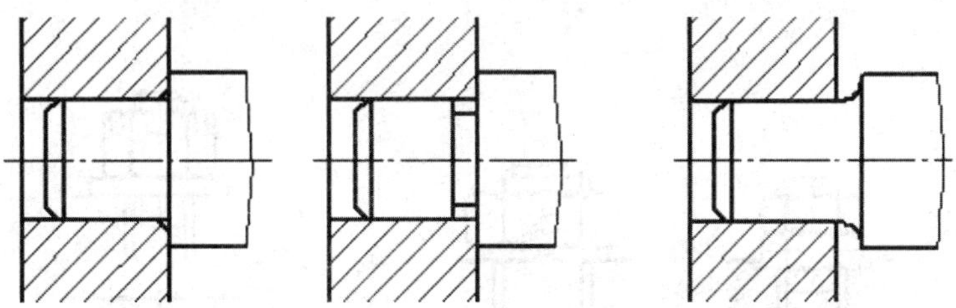

(a) 倒角　(b) 退刀槽　(c) 错误

图 11-23　轴肩加工的合理性

1.1.3 销配合处结构

为了保证两零件在装拆前后不至于降低装配精度，通常用圆柱销或圆锥销将零件定位。为了加工和装拆的方便，在可能的条件下，将销孔做成通孔，如图 11-24 所示。

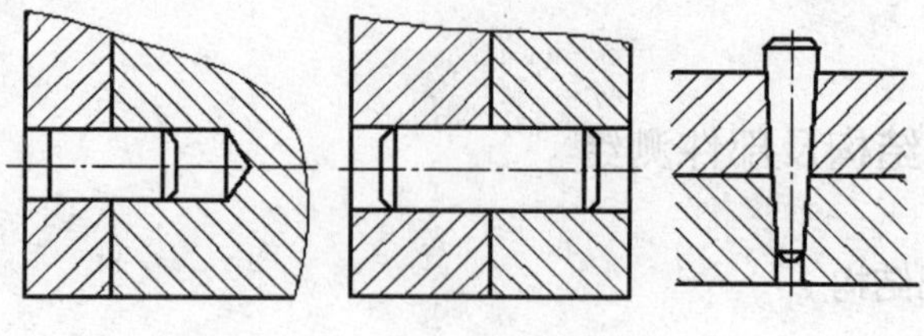

图 11-24 销定位的合理结构

1.1.4 紧固件装配结构

为了使螺栓、螺母、螺钉、垫圈等紧固件与被连接表面接触良好，在被连接件的表面应加工成凸台或沉孔等结构，如图 11-25 所示。

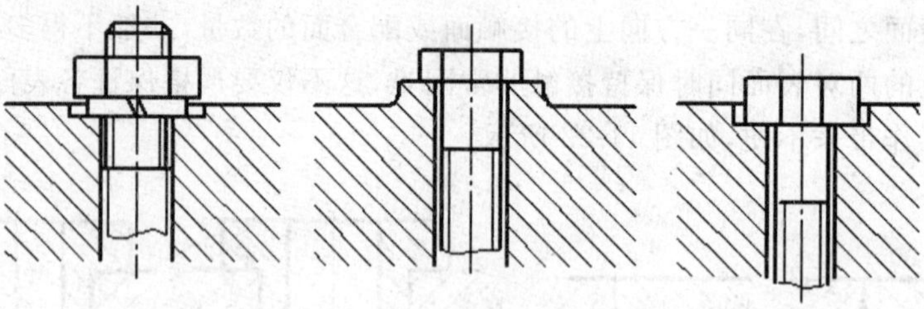

图 11-25 紧固件的合理结构

1.1.5 防松结构

机器运转时，由于受到振动或冲击，螺纹紧固件可能发生松动，有时可能造成严重事故。因此，在某些机构中需要防松，图 11-26 中表示了几种常用的防松结构。

(1)用双螺母锁紧，如图 11-26(a)所示，它依靠两螺母拧紧后产生的轴向力，使螺母、螺栓之间的摩擦力增大而防止螺母自动松脱。

(2)用弹簧垫圈锁紧，如图 11-26(b)所示，当螺母拧紧后，垫圈受压变平，依靠这个变形力，使螺母与螺栓之间摩擦力增大且垫圈开口的刀刃阻止了螺母转动而防止螺母松脱。

(3)用开口销防松，如图 11-26(c)所示，开口销直接锁住了六角开槽螺母，使之不能松脱。

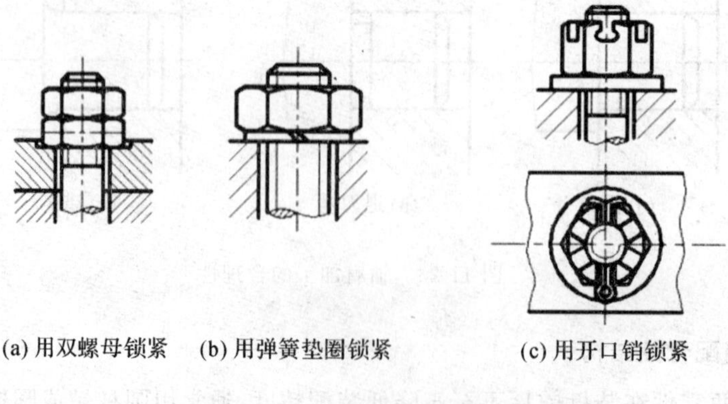

(a) 用双螺母锁紧　(b) 用弹簧垫圈锁紧　(c) 用开口销锁紧

图 11-26 常用的放松结构

1.1.6 工具使用条件的合理性

机器或部件上的某些零件安装，需要使用工具，如图 11-27 所示，要给扳手足够的活动空间，否则安装不到位，影响机器性能。

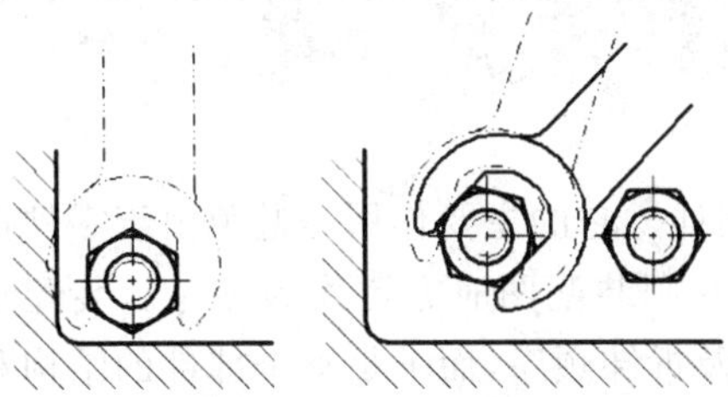
(a) 错误 (b) 正确

图 11-27 装配工具使用条件的合理性

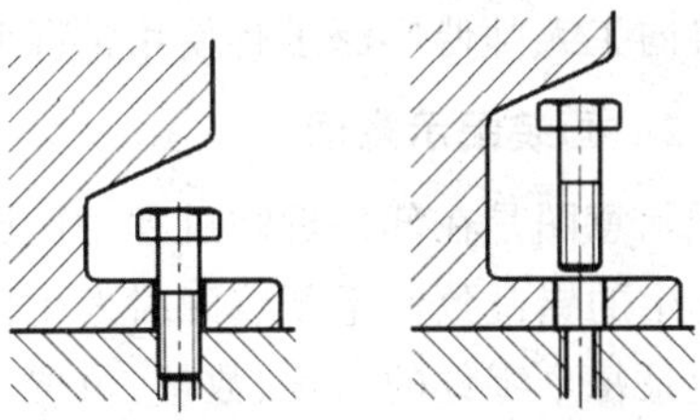
(a) 错误 (b) 正确

图 11-28 零件安装空间的合理性(一)

1.1.7 零件安装空间的合理性

(1)零件在安装过程中，需要一定范围的安装空间，如图 11-28 所示，如果没有足够的安装空间，螺钉是无法装入的。

(2)图 11-29 所示三张图中，图 11-29(a)所示的画法是不合理的，因为在实际装配中操作困难或根本无法操作。改进的方法可以有两种：

① 若结构允许，可在底座上设计出一个专为安装螺栓的工艺孔(大小为一只手能伸入)，如图 11-29(b)所示。

② 改用螺柱连接，只要在底座上原来加工光孔处，加工螺孔，即可实现安装，如图 11-29(c)所示。

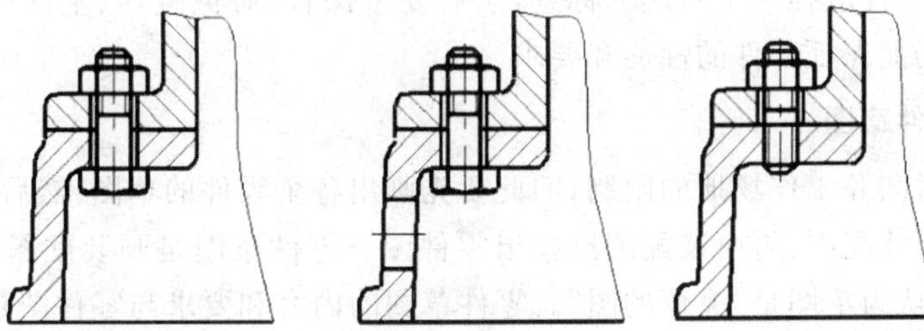
(a) (b) (c)

图 11-29 零件安装空间的合理性(二)

1.2 部件测绘

根据现有的机器或部件进行测量画出草图，然后绘制装配图和零件图的过程称为部件测绘。机器或部件的测绘无论对推广先进技术，交流生产经验。改革现有设备等都具有重要的作用，因此，部件测绘是工程技术人员必须掌握的基本技能。测绘工作的一般步骤如下：

1.2.1 了解和分析部件

首先了解测绘部件的工作任务和目的，确定测绘工作的内容和要求。如为了设计新产品提供参考图样，测绘时可进行修改；如为了补充图样或制作备件，测绘时必须正确、准确，不得修改。其次，要对部件进行分析研究，了解其用途、性能、工作原理、结构特点以及零件间的装配关系。并检测有关的技术性能指标的一些重要的装配尺寸，如零件间的相对位置尺寸，极限尺寸及装配间隙等，为下一步的拆装和测绘工作打下基础。了解的方法是现场观察、研究、分析该部件的结构和工作情况，阅读有关的说明书和资料，参考同类产品的图纸，以及直接向工人师傅广泛了解使用情况和修改意见等。

1.2.2 画装配示意图

装配示意图是在部件拆卸过程中所画的记录图样。它的主要作用是避免由于零件拆卸后可能产生的错乱致使重新装配时发生困难，同时在画装配图时亦可作为参考。装配示意图主要记录每个零件的名称、数量、位置、装配关系及拆卸顺序，而不是整个部件的结构和各零件的形状。在示意图上应对各个零件编号（要和已拆卸的标签上的编号一致），还要确定标准件的规格尺寸和数量，并及时标注在示意图上。

装配示意图的画法没有严格的规定，一般用简单的图线，按国家标准《机械制图》规定的机构及组件的简图符号，并采用简化画法和习惯画法，画出零件的大致轮廓，画装配示意图时，一般可从主要零件入手，然后按装配顺序再把其他零件逐个画上。画图时可把部件看作是透明体，不受前后层次、可见与不可见的限制，两零件的接触面及配合面之间绘制时留空隙，尽可能把所有零件集中画在一个视图上，如确有必要也可以补充在其他视图上。

1.2.3 拆卸零件

首先要研究拆卸顺序和方法，对不可拆的连接件和过盈配合的零件尽量不拆，以免损坏零件。拆卸时要用相应的工具，保证顺利拆卸。应使原有零部件的完整性、精确度、密封性不受影响。拆卸后将各零件按部件、组件进行分组，将所有的零、部件进行编号登记、注写零件名称，并且每个零件应挂一个对应的标签，然后妥善保管、避免碰坏、生锈或丢失，以便测绘后重新装配时仍能保证部件的性能和要求。

1.2.4 画零件草图

测绘往往受时间和工作场地的限制，因此要先画出各个零件的草图，然后根据零件草图和装配示意图画出装配图，再由装配图拆画出零件图。零件草图是画装配图和零件工作图的主要依据，不能认为草图是“潦草的图”。零件草图的内容和要求与零件图是一致的，它们的主要差别是绘图方法不同，零件草图是用徒手、目测比例的方法画出的图，绘制零件草图的方法和步骤参见零件测绘。

绘制草图时应该做到表达完整、线型分明、尺寸齐全、字体工整、图面整洁、并要注明零件的名称、件数、材料以及注写必要的技术要求。

1.2.5 画装配图

画装配图是部件测绘中的一个重要环节。装配图的绘制主要根据装配示意图所提供的零件之间的相互装配关系和零件草图上的尺寸来画图。画图的方法和步骤同节 11.6，在此不再重复。

1.2.6 拆画零件工作图

在绘制了装配图并校对了尺寸后，即可根据装配图和零件草图绘制零件工作图。所画的零件的工作图应当做到：投影正确，视图选择和配合适当；尺寸正确、完整、清晰、基本合理，字体工整；画面整洁，图样画法符合国标；制造工艺和装配工艺尽可能符合生产实际。

1.2.7 编写测绘说明书

测绘说明书主要记录对测绘对象的工作原理和结构特点的分析；装配示意图和关键装配参数、关键零件重要参数测量确定过程的说明，可用文字叙述，并配合有关计算和必要的简图；在最后还应列出主要的参考文献，以便查找相关技术文献。

作为基本技能的练习，测绘说明书是技巧形成和经验积累的重要来源，应边测绘边记录边整理。虽然测绘说明书在实际生产过程中不是必需的，但却是积累文档的主要手段之一，既然为文档资料，测绘说明书的格式要符合国家的相关标准，做到格式规范，用词准确，编辑认真。

本节内容重点描述测绘部件的方法和步骤，期间的每一个步骤，在前期的章节中均有详述，本节不再列举示例。

2 装配图的读图方法和步骤

在设计和生产实际工作中，经常需要阅读装配图。例如，在设计过程中，要按照装配图来设计和绘制零件图；在安装机器或部件时，要按照装配图来装配零件和部件；在技术学习或技术交流时，要参阅有关装配图才能了解、研究一些工程、技术等有关问题。所以，读装配图是工程技术人员必备的一种能力。

2.1 读装配图的一般要求

(1)了解装配图的功能、性能和工作原理。

(2)弄清各零件间的装配关系和装拆次序。

(3)看懂各零件的主要结构形状和作用等。

(4)了解技术要求中的各项内容。

2.2 读装配图的方法和步骤

以图 11-30 所示“齿轮油泵”装配图为例，叙述读装配图的过程。

2.2.1 概括了解装配图的内容

(1)看标题栏并参阅有关资料，了解部件的名称、用途和使用性能。

由图 11-30 所示装配图的标题栏可知，该部件名称为“齿轮油泵”，是安装在油路中的一种供油装置。

(2)看零件编号和明细栏，了解零件的名称、数量以及其在图中的位置。

由明细栏和外形尺寸可知“齿轮油泵”由 15 个零件组成，结构不太复杂。

(3)分析视图，弄清各个视图的名称、所采用的表达方法和所表达的主要内容及视图间的投影关系。

“齿轮油泵”装配图由两个视图表达：

主视图采用全剖视，表达了齿轮油泵的主要装配关系。全剖的主视图中，2 号与 3 号为齿轮轴类零件，按剖切位置是作不剖处理的，但为了表达齿轮轴的轮齿部分及啮合关系，采用了局部剖视。

左视图沿左端盖和泵体结合面半剖切，并沿进油口轴线取局部剖视，表达了齿轮油泵的工作原理。

2.2.2　分析部件的工作原理

分析装配体的工作原理，一般应从传动关系入手，分析视图及参考说明书对其进行了解。

例如“齿轮油泵”的工作原理分析，应从装配图中的左视图入手：当外部动力经传动齿轮(11号零件)传至主动齿轮轴(3号零件)时，即产生旋转运动。当主动齿轮(3号零件)按逆时针转动时，从动齿轮(2号零件)则按顺时针转动。此时油泵腔内的油液被输送到出油口。同时，齿轮啮合区(两齿轮中间轮齿咬合区)右边的压力降低，使得与进油口相接的油池中的油在大气压力作用下，从进油口进入泵腔内。随着齿轮的转动，齿槽中的油不断沿箭头方向被轮齿带到左边，高压油从出油口送到了输油系统，如图11-31所示。

2.2.3　分析零件间的装配关系和部件结构

若要分析了解部件的装配关系，必须先弄清零件之间的配合关系、连接固定方式等。

(1)装配关系

齿轮油泵的装配线共有两条，一条是主动齿轮轴系统，它是由主动齿轮轴(3号零件)装在泵体(6号零件)和左端盖(1号零件)及右端盖(7号零件)的轴孔内；在主动齿轮轴右边的伸出端，装有由压盖(9号零件)和压盖螺母(10号零件)等组成的密封装置。另一条是从动齿轮轴系统，从动齿轮轴(2号零件)也是装在泵体和左端盖及右端盖的轴孔内，与主动齿轮啮合在一起。

(2)配合关系

根据装配图中配合尺寸的配合代号，判别零件之间的配合制、配合种类及轴、孔的公差等级。如图11-30所示，两齿轮轴与左、右端盖内轴孔的配合尺寸均为$\phi16H7/f6$，根据此配合代号查表得出其为基孔制的间隙配合，说明轴在左、右端盖的轴孔内是转动的。齿顶圆与泵体内壁的配合尺寸$\phi34.5H7/f6$，仍属于基孔制的间隙配合，说明齿轮的轮齿部分在泵体内的转动是灵动的。而主动齿轮轴系上另有配合尺寸$\phi14H7/s6$，为主动齿轮轴与传动齿轮(11号零件)的配合代号，其配合归属过盈配合。说明两者之间无间隙，加之零件键(14号零件)的作用，保证了两者之间的同步以便扭矩的传递。

(3)连接和固定方式

弄清楚零件之间的连接方式，零件的定位方式，固定手段。

① 左、右端盖与泵体的连接，各用6个螺钉连接，并各配套2个销钉准确定位。

② 齿轮轴的轴向定位，是靠齿轮端面与左、右端盖内侧面接触而定位。

③ 传动齿轮(11号零件)在轴上的定位，左边以$\varphi16$轴为轴肩定位，右边用螺母(13号零件)固定定位。

(4) 密封装置

为了防止漏油及灰尘、水分进入泵体内影响齿轮传动，在主动齿轮轴的伸出端设有密封装置，靠压盖螺母(10号零件)和压盖(9号零件)将密封圈(8号零件)压紧密封。左、右端盖与泵体之间有垫片(5号零件)密封。垫片的另一个作用是调整齿轮的轴向间隙。

(5)装拆顺序

部件的结构应利于零件的装拆。齿轮油泵的拆卸顺序为：

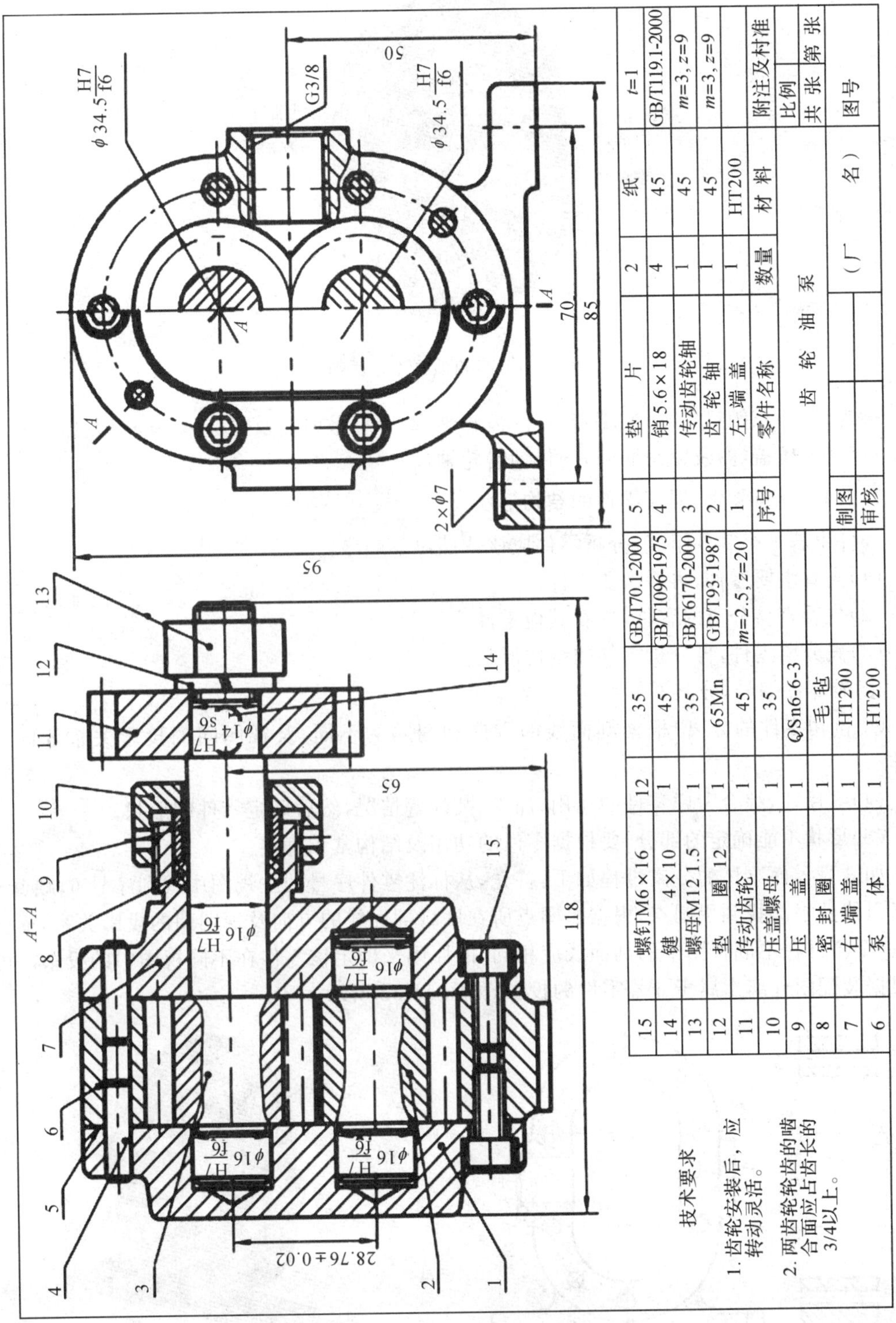

图 11-30　齿轮油泵装配图

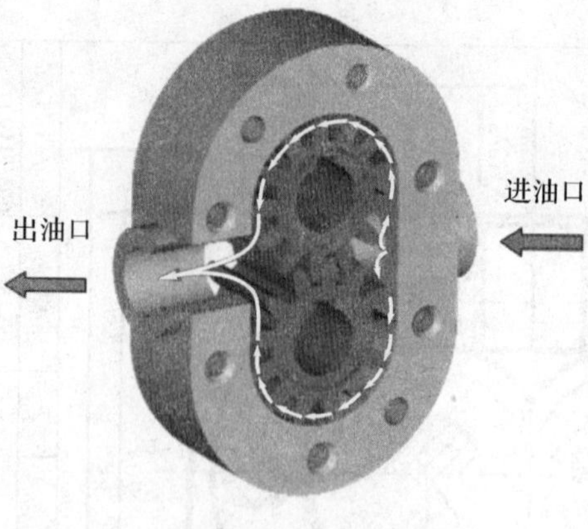

图 11-31　齿轮油泵工作原理

拆螺钉(15)、销钉(4)→左端盖(1)→齿轮轴(2)→螺母(13)及垫圈(12)→齿轮(11)→压盖螺母(10)、压盖(9)及密封圈(8)→传动齿轮轴(3)。

2.2.4　分析零件,弄清零件的结构形状

部件由若干个零件组成,分析零件应该依照以下顺序:

(1)先看主要零件,再看次要零件。

(2)先看容易分离的零件,再看其他零件。

(3)先分离零件,再分析零件的结构形状。

① 看零件编号,分离不剖零件。

② 剖切零件的分离,根据剖面线的方向和间隔的不同,及视图间的投影关系等区分形体。

(4)看尺寸,综合考虑零件的功用、加工、装配等情况,然后确定零件的形状。

(5)形状不能确定的部分,要根据零件的功用及结构常识确定。

如 6 号零件泵体的分离过程如下:首先,从标注零件序号的主视图中找到序号 6,顺着 6 号指引线的根部找到黑圆点,根据黑圆点所在区域剖面线的方向及视图间的投影关系,依据"同一个零件在不同视图中的剖面线应相同"的原则来确定该零件在不同视图中的投影。可以根据装配图分离出属于 6 号零件的投影,如图 11-32 所示。

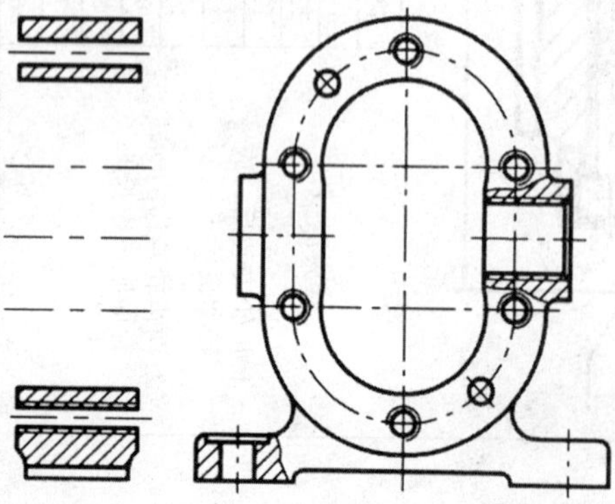

图 11-32　分离泵体零件

图 11-33　泵体形状

分析被分离出来的 6 号泵体零件图，虽然图形还残缺不完整，但其主体部分基本显露。外形和内腔都是长圆形，腔内容纳一对齿轮。两旁的锥台内有进、出油口与内腔相通，泵体的两个端面有与左、右端盖连接用的螺钉孔和销孔。底板部分根据结构常识可知呈长方形，两边各有一个用以固定用的螺栓孔，底板上方的沉孔和下方的凹槽，均是为了减少加工面，而经加工后的工作平面，保证了齿轮油泵的固定平稳。经分析可知齿轮油泵泵体的形状如图 11-33 所示。

逐个分析油泵部件的其余零件，分析之后各零件的形状如图 11-34 所示。

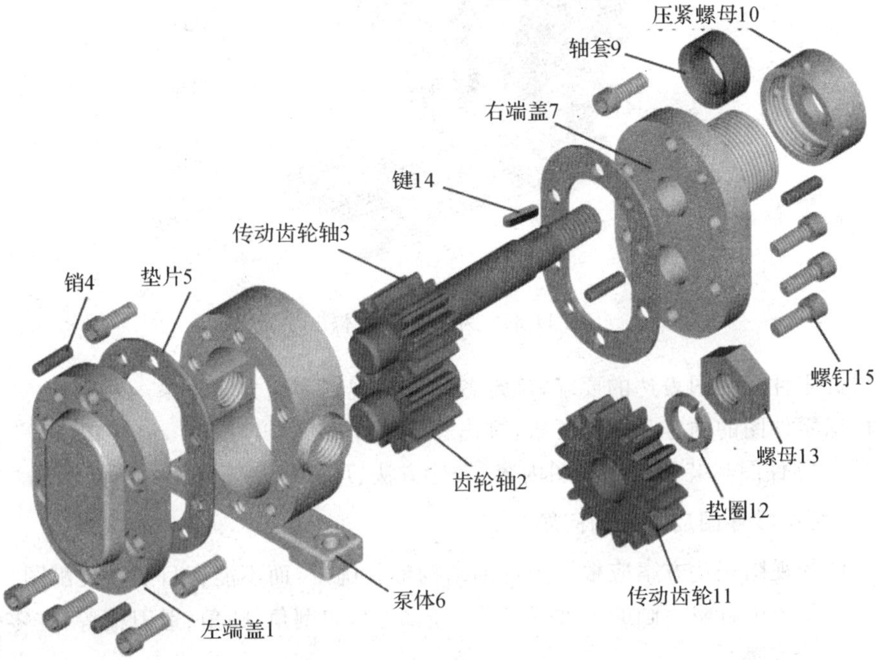

图 11-34 齿轮油泵各零件形状

2.2.5 总结归纳

想象出整个装配体的结构形状，图 11-35 所示为齿轮油泵的立体图。

以上所述是读装配图的一般方法和步骤，事实上有些步骤不能截然分开的，而是交替进行。而且读图总有一个具体的重点目的，在读图过程中应该围绕着这个重点目的去分析、研究。只要这个重点能够达到，就可以不拘一格灵活地解决问题。

3 由装配图拆画零件图

由装配图拆画零件图，是将装配图中的非标准零件从装配图中分离出来画成零件图的过程，这是设计工作中的一个重要环节。

根据装配图画零件图的工作也被称为"拆图"，拆图的过程往往也是设计零件的过程。在拆画前必须认真阅读装配图。正如前一节"装配图的读图方法和步骤"的内容，在全面了解装配图各种信息的基础上，还必须考虑零件在制造、装配、维修等方面的工艺要求。

3.3.1 拆画零件图的步骤

（1）按读装配图的要求，看懂部件的工作原理、装配关系和零件的结构形状。

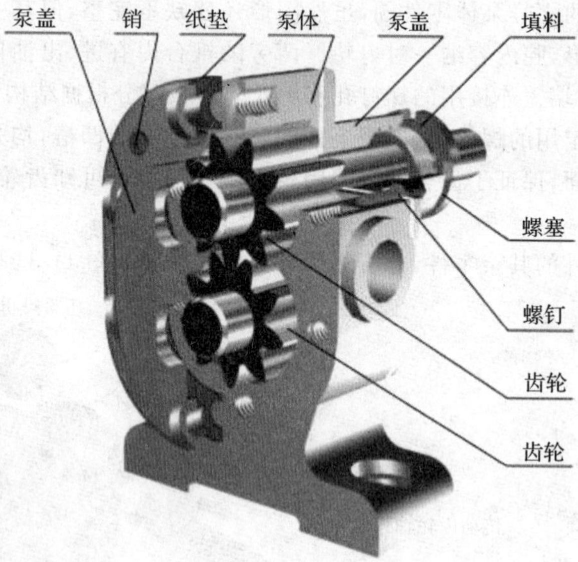

图 11-35　齿轮油泵立体图

(2) 根据零件图视图表达的要求，确定各零件的视图表达方案。

(3) 根据零件图的内容和画图要求，画出零件工作图。

注意区分零件图与装配图在视图内容、表达方法、尺寸标注等方面的不同。

3.3.2　拆画零件图应注意的问题

(1) 零件的视图表达方案应根据零件的结构形状确定，而不能盲目照抄装配图。

(2) 在装配图中省略不画的零件的一些工艺结构，如倒角、圆角、退刀槽等，在零件图中应全部重新补全完整。

(3) 零件图的尺寸，除在装配图中注出的需要“搬过来”外，其余尺寸都要在图上按比例直接量取并取整数。与标准件连接或配合的尺寸，如螺纹、倒角、退刀槽等需要查标准后注出。有配合要求的表面，要注出尺寸的公差带代号或偏差数值。

(4) 根据零件各表面的作用和工作要求，注出各表面粗糙度代号。

① 配合表面：*Ra* 值取 3.2～0.8，公差等级高的 *Ra* 取较小值。

② 接触面：*Ra* 值取 6.3～3.2，如零件的定位底面 *Ra* 可取 3.2，一般端面可取 6.3 等。

③ 需加工的自由表面(不与其他零件接触的表面)：*Ra* 值可取 25～12.5，如螺栓孔等。

(5) 根据零件在部件中的作用和加工条件，确定零件图的其他技术要求。

◎ 任务解答

要求 1 解答

拆画方法与步骤如下：

(1)拆画视图

细读“齿轮油泵”装配图，如图 11-30 所示，依据前面章节所学知识，分离出属于泵体零件的投影图框，如图 11-36 所示。主视图的残缺是因为某些图线被装在其内部的零件所遮挡。根据“齿轮油泵”的原理，分析泵体零件所承担的功能，将被遮挡的图线添补齐全。再依据泵体零件的内外形状及复杂程度选择表达方案，绘制出完整的视图，如图 11-37 所示，左视图为 *A-A* 旋转剖，另外增加 *B* 向向视图，以表达底板的特征。装配图中省略不画的一些工艺结构，如倒角、圆角、退刀槽等，在视图中应补全画出

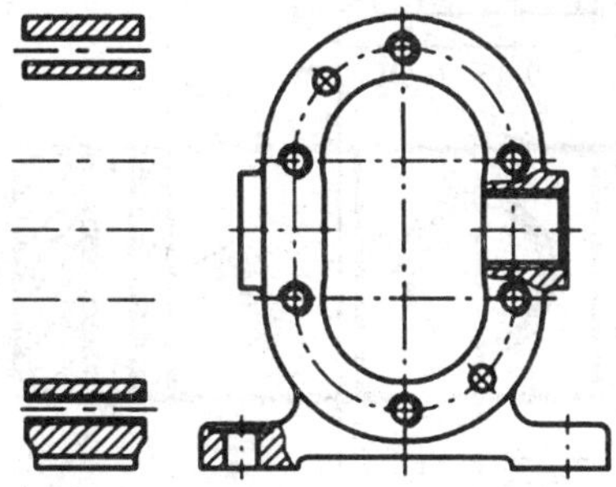

图 11-36　从装配图分离出的零件图

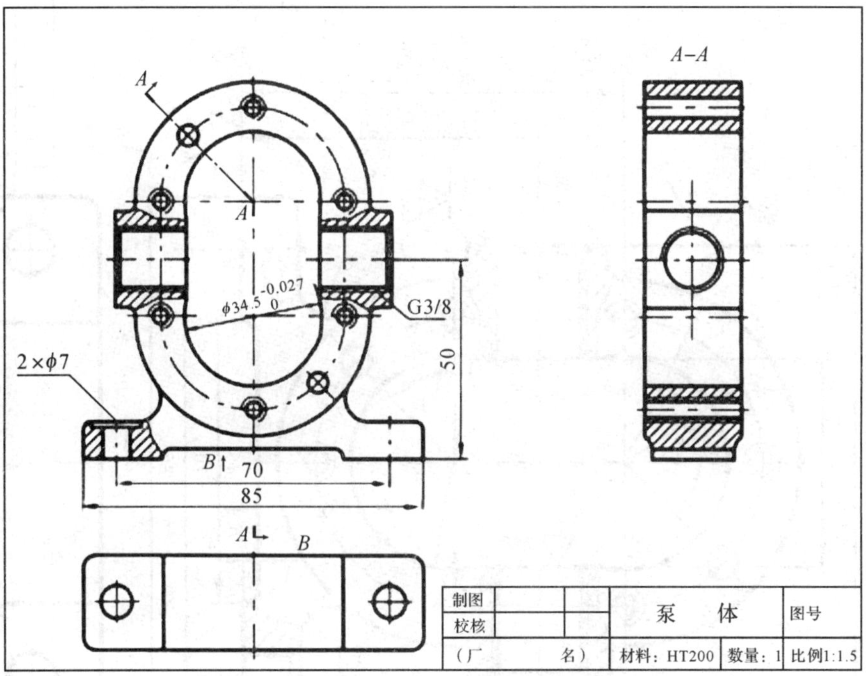

图 11-37　泵体形体图

(2)视图仅表达了泵体的形状，还需要标注尺寸表达其大小。从如图 11-24 所示，装配图的尺寸中分离出属于泵体的尺寸为 2×ϕ7、70、85、50、G3/8、ϕ34.5H7/f7，其中尺寸ϕ34.5H7/f7 为齿轮轴齿顶圆与泵体内壁的配合尺寸，应将其分解成尺寸ϕ34.5H7 和ϕ34.5f7，前者即为泵体内腔尺寸(后者为齿轮轴轮齿的齿顶圆尺寸)，公差带带号 H7 表示其为基准孔，公差等级为 7。查表得上偏差为+0.027，下偏差为 0。将分离尺寸标注在视图上，如图 11-38 所示。

(3)标注完整的泵体零件尺寸、粗糙度要求、技术要求、填写标题栏，完成零件图如图 11-39 所示。

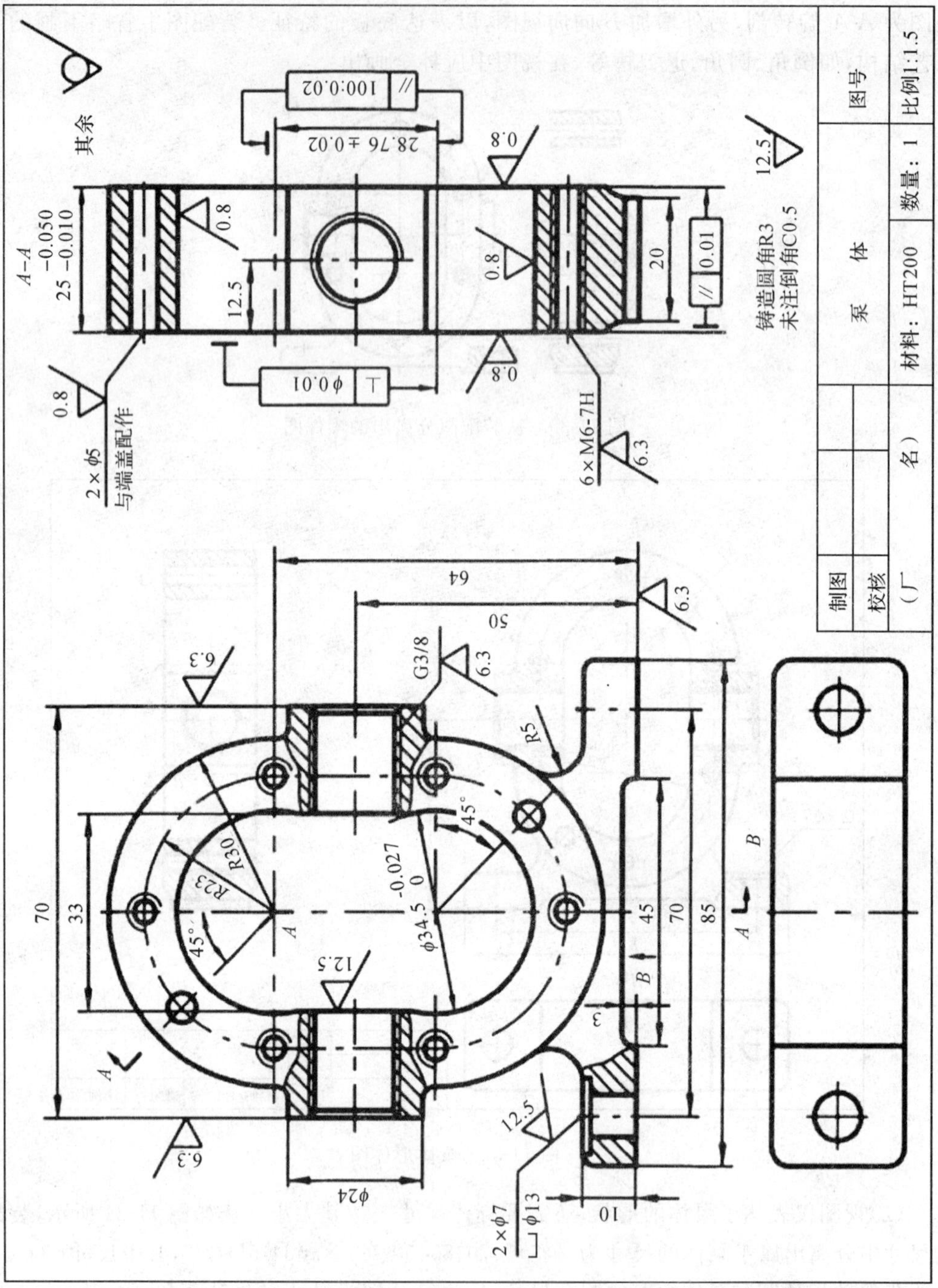

图 11-38　从装配图中分离的部分零件尺寸

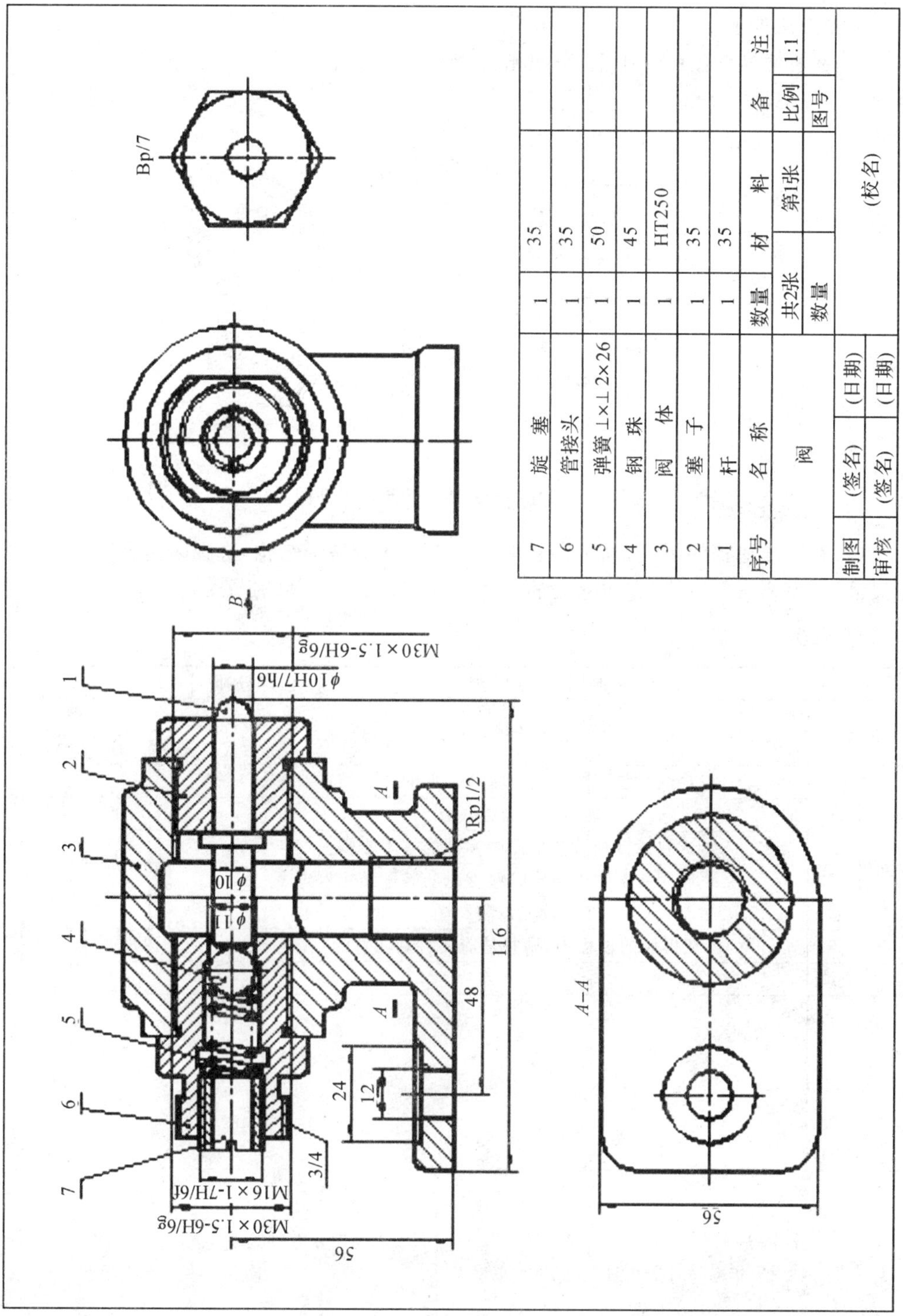

序号	名称	数量	材料	备注
7	旋塞	1	35	
6	管接头	1	35	
5	弹簧 ⊥×⊥2×26	1	50	
4	钢珠	1	45	
3	阀体	1	HT250	
2	塞子	1	35	
1	杆	1	35	

阀		共2张	第1张	比例	1:1
		数量		图号	
制图	(签名)	(日期)	(校名)		
审核	(签名)	(日期)			

图 11-39　泵体零件图

要求2解答

拆画方法如下：

(1)在看懂装配图的基础上，分离出拆画的3号零件，如图11-40所示。

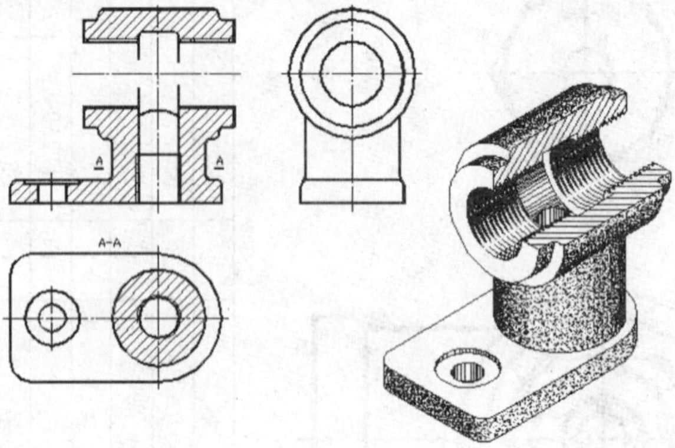

图11-40　分离出的阀体零件图

(2)补齐被遮挡的图线，确定在装配图中未表达清楚的结构，选择表达方案绘制视图，标注尺寸、技术要求等，最后完成完整的阀体零件图，如图11-41所示。

◎ 任务评价

课题名称		《机械制图》国家标准	任课教师			
要求	序号	要求中的评价项目	结果			
			A	B	C	D
1	1	齿轮油泵装配图中包含哪些常见的装配结构？				
	2	能否读懂该装配图？				
	3	试叙述拆画该装配图中零件的基本步骤？				
2	4	球阀装配图中包含哪些常见的装配结构？				
	5	能否读懂该装配图？				
	6	在拆画的过程中，哪些是需要特别注意的？				
综合成绩						
自我总结						
学生签字： 年　月　日			指导教师签字： 年　月　日			

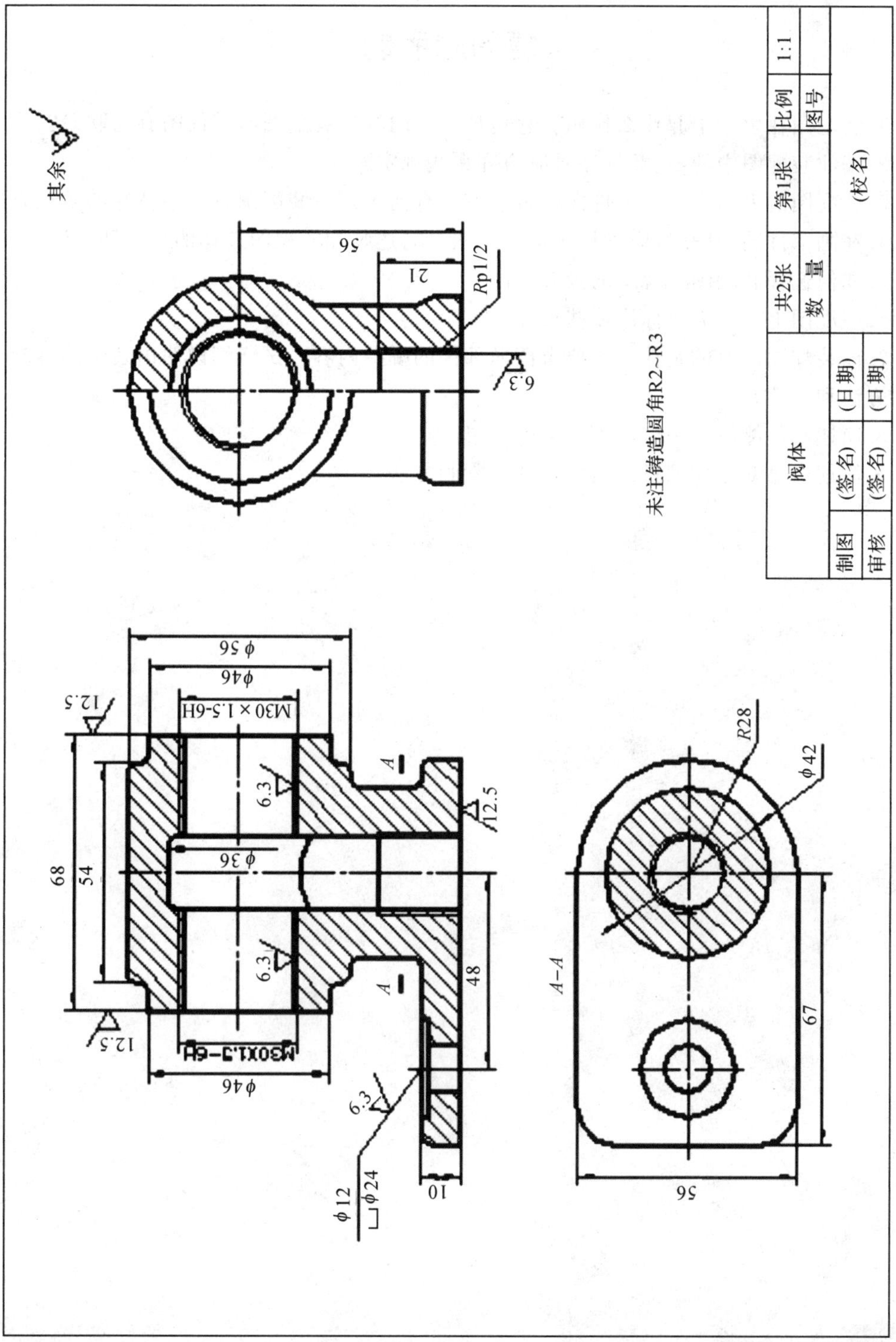

图 11-41　完整的阀体零件图

复习思考题

1.装配图在生产中起什么作用？它包括哪些内容？装配图与零件图有何联系？

2.编注装配图中的零、部件序号应遵守哪些规定？

3.装配图的表达方法与零件图的表达方法有何区别？装配图有哪些特殊的表达方法？

4.在画部件装配图时，应怎样选定主视图？简述装配图视图选择的步骤和方法。

5.如何选择装配图主视图的投影方向？

6.装配图上一般需要标注哪些尺寸？

7.读装配图的目的是什么？要求读懂部件的哪些内容？试详细说明由装配图拆画零件图的方法和步骤。

8.简述部件测绘的一般步骤。

9.简述由已知零件图拼绘装配图的步骤和方法。

附录 明细栏、标题栏、标准件、公差等有关数据

一、螺纹

表 1 普通螺纹的基本牙型和基本尺寸(GB/T 193—2003，GB/T 196—2003)

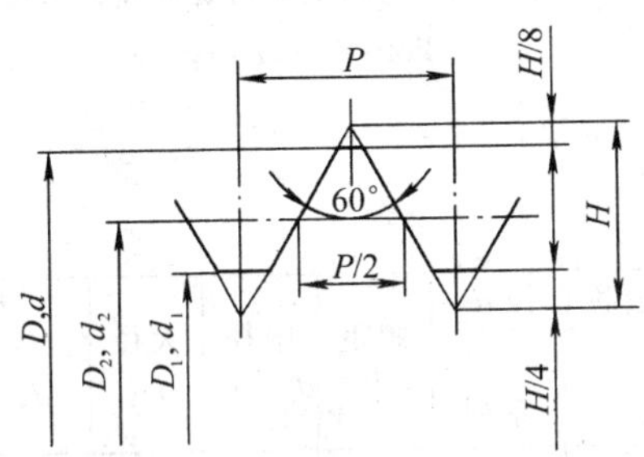

$$H=\frac{\sqrt{3}}{2}P$$

$$D_2=D-2\times\frac{3}{8}H=D-0.6495P$$

$$d_2=d-2\times\frac{3}{8}H=d-0.6495P$$

$$D_1=D-2\times\frac{5}{8}H=D-1.0825P$$

$$d_1=d-2\times\frac{5}{8}=d-1.0825P$$

标记示例

右旋粗牙普通螺纹，直径为 24 mm，螺距 3 mm 的标记：M24

左旋细牙普通螺纹，直径为 24 mm，螺距 2 mm 的标记：M24×2 LH

mm

公称直径 D、d		螺距 P		粗牙小径 D_1、d_1	公称直径 D、d		螺距 P		粗牙小径 D_1、d_1
第一系列	第二系列	粗牙	细牙		第一系列	第二系列	粗牙	细牙	
3		0.5	0.35	2.459		22	2.5	2,1.5,1,(0.75),(0.5)	19.294
	3.5	(0.6)		2.850					
4		0.7	0.5	3.242	24		3	2,1.5,1,(0.75)	20.752
	4.5	(0.75)		3.688		27	3	2,1.5,1,(0.75)	23.752
5		0.8		4.134	30		3.5	(3),2,1.5,1,(0.75)	26.211
6		1	0.75,(0.5)	4.917		33	3.5	(3),2,1.5,1,(1),(0.75)	29.211
8		1.25	1,0.75,(0.5)	6.647	36		4	3,2,1.5,(1)	31.670
10		1.5	1.25,1,0.75,(0.5)	8.376		39	4		34.670
12		1.75	1.5,1,25,1,(0.75),(0.5)	10.106	42		4.5	(4),3,2,1.5,(1)	37.129
	14	2	1.5,(1.25),1,(0.75),(0.5)	11.835		45	4.5		40.129
16		2	1.5,1,(0.75)(0.5)	13.835	48		5		42.87
	18	2.5	2,1.5,1,(0.75),(0.5)	15.294		52	5		46.587
20		2.5		17.294	56		5.5	4,3,2,1.5,(1)	50.046

注：1. 优先选用第一系列，括号内尺寸尽可能不用。第三系列未列入。

2. 中径 D_2、d_2 未列入。

表 2　梯形螺纹(GB/T 5796.2—1986、GB/T 5796.3—1986)

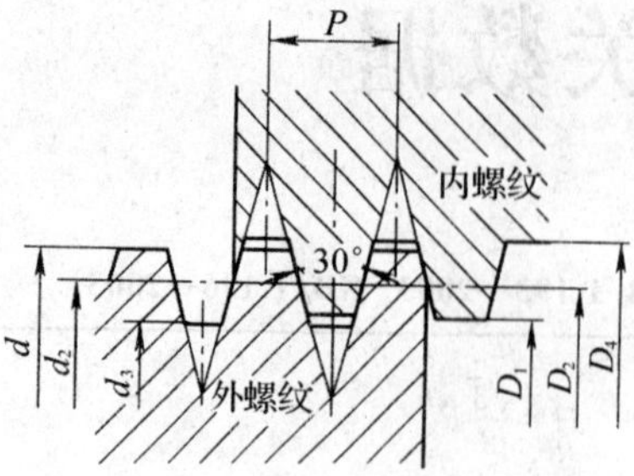

标记示例

1. 公称直径 d =40 mm、螺距 P=7 mm、中径公差带为 7H 的左旋梯形螺纹：

Tr40×7 LH－7 H

2. 公称直径 d=40 mm，螺距 P=7 mm，中径公差带为 7e 的右旋双线梯形螺纹：

Tr40×14(P7)－7e

mm

公称直径 d 第一系列	公称直径 d 第二系列	螺距 P	中径 $d_2=D_2$	大径 D_4	小径 d_3	小径 D_1
8		1.5	7.25	8.30	6.20	6.50
	9	1.5	8.25	9.30	7.20	7.50
		2	8.00	9.50	6.50	7.00
10		1.5	9.25	10.30	8.20	8.50
		2	9.00	10.50	7.50	8.00
	11	2	10.00	11.50	8.50	9.00
		3	9.50	11.50	7.50	8.00
12		2	11.00	12.50	9.50	10.00
		3	10.50	12.50	8.50	9.00
	14	2	13.00	14.50	11.50	12.00
		3	12.50	14.50	10.50	11.00
16		2	15.00	16.50	13.50	14.00
		4	14.00	16.50	11.50	12.00
	18	2	17.00	18.50	15.50	16.00
		4	16.00	18.50	13.50	14.00
20		2	19.00	20.50	17.50	18.00
		4	18.00	20.50	15.50	16.00
	22	3	20.50	22.50	18.50	19.00
		5	19.50	22.50	16.50	17.00
		8	18.00	23.00	13.00	14.00
24		3	22.50	24.50	20.50	21.00
		5	21.50	24.50	18.50	19.00
		8	20.00	25.00	15.00	16.00

公称直径 d 第一系列	公称直径 d 第二系列	螺距 P	中径 $d_2=D_2$	大径 D_4	小径 d_3	小径 D_1
	26	3	24.50	26.50	22.50	23.00
		5	23.50	26.50	20.50	21.00
		8	22.00	27.00	17.00	18.00
28		3	26.50	28.50	24.50	25.00
		5	25.50	28.50	22.50	23.00
		8	24.00	29.00	19.00	20.00
	30	3	28.50	30.50	26.50	29.00
		6	27.00	31.00	23.00	24.00
		10	25.00	31.00	19.00	20.00
32		3	30.50	32.50	28.50	29.00
		6	29.00	33.00	25.00	26.00
		10	27.00	33.00	21.00	22.00
	34	3	32.50	34.50	30.50	31.00
		6	31.00	35.00	27.00	28.00
		10	29.00	35.00	23.00	24.00
36		3	34.50	36.50	32.50	33.00
		6	33.00	37.00	29.00	30.00
		10	31.00	37.00	25.00	26.00
	38	3	36.50	38.50	34.50	35.00
		7	34.50	39.00	30.00	31.00
		10	33.00	39.00	27.00	28.00
40		3	38.50	40.50	36.50	37.00
		7	36.50	41.00	32.00	33.00
		10	35.00	41.00	29.00	30.00

表 3　螺纹密封的管螺纹(GB/T 7306.1—2000)

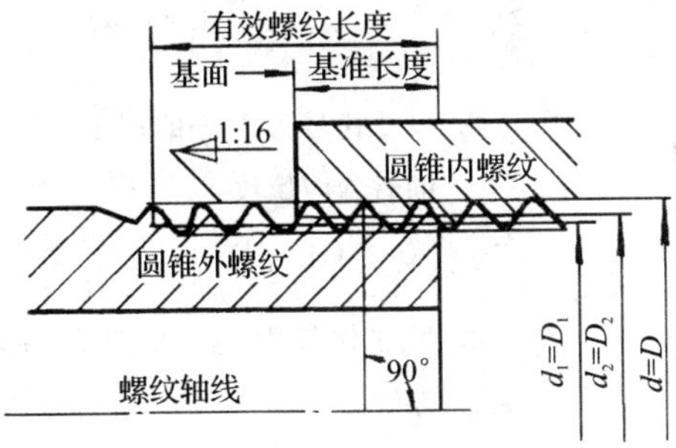

标记示例

1. 尺寸代号为 $1\frac{1}{2}$ 的右旋圆锥内螺纹：

$R_c 1\frac{1}{2}$

2. 尺寸代号为 $1\frac{1}{2}$ 的左旋圆锥外螺纹：

$R1\frac{1}{2}-LH$

3. 尺寸代号为 $1\frac{1}{2}$ 的右旋圆柱内螺纹：

$R_p 1\frac{1}{2}$

mm

尺寸代号	每 25.4 mm 内所含的牙数 n	螺距 P	牙高 h	基本直径或基准平面内的基本直径			基准距离（基本）	外螺纹的有效螺纹不小于
				大径（基本直径）$d=D$	中径 $d_1=D_1$	小径 $d_1=D_1$		
1/16	28	0.907	0.581	7.723	7.142	6.561	4	6.5
1/8	28	0.907	0.581	9.728	9.147	8.566	4	6.5
1/4	19	1.337	0.856	13.157	12.301	11.445	6	9.7
3/8	19	1.337	0.856	16.662	15.806	14.950	6.4	10.1
1/2	14	1.814	1.162	20.955	19.793	18.631	8.2	13.2
3/4	14	1.814	1.162	26.441	25.279	24.117	9.5	14.5
1	11	2.309	1.479	33.249	31.770	30.291	10.4	16.8
$1\frac{1}{4}$	11	2.309	1.479	41.910	40.431	38.952	12.7	19.1
$1\frac{1}{2}$	11	2.309	1.479	47.803	46.324	44.845	12.7	19.1
2	11	2.309	1.479	59.614	58.135	56.656	15.9	23.4
$2\frac{1}{2}$	11	2.309	1.479	75.184	73.705	72.226	17.5	26.7
3	11	2.309	1.479	87.884	86.405	84.966	20.6	29.8
4	11	2.309	1.479	113.030	111.551	110.072	25.4	35.8
5	11	2.309	1.479	138.430	136.951	135.472	28.6	40.1
6	11	2.309	1.479	163.830	162.351	162.351	28.6	40.1

注：第五列中所列的是圆柱螺纹的基本直径和圆锥螺纹在基本平面内的基本直径；第六、七列只适用于圆锥螺纹。

表 4　非螺纹密封的管螺纹(GB/T 7307—2001)

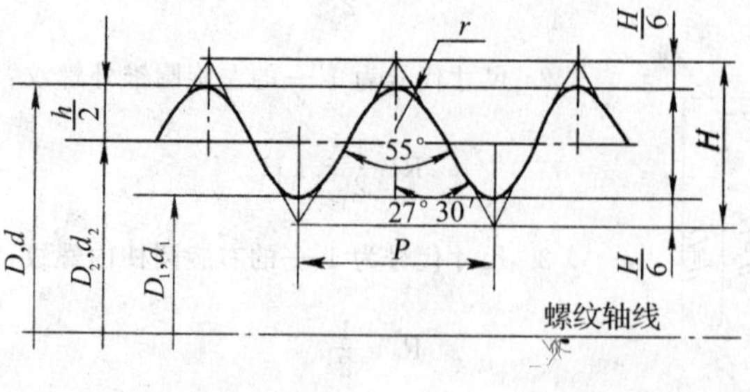

标记示例

1. 尺寸代号为 $1\frac{1}{2}$ 的右旋内螺纹：

$G1\frac{1}{2}$

2. 尺寸代号为 $1\frac{1}{2}$ 的用于低压管路的右旋内螺纹：

$G1\frac{1}{2}D$

3. 尺寸代号为 $1\frac{1}{2}$ 的右旋 A 级外螺纹：

$G1\frac{1}{2}A$

4. 尺寸代号为 $\frac{1}{2}$ 的左旋 B 级外螺纹：

$G1\frac{1}{2}B-LH$

mm

尺寸代号	每 25.4mm 内的牙数 n	螺距 P	基本尺寸			尺寸代号	每 25.4mm 内的牙数 n	螺距 P	基本尺寸		
			大径 D,d	中径 D_2,d_2	中径 D_1,d_1				大径 D,d	中径 D_2,d_2	中径 D_1,d_1
1/8	28	0.907	9.728	9.147	8.566	$1\frac{1}{4}$	11	2.309	41.910	40.431	38.952
1/4	19	1.337	13.157	12.301	11.445	$1\frac{1}{2}$		2.309	47.303	46.324	44.845
3/8		1.337	16.662	15.806	14.950	$1\frac{3}{4}$		2.309	53.746	52.267	50.788
1/2	14	1.814	20.955	19.793	18.631	2		2.309	59.614	58.135	56.656
5/8		1.814	22.911	21.749	20.587	$2\frac{1}{4}$		2.309	65.710	64.231	62.752
3/4		1.814	26.441	25.279	24.117	$2\frac{1}{2}$		2.309	75.148	73.705	72.226
7/8		1.814	30.201	29.039	27.877	$2\frac{3}{4}$		2.309	81.534	80.055	78.576
1	11	2.309	33.249	31.770	30.291	3		2.309	87.884	86.405	84.926
$1\frac{1}{8}$		2.309	37.897	36.418	34.939	$3\frac{1}{2}$		2.309	100.330	98.851	97.372

二、螺栓

表 5　六角头螺栓(GB/T 5780—2000、GB/T 5782—2000)

六角头螺栓—C 级(GB/T 5780—2000)

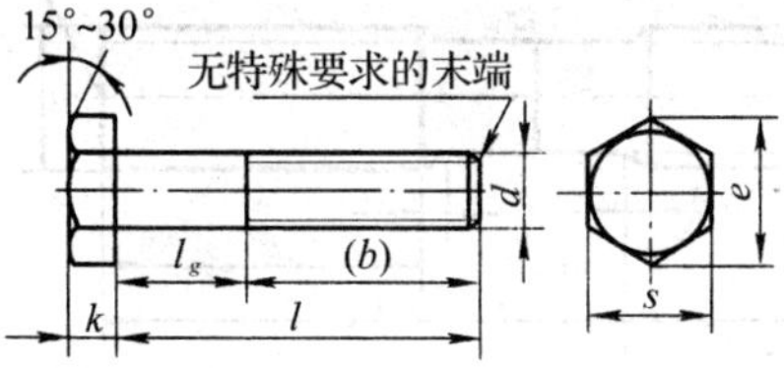

六角头螺栓—A 和 B 级(GB/T 5782—2000)

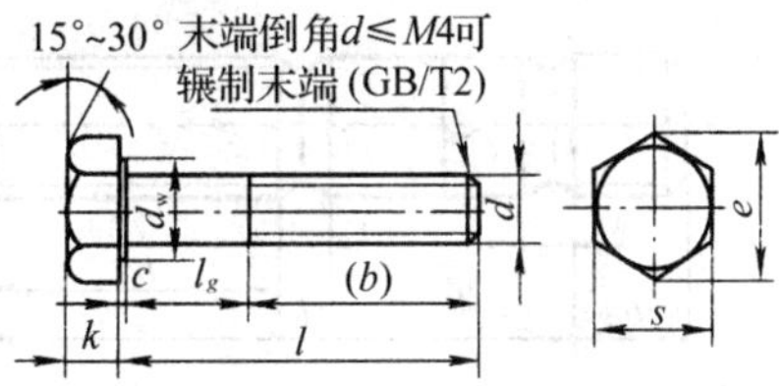

标记示例

螺纹规格 d=M12、公称长度 l=80 mm、性能等级为 8.8 级,表面氧化、A 级的六角头螺栓:

螺栓　GB/T 5782 M　　12×80 mm

mm

螺纹规格 d			M3	M4	M5	M6	M8	M10	M12	M16	M20	M24	M30	M36	M42
b 参考	l≤125		12	14	16	18	22	26	30	38	46	54	66	—	—
	125<l≤200		18	20	22	24	28	32	36	44	52	60	72	84	96
	l>200		31	33	35	37	41	45	49	57	65	73	85	97	109
c			0.4	0.4	0.5	0.5	0.6	0.6	0.6	0.8	0.8	0.8	0.8	0.8	1
d_w	产品等级	A	4.57	5.88	6.88	8.88	11.63	14.63	16.63	22.49	28.19	33.61	—	—	—
		B	4.45	5.74	6.74	8.74	11.47	14.47	16.47	22	27.7	33.25	42.75	51.11	59.95
e	产品等级	A	6.01	7.66	8.79	11.05	14.38	17.77	20.03	26.75	33.53	39.98	—	—	—
		B、C	5.88	7.50	8.63	10.89	14.20	17.59	19.85	26.17	32.95	39.55	50.85	60.79	72.02
k 公称 2			2.8	3.5	4	5.3	6.4	7.5	10	12.5	15	18.7	22.5	26	
r			0.1	0.2	0.2	0.25	0.4	0.4	0.6	0.6	0.8	0.8	1	1	1.2
s 公称			5.5	7	8	10	13	16	18	24	30	36	46	55	65
l(商品规格范围)			20~30	25~40	25~50	30~60	40~80	45~100	50~120	65~160	80~200	90~240	110~300	140~360	160~400
l 系列			12,16,20,25,30,35,40,45,50,55,60,65,70,80,90,100,110,120,130,140,150,160,180,200,220,240,260,280,300,320,340,360,380,400,420,440,460,480,500												

注:1. A 级用于 d≤24 mm 和 l<10d 或≤150 mm 的螺栓;B 级用于 d>24 mm 和 l>10d 或>150 mm 的螺栓。

2. 螺纹规格 d 范围:GB/T 5780—2000 为 M5~M64;GB/T 5782—2000 为 M1.6~64。

3. 公称长度 l 范围:GB/T 5780—2000 为 25~500;GB/T 5782—2000 为 12~500。

4. 材料为钢的螺栓性能等级有 5.6、8.8、9.8、10.9 级,其中 8.8 级为常用。

三、螺柱

表 6 双头螺柱(GB/T 897—1988、GB/T 898—1988、GB/T 899—1988、GB/T 900—1988)

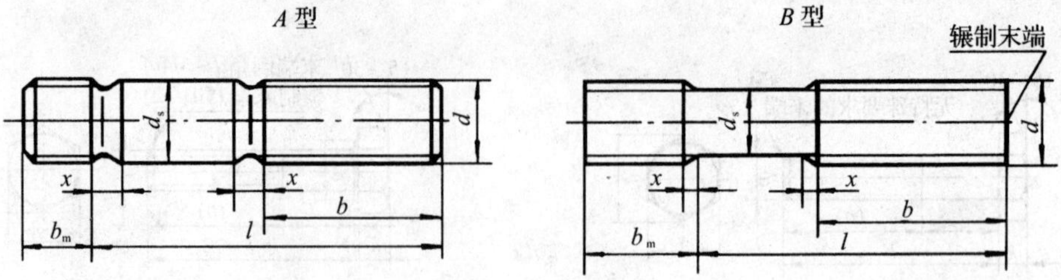

末端按 GB 2 规定;d_s≈螺纹中径(仅适用于 B 型);$x_{max}=1.5P$(螺距)

标记示例

两端均为粗牙普通螺纹,d=10 mm,l=50 mm,性能等级为 4.8 级,不经表面处理,B 型,b_m=1.25 d 的双头螺柱: 螺柱 GB/T 898 M10×50

旋入机体一端为粗牙普通螺纹、旋螺母一端为螺距 P=1 mm 的细牙普通螺纹,d=10 mm,1=50 mm,性能等级为 4.8 级、不经表面处理,A 型,b=1.25 d 的双头螺柱:

螺柱 GB/T 898 AM10—M10×1×50

螺纹规格	b_m				L/b
	GB/T 897—1988 $b_m=1\ d$	GB/T 898—1988 $b_m=1.25\ d$	GB/T 899—1988 $b_m=1.5\ d$	GB/T 900—1988 $b_m=2\ d$	
M5	5	6	8	10	16 ~ 22/10, 25 ~ 50/16
M6	6	8	10	12	20 ~ 22/10, 25 ~ 30/14,32~75/18
M8	8	10	12	16	20 ~ 22/12, 25 ~ 30/16,32~90/22
M10	10	12	15	20	25 ~ 28/14, 30 ~ 38/16, 40 ~ 120/26,130/32
M12	12	15	18	24	25 ~ 30/16, 32 ~ 40/20, 45 ~ 120/30,130~180/36
(M14)	14	18	21	28	30 ~ 35/18, 38 ~ 50/25, 55 ~ 120/34,130~180/40
M16	16	20	24	32	30 ~ 35/20, 40 ~ 55/30, 60 ~ 120/38,130~200/44

续表

螺纹规格	b_m				L/b
	GB/T 897—1988 $b_m=1\ d$	GB/T 898—1988 $b_m=1.25\ d$	GB/T 899—1988 $b_m=1.5\ d$	GB/T 900—1988 $b_m=2\ d$	
(M18)	18	22	27	36	35 ~ 40/22, 45 ~ 60/35, 65 ~ 120/42,130~200/48
M20	20	25	30	40	35 ~ 40/25, 45 ~ 65/35, 70 ~ 120/46,130~200/52
(M22)	22	28	33	44	40 ~ 55/30, 50 ~ 70/40, 75 ~ 120/50,130~200/56
M24	24	30	36	48	45 ~ 50/30, 55 ~ 75/45, 80 ~ 120/54,130~200/60
(M27)	27	35	40	54	50 ~ 60/35, 65 ~ 85/50, 90 ~ 120/60,130~200/66
M30	30	38	45	60	60 ~ 65/40, 70 ~ 90/50, 95 ~ 120/66,130~200/72
(M33)	33	41	49	66	65 ~ 70/45, 75 ~ 95/60, 100 ~ 120/72,130~200/78
M36	36	45	54	72	65 ~ 75/45, 80 ~ 110/60,130~200/84,210~300/97
(M39)	39	49	58	78	70 ~ 80/50, 85 ~ 120/65, 120/90, 210~300/103
M42	42	52	64	84	70 ~ 80/50, 85 ~ 120/70,130~200/96,210~300/109
M48	48	60	72	96	80 ~ 90/60, 95 ~ 110/80,130~200/108,210~300/121
l 系列	16,(18),20,(22),25,(28),30,(32),35,(38),40,45,50,(55),60,(65),70,(75),80,(85),90,(95),100,110,120,130,140,150,160,170,180,190,200,210,220,230,240,250,260,270,280,290,300				

注:1. 尽可能不采用括号内的规格;

2. P——粗牙螺纹的螺距。

四、螺钉

表 7　开槽圆柱头螺钉(GB/T 65—2000)、开槽盘头螺钉(GB/T 67—2000)

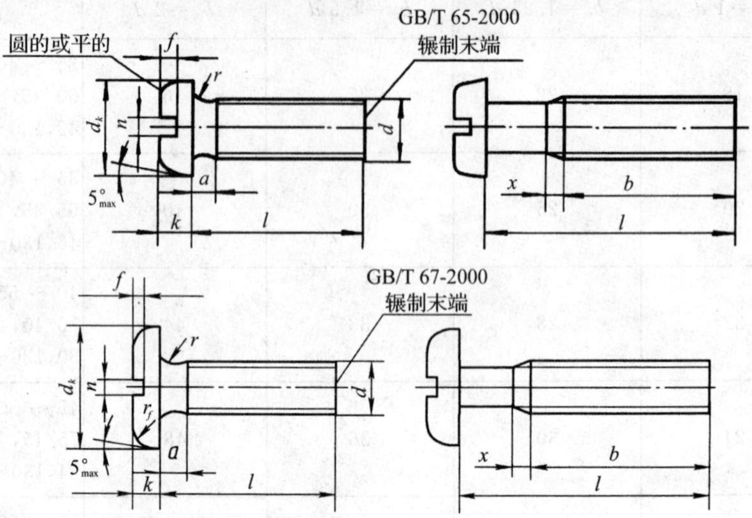

无螺纹部分杆径≈中径或＝螺纹大径，a=2P,x=2.5P

无螺纹部分杆径≈中径或＝螺纹大径，$a=2P$，$x=2.5P$

标记示例

1. 螺纹规格 d＝M5，公称长度 l＝20 mm，性能等级为 4.8 级，不经表面处理的开槽圆柱头螺钉：
   螺钉 GB/T 65 M5×20
2. 螺纹规格 d＝M5，公称长度 l＝20 mm，性能等级为 4.8 级，不经表面处理的开槽盘头螺钉：
   螺钉 GB/T 67 M5×20

nim

螺纹规格 d	P	b min	n 公称	r min	l 公称	GB/T 65—2000			GB/T 67—2000			
						d_k max	k max	t min	d_k max	k max	t min	r_1 参考
M3	0.5	25	0.8	0.1	4～30				5.6	1.8	0.7	0.9
M4	0.7	38	1.2	0.2	5～40	7	2.6	1.1	8	2.4	1	1.2
M5	0.8	38	1.2	0.2	6～50	8.5	3.3	1.3	9.5	3	1.2	1.5
M6	1	38	1.6	0.25	8～60	10	3.9	1.6	12	3.6	1.4	1.8
M8	1.25	38	2	0.4	10～80	13	5	2	16	4.8	1.9	2.4
M10	1.5	38	2.5	0.4	12～80	16	6	2.4	20	6	2.4	3

注：1. 长度 l 系列：4、5、6、8、10、12、(14)、16、20、25、30、35、40、45、50、(55)、60、(65)、70、(75)、80，有括号的尽可能不采用。
2. 公称长度 l≤40 mm 的螺钉和 M3、l≤30 mm 的螺钉、制出全螺纹($b=l-a$)。
3. P——螺距。

表 8 十字槽盘头螺钉(GB/T 818—2000)、十字槽沉头螺钉(GB/T 819.1—2000)

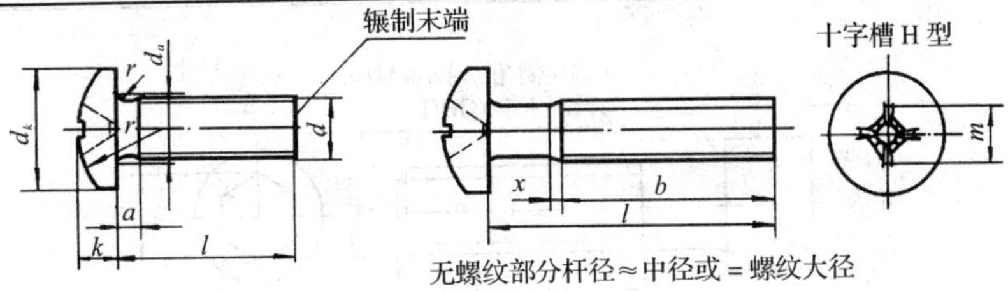

GB/T 818-2000

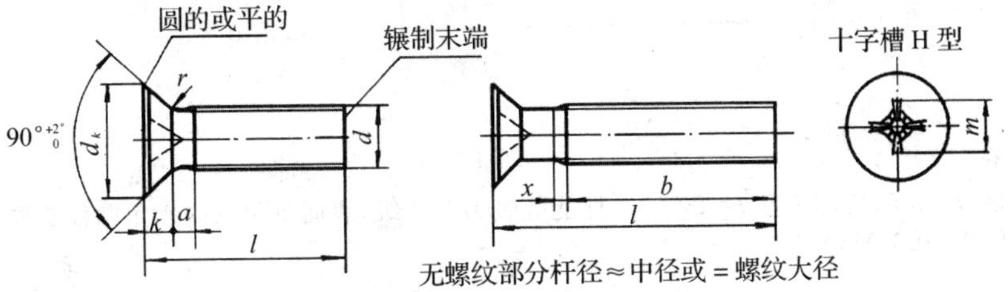

GB/T 819.1-2000

标记示例

螺纹规格 d＝M5，公称长度 l＝20 mm，性能等级为 4.8 级，不经表面处理型十字槽盘头螺钉：

螺钉 GB/T 818—2000 M5×20

螺纹规格 d＝M5，公称长度 l＝20 mm，性能等级为 4.8 级，不经表面处理的 H 型十字槽沉头螺钉：

螺钉 GB/T 819. 1 M5×20

mm

螺纹规格 d		M1.6	M2	M2.5	M3	M4	M5	M6	M8	M10
P		0.35	0.4	0.45	0.5	0.7	0.8	1	1.25	1.5
a		0.7	0.8	0.9	1	1.4	1.6	2	2.5	3
b		25	25	25	25	38	38	38	38	38
x		0.9	1	1.1	1.25	1.75	2	2.5	3.2	3.8
十字槽 No.		0	0	1	1	2	2	3	4	4
l 系列		3,4,5,6,8,10,12,(14),16,20,25,30,35,40,45,50,(55),60								
GB/T 818—200	d_k	3.12	4	5	5.6	8	9.3	12	16	20
	k	1.3	1.6	2.1	2.4	3.1	3.7	4.6	6	7.5
	r	0.1	0.1	0.1	0.1	0.2	0.2	0.25	0.4	0.4
	l 范围	3～16	3～20	3～25	4～30	5～4	6～45	8～60	10～60	12～60
	全螺纹长度	25	25	25	25	40	40	40	40	40
GB/T 819.1—2000	d_k	2.7～3.0	3.5～3.84	4～4.75	2～5.5	8～8.4	8.9～9.3	10.9～11.3	15.4～15.8	17.8～18.3
	k	1	1.2	1.5	1.65	2.7	2.7	3.3	4.65	5
	r	0.4	0.5	0.6	0.8	1	1.3	1.5	2	2.5
	l 范围	3～16	3～20	3～25	4～30	5～40	6～50	8～60	10～60	12～60
	全螺纹长度	30	30	30	30	45	45	45	45	45

注：材料为钢，螺纹公差 6 g，性能等级 4.8 级，产品等级 A。

表 9　内六角圆柱头螺钉(GB/T 70.1—2000)

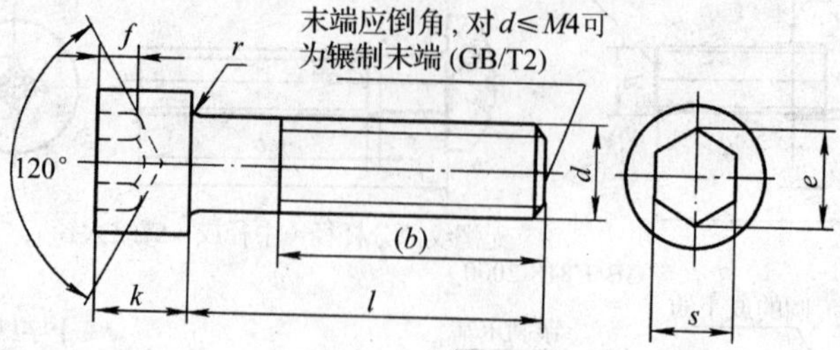

标记示例

螺纹规格 d=M5，公称长度 l=20 mm，性能等级为 8.8 级，表面氧化的内六角圆柱头螺钉：

螺钉 GB/T 70.1 M5×20

mm

螺纹规格 d	M3	M4	M5	M6	M8	m10	M12	M14	M16	M20
P(螺距)	0.5	0.7	0.8	1	1.25	1.5	1.75	2	2	2.5
b 参考	18	20	22	24	28	32	36	40	44	52
d_k	5.5	7	8.5	10	13	16	18	21	24	30
k	3	4	5	6	8	10	12	14	16	20
t	1.3	2	2.5	3	4	5	6	7	8	10
s	2.5	3	4	5	6	8	10	12	14	17
e	2.87	3.44	4.58	5.72	6.86	9.15	11.43	13.72	16.00	19.44
r	0.1	0.2	0.2	0.25	0.4	0.4	0.6	0.6	0.6	0.8
公称长度 l	5～30	6～40	8～50	10～60	12～80	16～100	20～120	25～140	25～160	30～200
l≤表中数值时，制出全螺纹	20	25	25	30	35	40	45	55	55	65
l 系列	2.5,3,4,5,6,8,10,12,16,20,25,30,35,40,45,50,55,60,65,70,90,100,110,120,130,140,150,160,180,200,220,240,260,280,300									

注：螺纹规格 d=M1.6～M64。

表 10 开槽锥端紧定螺钉(GB/T 71—1985)、开槽平端紧定螺钉(GB/T 73—1985)、开槽长圆柱端紧定螺钉(GB/T 75—1985)

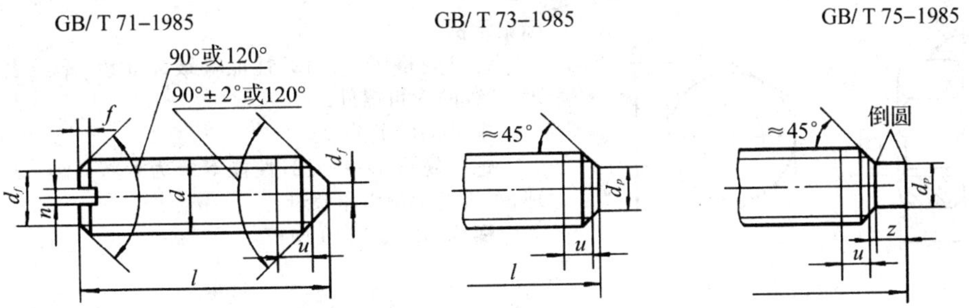

公称长度为短螺钉时,应制成 120°,u 为不完整螺纹的长度≤$2P$

标记示例

螺纹规格 d=M5,公称长度 l=12 mm,性能等级为 14 H 级,表面氧化的开槽平端紧定螺钉:

螺钉 GB/T 73 M5×12

mm

螺纹规格 d		M1.6	M2	M2.5	M3	M4	M5	M6	M8	M10	M12
P(螺距)		0.35	0.4	0.45	0.5	0.7	0.8	1	1.25	1.5	1.75
n		0.25	0.25	0.4	0.4	0.6	0.8	1	1.2	1.6	2
t		0.74	0.84	0.95	1.05	1.42	1.63	2	2.5	3	3.6
d_t		0.16	0.2	0.25	0.3	0.4	0.5	1.5	2	2.5	3
d_p		0.8	1	1.5	2	2.5	3.5	4	5.5	7	8.5
z		1.05	1.25	1.5	1.75	2.25	2.75	3.25	4.3	5.3	6.3
l	GB/T 71～1985	2～8	3～10	3～12	4～16	6～20	8～25	8～30	10～40	12～50	14～60
	GB/T 73～1985	2～8	2～10	2.5～12	3～16	4～20	5～25	5～30	8～40	10～50	12～60
	GB/T 75～1985	2.5～8	3～10	4～12	5～16	6～20	8～25	10～30	10～40	12～50	14～60
l 系列		2,2.5,3,4,5,6,8,10,12,(14),16,20,25,30,35,40,45,50,(55),60									

注:1. l 为公称长度。

2. 括号内的规格尽可能不采用。

五、螺母

表 11　六角螺母—C 级(GB/T 41—2000)、1 型六角螺母— A 和 B 级(GB/T 6170—2000)

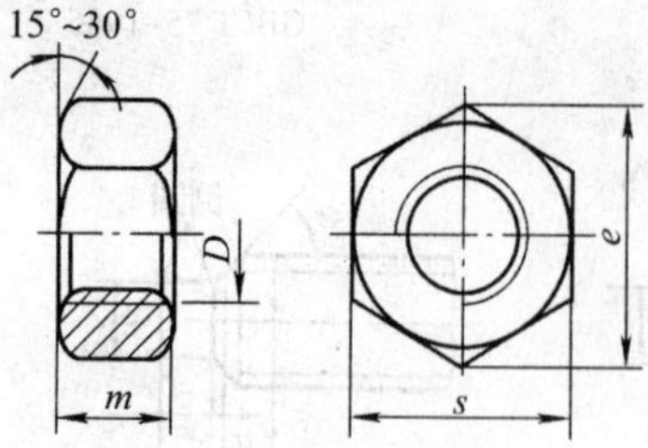

标记示例

螺纹规格 D＝M12、性能等级为 5 级、不经表面处理、C 级的六角螺母：

螺母 GB/T 41 M12

螺纹规格 D＝M12，性能等级为 8 级，不经表面处理，A 级的 1 型六角螺母：

螺母 GB/T 6170 M12

mm

螺纹规格 D		M3	M4	M5	M6	M8	M10	M12	M16	M20	M24	M30	M36	M42
e	GB/T 4 —2000	—	—	8.63	10.89	14.20	17.59	19.85	26.17	32.95	39.55	50.85	60.79	72.02
	GB/T 6170 —2000	6.01	7.66	8.79	11.05	14.38	17.77	20.03	26.75	32.95	39.55	50.85	60.79	72.02
s	GB/T 41 —2000	—	—	8	10	13	16	18	24	30	36	46	55	65
	GB/T 6170 —2000	5.5	7	8	10	13	16	18	24	30	36	46	55	65
m	GB/T 41 —2000	—	—	5.6	6.1	7.9	9.5	12.2	15.9	18.7	22.3	26.4	31.5	34.9
	GB/T 6170 —2000	2.4	3.2	4.7	5.2	6.8	8.4	10.8	14.8	18	21.5	25.6	31	34

注：A 级用于 D≤16。B 级用于 D>160 产品等级 A、B 由公差取值决定，A 级公差数值小。材料为钢的螺母：GB/T 6170—2000 的性能等级有 6、8、10 级，8 级为常用；GB/T 41—2000 的性能等级为 4 和 5 级。这两类螺母的螺纹规格为 M5～M64。

六、垫圈

表 12　小垫圈—A 级(GB/T 848—2002)、平垫圈—A 级(GB/T 97.1—2002)、平垫圈(倒角型)—A 级(GB/T 97.2—2002)、大垫圈—A 级和 C 级(GB/T—2002)

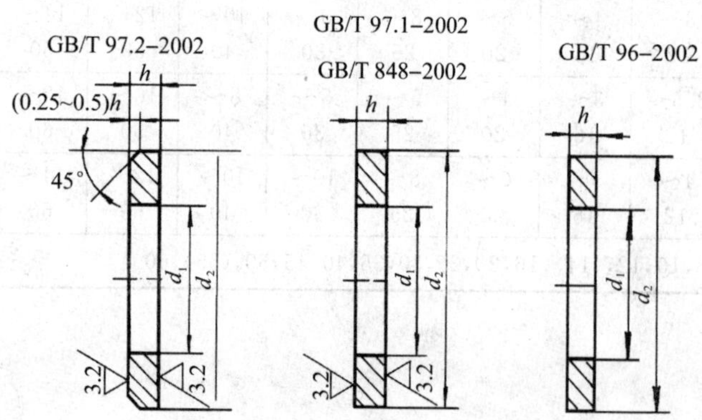

标记示例

标准系列，公称尺寸 d＝8 mm，性能等级为 140 HV 级，不经表面处理的平垫圈：

垫圈 GB/T 97.1 8－140 HV

续表

<table>
<tr><th rowspan="2">公称规格
（螺纹大径）
d</th><th colspan="3">小垫圈 A 级
(GB/T 848—2002)</th><th colspan="3">平垫圈 A 级
(GB/T 97.1—2002)
平垫圈 A 级倒角型
(GB/T 97.2—2002)</th><th colspan="4">大垫圈 A 级(GB/T 96.1—2002)
和 C 级(GB/T 96.2—2002)</th></tr>
<tr><th>d_1
公称
min</th><th>d_2
公称
max</th><th>h
公称</th><th>d_1
公称
min</th><th>d_2
公称
max</th><th>h
公称</th><th>d_1
公称 min
(GB/T 96.1)</th><th>d_1
公称 min
(GB/T 96.2)</th><th>d_2
公称
max</th><th>h
公称</th></tr>
<tr><td>1.6</td><td>1.7</td><td>3.5</td><td rowspan="2">0.3</td><td>1.7</td><td>4</td><td rowspan="2">0.3</td><td></td><td></td><td></td><td></td></tr>
<tr><td>2</td><td>2.2</td><td>4.5</td><td>2.2</td><td>5</td><td></td><td></td><td></td><td></td></tr>
<tr><td>2.5</td><td>2.7</td><td>5</td><td rowspan="3">0.5</td><td>2.7</td><td>6</td><td rowspan="2">0.5</td><td></td><td></td><td></td><td></td></tr>
<tr><td>3</td><td>3.2</td><td>6</td><td>3.2</td><td>7</td><td>3.2</td><td>3.4</td><td>9</td><td>0.8</td></tr>
<tr><td>4</td><td>4.3</td><td>8</td><td>4.3</td><td>9</td><td>0.8</td><td>4.3</td><td>4.5</td><td>12</td><td rowspan="2">1</td></tr>
<tr><td>5</td><td>5.3</td><td>9</td><td>1</td><td>5.3</td><td>10</td><td>1</td><td>5.3</td><td>5.5</td><td>15</td></tr>
<tr><td>6</td><td>6.4</td><td>11</td><td rowspan="3">1.6</td><td>6.4</td><td>12</td><td rowspan="2">1.6</td><td>6.4</td><td>6.6</td><td>18</td><td>1.6</td></tr>
<tr><td>8</td><td>8.4</td><td>15</td><td>8.4</td><td>16</td><td>8.4</td><td>9</td><td>24</td><td>2</td></tr>
<tr><td>10</td><td>10.5</td><td>18</td><td>10.5</td><td>20</td><td>2</td><td>10.5</td><td>11</td><td>30</td><td>2.5</td></tr>
<tr><td>12</td><td>13</td><td>20</td><td>2</td><td>13</td><td>24</td><td>2.5</td><td>13</td><td>13.5</td><td>37</td><td rowspan="2">3</td></tr>
<tr><td>16</td><td>17</td><td>28</td><td>2.5</td><td>17</td><td>30</td><td rowspan="2">3</td><td>17</td><td>17.5</td><td>50</td></tr>
<tr><td>20</td><td>21</td><td>34</td><td>3</td><td>21</td><td>37</td><td>21</td><td>22</td><td>60</td><td>4</td></tr>
<tr><td>24</td><td>25</td><td>39</td><td rowspan="2">4</td><td>25</td><td>44</td><td rowspan="2">4</td><td>25</td><td>26</td><td>72</td><td>5</td></tr>
<tr><td>30</td><td>31</td><td>50</td><td>31</td><td>56</td><td>33</td><td>33</td><td>92</td><td>6</td></tr>
<tr><td>36</td><td>37</td><td>60</td><td>5</td><td>37</td><td>66</td><td>5</td><td>39</td><td>39</td><td>110</td><td>8</td></tr>
<tr><td>42</td><td></td><td></td><td></td><td>45</td><td>78</td><td rowspan="2">8</td><td></td><td></td><td></td><td></td></tr>
<tr><td>48</td><td></td><td></td><td></td><td>52</td><td>92</td><td></td><td></td><td></td><td></td></tr>
</table>

续表

公称规格（螺纹大径）*d*	小垫圈 A 级（GB/T 848—2002）			平垫圈 A 级（GB/T 97.1—2002）平垫圈 A 级倒角型（GB/T 97.2—2002）			大垫圈 A 级（GB/T 96.1—2002）和 C 级（GB/T 96.2—2002）			
	d_1 公称 min	d_2 公称 max	h 公称	d_1 公称 min	d_2 公称 max	h 公称	d_1 公称 min（GB/T 96.1）	d_1 公称 min（GB/T 96.2）	d_2 公称 max	h 公称
56			.	62	105	10				
64				70	115					

注：1. GB/T 95—2002，GB/T 97.1—2002 的公称规格 *d* 的范围为 1.6～64 mm；GB/T 96.1—2002，GB/T 96.2—2002 的公称规格 *d* 的范围为 3～36 mm；GB/T 97.2—2002 的公称规格 *d* 的范围为 5～64 mm；GB/T 848—2002 的公称规格 *d* 的范围为 1.6～36 mm。

2. GB/T 848—2002 主要用于带圆柱头的螺钉，其他用于标准的六角螺栓、螺钉和螺母。

七、键

表 13　普通平键型式尺寸（GB/T 1096—2003）

平键　键和键槽的断面尺寸（GB/T 1095—2003）

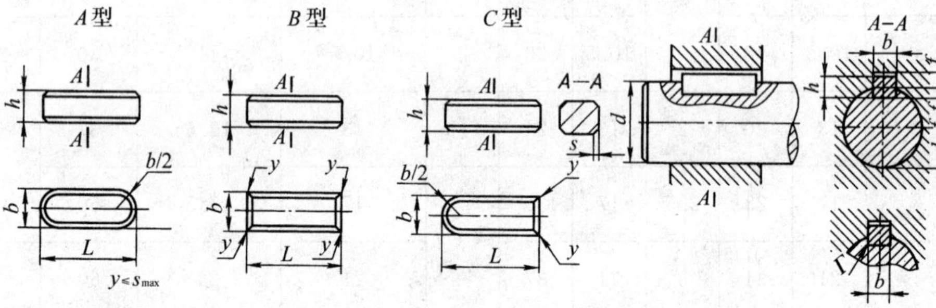

标记示例

GB/T 1096 键 16×10×100：b=16 mm，h=10 mm，l=100，圆头普通 A 型平键。

GB/T 1096 键 B16×10×100：宽度 b=16 mm，高度 h=10 mm，长度 l=60，普通 B 型平键。

GB/T 1096 键 Cl6×10×100：宽度 b=16 mm，高度 h=10 mm，长度 l=60，普通 C 型平键。

续表

mm

轴	键			键槽												
	基本尺寸			槽宽 b						深度				半径 r		倒角或倒圆 s
				基本尺寸 b	极限偏差					轴 t_1		毂 t_2				
					正常联结		较松联结		紧密联结							
公称直径 d	宽度 b (h8)	高度 h 矩形(h11) 方形(h8)	长度 L (h14)		轴 N9	毂 JS9	轴 H9	毂 D10	轴和毂 P9	基本尺寸	极限偏差	基本尺寸	极限偏差	min	max	
自 6~8	2	2	6~20	2	−0.004	±0.0125	±0.025	+0.060	−0.006	1.2	+0.0 0	1	+0.10 0	0.08	0.16	0.16~0.25
>8~10	3	3	6~36	3	−0.029		0	+0.020	−0.031	1.8		1.4				
>10~12	4	4	8~45	4	0	±0.015	+0.030	+0.078	−0.012	2.5		1.8				
>12~17	5	5	10~56	5						3.0		2.3		0.16	0.25	0.20~0.40
>17~22	6	6	14~70	6	−0.030		0	0.030	−0.042	3.5		2.8				
>22~30	8	7	18~90	8	0	±0.018	+0.036	+0.098	−0.015	4.0	+0.2 0	3.3	+0.20 0			
>30~38	10	8	22~110	10	−0.036		0	0.040	−0.051	5.0		3.3		0.25	0.40	0.40~0.60
>38~44	12	8	28~140	12	0	±0.0215	+0.043	+0.120	−0.018	5.0		3.3				
>44~50	14	9	36~160	14						5.5		3.8				
>50~58	16	10	45~180	16			0	+0.050	−0.061	6.0		4.3				
>58~65	18	11	50~200	18	−0.043					7.0		4.4				
>65~75	20	12	56~220	20	0	±0.026	+0.052	+0.149	−0.022	7.5		4.9		0.40	0.60	0.60~0.80
>75~85	22	14	63~250	22						9.0		5.4				
>85~95	25	14	70~280	25			0	+0.065	−0.074	9.0		5.4				
>95~110	28	16	80~320	28	−0.052					10.0		6.4				
>110~130	32	18	90~360	32						11.0		7.4				
>130~150	36	20	100~400	36	0	±0.031	+0.062	+0.180	−0.026	12.0	+0.3 0	8.4	+0.3 0	0.70	1.00	1.00~1.20
>150~170	40	22	100~400	40						13.0		9.4				
>170~200	45	25	110~450	45			0	+0.080	−0.088	15.0		10.4				
>200~230	50	28	125~500	50	−0.062					17.0		11.4				
b、h 基本尺寸	2,3,4,5,5,8,10,12,14,16,18,20,22,25,28,32,36,40,45,50,56,63,70,80,90,100															
L 基本尺寸	6,8,10,12,14,16,1,8,20,22,25,28,32,36,40,45,50,56,63,70,80,90,100,110,125,140,160,180,200,220,250,280,320,360,400,450,500															

注:1. 因最新标准未提供供选键的基本尺寸用的轴公称直径尺寸范围段,为此本书保留了旧标准这部分以便于作为选键的参考。

2. 键宽度 b 的极限偏差(h8)和高度 h 的极限偏差矩形(h11)(除基本尺寸 2~6 mm 范围内无极限偏差外)、方形(h8)(除基本尺寸 7~100 mm 范围内无极限偏差外)其他范围的基本尺寸的极限偏差以及长度 L 的极限偏差(h14)均可从轴的基本偏差值表中查取。

3. 轴和轮毂上键槽宽 b 的(N9、H9、P9 和 JS9、D9)的极限偏差均可从轴的基本偏差值表中查取。

表 14　半圆键

键和键槽的断面尺寸(GB/T 1098—2003)　　　键的型式和尺寸(GB/T 1099.1—2003)

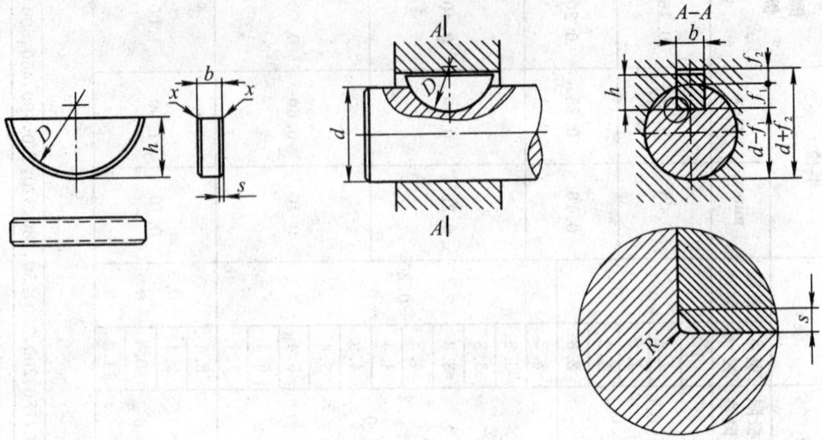

标记示例

GB/T 1099.1 键 6×10×25：宽度 b=6 mm，高度 h=10 mm，直径 D=25 mm 的普通型半圆键。

mm

<table>
<tr><th colspan="2">轴颈 d</th><th colspan="4">键的公尺寸</th><th colspan="2">键槽深一</th><th rowspan="3">s 小于</th></tr>
<tr><th rowspan="2">键传递
扭矩用</th><th rowspan="2">键传动
定位用</th><th rowspan="2">b</th><th rowspan="2">h</th><th rowspan="2">D</th><th rowspan="2">L≈</th><th>轴</th><th>轮毂</th></tr>
<tr><th>t_1</th><th>t_2</th></tr>
<tr><td>自 3～4</td><td>自 3～4</td><td>1.0</td><td>1.4</td><td>4</td><td>3.9</td><td>1.0</td><td>0.6</td><td rowspan="7">0.25</td></tr>
<tr><td>>4～5</td><td>>4～6</td><td>1.5</td><td>2.6</td><td>7</td><td>6.8</td><td>2.0</td><td>0.8</td></tr>
<tr><td>>5～6</td><td>>6～8</td><td rowspan="2">2.0</td><td>2.6</td><td>7</td><td>6.8</td><td>1.8</td><td rowspan="2">1.0</td></tr>
<tr><td>>6～7</td><td>>8～10</td><td>3.7</td><td>10</td><td>9.7</td><td>2.9</td></tr>
<tr><td>>7～8</td><td>>10～12</td><td>2.5</td><td>3.7</td><td>10</td><td>9.7</td><td>2.7</td><td>1.2</td></tr>
<tr><td>>8～10</td><td>>12～15</td><td rowspan="2">3.0</td><td>5.0</td><td>13</td><td>12.7</td><td>3.8</td><td rowspan="2">1.4</td></tr>
<tr><td>>10～12</td><td>>15～18</td><td>6.5</td><td>16</td><td>15.7</td><td>5.3</td></tr>
<tr><td>>12～14</td><td>>18～20</td><td rowspan="2">4.0</td><td>6.5</td><td>16</td><td>15.7</td><td>5.0</td><td rowspan="2">1.8</td><td rowspan="7">0.4</td></tr>
<tr><td>>14～16</td><td>>20～22</td><td>7.5</td><td>19</td><td>18.6</td><td>6.0</td></tr>
<tr><td>>16～18</td><td>>22～25</td><td rowspan="3">5.0</td><td>6.5</td><td>16</td><td>15.7</td><td>4.5</td><td rowspan="3">2.3</td></tr>
<tr><td>>18～20</td><td>>25～28</td><td>7.5</td><td>19</td><td>18.6</td><td>7.0</td></tr>
<tr><td>>20～22</td><td>>28～32</td><td>9</td><td>22</td><td>21.6</td><td>7.0</td></tr>
<tr><td>>22～25</td><td>>32～36</td><td rowspan="2">6</td><td>9</td><td>22</td><td>21.6</td><td>6.5</td><td rowspan="2">2.8</td></tr>
<tr><td>>25～28</td><td>>36～40</td><td>10</td><td>25</td><td>24.5</td><td>7.5</td></tr>
</table>

续表

mm

轴颈 d		键的公尺寸				键槽深		s 小于
键传递扭矩用	键传动定位用	b	h	D	$L\approx$	轴 t_1	轮毂 t_2	
>28~32	40	8	11	28	27.4	8.0	3.3	0.6
>32~28	—	10	13	32	31.4	10.0		

注：1. 在工作图中轴槽深用 t_1 标注，轮毂槽深用 t_2 标注。

2. 轴颈 d 是 GB/T 1098—2003 中的数值，供选用键时参考，本标准取消了该项。

八、销

表 15 销

1. 圆柱销

不淬硬钢和奥氏体不锈钢(GB/T 119.1—2000)

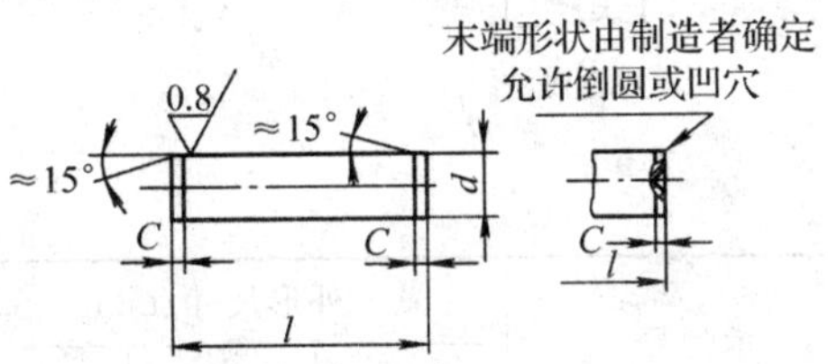

淬硬钢和马氏体不锈钢(GB/T 119.2—2000)

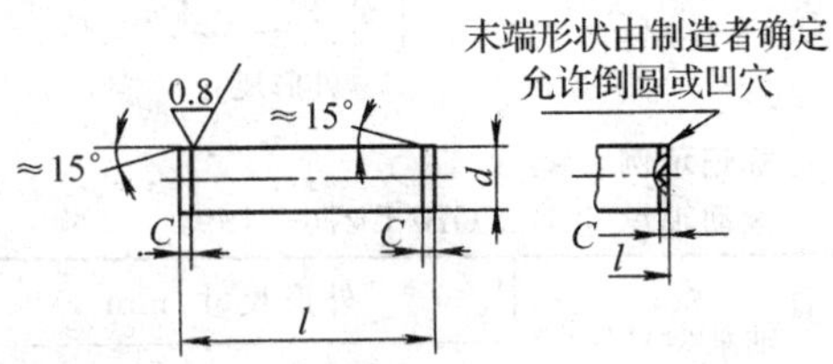

标记示例

(1)销 GB/T 119.1 6 m6×30：公称直径 d=6 mm，公差为 m6、公称长度 l=30 mm，材料为钢、不经淬火、不经表面处理的圆柱销。

(2)销 GB/T 119.2 6×30：公称直径 d=6 mm、公差为 m6、公称长度 l=30 mm、材料为钢、普通淬火(A 型)、表面氧化处理的圆柱销。

2. 圆锥销(GB/T 117—2000)

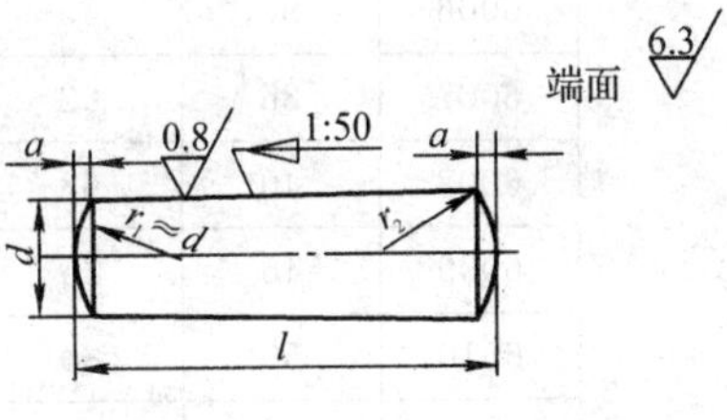

图示为 A 型

A 型(磨削)锥面表面粗糙度 Ra<0.8 μm。

B 型(切削或冷镦)锥面表面粗糙度 $Ra\leqslant$3.2 μm。

标记示例

销 GB/T 117 6×30：公称直径 d=6 mm，公称长度 l=30 mm，材料为 35 钢，热处理硬度 28~38 HRC，表面氧化处理的 A 型圆锥销。

mm

圆柱销		0.8	1	1.2	1.5	2	2.5	3	4	5	6	8	10	12	16	20
d		0.8	1	1.2	1.5	2	2.5	3	4	5	6	8	10	12	16	20
$c\approx$		0.16	0.2	0.25	0.3	0.35	0.4	0.5	0.63	0.8	1.2	1.6	2	2.5	3	3.5
l	GB/T 119.1	2~8	4~10	4~12	4~16	6~20	6~24	8~30	8~40	10~50	12~60	14~80	18~95	22~140	26~180	35~
l	GB/T 119.2	—	3~10	—	4~16	5~20	6~24	8~30	10~40	12~50	14~60	18~80	22~100	26—	40—	50—

续表

圆柱销	d	0.8	1	1.2	1.5	2	2.5	3	4	5	6	8	10	12	16	20
	$a\approx$	0.1	0.12	0.16	0.2	0.25	0.3	0.4	0.5	0.63	0.8	1	1.2	1.6	2	2.5
	l(商品规格范)	5～12	6～16	6～20	8～24	10～35	10～35	12～45	14～55	18～60	22～90	22～120	26～160	32～180	40—	45—
l(公称)系列		2,3,4,5,6,8,10,12,14,16,18,20,22,24,26,28,30,32,35,40,45,50,55,60,65,70,75,80,85,90,95,100,120,140,160														

九、轴承

表 16 深沟球轴承(GB/T 276—1994)

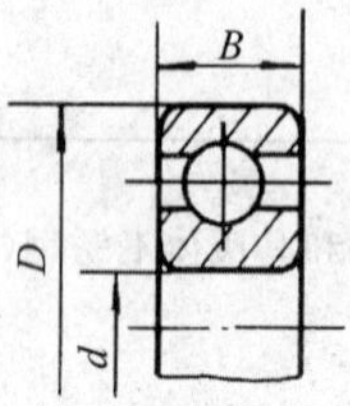

外形尺寸

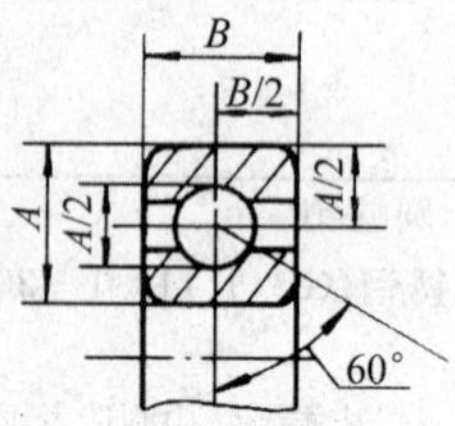

规定画法

标记示例

滚动轴承 6012 GB/T 276—1994

轴承型号		外形尺寸/mm			承型号		外形尺寸/mm		
		d	D	B			d	D	B
(0)1 尺寸系列	6004	20	42	12	(0)2 尺寸系列	6204	20	47	14
	6005	25	47	12		6205	25	52	15
	6006	30	55	13		6206	30	62	16
	6007	35	62	14		6207	35	72	17
	6008	40	68	15		6208	40	80	18
	6009	45	75	16		6209	45	85	19
	6010	50	80	16		6210	50	90	20
	6011	55	90	18		6211	55	100	21
	6012	60	95	18		6212	60	110	22
	6013	65	100	18		6213	65	120	23
	6014	70	110	20		6214	70	125	24
	6015	75	115	20		6215	75	130	25
	6016	80	125	22		6216	80	140	26
	6017	85	130	22		6217	85	150	28
	6018	90	140	24		6218	90	160	30
	6019	95	145	24		6219	95	170	32
	6020	100	150	24		6220	100	180	34

续表

轴承型号		外形尺寸/mm			承型号		外形尺寸/mm		
		d	*D*	*B*			*d*	*D*	*B*
(0)3 尺寸系列	6304	20	52	15	(0)4 尺寸系列	6404	20	72	19
	6305	25	62	17		6405	25	80	21
	6306	30	72	19		6406	30	90	23
	6307	35	80	21		6407	35	100	25
	6308	40	90	23		6408	40	110	27
	6309	45	100	25		6409	45	120	29
	6310	50	110	27		6410	50	130	31
	6311	55	120	29		6411	55	140	33
	6312	60	130	31		6412	60	150	35
	6313	65	140	33		6413	65	160	37
	6314	70	150	35		6414	70	180	42
	6315	75	160	37		6415	75	190	45
	6316	80	170	39		6416	80	200	48
	6317	85	180	41		6417	85	210	52
	6318	90	190	43		6418	90	225	54
	6319	95	200	45		6419	95	240	55
	6320	100	215	47		6420	100	250	58

表 17 圆锥滚子轴承(GB/T 297—1994)

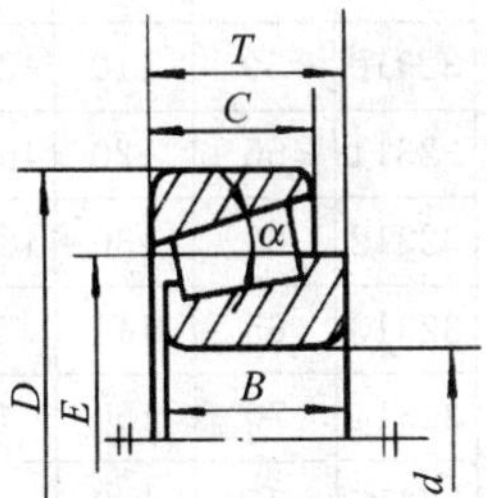

外形尺寸

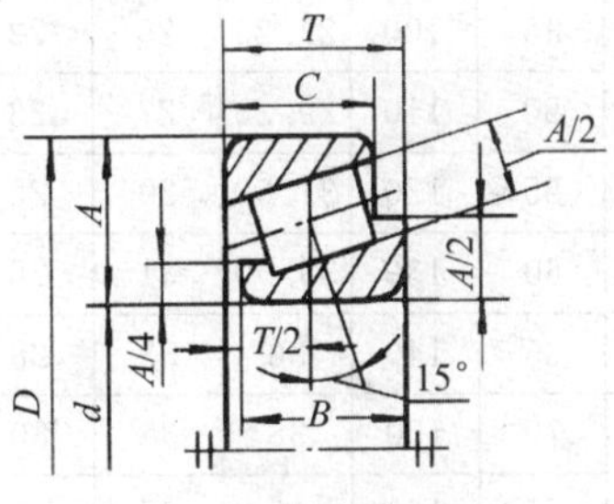

规定画法

标记示例

滚动轴承 30205 GB/T 297—1994

续表

轴承类型		外形尺寸/mm					轴承类型		外形尺寸/mm				
		d	D	T	B	C			d	D	T	B	C
02尺寸系列	30204	20	47	15.25	14	12	22尺寸系列	32204	20	47	19.25	18	15
	30205	25	52	16.25	15	13		32205	25	52	19.25	18	16
	30206	30	62	17.25	16	14		32206	30	62	21.25	20	17
	30207	35	72	18.25	17	15		32207	35	72	24.25	23	19
	30208	40	80	19.75	18	16		32208	40	80	24.75	23	19
	30209	45	85	20.75	19	16		32209	45	85	24.75	23	19
	30210	50	90	21.75	20	17		32210	50	90	24.75	23	19
	30211	55	100	22.75	21	18		32211	55	100	26.75	25	21
	30212	60	110	23.75	22	19		32212	60	110	29.75	28	24
	30213	65	120	24.75	23	20		32213	65	120	32.75	31	27
	30214	70	125	26.25	24	21		32214	70	125	33.25	31	27
	30215	75	130	27.25	25	22		32215	75	130	33.25	31	27
	30216	80	140	28.25	26	22		32216	80	140	35.25	33	28
	30217	85	150	30.50	28	24		32217	85	150	38.50	36	30
	30218	90	160	32.50	30	26		32218	90	160	42.50	40	34
	30219	95	170	34.50	32	27		32219	95	170	45.50	43	37
	30220	100	180	37	34	29		32220	100	180	49	46	39
03尺寸系列	30304	20	52	16.25	15	13	23尺寸系列	32304	20	52	22.25	21	18
	30305	25	62	18.25	17	15		32305	25	62	25.25	24	20
	30306	30	72	20.75	19	16		32306	30	72	28.75	27	23
	30307	35	80	22.75	21	18		32307	35	80	32.75	31	25
	30308	40	90	25.25	23	20		32308	40	90	35.25	33	27
	30309	45	100	27.25	25	22		32309	45	100	38.25	36	30
	30310	50	110	29.25	27	23		32310	50	110	42.25	40	33
	30311	55	120	31.50	29	25		32311	55	120	45.50	43	35
	30312	60	130	33.50	31	26		32312	60	130	48.50	46	37
	30313	65	140	36	33	28		32313	65	140	51	48	39
	30314	70	150	38	35	30		32314	70	150	54	51	42
	30315	75	160	40	37	31		32315	75	160	58	55	45
	30316	80	170	42.50	39	33		32316	80	170	61.50	58	48
	30317	85	180	44.50	41	34		32317	85	180	63.50	60	49
	30318	90	190	46.50	43	36		32318	90	190	67.50	64	53
	30319	95	200	49.50	45	38		32319	95	200	71.50	67	55
	30320	100	215	51.50	47	39		32320	100	215	77.50	73	60

表 18 推力球轴承(GB/T 301—1995)

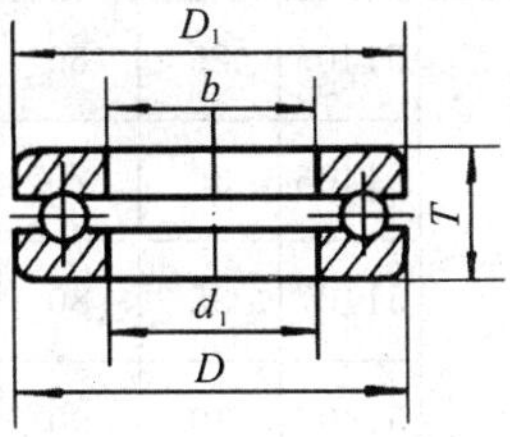

外形尺寸

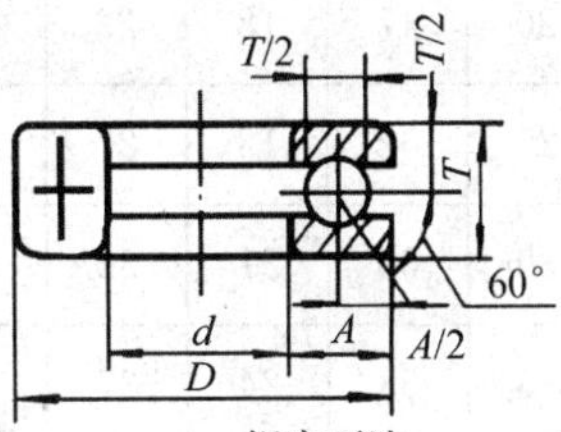

规定画法

标记示例

滚动轴承 51210 GB/ T 301—1995

轴承类型		外形尺寸/mm					轴承类型		外形尺寸/mm				
		d	D	T	d_1	D_1			d	D	T	d_1	D_1
11 尺寸系列(5 1000型)	51104	20	35	10	21	35	12 尺寸系列(5 1000型)	51204	20	40	14	22	40
	51105	25	42	11	26	42		51205	25	47	15	27	47
	51106	30	47	11	32	47		51206	30	52	16	32	52
	51107	35	52	12	37	52		51207	35	62	18	37	62
	51108	40	60	13	42	60		51208	40	68	19	42	68
	51109	45	65	14	47	65		51209	45	73	20	47	73
	51110	50	70	14	52	70		51210	50	78	22	52	78
	51111	55	78	16	57	78		51211	55	90	25	57	90
	51112	60	85	17	62	85		51212	60	95	26	62	95
	51113	65	90	18	67	90		51213	65	100	27	67	100
	51114	70	95	18	72	95		51214	70	105	27	72	105
	51115	75	100	19	77	100		51215	75	110	27	77	110
	51116	80	105	19	82	105		51216	80	115	28	82	115
	51117	85	110	19	87	110		51217	85	125	31	88	125
	51118	90	120	22	92	120		51218	90	135	35	93	135
	51120	100	135	25	102	135		51220	100	150	38	103	150

续表

轴承类型		外形尺寸/mm					轴承类型		外形尺寸/mm				
		d	D	T	d_1	D_1			d	D	T	d_1	D_1
	51304	20	47	18	22	47		51405	25	60	24	27	60
	51305	25	52	18	27	52		51406	30	70	28	32	70
	51306	30	60	21	32	60		51407	35	80	32	37	80
	51307	35	68	24	37	68		51408	40	90	36	42	90
	51308	40	78	26	42	78		51409	45	100	39	47	100
	51309	45	85	28	47	85		51410	50	110	43	52	110
	51310	50	95	31	52	95		51411	55	120	48	57	120
13 尺寸系列（5 1000型）	51311	55	105	35	57	105	14 尺寸系列（5 1000型）	51412	60	130	51	62	130
	51312	60	110	35	62	110		51413	65	140	56	68	140
	51313	65	115	36	67	115		51414	70	150	60	73	150
	51314	70	125	40	72	125		51415	75	160	65	78	160
	51315	75	135	44	77	135		51416	80	170	68	83	170
	51316	80	140	44	82	140		51417	85	180	72	88	177
	51317	85	150	49	88	150		51418	90	190	77	93	187
	51318	90	155	50	93	155		51420	100	210	85	103	205
	51320	100	170	55	103	170		51422	110	230	95	113	225

注：表中轴承类型已按 GB/T 272—1993“滚动轴承代号方法”编号，其中 51100、51200、51300 和 51400 型分别相当于 GB301—1995 中的 8100、8200、8300 和 8400 型。

十、公差

表 19　标准公差数值（GB/T 1800.3—1999）

基本尺寸 mm		标准公差等级																	
		ITI	IT2	IT3	IT4	IT5	IT6	117	IT8	1179	IT10	IT11	IT12	IT13	IT14	IT15	IT16	IT17	IT18
大于	至	μm											mm						
一	3	0.8	1.2	2	3	4	6	10	14	25	40	60	0.1	0.14	0.25	0.4	0.6	1	1.4
3	6	1	1.5	2.5	4	5	8	12	18	30	48	75	0.12	0.18	0.3	0.48	0.75	1.2	1.8

续表

基本尺寸 mm		标准公差等级																	
		ITI	IT2	IT3	IT4	IT5	IT6	117	IT8	1179	IT10	IT11	IT12	IT13	IT14	IT15	IT16	IT17	IT18
大于	至	μm											mm						
6	10	1	1.5	2.5	4	6	9	15	22	36	58	90	0.15	0.22	0.36	0.58	0.9	1.5	2.2
10	18	1.2	2	3	5	8	11	18	27	43	70	110	0.18	0.27	0.43	0.7	1.1	1.8	2.7
18	30	1.5	2.5	4	6	9	13	21	33	52	84	130	0.21	0.33	0.52	0.84	1.3	2.1	3.3
30	50	1.5	2.5	4	7	11	16	25	39	62	100	160	0.25	0.39	0.62	1	1.6	2.5	3.9
50	80	2	3	5	8	13	19	30	46	74	120	190	0.3	0.46	0.74	1.2	1.9	3	4.6
80	120	2.5	4	6	10	15	22	35	54	87	140	220	0.35	0.54	0.87	1.4	2.2	3.5	5.4
120	180	3.5	5	8	12	18	25	40	63	100	160	250	0.4	0.63	1	1.6	2.5	4	6.3
180	250	4.5	7	10	14	20	29	46	72	115	185	290	0.46	0.72	1.15	1.85	2.9	4.6	7.2
250	315	6	8	12	16	23	32	52	81	130	210	320	0.52	0.81	1.3	2.1	3.2	5.2	8.1
315	400	7	9	13	18	25	36	57	89	140	230	360	0.57	0.89	1.4	2.3	3.6	5.7	8.9
400	500	8	10	15	20	27	40	63	97	155	250	400	0.63	0.97	1.55	2.5	4	6.3	9.7
500	630	9	11	16	22	32	44	70	110	175	280	440	0.7	1.1	1.75	2.8	4.4	7	11
630	800	10	13	18	25	36	50	80	125	200	320	500	0.8	1.25	2	3.2	5	8	12.5
800	1 000	11	15	21	28	40	56	90	140	230	360	560	0.9	1.4	2.3	3.6	5.6	9	14
1 000	1 250	13	18	24	33	47	66	105	165	260	420	660	1.05	1.65	2.6	4.2	6.6	10.5	16.5
1 250	1 600	15	21	29	39	55	78	125	195	310	500	780	1.25	1.95	3.1	5	7.8	12.5	19.5
1 600	2 000	18	25	35	46	65	92	150	230	370	600	920	1.5	2.3	3.7	6	9.2	15	23
2 000	2 500	22	30	41	55	78	110	175	280	440	700	1 100	1.75	2.8	4.4	7	11	17.5	28
2 500	3 150	26	36	50	68	96	135	210	330	540	860	1 350	2.1	3.3	5.4	8.6	13.5	21	33

注:1. 基本尺寸大于 500 mm 的 IT1 至 IT5 的标准公差数值为试行的。

2. 基本尺寸小于或等于 1 mm 时,无 IT14 至 IT18。

表 20　轴的

基本尺寸 mm		基　本															
		上 偏 差 es															
		所有标准公差等级												IT5和IT6	IT7	IT8	IT4和IT7
大于	至	a	b	c	ed	d	e	df	f	fg	g	h	js	j			
—	3	−270	−140	−60	−34	−20	−14	10	−6	−4	−2	0	偏差=$\pm\frac{ITn}{2}$,式中IT*n*是IT值数	−2	−4	−6	0
3	6	−270	−140	−70	−46	−30	−20	−14	−10	−6	−4	0		−2	−4		+1
6	10	−280	−150	−80	−56	−40	−25	−18	−13	−8	−5	0		−2	−5		+1
10	14	−290	−150	−95		−50	−32		−16		−6	0		−3	−6		+1
14	18																
18	24	−300	−160	−110		−65	−40		−20		−7	0		−4	−8		+2
24	30																
40	40	−310	−170	−120		−80	−50		−25		−9	0		−5	−8		+2
40	50	−320	−180	−130													
50	65	−340	−190	−140		−100	−60		−30		−10	0		−7	−12		+2
65	80	−360	−200	−150													
80	100	−380	−200	−170		−120	−72		−36		−12	0		−9	−15		+3
100	120	−410	−240	−180													
120	140	−460	−260	−200		−145	−85		−43		−14	0		−11	−18		+3
140	160	−520	−280	−210													
160	180	−580	−310	−230													
180	200	−660	−340	−240		−170	−100		−50		−15	0		−13	−21		+4
200	225	−740	−880	−260													
225	250	−820	−420	−280													
250	280	−920	−480	−300		−190	−110		−56		−17	0		−16	−26		+4
280	315	−1 050	−540	−330													
315	355	−1 220	−660	−360		−210	−125		−62		−18	0		−18	−28		+4
355	400	−1 350	−680	−400													
400	450	−1 500	−760	−440		−230	−135		−68		−20	0		−20	−32		+5
450	500	−1 650	−840	−480													
500	560					−260	−145		−76		−22	0					0
560	630																
630	710					−290	−160		−80		−24	0					0
710	800																
800	900					−320	−170		−86		−26	0					0
900	1 000																
1 000	1 120					−350	−195		−98		−28	0					0
1 120	1 250																
1 250	1 400					−390	−220		−110		−30	0					0
1 400	1 600																
1 600	1 800					−430	−240		−120		−32	0					0
1 800	2 000																
2 000	2 240					−480	−260		−130		−34	0					0
2 240	2 500																
2 500	2 800					−520	−290		−145		−38	0					0
2 800	3 150																

注：1. 基本尺寸小于或等于 1 mm 时，基本偏差 *a* 和 *b* 均不采用。

2. 公差带 js7 至 js11，若 IT*n* 值数是奇数，则取偏差 $=\pm\frac{ITn-1}{2}$。

基本偏差数值(摘自 GB/T 1800.3—1999)

偏 差 数 值

≤IT3 >IT7	下偏差 ei 所有标准公差等级													
k	m	n	p	r	s	t	u	v	x	y	z	za	zb	zx
0	+2	+4	+6	+10	+14		+18		+20		+26	+32	+40	+60
0	+4	+8	+12	+15	+19		+23		+28		+35	+42	+50	+80
0	+6	+10	+15	+19	+23		+28		+34		+42	+52	+67	+97
0	+7	+12	+18	+23	+28		+33		+40		+50	+64	+90	+130
								+39	+45		+60	+77	+108	+150
0	+8	+15	+22	+28	+35		+41	+47	+54	+63	+73	+98	+136	+188
						+41	+48	+55	+64	+75	+88	+118	+160	+218
0	+9	+17	+26	+34	+43	+48	+60	+68	+80	+94	+112	+148	+200	+274
						+54	+70	+81	+97	+114	+136	+180	+242	+325
0	+11	+20	+32	+41	+53	+66	+87	+102	+122	+144	+172	+226	+300	+405
				+43	+59	+75	+102	+120	+146	+174	+210	+274	+360	+480
0	+13	+23	+37	+51	+71	+91	+124	+146	+178	+214	+258	+335	+445	+585
				+54	+79	+104	+144	+172	+210	+254	+310	+400	+525	+690
0	+15	+27	+43	+63	+92	+122	+170	+202	+248	+300	+365	+470	+620	+800
				+65	+100	+134	+190	+228	+280	+340	+415	+535	+700	+900
				+68	+108	+146	+210	+252	+310	+380	+465	+600	+780	+1 000
0	+17	+31	+50	+77	+122	+166	+236	+284	+350	+425	+520	+670	+880	+1 150
				+80	+130	+180	+258	+310	+385	+470	+575	+740	+960	+1 250
				+84	+140	+196	+284	+340	+425	+520	640	+820	+1 050	+1 350
0	+20	+34	+56	+94	+158	+218	+315	+385	+475	+580	710	+920	+1 200	+1 550
				+98	+170	+240	+350	+425	+525	+650	790	+1 000	+1 300	+1 700
0	+21	+37	+62	+108	+190	+268	+390	+475	+590	+730	990	+1 150	+1 500	+1 900
				+114	+208	+294	+435	+530	+660	+820	1 000	+1 300	+1 650	+2 100
0	+23	+40	+68	+126	+232	+330	+490	+595	+740	+920	1 100	+1 450	+1 850	+2 400
				+132	+252	+360	+540	+660	+820	+1 000	1 250	+1 600	+2 100	+2 600
0	+26	+44	+78	+150	+280	+400	+600							
				+155	+310	+450	+660							
0	+30	+50	+88	+175	+340	+500	+740							
				+185	+380	+560	+840							
0	+34	+56	+100	+210	+430	+620	+940							
				+220	+470	+680	+1 050							
0	+40	+66	+120	+250	+520	+780	+1 150							
				+260	+580	+840	+1 300							
0	+48	+78	+140	+300	+640	+960	+1 450							
				+330	+720	+1 050	+1 600							
0	+58	+92	+170	+370	+820	+1 200	+1 850							
				+400	+920	+1 350	+2 000							
0	+68	+110	+195	+440	+1 000	+1 500	+2 300							
				+460	+1 100	+1 650	+2 500							
0	+76	+135	+240	+550	+1 250	+1 900	+2 900							
				+580	+1 400	+2 100	+3 200							

表 21 孔的

基本尺寸 mm		基本偏差																				
		下偏差 EI																				
		所有标准公差等级												IT6	IT7	IT8	≤IT8	>IT8	≤IT8	>IT8	≤IT8	>IT8
大于	至	A	B	C	CD	D	E	EF	F	FG	G	H	JS	J			K		M		N	
—	3	+270	+140	+60	+34	+20	+14	+10	+6	+4	+2	0	偏差$=\pm\frac{ITn}{2}$,式中ITn是IT值数	+2	+4	+6	0	0	−2	−2	−4	−4
3	6	+270	+140	+70	+46	+30	+20	+14	+6	+4	+4	0		+5	+6	+10	−1+Δ		−4+Δ	−4	−8+Δ	0
6	10	+280	+150	+80	+56	+40	+25	+18	+13	+8	+5	0		+5	+8	+12	−1+Δ		−6+Δ	−6	−10+Δ	0
10	14	+290	+150	+95		+50	+32		+16		+6			+6	+10	+15	−1+Δ		−7+Δ	−7	−12+Δ	0
14	18																					
18	24	+300	+160	+110		+65	+40		+20		+7			+8	+12	+20	−2+Δ		−8+Δ	−8	−15+Δ	0
24	30																					
30	40	+310	+170	+120		+80	+50		+25		+9	0		+10	+14	+24	−2+Δ		−9+Δ	−9	−17+Δ	0
40	50	+320	+180	+130																		
50	65	+340	+190	+140		+100	+60		+30		+10	0		+13	+18	+28	−2+Δ		−11+Δ	−11	−20+Δ	0
65	80	+360	+200	+150																		
80	100	+380	+220	+170		+120	+72		+36		+12	0		+16	+22	+34	−3+Δ		−13+Δ	−13	−23+Δ	0
100	120	+410	+240	+180																		
120	140	+460	+260	+200		+145	+85		+43		+14	0		+18	+26	+41	−3+Δ		−15+Δ	−15	−27+Δ	0
140	160	+520	+280	+210																		
160	180	+580	+310	+230																		
180	200	+660	+310	+240		+170	+100		+50		+15	0		+22	+30	+47	−4+Δ		−17+Δ	−17	−31+Δ	0
200	225	+740	+380	+260																		
225	250	+820	+420	+280																		
250	280	+920	+480	+300		+190	+110		+56		+17	0		+25	+36	+55	−4+Δ		−20+Δ	−20	−34+Δ	0
280	315	+1 050	+540	+330																		
315	355	+1 200	+600	+360		+210	+125		+62		+18	0		+29	+39	+60	−4+Δ		−21+Δ	−21	−37+Δ	0
355	400	+1 350	+680	+400																		
400	450	+1 500	+760	+440		+230	+135		+68		+20	0		+33	+43	+66	−5+Δ		−23+Δ	−23	−40+Δ	0
450	500	+1 650	+840	+480																		
500	560					+260	+145		+76		+22	0					0		26		44	
560	630																					
630	710					+290	+160		+80		+24	0					0		30		50	
710	800																					
800	900					+320	+170		+86		+26	0					0		34		56	
900	1 000																					
1 000	1 120					+350	+195		+98		+28	0					0		40		65	
1 120	1 250																					
1 250	1 400					+390	+220		+110		+30	0					0		48		78	
1 400	1 600																					
1 600	1 800					+430	+240		+120		+32	0					0		58		92	
1 800	2 000																					
2 000	2 240					+480	+260		+130		+34	0					0		68		110	
2 240	2 500																					
2 500	2 800					+520	+290		+145		+38	0					0		76		135	
2 800	3 150																					

注：1. 基本尺寸小于或等于 1 mm 时，基本偏差 A 和 B 及大于 IT8 的 N 均不采用。

2. 公差带 JS7 至 JS11，若 ITn 值数是奇数，则取偏差$=\pm\frac{ITn-1}{2}$。

3. 对小于或等于 1T8 的 K、M、N 和小于或等于 IT7 的 P 至 ZC，所需 Δ 值从表内右侧选取。例如：18 至 30 mm 段的 K7：Δ=8 μm，所以 ES=−2+8 μm；18 至 30 mm 段的 S6：Δ=4 μm，所以 ES=−35+4=−31 μm。

4. 特殊情况：250 mm 至 315 mm 段的 M6，ES=−9 μm(代替−11 μm)。

基本偏差数值（摘自 GB/T 1800.3—1999） μm

数值													Δ值					
上偏差 ES																		
≤IT7	标准公闻等级大于 IT7												标准公差等级					
P 至 ZC	P	R	S	T	U	V	X	Y	Z	ZA	ZB	ZC	IT3	IT4	IT5	IT6	IT7	IT8
在大于IT7的相应数据上增加一个Δ值	−6	−10	−14		−18		−20		−26	−32	−40	−60	0	0	0	0	0	0
	−12	−15	−19		−23		−28		−35	−42	−50	−80	1	1.5	1	3	4	6
	−15	−19	−23		−28		−34		−42	−52	−67	−97	1	1.5	2	3	6	7
	−18	−23	−28		−33		−40		−50	−64	−90	−130	1	2	3	3	7	9
						−39	−45		−60	−77	−108	−150						
	−22	−28	−35		−41	−47	−54	−63	−73	−98	−136	−188	1.5	2	3	4	8	12
				−41	−48	−55	−64	−75	−88	−118	−160	−218						
	−26	−34	−43	−48	−60	−68	−80	−94	−112	−148	−200	−274	1.5	3	4	5	9	14
				−54	−70	−81	−97	−114	−136	−180	−242	−325						
	−32	−41	−53	−66	−87	−102	−122	−144	−172	−226	−300	−405	2	3	5	6	11	16
		−43	−59	−75	−102	−120	−146	−174	−210	−274	−360	−480						
	−37	−51	−71	−91	−124	−146	−178	−214	−258	−335	−445	−585	2	4	5	7	13	19
		−54	−79	−104	−144	−172	−210	−254	−310	−400	−525	−690						
	−43	−63	−92	−122	−170	−202	−248	−300	−365	−470	−620	−800	3	4	6	7	15	23
		−65	−100	−134	−190	−228	−280	−340	−415	−535	−700	−900						
		−68	−108	−146	−210	−252	−310	−380	−465	−600	−780	−1 000						
	−50	−77	−122	−166	−236	−284	−350	−425	−520	−670	−880	−1 150	3	4	6	9	17	26
		−80	−130	−180	−258	−310	−385	−470	−575	−740	−960	−1 250						
		−84	−140	−196	−284	−340	−425	−520	−640	−820	−1 050	−1 350						
	−56	−94	−158	−218	−315	−385	−475	−580	−710	−920	−1 200	−1 550	4	4	7	9	20	29
		−98	−170	−240	−350	−425	−525	−650	−790	−1 000	−1 300	−1 700						
	−62	−108	−190	−268	−390	−475	−590	−730	−900	−1 150	−1 500	−1 900	4	5	7	11	21	32
		−114	−208	−294	−435	−530	−660	−820	−1 000	−1 300	−1 650	−2 100						
	−68	−126	−232	−330	−490	−595	−740	−920	−1 100	−1 450	−1 850	−2 400	5	5	7	13	23	34
		−132	−252	−360	−540	−660	−820	−1 000	−1 250	−1 600	−2 100	−2 600						
	−78	−150	−280	−400	−600													
		−155	−310	−450	−660													
	−88	−175	−340	−500	−740													
		−185	−380	−560	−840													
	−100	−210	−430	−620	−940													
		−220	−470	−680	−1 050													
	−120	−250	−520	−780	−1 150													
		−260	−580	−810	−1 300													
	−140	−300	−640	−960	−1 450													
		−330	−720	−1 050	−1 600													
	−170	−370	−820	−1 200	−1 850													
		−400	−920	−1 350	−2 000													
	−195	−440	−1 000	−1 500	−2 300													
		−460	−1 100	1 6500	−2 500													
	−240	−550	−1 250	−1 900	−2 900													
		−580	−1 400	−2 100	−3 200													

十一、材料

表 22　铸铁的种类、牌号和应用

种类	牌号	应　用
灰铸铁 GB/T 9439—1988	HT100	机床中受轻负荷、磨损无关紧要的铸件,如托盘、盖、罩、手轮、把手、重锤等形状简单且性能要求不高的零件。
	HT150	承受中等弯曲应力,摩擦面间压强高于 500 kPa 的铸件,如多数机床的底座;有相对运动和磨损的零件,如溜板、工作台、汽车中的变速箱、排气管、进气管等。
	HT200	承受较大弯曲应力,要求保持气密性的铸件,如机床立柱、刀架、齿轮箱体、多数机床床身滑板、箱体、液压缸、泵体、阀体、刹车毂、飞轮、气缸盖、带轮、轴承盖、叶轮等。
	HT250	炼钢用轨道板、气缸套、齿轮、机床立柱、齿轮箱体、机床床身、磨床转体、液压缸泵体、阀体等。
	HT300	承受高弯曲应力、拉应力,要求保持高度气密性的铸件,如重型机床床身、多轴机床主轴箱、卡盘齿轮、高压液压缸、泵体、阀体等。
	HT350	轧钢滑板、辊子、炼焦柱塞、齿轮、支承轮座、挡轮座等。
球墨铸体 GB/T 1348—1988	QT400—18 QT400—15	韧性高,低温性能较好,具有一定的耐蚀性。用于制作汽车拖拉机中的驱动桥壳体、离合器壳体、差速器壳体、减速器壳体,16～64 个大气压阀门的阀体、阀盖等。
	QT450—10 QT500—7	具有中等的强度和韧性,用于制作内燃机中液压泵齿轮、汽轮机的中温气缸隔板、水轮机阀门体、机车车辆轴瓦等。
	QT600—3 QT700—2 QT800—2	有较高的强度、耐磨性及一定的韧性。用于制作部分机床的主轴、内燃机、空压机、冷冻机、制氧机和泵的曲轴、缸体、缸套等。
	QT900—2	具有高强度、耐磨性、较高的弯曲疲劳强度。用于制作内燃机中的凸轮轴,拖拉机的减速齿轮,汽车中的螺旋锥齿轮等。
可锻铸铁 GB/T 9446—1988	KTH300—06 KTH350—10	黑心可锻铸铁比灰铸铁强度高,塑性和韧性更好,可承受冲击和扭转负荷,具有良好的耐蚀性,切削性能良好。用于制作薄壁铸件,多用于机床零件、运输机械零件、升降机械零件、管道配件、低压阀门等。
	KTZ450—06 KTZ550—04 KTZ650—02 KTZ700—02	珠光体可锻铸铁的塑性、韧性比黑心可锻铸铁稍差,但其强度高,耐磨性好,低温性能优于球墨铸铁,加工性良好。可替代有色合金、低合金钢及低、中碳钢制作较高强度和耐磨性的零件。
	KTB400—05 KTB450—07	白心可锻铸铁由于工艺复杂,生产周期长,性能较差,国内在机械工业中较少应用,一般仅限于薄壁件的制造。

表 23 碳素结构钢的种类、牌号和应用

种类	牌号	应用
铸造碳钢 GB/T 11352—1989	ZG200－400	低碳铸钢，韧性及塑性均好，但强度和硬度较低，低温冲击韧性大，脆性转变温度低，磁导、电导性能良好，焊接性好，但铸造性差。主要用于受力不大，但要求韧性的零件，ZG200－400 用于机座、电磁吸盘、变速箱体等；ZG230－450 用于轴承盖、底板、阀体、机座、侧架、轧钢机架、铁道车辆摇枕、箱体、犁柱、铸造砧座等。
	ZG230－450	
	ZG270－500	中碳铸钢，有一定的韧性及塑性，强度和硬度较高，切削性良好，焊接性尚可，铸造性能比低碳铸钢好。ZG270－500 应用广泛，如飞轮、车辆车钩、水压机工作缸、机架、蒸汽锤气缸、轴承座、连杆、箱体、曲拐等；ZG310－570 用于重负荷零件，如联轴器、大齿轮、缸体、气缸、机架、制动轮、轴及辊子等。
	ZG310－570	
	ZG340－640	高碳铸钢，具有高强度、高硬度及高耐磨性，塑性、韧性低，铸造性、焊接性均差，裂纹敏感性较大。用于起重运输机齿轮、联轴器、齿轮、车轮、棘轮、叉头等。
碳素结构钢 GB/T 700—1988	Q195，Q215	有较高的延伸率，具有良好的焊接性能和韧性，常用于制造地脚螺栓、铆钉、犁板烟筒、炉撑、钢丝网屋面板、低碳钢丝、薄板、焊管、拉杆、短轴、心轴、凸轮（轻载）、吊钩、垫圈、支架及焊接件等。
	Q235	有一定的延伸率和强度，韧性及铸造性均良好，且易于冲压及焊接。广泛用于制造一般机械零件，如连杆、拉杆、销轴、螺丝、钩子、套圈盖、螺母、螺栓、气缸、齿轮、支架、机架横撑、机架、焊接件，建筑结构桥梁等用的角钢、工字钢、槽钢、垫板、钢筋等。
	Q255	焊接性能尚好，可用于制造强度不高的机械零件，如螺栓、键、楔、摇杆、拉杆心轴、转轴、钢结构用各种型钢、条钢及钢板等。
	Q275	有较高的强度，一定的焊接性，切削加工性及塑性均较好，可用于制造较高强度要求的零件，如齿轮心轴、转轴、销轴、链轮、键、螺母、螺栓、垫圈、刹车杆、鱼尾板，农机用型钢、异型钢、机架、耙齿等。
优质碳素结构钢 GB/T 699—1988	10	采用镦锻、弯曲、冷冲、垫压、拉延及焊接等多种加工方法，制作各种韧性高、负荷小的零件，如卡头、钢管垫片、垫圈、摩擦片、汽车车身、防尘罩、容器、缓冲器皿、搪瓷制品，冷墩螺栓、螺母等。
	15	用于受载不大，韧性要求较高的零件，如渗碳件、冲模锻件、紧固件等；不需热处理的低负载零件，焊接性能较好的中小结构件，如螺栓、螺钉、法兰盘、化工容器、蒸汽锅炉、小轴、挡铁、齿轮、滚子等。
	20	制作负载不大，但韧性要求高的零件，如拉杆、杠杆、钩环、套筒、夹具及衬垫、手刹车、蹄片、杠杆轴、变速叉、被动齿轮、气门挺杆、凸轮轴、悬挂平衡器、内外衬套等。
	25	用于制作焊接构件以及经锻造、热冲压和切削加工，且负荷较小的零件，如辊子、轴、垫圈、螺栓、螺母、螺钉以及汽车、拖拉机中的横梁车架、大梁、脚踏板等。

续表

种类	牌号	应用
优质碳素结构钢 GB/T 699—1988	35	用于制造负载较大，但截面尺寸较小的各种机械零件，如轴销、轴、曲轴、横梁、连杆、杠杆、星轮、轮圈、垫圈、圆盘、钩环、螺栓、螺钉、螺母等。
	40	用于制造机器中的运动件，心部强度要求不高、表面耐磨性好的淬火零件及截面尺寸较小、负载较大的调质零件，应力不大的大型正火件，如传动轴心轴、曲轴、曲柄销、辊子、拉杆、连杆、活塞杆、齿轮、圆盘、链轮等。
	45	适用于制造较高强度的运动零件，如空压机、泵的活塞、蒸汽透平机的叶轮，重型及通用机械中的轧制轴、连杆、蜗杆、齿条、齿轮、销子等。
	50	主要用于制造动负荷、冲击载荷不大以及要求耐磨性好的机械零件，如锻造齿轮、轴、摩擦盘、机床主轴、发动机、曲轴、轧辊、拉杆、弹簧垫圈、不重要的弹簧等。
	55	主要用于制造耐磨、强度较高的机械零件以及弹性零件，如连杆、齿轮、机车轮箍、轮缘、轮圈、轧辊、扁弹簧等。
	30Mn	一般用于制造低负荷的各种零件，如杠杆、拉杆、小轴、刹车踏板、螺栓、螺钉和螺母以及农机中的钩环链的链环、刀片、横向刹车机齿轮等。
	50Mn	一般用于制造高耐磨性，高应力的零件，如直径小于 80 mm 的心轴、齿轮轴、齿轮摩擦盘、板弹簧等，高频淬火后还可制造火车轴、蜗杆、连杆及汽车曲轴等。
	65Mn	用于制造中等负载的板弹簧、螺旋弹簧、弹簧垫圈、弹簧卡环、弹簧发条、轻型汽车的离合器弹簧、制动弹簧、气门弹簧以及受摩擦、高弹性、高强度的机械零件，如收割机的铲、犁、切碎机切刀、翻土板、整地机械圆盘、机床主轴、机床丝杠、弹簧卡头、钢轫轨等。

表 24　合金结构钢的种类、牌号和应用

种类	牌号	应用
低合金结构钢 GB/T 1591—1988	12Mn	具有良好的焊接性、塑性和低温性能，冶炼工艺简单、成本低。用于制造低压锅炉、造船、容器、车辆以及金属结构等。
	12MnV	其强度、韧性较 12Mn2 均有所提高。主要用于制作船舶、桥梁、车辆以及农机结构件、普通结构件等。
	15MnV	用于制作高、中压石油化工容器、锅炉汽包、桥梁、船舶、起重机，较重负荷的焊接件、锅炉钢管以及载荷较大的连接构件。
	15MnTi	可用于制作动负荷的焊接结构件，如水轮机蜗壳、压力容器、船舶、桥梁、汽轮机、发电机弹簧板等。
	15MnVN	强度高，塑性及韧性好，焊接性能和冷热加工性良好。适用于制作大型船舶、机车车辆、中高压锅炉、容器、桥梁以及其他大型的焊接结构件。

续表

种类	牌号	应用
低合金结构钢 GB/T 1591—1988	16Mn	综合力学性能良好，低温冲击韧性、冷冲压和切削加工性、焊接性都好。广泛用于桥梁、船舶、管道、锅炉、大型容器、油罐、重型机械设备、矿山机器、电站、厂房结构等。
	16MnNb	具有良好的焊接性，冷热加工性及低温冲击韧性，其性能优于16Mn。适用于制作大型船舶、机车车辆、中高压锅炉、容器、桥梁以及其他大型的焊接结构件。
合金结构钢 GB/T 3077—1988	20Mn2	用于制造渗碳的小齿轮、小轴、力学性能要求不高的十字头销、活塞销、柴油机套筒、气门顶杆、变速齿轮操纵杆、钢套等。
	20Cr	用于制造小截面、形状简单、较高转速、载荷较小、表面耐磨、心部强度较高的各种渗碳或氰化零件，如小齿轮、小轴、阀、活塞销、托盘、凸轮、蜗杆等。
	20CrNi	用于制造重载大型重要的渗碳零件，如花键轴、轴、键、齿轮、活塞销，也可用于制造高冲击韧性的调质零件。
	20CrMnTi	用于制造汽车拖拉机中的截面尺寸小于30 mm的中载或重载、冲击、耐磨且高速的各种重要零件，如齿轮轴、齿圈、齿轮、十字轴、滑动轴承支撑的主轴、蜗杆等。
	38CrMoAl	用于制造高疲劳强度、高耐磨性、较高强度的小尺寸氮化零件，如气缸套、座套、底盖、活塞螺栓、检验规、精密磨床主轴、车床主轴、搪杆、精密丝杆和齿轮、蜗杆等。
	40Cr	制造中速、中载的调质零件，如机床齿轮、轴、蜗杆、花键轴、顶针套；制造表面高硬度耐磨的调质表面淬火零件，如主轴、曲轴、心轴、套筒、销子、连杆以及淬火回火后重载零件等。
	40CrNi	用于制造锻造和冷冲压且截面尺寸较大的重要调质件，如连杆、圆盘、曲轴、齿轮、轴、螺钉等。
	40MnB	用于制造拖拉机、汽车及其他通用机器设备中的中小重要调质零件，如汽车半轴、转向轴、花键轴、蜗杆和机床主轴、齿轮轴等。
	50Cr	用于制造重载、耐磨的零件，如热轧辊传动轴、齿轮、止推环、支承辊的心轴、柴油机连杆、挺杆、拖拉机离合器、螺栓以及中等弹性的弹簧等。
不锈钢	2Cr13	制作能抗弱腐蚀性介质、能承受冲击载荷的零件，如汽轮机叶片、水压机阀、结构架、螺栓、螺母等。
	1Cr18Nr9Ti	用于耐酸容器及设备衬里、输送管道等设备和零件，如抗磁仪表、医疗器械等。
滚动轴承钢	GCr15	制造中小型滚动轴承元件（壁厚小于20 mm的套圈，直径小于50 mm的钢球）及其他各种耐磨零件，如柴油机油泵、油嘴偶件等。
	GCr15SiMn	制造大型，重载滚动轴承元件，如壁厚大于30 mm的套圈，直径50～100 mm的钢球等。

表 25 铸造铜合金钢、铸造铝合金钢、铸造轴承合金钢的种类、牌号和应用

合金种类		牌号(代号)	应用
铸造铜合金 GB/T 1176—1988	锡青铜	ZCuSn5Pb5Zn5	在较高负荷、中等滑动速度下工作的耐磨、耐腐蚀零件,如轴瓦、衬套、缸套、活塞、离合器、泵件压盖以及蜗轮等。
		ZCuSn10P1	用于高负荷(20 MPa 以下)和高滑动速度(8 m/s)下工作的耐磨零件,如连杆、衬套、轴瓦、齿轮、蜗轮等。
	铅青铜	ZCuPb10Sn10	表面压力高,又存在侧压力的滑动轴承,如轧辊、车辆用轴承、内燃机双金属轴瓦以及活塞销套、摩擦片等。
		ZCuPb20Sn5	高滑动速度的轴承及破碎机、水泵、冷轧机轴承。
	铝青铜	ZCuAl9Mn2	耐蚀、耐磨零件、形状简单的大型铸件,如衬套、齿轮、蜗轮。
		ZCuAl10Fe3	要求强度高、耐磨、耐蚀的重型铸件,如轴套、螺母、蜗轮以及在250℃以下工作的管配件。
	黄铜	ZCuZn38	一般结构件和耐蚀零件,如法兰、阀座、支架、手柄和螺母等。
		ZCuZn25A6—Fe3Mn3	适用高强度、耐磨零件,如桥梁支承板、螺母、螺杆、耐磨板、滑块和蜗轮。
铸造铝合金 GB/T 1173—1985	铝硅合金	ZAlSi7Mg (ZL101)	适于铸造承受中等负荷、形状复杂的零件,也可用于要求高气密性,耐蚀性和焊接性能良好、工作温度不超过 200℃的零件,如水泵、仪表、传动装置壳体、汽缸体、汽化器等。
		ZAlSi5Cu1Mg (ZL105)	用于铸造形状复杂、高静载荷的零件以及要求焊接性能良好、气密性高或工作温度在 225℃以下的零件,如发动机的汽缸体、汽缸头、汽缸盖和曲轴箱等。
	铝铜合金	ZAlCu5Mn (ZL201)	用于铸造工作温度为 175～300℃或室温下受高负荷、形状简单的零件,如支臂、挂架梁。
		ZAlCu4 (ZL203)	用于铸造形状简单、承受中载、冲击负荷、工作温度不超过 200℃,切削性能良好的小型零件,如曲轴箱、支架、飞轮盖等。
	铝镁合金	ZAlMg10 (ZL301)	铸造工作温度不大于 200℃的海轮配件、机器壳和航空配件等。
	铝锌合金	ZAlZn11 Si7 (ZL401)	铸造工作温度不大于 200℃的汽车配件、医疗器械和仪器零件等。
铸造铝合金 GB/T 1174—1992	锡基	ZSnSb12 Pb10Cu4	工作温度不高的一般机器的主轴承衬。
		ZSnSbBCu4	大型机器轴承及轴衬,高速重负荷汽车发动机薄壁双金属轴承。
	铅基	ZPbSb15Sn10	中等负荷的机器的轴承,还可作高温轴承之用。
		ZPbSb10Sn6	耐磨、耐蚀、重负荷的轴承。
	铜基	ZCuSn5Pb5Zn5	
		ZCuPb10Sn10	
	铝基	ZAISn6Cu1Ni1	

十二、热处理

表 26 热处理名词解释

热处理方法	解释	应用
退火	退火是将钢件(或钢坯)加热到适当温度,保温一段时间,然后再缓慢地冷下来(一般用炉冷)。	用来消除铸锻件的内应力和组织不均匀及晶粒粗大等现象。消除冷轧坯件的冷硬现象和内应力,降低硬度以便切削。
正火	正火是将坯件加热到相变点以上 30℃～50℃,保温一段时间,然后用空气冷却,冷却速度比退火快。	用来处理低碳和中碳结构钢件及渗碳机件,使其组织细化增加强度与韧性。减少内应力,改善低碳钢的切削性能。
淬火	淬火是将钢件加热到相变点以上某一温度,保温一段时间,然后在水、盐水或油中(个别材料在空气中)急冷下来,使其得到高硬度。	用来提高钢的硬度和强度,但淬火时会引起内应力使钢变脆,所以淬火后必须回火。
表面淬火	表面淬火是使零件表面获得高硬度和耐磨性,而心部则保持塑性和韧性。	对于各种在动负荷及摩擦条件下工作的齿轮、凸轮轴、曲轴及销子等,都要经过这种处理。
高频表面淬火	利用高频感应电流使钢件表面迅速加热,并立即喷水冷却,淬火表面具有高的机械性能,淬火时不易氧化及脱碳,变形小,淬火操作及淬火层易实现精确的电控制与自动化,生产率高。	表面淬火必须采用碳量大于 0.35%的钢,因为含碳量低淬火后增加硬度不大,一般都是些淬透性较低的碳钢及合金钢(如45,40Cr,40Mn2,9CrSi 等)。
回火	回火是将淬硬的钢件加热到相变点以下的某一种温度后,保温一定时间,然后在空气中或油中冷却下来。	用不消除淬火后的脆性和内应力,提高钢的冲击韧性。
调质	淬火后高温回火,称为调质。	用来使钢获得高的韧性和足够的强度,很多重要零件是经过调质处理的。
渗碳	渗碳是向钢表面层渗碳,一般渗碳温度900℃～930℃,使低碳钢或低碳合金钢的表面含碳量增高到 0.8%～1.2%,经过适当热处理,表面层得到的高的硬度和耐磨性,提高疲劳强度。	为了保证心部的高塑性的韧性,通常采用含碳量为 0.08%～0.25%的低碳钢和低合金钢,如齿轮、凸轮及活塞销等
氮化	氮化是向钢表面层渗氮,目前常用气体氮化法,即利用氨气加热时分解的活性氮原子渗人钢中。	氮化后不再进行热处理,用于某种含铬、钼或铝的特种钢,以提高硬度和耐磨性,提高疲劳强度及抗蚀能力。
氰化	氰化是同时向钢表面渗碳及渗氮,常用液体碳化法处理,不仅比渗碳处理有较高硬度和耐磨性,而且兼有～定耐磨蚀和较高的抗疲劳能力。在工艺上比渗碳或氮化时间短。	增加表面硬度、耐磨性、疲劳强度和耐蚀性。用于要求硬度高、耐磨的中、小型及薄片零件和刀具等。
发黑发蓝	使钢的表面形成氧化膜的方法叫“发黑、发蓝”。	钢铁的氧化处理(发黑、发蓝)可用来提高其表面抗腐蚀能力和使外表美观但其抗腐蚀能力并不理想,一般只能用于空气干燥及密闭的场所。

参考文献

[1] 曹静,贾雨顺.机械制图.北京:机械工业出版社,2011

[2] 胡琳.工程制图(英汉双语对照,第2版).北京:机械工业出版社,2010

[3] 冯秋官.机械制图与计算机绘图(第4版).北京:机械工业出版社,2010

[4] 王国顺,谢军.机械制图实践教程.北京:清华大学出版社,2009

[5] 阮春红.3D工程制图·实践篇(第3版).武汉:华中科技大学出版社,2014

[6] 刘苏,段丽玮,贾皓丽.工程制图基础教程.北京:科学出版社,2010

[7] 叶琳,工程图学基础教程(第3版).北京:机械工业出版社,2013

[8] 张怡芳,李继芳,柴本成.计算机图形学基础及应用教程.北京:机械工业出版社,2008